Volker Nissen

Einführung in Evolutionäre Algorithmen

Computational Intelligence

herausgegeben von
Wolfgang Bibel, Walther von Hahn und Rudolf Kruse

Die Bücher dieser Reihe behandeln Themen, die sich dem weitgesteckten Ziel des Verständnisses und der technischen Realisierung intelligenten Verhaltens in einer Umwelt zuordnen lassen. Sie sollen damit Wissen aus der Künstlichen Intelligenz und der Kognitionswissenschaft (beide zusammen auch Intellektik genannt) sowie aus interdisziplinär mit diesen verbundenen Disziplinen vermitteln. Computational Intelligence umfaßt die Grundlagen ebenso wie die Anwendungen.

Das Rechnende Gehirn
Grundlagen zur Neuroinformatik und Neurobiologie
von Patricia S. Churchland und Terrence J. Sejnowski

Neuronale Netze und Fuzzy-Systeme
von Detlef Nauck, Frank Klawonn und Rudolf Kruse

Fuzzy-Clusteranalyse
von Frank Höppner, Frank Klawonn und Rudolf Kruse

Einführung in Evolutionäre Algorithmen
von Volker Nissen

Titel aus dem weiteren Umfeld,
erschienen in der Reihe Künstliche Intelligenz des Verlages Vieweg:

Automatische Spracherkennung
von Ernst Günter Schukat-Talamazzini

Deduktive Datenbanken
von Armin B. Cremers, Ulrike Griefahn und Ralf Hinze

Wissensrepräsentation und Inferenz
von Wolfgang Bibel, Steffen Hölldobler und Torsten Schaub

Volker Nissen

Einführung in Evolutionäre Algorithmen

Optimierung nach dem Vorbild der Evolution

Die Deutsche Bibliothek – CIP-Einheitsaufnahme

Nissen, Volker:
Einführung in evolutionäre Algorithmen: Optimierung nach dem Vorbild der Evolution / Volker Nissen. – Braunschweig; Wiesbaden: Vieweg 1997
(Computational intelligence)
ISBN 978-3-528-05499-1 ISBN 978-3-322-93861-9 (eBook)
DOI 10.1007/978-3-322-93861-9

Der Verlag Vieweg ist ein Unternehmen der Bertelsmann Fachinformation GmbH.

Gedruckt auf säurefreiem Papier

ISSN 0949-5665
ISBN 978-3-528-05499-1

Vorwort

Mit seinem Buch über die Entstehung der Arten verursachte Charles Darwin Mitte des vorigen Jahrhunderts eine heftige Kontroverse. Inzwischen ist die Vorstellung vom Prozeß der *Evolution des Lebens auf der Erde* immer weiter ins Allgemeingut übergegangen. Gleichzeitig hat sich der Evolutionsgedanke auch in vielen Bereichen außerhalb der Biologie etabliert. So spielt evolutionäres Gedankengut heute z.B. ein wichtige Rolle in Teilbereichen der Volkswirtschaftslehre, der Philosophie sowie in der Managementlehre.

In jüngerer Zeit hat man erkannt, daß die Mechanismen der Evolution sich auch für Zwecke der praktischen Optimierung nutzen lassen. So berichtete z.B. die Süddeutsche Zeitung im Juni 1991 über erhebliche Einsparungen durch den Einsatz evolutionärer Optimierungsmethoden bei der Disposition und Maschinenbelegungsplanung im VW-Motorenwerk Salzgitter. Solche *Evolutionären Algorithmen* haben durch ihr Lösungspotential bei komplexen Problemstellungen in den letzten Jahren Aufmerksamkeit erregt. Zunehmend sehen Unternehmen diese naturanalogen Methoden als strategisch bedeutsam an. Große Firmen, wie die Siemens AG, haben eigene Forschungsgruppen zu diesem Thema ins Leben gerufen. High-Tech Unternehmensberater erstellen maßgeschneiderte evolutionäre Problemlösungen. Im Finanzdienstleistungsbereich gibt es erste erfolgreiche Anwendungen von Evolutionären Algorithmen in der Datenanalyse, bei Klassifikations- und Prognosefragestellungen. Weitere Anwendungen betreffen so unterschiedliche Gebiete wie die Strukturoptimierung von Gerüsten, den Chip-Entwurf, Unterstützung beim Erstellen polizeilicher Phantomzeichnungen, oder die Steuerung autonomer Roboter.

Vielfältig sind auch die Kombinationsmöglichkeiten mit anderen Gebieten, beispielsweise künstlichen Neuronalen Netzen, regelbasierten Systemen oder der Fuzzy Set Theorie. Andererseits sollten Evolutionäre Algorithmen aber nicht als „Allheilmittel" mißverstanden werden. Problemstellungen, deren Struktur eine analytische Lösung oder den Einsatz effizienter Spezialverfahren ermöglicht, sind keine Anwendungsbereiche für die vergleichsweise rechenintensiven und in ihrem Kern heuristischen Evolutionären Algorithmen.

Das Gebiet der Evolutionären Algorithmen wird immer diversifizierter und für den Neueinsteiger damit unübersichtlicher. In dieser Situation will das vorliegende Buch eine in sich abgeschlossene Einführung in die Thematik geben. Dabei wurde versucht, wesentliche Grundlagen und Entwicklungsrichtungen zu identifizieren und in verständlicher Form darzustellen. Hinweise auf weiterführende Literatur erleichtern den Zugang zu Teilgebieten, die in diesem Einführungswerk nur kurz angesprochen werden können.

Evolutionäre Algorithmen werden heute überwiegend in der praktischen Optimierung eingesetzt. Hier liegt auch der Schwerpunkt dieses Lehrbuches, das insgesamt methodisch-anwendungsorientiert gehalten ist. Der hauptsächlich an Theorie interessierte Leser bzw. die Leserin findet hierzu jedoch Grundlagen und ergänzende Literaturhinweise.

Ausführlich wird auf die Hauptströmungen im Bereich Evolutionäre Algorithmen eingegangen. Ein eigenes Kapitel ist dem Vergleich und der Beurteilung von Evolutionären Algorithmen als Optimierungsmethoden gewidmet. Die besonders praxisrelevanten Kombinationsmöglichkeiten mit anderen Ansätzen im Rahmen von Hybridsystemen sind ebenfalls Gegenstand eines eigenen Kapitels.

Das Buch wendet sich an Forscher und Anwender auf den Gebieten der praktischen Optimierung sowie der Künstlichen Intelligenz. Es ist außerdem für Studenten der quantitativen Wirtschaftswissenschaften, Ingenieurswissenschaften sowie der Informatik gedacht. Dabei werden keinerlei spezielle Vorkenntnisse erwartet.

Abschließend möchte ich Herrn Dr. Reinald Klockenbusch für die verlegerische Betreuung und seine Geduld danken. Mein Dank gilt ebenfalls Herrn Prof. Dr. Jörg Biethahn für seine verständnisvolle Förderung dieses Werkes sowie Herrn Dr. Finn Kirstein für die technische Hilfe bei der Manuskripterstellung und zahlreiche wertvolle Hinweise. Desweiteren danke ich Herrn Mark Althans, Frau Dr. Birgit Arens, Frau Dijana Cvjetkovic, Herrn Tino Faßheber, Herrn Dr. Frank Klawonn, Herrn Prof. Dr. Rudolf Kruse, Herrn Joachim Rawolle, Herrn Uwe Steinhardt sowie Herrn Martin Tietze für die Unterstützung.

Göttingen, im Oktober 1996 Volker Nissen

Inhaltsverzeichnis

Für Birgit.

1 Überblick und thematische Einordnung

Bei der Bewältigung komplexer Optimierungsprobleme haben in jüngster Zeit Methoden beträchtlich an Bedeutung gewonnen, die man als *naturanalog* bezeichnen kann, weil sie sich an Vorbildern der Natur orientieren. Zu den bekanntesten neueren Entwicklungen auf diesem Gebiet zählen die Evolutionären Algorithmen (EA).

EA orientieren sich am Vorbild des natürlichen Evolutionsprozesses. In der heute vorherrschenden neo-darwinistischen Evolutionssicht kann die Vielfalt und Komplexität der Lebensformen auf unserem Planeten im wesentlichen durch wenige Mechanismen erklärt werden, die in Populationen wirksam werden. Ein solcher Mechanismus ist die Fortpflanzung von Individuen und, damit verbunden, die Weitergabe von Erbinformationen. Im Zuge der Fortpflanzung kann es durch Faktoren wie Mutation und Rekombination zur Veränderung oder Vermischung der Erbinformation von Individuen kommen. Auf diese Weise entstehen unterschiedlich konkurrenzfähige Nachkommen. Sie stehen im Wettbewerb um Überleben und Fortpflanzung. Im Zuge natürlicher Auslese setzen sich tendenziell die unter den gegebenen Umweltbedingungen besser angepaßten Individuen gegenüber ihren Konkurrenten durch und geben wiederum ihre Erbinformationen weiter. Aus dem Wechselspiel von Variation und Selektion läßt sich dann die schrittweise Entstehung der heutigen Arten aus früheren Urformen erklären.

Die Evolutionstheorie geht in ihrer Bedeutung heute über die Biologie weit hinaus. So findet sich evolutionäres Gedankengut z.B. auch in der Psychologie, Teilen der Volkswirtschaftslehre und Organisationstheorie.[1] Inzwischen hat man begonnen, sich die Mechanismen der Evolution auch im Kontext der praktischen Optimierung nutzbar zu machen. Solche Optimierungsmethoden werden als Evolutionäre Algorithmen (EA) bezeichnet. Praktisch synonym verwendet man vielfach den Begriff *Evolutionary Computation*, der besser zum Ausdruck bringt, daß diese Methoden nicht nur im Kontext der Optimierung zu sehen sind. Bezüge bestehen insbesondere zur Künstlichen Intelligenz sowie

[1] Siehe hierzu z.B. [KLIX92,WITT93,SING90].

zu Artificial Life. Mit künstlichen Neuronalen Netzen und der Fuzzy Set Theorie bilden EA darüber hinaus den Kern des sogenannten Soft Computing. Solche Querbezüge, in Bild 1-1 visualisiert, sind Gegenstand dieses Kapitels. Zunächst müssen jedoch wesentliche Grundlagen der Evolutionstheorie erläutert werden, die EA auf abstrakter Ebene imitieren. Außerdem enthält dieses Kapitel einen kurzen Rückblick auf die historische Entwicklung des Forschungsgebietes EA und stellt ein allgemeines Ablaufschema vor, das die verschiedenen Hauptströmungen von EA als Spezialfälle beinhaltet.

Bild 1-1: Querbezüge Evolutionärer Algorithmen

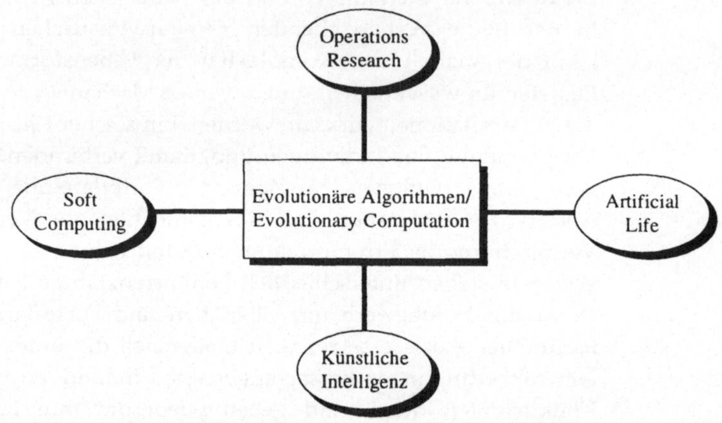

1.1 Grundelemente der Evolutionstheorie

Die heutige sogenannte Synthetische Evolutionstheorie ruht vor allem auf drei Säulen: der darwinistischen Vorstellung eines Wechselspiels von Variation und Selektion, der klassischen Genetik sowie der modernen Populationsgenetik.[2]

Charles Darwin (1809-1882), heute oft als Vater der Evolutionstheorie bezeichnet, war nicht der eigentliche Begründer des Evolutionsgedankens. Vielmehr ist diese Vorstellung etwa ein Jahrhundert älter und war unter Intellektuellen zu Darwins Zeit recht populär. Vielleicht die bedeutenste frühere Evolutionstheorie stammt von Jean-Baptiste de

[2] Die nachfolgenden Ausführungen lehnen sich an die Darstellung in [NISS94] an.

Lamarck (1744-1829). Lamarck vertrat die Vorstellung, daß Lebewesen eine Fähigkeit zur Höherentwicklung besitzen. Insbesondere sollten sich, nach seiner Ansicht, wenig gebrauchte Organe bei einem Lebewesen zurückbilden, wohingegen sich viel gebrauchte weiterentwikkeln. So erworbene Eigenschaften würden dann an die Nachkommen weitergegeben.

Darwin hingegen erklärte in seinem epochalen Werk *On the Origin of Species by Means of Natural Selection* (1859) die Evolution als einen stufenweisen Prozeß, in dessen Zentrum das Wechselspiel von Mutation (stochastische Abweichung) und Selektion (natürliche Auslese) steht. Wesentlich ist die Vorstellung eines Überschusses an Nachkommen. Stochastische Abweichungen unter den Nachkommen führen zu unterschiedlicher *Fitneß* (Tauglichkeit) dieser Individuen im Überlebenskampf. Fitneß stellt hier nicht nur auf das Überleben des Individuums ab, sondern meint vor allem den Erfolg im Hinblick auf die Zeugung von (überlebenden) Nachkommen im Vergleich zu Artgenossen. Die aufgrund ihrer Eigenschaften den Umgebungsbedingungen besser angepaßten Populationsmitglieder haben eine höhere Chance, Nachkommen zu zeugen und so ihre Erbanlagen weiterzugeben. Daraus ergibt sich eine *natürliche Auslese.*

Hier wird eine Beziehung zu praktischen Optimierungsproblemen deutlich. Die Fitneß eines Individuums bestimmt sich aus der Kombination seiner Eigenschaften. Anschaulich kann man jeder Kombination von Eigenschaften einen Fitneßwert zuordnen. Trägt man nun jede Eigenschaft als Achse in einem Koordinatensystem ab und hat als zusätzliche Dimension noch die zugeordneten Fitneßwerte, so ergibt sich eine Fitneßlandschaft (Bild 1-2). Wright [WRIG32] hat in diesem Zusammenhang von einer *adaptive topography* gesprochen.

Die Individuen einer Population befinden sich in dieser Fitneßlandschaft nicht alle am selben Punkt, sondern auf unterschiedlichen „Höhenstufen“. Evolution läßt sich dann als stochastisch beeinflußtes „Bergsteigen“ in einer solchen Fitneßlandschaft auffassen. Das Bild des Bergsteigens ist vereinfacht, denn verschiedene Faktoren beeinflussen, wie sich eine Population in dem Fitneßgebirge im Verlauf von Generationen bewegt. So können sich wandelnde Umweltbedingungen beispielsweise zu einer veränderten Fitneßlandschaft führen.

Bild 1-2: Fitneßlandschaft

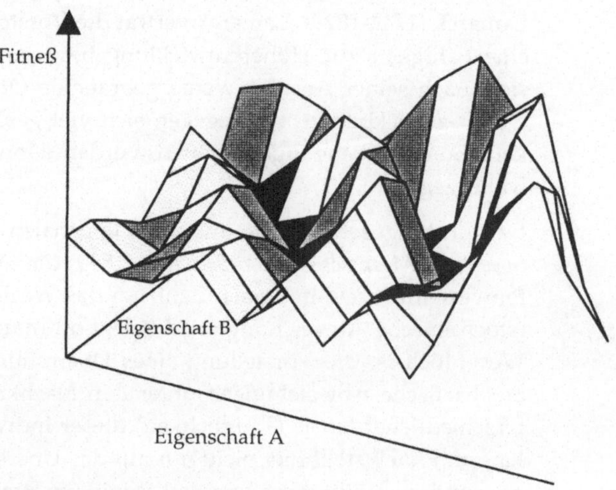

Vererbung, Veränderung und Auslese sind die Grundlage einer ständigen Anpassung der Art an die wandelnden Umweltbedingungen. Sie ermöglichen evolutionären Wandel. In Darwins eigenen Worten:

> „As many more individuals of each species are born than can possibly survive; and as, consequently, there is a frequently recurring struggle for existence, it follows that any being, if it vary however slightly in any manner profitable to itself, under the complex and sometimes varying conditions of life, will have a better chance of surviving, and thus being *naturally selected*. From the strong principle of inheritance, any selected variety will tend to propagate its new and modified form." [DARW60, S.5]

Darwin erkannte die Bedeutung der Vererbung für die Veränderung der Arten, ohne daß er auf Erkenntnisse der Genetik zurückgreifen konnte. Mendel entwickelte seine grundlegenden Vererbungsregeln zwar bereits 1865. Sie gerieten jedoch zu Unrecht in Vergessenheit und wurden erst im Jahre 1900 wiederentdeckt. Seit dieser Zeit haben vor allem Arbeiten auf den Gebieten der Populationsgenetik sowie Molekularbiologie unsere Vorstellungen von den Mechanismen der Evolution nachhaltig beeinflußt. Demnach zählen die im folgenden dargestellten Punkte zu den von der Wissenschaftsgemeinschaft weitgehend akzeptierten Grundlagen der Evolutionstheorie.

Unterscheidung von Genotyp und Phänotyp

Die Erbinformationen sind in den Chromosomen des Zellkerns in Form des genetischen Codes gespeichert.[3] Das Vererbungsgeschehen ist an Gene gebunden. Unter einem Gen versteht man einen Abschnitt von Desoxyribonucleinsäure (DNA), der für die Codierung eines spezifischen Proteins verantwortlich ist.

Von den Erbinformationen (*Genotyp*) ist das äußere Erscheinungsbild (*Phänotyp*) des Lebewesens zu unterscheiden. Höhere Lebewesen sind häufig *diploid*, haben also einen doppelten Chromosomensatz, der bei der Befruchtung aus den *haploiden* (einfacher Chromosomensatz) Geschlechtszellen der Eltern entsteht.

Die Ausprägungen eines Gens werden als *Allele* bezeichnet. Anschaulich könnte man z.B. an ein Gen für die Augenfarbe mit den Allelen für blau, braun, grün etc. denken. In den Zellkernen diploider Organismen können somit zwei verschiedene Allele für dasgleiche Gen parallel auftreten. Im allgemeinen bestimmt aber nur eines der Allele das phänotypische Erscheinungsbild. Dieses Allel wird als *dominant*, das phänotypisch unterdrückte Allel als *rezessiv* bezeichnet. Liegen die Allele eines Gens im Zellkern in gleicher Ausprägung vor, so spricht man von einem *homozygoten* (reinerbigen), ansonsten von einem *heterozygoten* (mischerbigen) Zustand.

Diploidie erschwert Rückschlüsse vom Phänotyp auf den Genotyp. Oft besteht darüber hinaus auch keine simple 1:1-Relation zwischen einem äußeren Merkmal des Lebewesens und einem bestimmten Gen. Vielmehr treten Polygenie und Pleiotropie auf. Polygenie liegt vor, wenn ein phänotypisches Merkmal unter dem gemeinsamen Einfluß verschiedener Gene ausgebildet wird. Ist demgegenüber ein Gen an der Realisierung mehrerer Merkmale beteiligt, spricht man von Pleiotropie.

Evolutionsfaktoren Mutation und Selektion

Aus Mutationen, also spontanen Veränderungen im Erbmaterial, entstehen gelegentlich phänotypisch wirksame Varianten des Grundtyps einer Art. Mutationen sind somit die Materiallieferanten der Evolution. An den phänotypisch wirksamen Unterschieden kann die natürliche Auslese ansetzen. Im Selektionsprozeß werden die funktional

---

[3] Zu den folgenden Ausführungen vgl. [GOTT89].

bestangepaßten Individuen bevorzugt. Sie besitzen die größten Chancen, ihre Erbanlagen an die Nachkommenschaft weiterzugeben. Die Selektion ist dabei in der Natur ein stochastischer Prozeß, in dem auch weniger gut angepaßte Individuen eine, wenn auch geringere Reproduktionswahrscheinlichkeit besitzen. Zu beachten ist außerdem, daß Lebewesen auf komplexe Weise in ein umfassenderes Ökosystem eingebunden sind, das ihre Überlebenschancen beeinflußt. Hier spielt das Phänomen der *Koevolution* eine Rolle. Es bezeichnet die Evolution in wechselseitiger Abhängigkeit, wie sie z.B. für Räuber-Beute Systeme kennzeichnend ist.

Verschiedene Mutationsformen lassen sich unterscheiden. Genmutationen betreffen nur einzelne Gene, wobei die spontane Mutationsrate eines Gens recht niedrig liegt. Chromosomenmutationen beeinflussen die Chromosomenstruktur. So können beispielsweise Teilstücke des Chromosoms umgedreht (invertiert) oder abgetrennt werden. Sogenannte Genommutationen verändern die Anzahl einzelner Chromosomen oder ganzer Chromosomensätze.

Zu differenzieren ist weiterhin in generative und somatische Mutationen. Generative Mutationen betreffen die Keimzellen bzw. Keimbahn und werden daher an die Nachkommen vererbt. Somatische Mutationen betreffen dagegen andere Körperzellen und werden nicht vererbt. Unter Evolutionsgesichtspunkten sind nur generative Mutationen von Interesse.

Neu auftretende Mutationen wirken sich oft phänotypisch gar nicht aus. Daneben sind Mutationen mit größeren Effekten sehr viel seltener als sogenannte Kleinmutationen, die nur geringfügige Veränderungen des Phänotyps zur Folge haben. Heute wird überwiegend angenommen, daß größere Veränderungen einer Art sich über eine Folge kleiner Anpassungsschritte erklären lassen [DAWK90].

Die Variationsbreite innerhalb einer Art ermöglicht es ihr, sich an veränderte Umweltbedingungen anzupassen. So kann sich der Genbestand oder Genpool einer Population mit der Zeit erheblich verändern. Darauf beruht wiederum die Veränderlichkeit der Arten [WUKE82]. Während die Selektion am einzelnen Individuum bzw. dem Phänotyp ansetzt, ist das Objekt der Evolution die Art.

Evolutionsfaktor Rekombination

Rekombination bezeichnet die Neukombination von Erbmaterial, wie sie bei Organismen mit geschlechtlicher Fortpflanzung auftritt. Durch diesen Vermischungseffekt können sich vorteilhafte Allele in einem Lebewesen vereinen und dort einen Selektionsvorteil bewirken. Nicht nur durch Mutation sondern auch durch Rekombination entstehen also neue Phänotypen, die sich im Selektionsprozeß bewähren können. Besonders bei dynamischen Umweltbedingungen bringt die Neuverteilung und Vermischung von Erbgut Vorteile für die Art im Sinne verbesserter Anpassungsmöglichkeiten mit sich. Rekombination ist also ein wichtiger Evolutionsfaktor [HASE82,GOTT89].

Rekombination hat verschiedene Erscheinungsformen. Um das zu verstehen, müssen wir uns kurz mit einer bestimmten Form der Kernteilung bei Zellen, der Meiosis, befassen. In der diploiden Zygote (befruchtete Eizelle) vereinigen sich die haploiden Keimzellen der Eltern. Würde die Anzahl der Chromosomensätze nicht zu einem späteren Zeitpunkt wieder halbiert, so könnte die Zahl der Chromosomen einer Zelle bald ins Unendliche wachsen. Diese Halbierung erfolgt im Rahmen der Meiosis. Genetisch besonders wichtig ist die Funktion der Meiosis bei der Umgestaltung des Erbgutes.

Bei der Meiosis kommt es zu einer zufälligen Neuverteilung väterlicher und mütterlicher Chromosomen auf die Tochterzellen. Dieser Vermischungseffekt ist die eine Form der Rekombination. Die zweite Form der Rekombination ist das Ergebnis der während einer bestimmten Phase der Meiosis zwischen Bestandteilen von korrespondierenden väterlichen und mütterlichen Chromosomen auftretenden Überkreuzungen. Dieser Vorgang wird als Crossing Over oder *Crossover* bezeichnet. Dabei werden wechselseitig Bruchstücke ausgetauscht. Die Folge ist eine Neukombination der elterlichen Gene. Es befinden sich später väterliche Allele auf mütterlichen Chromosomen und umgekehrt, wodurch ein zweiter Rekombinationseffekt entsteht.

Weitere Evolutionsfaktoren

Die innere Struktur einer Population ist ein nicht zu vernachlässigender Evolutionsfaktor. Natürliche Populationen sind häufig in mehr oder weniger isolierte Lokalpopulationen (*Deme*) aufgeteilt, zwischen denen durch Wanderung von Individuen (*Migration*) ein beschränkter Genfluß besteht. Das Gegenstück eines unbeschränkten Genflusses bezeichnet man als *Panmixie*. Unbeschränkter Genfluß ist jedoch im allgemeinen unrealistisch, weil Reproduktion zwischen räumlich benachbarten Individuen häufiger auftreten wird als mit räumlich entfernten. Aber auch geografische Barrieren, wie ein Gebirge, und weitere Faktoren können Subpopulationen entstehen lassen, die sich dann weitgehend unabhängig voneinander fortentwickeln. In solchen kleinen Teilpopulationen können sich Mutanten besser erhalten als in großen Populationen mit Panmixie. So kommt es eventuell zu einer stufenweisen Entfernung von der Stammform, bis eine neue Art entstanden ist. Hinzu kommt, daß in kleinen Teilpopulationen stochastische Änderungen der Allelhäufigkeiten vorkommen können. Man spricht hierbei von *Gendrift*. So kann eine Allel im Genpool schneller an Bedeutung gewinnen als in großen Populationen.

Ein interessantes Evolutionsphänomen ist die Einnischung. Gemeint sind Anpassungsprozesse, bei denen im selben Verbreitungsgebiet koexistierende Arten versuchen, unterschiedliche ökologische Nischen zu besetzen, indem sie bestimmte Umweltbedingungen ausnutzen. So wird Konkurrenz um lebensnotwendige Ressourcen möglichst vermieden.

In jüngster Zeit ist die hier in Ansätzen dargestellte sogenannte Synthetische Evolutionstheorie verschiedentlich in Richtung auf eine Systemtheorie der Evolution erweitert worden.[4] Hierbei werden Phänomene wie Rückkopplungsprozesse und Vernetzung von Systemkomponenten betont. Es herrschen unterschiedliche Ansichten, ob solche Ergänzungen notwendig sind.

1.2 Zur Historie der Evolutionären Algorithmen

Der Evolutionsgedanke hat eine Faszination, die längst nicht mehr nur Biologen beschäftigt. Man kann den Evolutionsprozeß als einen seit Jahrmilliarden andauernden Optimierungsvorgang in einer sich verändernden Umwelt begreifen. Bereits in den späten 50er und frühen 60er Jahren war man darauf gekommen, Grundmechanismen der Evolution aus ihrem biologischen Kontext zu abstrahieren und für praktische Zwecke einzusetzen (Bild 1-3). Es entstanden eine Reihe von Pionierarbeiten, die zu den frühen Vorläufern heutiger EA zu zählen sind. Hierzu gehören beispielsweise die recht erfolgreiche

[4] Siehe z.B. [RIED90].

EVOP-Methode von Box [BOX57] im Bereich der Prozeßoptimierung, sowie die evolutionären Optimierungsverfahren Bremermanns [BREM62]. Weniger erfolgreich war hingegen ein von Friedberg vorgeschlagener Lernautomat, der die Prinzipien von Variation und Selektion realisierte [FRIE58,59]. Solche Fehlschläge waren außer in methodischen Unzulänglichkeiten und zu hoch gesetzten Zielen auch in der damals noch geringen Verfügbarkeit und schwachen Leistung von Computern begründet.

Etwa zeitgleich begannen Mitte der 60er Jahre dann die Vorarbeiten zu drei der heutigen Hauptströmungen im Bereich der EA. In Berlin arbeiteten Ingo Rechenberg und Hans-Paul Schwefel an der Optimierung des Windwiderstandes eines Stromlinienkörpers. Als das Problem mathematisch nicht gelöst werden konnte, kam man auf den Gedanken, durch die Nachahmung evolutionärer Prinzipien in vereinfachter Form, den Körper sukzessiv zu optimieren. Aus diesen Überlegungen der praktischen Optimierung entstand die *Evolutionsstrategie (ES)*, auf die Kapitel 4 dieses Lehrbuches eingeht.

Lawrence J. Fogel, Alvin J. Owens und Michael J. Walsh suchten demgegenüber in San Diego nach einer Möglichkeit, künstlich intelligente Automaten zu entwerfen. Diese sollten einerseits innovative Problemlösungen generieren, andererseits aber auch Schlußfolgerungen auf das Funktionieren des menschlichen Intellekts zulassen. Dabei befaßte man sich mit Symbolvorhersage-Experimenten. Man setzte auf ein evolutionäres Entwurfskonzept mit den Hauptoperatoren Mutation und Selektion, die *Evolutionäre Programmierung (EP)*. EP ist Gegenstand von Kapitel 5.

John H. Holland schließlich ging es bei seinen Untersuchungen um eine Theorie adaptiver Systeme, welche über die Biologie hinausging und auch Phänomene ganz anderer Bereiche, wie z.B der Ökonomie, einschloß. Seine zur Modellierung adaptiver Prozesse vorgeschlagenen *reproductive plans*, später bezeichnet als *Genetische Algorithmen (GA)*, beruhten auf einer Abstraktion und Generalisierung des Populationskonzepts, der genetischen Codierung und genetischer Operatoren. Kapitel 2 beschreibt GA im Detail.

Bild 1-3: Entwicklungspfade Evolutionärer Algorithmen

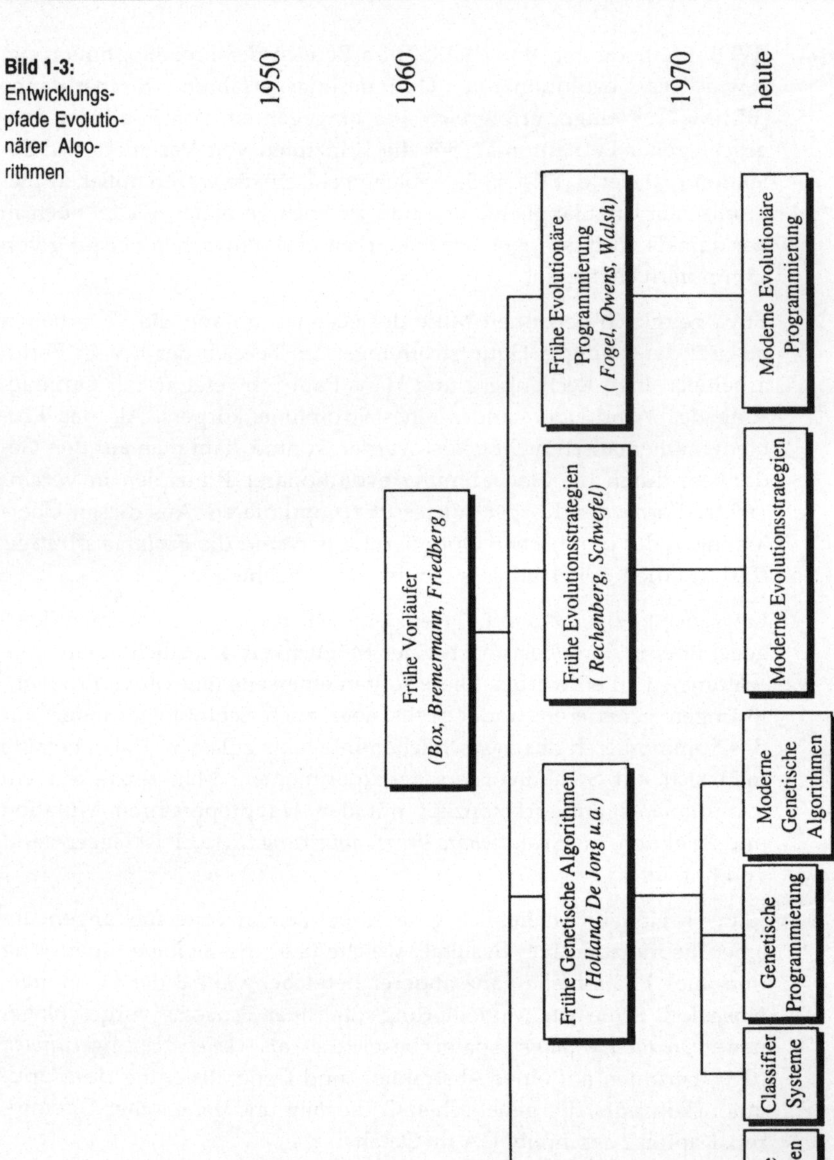

Unter den vielen Verfahrensvarianten, die zu Genetischen Algorithmen inzwischen entwickelt wurden, hat die maßgeblich von John R. Koza beeinflußte Richtung der *Genetischen Programmierung* (GP) besondere Bedeutung erlangt. Der Grundgedanke besteht hier darin, Lösungen in Form von Computerprogrammen zu repräsentieren, die dann mit den Mechanismen der Evolution verändert werden. Weil dieses EA-Gebiet einen relativ eigenständigen Ansatz verfolgt und inzwischen sehr viele Anhänger hat, wird die Genetische Programmierung im Rahmen dieses Buches separat behandelt (Kapitel 3).

Die verschiedenen Aktivitäten im EA-Bereich beschränkten sich lange auf relativ kleine Forschergruppen ohne intensiven wissenschaftlichen Austausch zwischen den verschiedenen Lagern. Seit Mitte der 80er Jahre hat sich diese Situtation grundlegend gewandelt. Man ist dazu übergegangen, nicht mehr die ohne Zweifel vorhandenen Unterschiede zwischen den verschiedenen Ansätzen in den Vordergrund zu stellen. Stattdessen betrachtet man die unterschiedlichen EA-Formen als Instanzen einer gemeinsamen Methodenklasse von *Evolutionären Algorithmen*, die in ihrer Grundphilosophie übereinstimmen.

Inzwischen befassen sich Tausende mit diesem Themenkreis. Regelmäßig finden in Europa und U.S.A. große Konferenzen hierzu statt. E-Mail-Listen und Fachzeitschriften fördern die schnelle Verbreitung neuer wissenschaftlicher Erkenntnisse. Im Jahr 1996 startet in Europa das EvoNet, ein *Network of Excellence in Evolutionary Computation*. Darin haben sich EA-Forschungsgruppen verschiedener Strömungen zusammengeschlossen, um ihre Interessen wirkungsvoller zu vertreten und das vorhandene Know-How schneller praktisch umzusetzen.

Diese Entwicklungen wurden durch verschiedene Faktoren begünstigt. Zum einen ist leistungsfähige Hardware inzwischen breit verfügbar. Das gilt zunehmend auch für parallele Computer, die für EA wegen deren guter Parallelisierbarkeit besonders geeignete Zielrechner sind. Hinzu kommt ein gestiegenes Interesse an nichtlinearen Systemen, die mit herkömmlichen Methoden nicht zu optimieren sind. Schließlich haben auch die Rückschläge im Bereich der symbolischen KI-Forschung zur steigenden Popularität von EA beigetragen. Erfolgreiche praktische Anwendungen und die inzwischen aufgebaute Infrastruktur im EA-Bereich fördern den Trend auch in Zukunft.

Tabelle 1-1: Beispiele für EA-Anwendungen

Technisch-naturwissenschaftlich:
Entwurfsaufgaben bei der Entwicklung von Mikroprozessoren
Pfadplanung für mobile Roboter
Optimieren von Struktur und Parametern künstlicher Neuronaler Netze
Proteinstrukturprognose
Regelungstechnische Anwendungen
Betriebswirtschaftlich:
Losgrößen und Auftragsreihenfolgeplanung in der Produktion
Personaleinsatzplanung
Kundenklassifizierung
Kraftwerkseinsatzplanung
Absatzprognose

Tabelle 1-1 enthält exemplarische Beispiele bestehender Anwendungen von EA im naturwissenschaftlich-technischen bzw. im betriebswirtschaftlichen Sektor.[5]

1.3 Wichtige Fachbegriffe und allgemeines EA-Ablaufschema

Auf allgemeiner Ebene unterscheiden sich EA von konventionellen Such- und Optimierungsverfahren zunächst durch die aus der Biologie entlehnte Terminologie. Tabelle 1-2 vermittelt einen Überblick wesentlicher EA-Fachbegriffe und ihrer praktischen Bedeutung.

Man kann heute vier verschiedene Hauptströmungen von EA unterscheiden. Diese sind:

- Genetische Algorithmen (GA),
- Genetische Programmierung (GP), eigentlich eine moderne Unterform von GA,
- Evolutionsstrategien (ES),
- Evolutionäre Programmierung (EP).

---

[5] Viele Referenzen auf EA-Anwendungen enthalten [ALAN94,NISS95].

Tabelle 1-2: Wichtige Fachbegriffe bei EA

Ausdruck	*Bedeutung bei EA*
Individuum	Struktur (enthält die in geeigneter Weise repräsentierten Elemente einer Lösung)
Population (von Individuen)	Menge von Strukturen (Lösungen)
Eltern	zur Reproduktion ausgewählte Lösungen
Kinder, Nachkommen	aus den Eltern erzeugte Lösungen
Crossover	Suchoperator, der Elemente verschiedener Individuen vermischt
Mutation	Suchoperator, der jeweils ein Individuum modifiziert
Fitneß	Lösungsgüte bezogen auf die Ziele
Generation	Verfahrensiteration
Nur bei Genetischen Algorithmen gebräuchlich:	
Chromosom (besteht aus Genen)	grundsätzlich identisch mit Individuum; gelegentlich kann ein Individuum sich aus mehreren Chromosomen zusammensetzen; übliche Form: String
Gen	Bit (binäre Codierung unterstellt)
Allel	Genausprägung (binär: 0 oder 1)
Genotyp	codierte Lösung
Phänotyp	decodierte Lösung

Obwohl sich diese EA-Formen im Detail durchaus unterscheiden, stimmt die Grundphilosophie doch überein. Folgende Merkmale sind typisch für EA:

- Die Entscheidungsvariablen des gegebenen Anwendungsproblems werden im allgemeinen als String bzw. in Vektorform dargestellt und ihre Ausprägungen in dieser Form vom EA optimiert.[6]
- Ein EA verarbeitet in jeder Verfahrensiteration eine Menge von Lösungsalternativen, die im allgemeinen jeweils einen kompletten Satz von Werten für die Entscheidungsvariablen der Anwendung repräsentieren. Es wird also von verschiedenen Punkten aus

[6] Die Genetische Programmierung bildet hier eine Ausnahme.

gleichzeitig nach guten Lösungen gesucht (populationsbasierte statt punktbasierte Suche).

- Für eine zielgerichtete Suche sind nur Angaben zur Güte (Fitneß) der betrachteten Lösungen nötig. Diese Fitneßwerte werden i.d.R. aus Zielfunktionswerten berechnet. Sie können aber auch beispielsweise mit Hilfe der Simulation oder durch praktische Experimente ermittelt werden. Ableitungen werden nicht benötigt.
- Die Grundoperatoren von EA imitieren auf abstrakter Ebene die Phänomene Replikation, Variation und Selektion als treibende Kräfte evolutionärer Prozesse.
- Stochastische Verfahrenselemente werden bewußt eingesetzt. Daraus entsteht jedoch keine reine Zufallssuche, sondern ein intelligenter Suchprozeß. Es werden immer wieder neue Lösungsstrukturen generiert und hinsichtlich ihrer Güte bewertet. Dadurch sammelt das Verfahren Informationen über die Struktur des Suchraumes, die implizit in den Individuen der Population gespeichert werden. Diese Informationen dienen anschließend dazu, den weiteren Suchprozeß einzugrenzen. Lösungsalternativen werden verstärkt in solchen Regionen des Suchraumes generiert, die erfolgversprechend sind.

Das allgemeine Ablaufschema eines abstrakten EA, der die verschiedenen EA-Hauptströmungen als Spezialfälle mit gewissen Variationen[7] enthält, ist in Bild 1-4 dargestellt und wird im folgenden erläutert.

Man beginnt mit einer häufig stochastisch generierten Startmenge (Ausgangspopulation) von Lösungsalternativen (Individuen). Für diese werden Fitneßwerte bestimmt. Es folgt ein iterativer Zyklus, in dem immer wieder aus den alten Lösungen neue, modifizierte Lösungsvorschläge erzeugt werden.

In diesem sogenannten Generationszyklus werden Individuen aus der Population durch *Selektion* zu Eltern bestimmt. Im Rahmen der Erzeu-

[7] Anders als bei GA und GP, findet bei ES und EP der Selektionsschritt erst am Ende der Generationsschleife statt. Darin spiegelt sich lediglich wieder, daß die Populationsgröße in ES und EP nicht konstant ist wie in GA und GP üblich, und P(t) bei ES und EP dabei nach allgemeinem Verständnis einer Population von *Eltern* entspricht. Daher fällt für ES und EP der Schritt 7 (Selektion der Eltern) mit Schritt 11 (Bilden der neuen Population) zusammen. Dadurch wird jedoch *kein prinzipieller Unterschied* zwischen den verschiedenen EA-Strömungen begründet.

gung von Nachkommen wird die in den Eltern enthaltene Lösungsinformation kopiert (*Replikation*) und durch Anwendung eines oder mehrerer *Variations*operatoren, wie z.B. Mutation oder Crossover, verändert. Die sich ergebenden Nachkommen bewertet man und erneuert mit ihnen die Population.

Bild 1-4: Allgemeines Ablaufschema eines EA

```
 1 Wähle Strategieparameterwerte
 2 Initialisiere Ausgangspopulation P(0)
 3 t ← 0
 4 Bewerte Individuen der Ausgangspopulation
 5 Wiederhole          (*Generationszyklus*)
 6   t ← t+1
 7   Selektion         (*Auswahl der Eltern*)
 8   Replikation       (*Nachkommen
 9   Variation            generieren*)
10   Bewerten der Nachkommen
11   Bilden der neuen Population P(t)
12 bis t_max erreicht ist oder eine andere
   Abbruchbedingung erfüllt ist
13 Ausgabe der Ergebnisse
14 Stop
```

Das Wechselspiel aus ungerichteter Veränderung von Lösungen durch die Variationsoperatoren und Bevorzugung der besten Lösungen im Selektionsprozeß führt im Verlaufe vieler Generationszyklen zu sukzessiv besseren Lösungsvorschlägen. Dieser Prozeß wird solange fortgesetzt, bis ein Abbruchkriterium greift, also z.B. eine bestimmte maximale Anzahl von Iterationen $t_{max} \in \mathbf{N}$ durchgeführt wurde. Abschließend werden dem Benutzer die Ergebnisse, z.B. die beste gefundene Lösung, mitgeteilt, und das Verfahren terminiert. Bild 1-5 veranschaulicht die prinzipielle Vorgehensweise bei EA nochmals grafisch.

Die EA-Hauptformen unterscheiden sich nicht zuletzt in der Ausgestaltung der Selektion sowie bei den eingesetzten Variationsoperatoren. Als Gedankenstütze seien einige *wesentliche Unterscheidungsmerkmale der vier EA-Hauptströmungen* erwähnt:

Bild 1-5:
EA-Basiszyklus

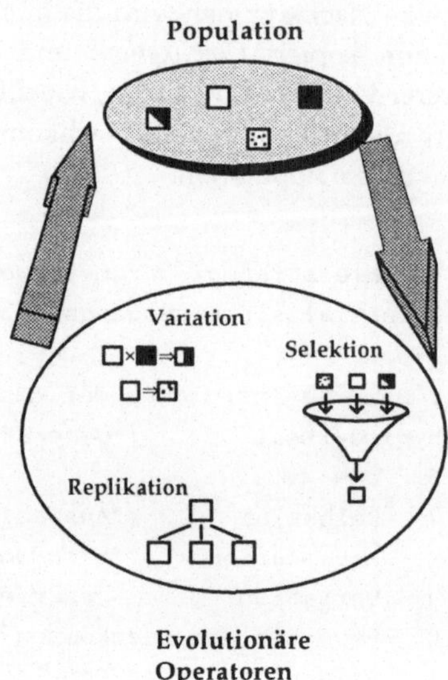

- GA verwenden häufig eine binäre Lösungsrepräsentation. Die Selektion erfolgt stochastisch, so daß auch schlechten Individuen eine gewisse Chance zur Reproduktion gegeben wird. Als Hauptsuchoperator dient das Crossover, während die Mutation nur mit geringer Wahrscheinlichkeit auftritt.
- GP ist im Grunde nur eine GA-Variante. Besonders hervorzuheben ist die Lösungsrepräsentation in Form von Computerprogrammen.
- ES verwenden im allgemeinen einen Vektor reeller Zahlen zur Lösungsrepräsentation. Die Selektion erfolgt deterministisch, so daß nur die besten Individuen überleben. Die Mutation auf Basis normalverteilter Zufallsgrößen ist als Suchoperator besonders wichtig, doch spielt auch die Rekombination eine große Rolle.
- EP weist starke Ähnlichkeiten zu ES auf und verwendet häufig ebenfalls einen Vektor reeller Zahlen zur Lösungsdarstellung. Es wird jedoch mit einer stochastischen Form der Selektion gearbeitet und die Mutation bildet den einzigen Suchoperator.

In Kapitel 7 werden diese EA-Hauptströmungen später ausführlicher gegenübergestellt und verglichen.

1.4 Thematische Einordnung

1.4.1 EA zwischen Operations Research und Künstlicher Intelligenz

EA und Operations Research

In praktischen Anwendungen werden EA überwiegend als Optimierungsverfahren eingesetzt. Sie ergänzen hierin das Methodenarsenal des Operations Research. Vorrangiges Ziel des Operations Research ist es, wissenschaftliche Methoden zur Entscheidungsunterstützung bereitzustellen, um die Gestaltung und Leitung komplexer Systeme bei begrenzten Ressourcen zu erleichtern.

Globale Optimierungsprobleme sind dadurch gekennzeichnet, daß aus einer im allgemeinen sehr großen Anzahl von möglichen Lösungen diejenige bestimmt werden soll, die sowohl alle Nebenbedingungen der Problemstellung einhält, als auch die in Gestalt der Zielfunktion F gegebenen Zielkriterien am besten erfüllt (*global optimale Lösung*). Dabei kann es auch mehrere verschiedene global optimale Lösungsalternativen mit gleichem Zielfunktionswert geben.

Für den in diesem Buch überwiegend betrachteten Fall der Optimierung einer Zielfunktion $F : \mathbf{L} \subseteq \mathbf{R}^n \rightarrow \mathbf{R}$, $\mathbf{L} \neq \emptyset$, von n kontinuierlichen Variablen lautet die *Definition des globalen Optimierungsproblems* bei unterstellter Maximierung:

Finde ein $\vec{x}^* \in \mathbf{L}$, so daß $F(\vec{x}^*) = \max \{F(\vec{x}) \mid \vec{x} \in \mathbf{L}\}$!

Dabei ist $\mathbf{L}$ der zulässige Lösungsbereich und $\vec{x}^*$ eine global optimale Lösung mit Zielfunktionswert $F(\vec{x}^*) > -\infty$. Eine *relaxierte Version dieses globalen Optimierungsproblems* lautet dagegen:

Finde ein $\vec{x} \in \mathbf{L}$, so daß $F(\vec{x}^*) - F(\vec{x}) \leq \varepsilon$ für einen festgelegten Wert $\varepsilon > 0$!

Erwähnenswert, weil besonders praxisrelevant, ist hier auch noch der Sonderfall eines *kombinatorischen Optimierungsproblems.*

Ein kombinatorisches Optimierungsproblem liegt vor, wenn es darum geht, die beste Lösung aus einer endlichen oder abzählbar unendlichen Anzahl von Lösungsalternativen zu bestimmen.[8]

---

[8] Das bekannte Travelling Salesman Problem (TSP) ist beispielsweise ein kombinatorisches Optimierungsproblem, bei dem eine möglichst kurze Rundreise durch eine Anzahl von Städten gesucht ist.

Eine Lösung stellt ein *lokales Optimum* dar, wenn ihr Zielfunktionswert besser ist als der aller Lösungen, die in einer definierten Nachbarschaft zu ihr liegen. Auch global optimale Lösungen sind in diesem Sinne lokale Optima. Die Schwierigkeit für Optimierungsverfahren besteht letztlich darin, daß es keine Kriterien gibt, um eine lokal *und* global optimale Lösung ohne weiteres Vorwissen von einer nur lokal optimalen Lösung zu unterscheiden.

Funktionen mit genau einem lokalen Optimum, das natürlich gleichzeitig globales Optimum ist, heißen *unimodal*. Funktionen mit mehreren lokalen Optima[9] werden dagegen als *multimodal* bezeichnet.

Relativ gut untersucht wurden bislang globale Optimierungsprobleme, die eine stetige und zweimal differenzierbare Zielfunktion aufweisen und keine einschränkenden Nebenbedingungen besitzen. Leider ist eine solche Situation in praktischen Anwendungen meistens nicht gegeben. Dann können nur Lösungsmethoden eingesetzt werden, die weniger restriktive Annahmen bezüglich der Problemstellung machen. EA gehören zu den in diesen Fällen anwendbaren Optimierungsmethoden. Dabei legt die Bezeichnung Evolutionärer „Algorithmus" nahe, daß EA immer eine global optimale Lösung für das gegebene Optimierungsproblem finden.

Diese Erwartung erfüllen EA jedoch *nicht*. Insbesondere kann man im allgemeinen nicht garantieren, daß EA bei praktischen Anwendungen *in begrenzter Zeit* ein globales Optimum finden. Gleichwohl belegen zahlreiche Beispiele, daß EA häufig in beschränkter Zeit sehr gute oder nahe-optimale Lösungen identifizieren können. EA gehören insofern dem Charakter nach zu den *Heuristiken*.[10]

Unter einer Heuristik soll hier eine nichtwillkürliche und häufig iterative Methode verstanden werden, die darauf abzielt, für eine gegebene Problemstellung in begrenzter Zeit eine oder mehrere möglichst gute Lösungen zu finden, ohne daß garantiert werden kann, eine global optimale Lösung zu finden.

Um die Qualität von Heuristiken zu beurteilen, lassen sich die von Newell [NEWE69] vorgeschlagenen Kriterien Allgemeinheit (*generality*) und Leistungsfähigkeit (*power*) heranziehen.

---

[9] Von denen natürlich mindestens eines auch globales Optimum ist.
[10] Altgriechischer Wortstamm "heuriskein" = finden.

(1) Der *Grad an Allgemeinheit* einer Heuristik bringt zum Ausdruck, auf wieviele verschiedene Problemstellungen sie anwendbar ist.

(2) Die *Leistungsfähigkeit* einer Heuristik läßt sich an mindestens drei Dimensionen messen:
- *Lösungswahrscheinlichkeit*, definiert als Wahrscheinlichkeit, mit der die Heuristik eine Lösung von bestimmter Mindestqualität findet,
- *Lösungsqualität* (Abweichung vom global optimalen Zielfunktionswert),
- *Ressourcenbedarf* (Faktoreinsatz, um eine bestimmte Lösungsqualität und Lösungswahrscheinlichkeit zu erzielen).

Zwischen dem Grad der Allgemeinheit einer Heuristik und ihrer Leistungsfähigkeit besteht ein inverser Zusammenhang (*trade-off*) wie Bild 1-6 verdeutlicht.

Bild 1-6: Schwache und starke Methoden[11]

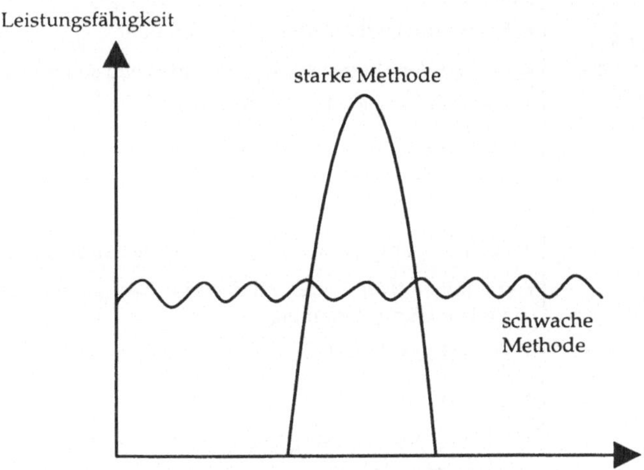

Weniger leistungsfähige aber dafür breit anwendbare Heuristiken gehören zur Klasse der „schwachen Methoden". Leistungsstarke aber dafür nur in einem schmalen Bereich anwendbare Heuristiken sind

[11] Darstellung angelehnt an [ANGE93].

dagegen „starke Methoden". Eine starke Methode enthält viel anwendungsspezifisches Vorwissen, während schwache Methoden mit wenig oder keinem Anwendungswissen auskommen. EA lassen sich an jeder Stelle auf einem Kontinuum zwischen schwachen und starken Methoden plazieren. So zählen die Basisformen der einzelnen EA-Hauptströmungen zu den schwachen Methoden. Sie sind ohne große Veränderungen auf viele verschiedene Problemstellungen anwendbar. Es existieren jedoch eine ganze Reihe von Möglichkeiten, anwendungsbezogenes Vorwissen in EA zu integrieren, um ihre Leistungsfähigkeit zu verbessern. Daneben bestehen weitere Vorzüge, die EA für Optimierungsanwendungen interessant machen. Tabelle 1-3 gibt einen Überblick der wesentlichen Vor- und Nachteile von EA als Optimierungsmethode. Diese werden ausführlicher in Kapitel 7 diskutiert.

Tabelle 1-3: Vorteile und Nachteile von EA als Optimierungsmethode

Vorteile:

- breite Anwendbarkeit der Basisverfahren
- flexible Verfahrensgestaltung (Anpassung an Problemstellung)
- Eignung für komplexe Suchräume
- keine restriktiven Anforderungen an die Zielfunktion (insbesondere keine Stetigkeit oder Differenzierbarkeit erforderlich)
- Basisprinzipien gut verständlich
- auch bei geringer Einsicht in die Problemstruktur anwendbar
- gut mit anderen Verfahren kombinierbar (gezielte Initialisierung, lokale Verbesserungsverfahren)
- gut auf Parallelrechnern zu implementieren

Nachteile:

- fehlende Optimalitätsgarantie bei beschränkter Rechenzeit
- relativ hoher Rechenaufwand
- Ineffektivität beim Finetuning in der Schlußphase der Optimierung
- Anpassung an die Problemstellung und Wahl der Strategieparameter kann schwierig sein

EA und Künstliche Intelligenz

Ursprünglich entstammt die Differenzierung zwischen starken und schwachen Methoden der Klassifizierung von Problemlösungsmethoden im Rahmen der *Künstliche Intelligenz (KI)-Forschung*.

Zwei zentrale Forschungsanliegen kennzeichnen die KI [SCHA87]. Einerseits werden menschliche Intelligenz und Problemlösungsverhalten anhand computerimplementierter Modelle untersucht. Dieser Bereich steht der Kognitionspsychologie nahe. Andererseits arbeitet man in der KI an Methoden, die es Computern gestatten, Leistungen zu vollbringen, welche im allgemeinen mit Intelligenz assoziiert werden. Dabei ist es nicht zwingend erforderlich, menschliche kognitive Fähigkeiten im Rechner korrekt zu modellieren, um künstlich-intelligente Leistungen hervorzubringen.

Für beide Forschungsanliegen der KI sind *Suchmethoden* von großer Bedeutung. Viele Spezialgebiete der KI, darunter Mustererkennung, Diagnose, Klassifikation und Lernstrategien, lassen sich als Suchprobleme in einem abstrakten Hypothesenraum beschreiben. Aus einem Suchproblem wird ein Optimierungsproblem, wenn das Ziel der Suche darin besteht, für die gegebene Problemstellung optimale Lösungen zu finden.

EA sind aus KI-Sicht eine Klasse von stochastischen Suchmethoden. Was sie besonders interessant macht, ist die in ihnen realisierte Form eines *intelligenten Suchprozesses*. In EA werden durch evolutionäre Operatoren ständig neue Lösungsstrukturen generiert und anhand der anwendungsspezifischen Fitneßfunktion bewertet. Elemente guter Lösungen werden im Prozeß der Selektion und Vererbung weitergegeben, neu vermischt, durch Zufallseinflüsse verändert und dann erneut bewertet.

So füllt sich die Population unter dem Einfluß der Selektion tendenziell mit ständig verbesserten Lösungen, während die Suchaktivitäten immer stärker auf erfolgversprechende Regionen konzentriert werden. Man bezeichnet dieses Verhalten als *exploitation* = Ausnutzen der in guten Lösungen enthaltenen Informationen über den Suchraum. Gleichzeitig sorgen die stochastisch beeinflußten Suchoperatoren dafür, daß weiterhin neue Bereiche des Suchraumes getestet werden (*exploration*).

Um EA erfolgreich einzusetzen, ist es wichtig, eine gute Balance zwischen *exploitation* und *exploration* herzustellen. Dazu bestehen diverse Freiheitsgrade im Verfahrensentwurf und bei der Einstellung von Strategieparametern (z.B. Populationsgröße, Mutationswahrscheinlichkeit).

EA sammeln also sukzessiv Informationen über den Suchraum, ohne daß dieses Wissen symbolisch explizit, also beispielsweise in Form von Regeln, repräsentiert wird. Es ist stattdessen implizit in den Individuen der Population gespeichert. EA sind adaptive Systeme. Sie realisieren eine Form des (unüberwachten) maschinellen Lernens (ML).

Lernen kann mit Simon [SIMO84, S. 28] definiert werden als Veränderungen in einem System, die es dem System ermöglichen, die gleiche Aufgabe oder Aufgaben dergleichen Klasse beim nächstenmal effektiver bzw. effizienter zu bewältigen.

Die Fähigkeit zu lernen ist eine wichtige Grundlage intelligenten Verhaltens. ML-Strategien sind daher für die KI-Forschung von besonderer Bedeutung. EA ergänzen die traditionellen ML-Strategien. Dabei wird aus den Reihen der traditionellen KI manchmal der Vorwurf laut, EA seien Lernstrategien einer sehr primitiven Art, die zwar für die Natur vor dem Hintergrund eines Jahrmilliarden andauernden Evolutionsprozesses nützlich gewesen sind, aber in zeitbegrenzten praktischen Anwendungen „anspruchsvollen" automatischen Lernstrategien unterlegen sein müssen.

Gegen diesen Vorwurf können verschiedene Einwände geltend gemacht werden. Erstens verdienen die Mechanismen der Evolution, die eine solche Entwicklung des Lebens auf unserer Erde ermöglicht haben, unsere Bewunderung. Insbesondere ist davon auszugehen, daß die Natur nicht nur die Objekte der Evolution, sondern auch den Ablauf selbst optimiert hat, so daß evolutionäre Mechanismen sicherlich nicht als primitiv einzustufen sind.

Desweiteren wird bei der Beurteilung von EA als Lernstrategien gerne übersehen, daß viel aufgabenbezogenes Vorwissen in EA integriert werden kann. So können EA durch eine problemspezifische Repräsentation und angepaßte Operatoren zur starken Methode werden. Ähnliche Überlegungen gelten für die vielfältigen Kombinationsmöglichkeiten z.B. mit Neuronalen Netzen oder der Fuzzy Set Theorie.

Obwohl es zutrifft, daß EA rechenintensiv sein können, tritt dieser Kritikpunkt angesichts laufend verbesserter Hardware immer weiter in den Hintergrund. Hinzu kommt, daß EA sich besonders für parallele Rechnersysteme eignen, was Geschwindigkeitsvorteile ermöglicht.

In der EA-Forschungsgemeinschaft vertreten viele eine KI-orientierte Sicht. So wird z.B. GP von seinem exponiertesten Vertreter, John Koza, als Antwort auf die Frage verstanden, wie Computer *lernen* können, Probleme zu lösen, ohne dafür explizit programmiert zu werden. David Fogel, einer der führenden EP-Vertreter, wirft der traditionellen KI vor, daß sie sich zuviel mit den Konsequenzen und zuwenig mit den Voraussetzungen von Intelligenz befaßt. Mustererkennung, Theorembeweisen und andere KI-Teilgebiete betrachteten demzufolge lediglich *Symptome* intelligenten Verhaltens. Fogel sieht in der Evolution ein Rahmenkonzept für alle intelligenten Prozesse, das auch als Basis für die Schaffung künstlich intelligenter Einheiten dienen kann. Fogel argumentiert, daß Intelligenz auf Lernprozessen beruht. Lernprozesse sind adaptive Prozesse, die sich mit evolutionären Mechanismen modellieren und auf Computern in großer Geschwindigkeit simulieren lassen.

> „Whether learning is accomplished by a species, an individual, or a social group, every intelligent system adopts a functionally equivalent process of reproduction, mutation, competition, and selection. Each such system possesses a unit of mutability for generating new behaviors and a reservoir for storing knowledge (...). Learning is accomplished through some form of random search and the retention of those "ideas" that provide the learning system with the greatest understanding of its environment (Atmar, 1976). The learning system evolves, adapting its behavior to achieve its goals in a range of environments." [FOGE95, S. 249]

Intelligenz und Kreativität sind für Fogel daher letztlich rein mechanistischer Natur:

> „(...) evolution is a procedure that can be simulated and used to generate creativity and imagination mechanically." [Ebenda, S. 28]

Fogels harsche Kritik an der KI-Forschung geht sicher teilweise zu weit. EA sind kein Ersatz, sondern bilden eine Ergänzung für andere Methoden der KI. Klassische KI-Systeme, wie etwa regelbasierte Expertensysteme, benutzen eine symbolische, für den Menschen besser zugängliche Form der Wissensrepräsentation.

Ein Hauptproblem der klassischen symbolischen KI liegt jedoch darin, daß diese Systeme nur in sehr begrenzten Bereichen einsetzbar sind. An den Grenzen ihrer Kompetenz fällt z.B. die Performance von Expertensystemen steil ab, was nicht dem bei menschlichen Experten beobachteten Verhalten entspricht. Duch die Integration mit adaptiven subsymbolischen Ansätzen der KI, wie etwa künstlichen Neuronalen Netzen oder EA, hofft man heute, robustere KI-Systeme entwickeln zu können.

Wie die Ausführungen dieses Abschnitts verdeutlicht haben, können EA berechtigterweise sowohl als Optimierungsmethode wie auch als maschinelle Lernstrategie aufgefaßt werden. Im Rahmen dieses Buches werden EA vorwiegend aus dem Blickwinkel der Optimierung betrachtet.[12]

1.4.2 Soft Computing

Der Begriff des Soft Computing geht auf Lotfi A. Zadeh, den Begründer der Fuzzy Set Theorie, zurück und entstammt dem Titel einer gleichnamigen Initiative an der University of California in Berkeley. Soft Computing umfaßt als Hauptgebiete Fuzzy-Systeme, Neuronale Netze und Evolutionäre Algorithmen.

Der Grundgedanke des Soft Computing besteht darin, Verfahren zu entwickeln, die tolerant sind gegenüber Phänomenen wie Unsicherheit, Unschärfe und partieller Information. Diese Charakteristika sind kennzeichnend für viele komplexe Systeme und Alltagssituationen.

> „...the guiding principle of soft computing is: Exploit the tolerance for imprecision, uncertainty and partial truth to achieve tractability, robustness and low cost solution. Underlying this principle is an obvious and yet frequently neglected fact, namely, that precision carries a cost." (Zadeh im Vorwort zu [AMIN94])

Damit steht Soft Computing im Gegensatz sowohl zu analytischen Modellen und exakten Lösungsmethoden des Operations Research, als auch Methoden der klassischen, am Symbolverarbeitungsparadigma ausgerichteten KI, die auf Exaktheit und Gewißheit beruhen.

Viele praktische Probleme lassen sich mit den herkömmlichen exakten Methoden (Hard Computing) nur schlecht erfolgreich bearbeiten. Da-

12 Ausnahmen sind Kapitel 3 und Kapitel 8.1.

zu zählen im Bereich der KI z.B. die Handschriftenerkennung oder die adaptive Steuerung autonomer Roboter. Für den Zweig der KI, der auf Technologien des Soft Computing basiert, hat sich inzwischen der Begriff *Computational Intelligence* etabliert, den viele auch synonym mit Soft Computing verwenden.

Oft entstehen besonders effiziente Problemlösungen, indem man verschiedene Teilgebiete des Soft Computing im Rahmen von Hybridsystemen kombiniert. Besonders in Japan haben z.B. Fuzzy-Neuro-Systeme schon Eingang in viele Konsumgüter gefunden, etwa in intelligente Waschmaschinen- oder Mikrowellensteuerungen. Ebenfalls vielversprechend sind die Kombinationsmöglichkeiten zwischen EA und Neuronalen Netzen bzw. Fuzzy-Systemen. Zahlreiche überwiegend prototypische Realisierungen existieren bereits. Sie sind Gegenstand des Kapitels 8 (Hybridsysteme).

1.4.3 Artificial Life

Evolutionäre Algorithmen sind eine der Haupttechnologien zur Konstruktion von Artificial Life (AL)-Systemen. AL exakt zu definieren ist schwer, da es sich um ein sehr facettenreiches und dynamisches Forschungsfeld handelt. Die Essenz von AL beschreibt Christopher G. Langton, allgemein als Begründer dieser Disziplin angesehen, so:

> „Artificial Life (AL) is a relatively new field employing a *synthetic* approach to the study of *life-as-it-could-be*. It views life as a property of the *organization* of matter, rather than a property of the matter which is so organized."
>
> „Artificial Life involves the *realization* of lifelike behavior on the part of man-made systems consisting of *populations* of semi-autonomous entities whose *local interactions* with one another are governed by a set of *simple rules*. Such systems contain *no* rules for the behavior of the population at the global level, and the often complex, high-level dynamics and structures observed are *emergent* properties, which develop over time out of all the local interactions among low-level primitives..." [LANG89, S. 2, XXII]

AL befaßt sich also damit, künstliche Systeme zu schaffen, um die fundamentalen dynamischen Prinzipien des Phänomens „Leben" zu studieren. Dabei wird die auf der Erde realisierte Form des Lebens nur als eine von vielen möglichen angesehen. Für ein besseres Verständnis ist es daher erforderlich, sich mit dem größeren Feld des *life-as-it-could-be* auseinanderzusetzen.

Zentrales Schlüsselthema von AL ist das Entstehen von Komplexität aus der Interaktion elementarer Systembausteine. Hier paßt das Sprichwort „Das Ganze ist mehr als die Summe seiner Teile". AL-Systeme sind dabei sowohl durch Lokalität von Information und Verhalten, als auch durch Parallelität und Verteiltheit der Systembausteine gekennzeichnet. Gleichzeitig wird auf eine zentrale Kontrollinstanz verzichtet.

Dieser synthetische *bottom-up* Ansatz ist interdisziplinär ausgerichtet und ergänzt die überwiegend analytische *top-down* Forschungssicht in der Biologie. Von besonderem Interesse ist die Frage, welche elementaren Systembausteine und lokalen Verhaltensregeln hinreichend sind, um auf höheren Systemebenen komplexes Verhalten zu generieren (*emergent behaviour*). Aus *emergent behaviour* kann wiederum *emergent functionality* entstehen, wenn das Verhalten zur Selbsterhaltung des Systems beiträgt und darauf aufgebaut werden kann [STEE95]. AL-Systeme sind dabei entweder computergestützte Simulationen oder physische Roboter, die über Sensoren und Effektoren mit ihrer Umwelt verbunden sind. Soweit die Umweltbedingungen sich signifikant ändern, müssen die künstlichen Individuen (Agenten) darauf adaptiv reagieren, um ihre Chance auf Selbsterhaltung zu wahren. Ein solches Verhalten kann als intelligent bezeichnet werden. Hier liegen Bezüge zur KI-Forschung.

Allerdings sind die Grundphilosophien und Forschungsschwerpunkte der traditionellen KI deutlich verschieden von denen in AL. Traditionelle KI konzentriert sich überwiegend auf menschliche kognitive Prozesse höherer Ordnung, wie etwa das wissensbasierte Problemlösen. Dabei stehen Erhebung, Strukturierung, Formalisierung und Repräsentation von *Wissen* im Vordergrund. Diesem wissensorientierten, analytischen Vorgehen steht der verhaltensorientierte, synthetische, agentenbasierte AL-Ansatz gegenüber [STEE95]. Intelligentes Verhalten wird im AL-Bereich in operationaler Weise definiert als die Fähigkeit, höchstmögliche Chancen zur Selbsterhaltung des eigenen Systems in seiner Umwelt sicherzustellen. Heute gelingt es natürlich noch nicht, menschliche Intelligenzleistungen auf synthetische Weise zu generieren. Die AL-Hypothese ist aber „... that by simulating and understanding complete animal-like systems at a simple level, we can build up gradually to the human" [WILS91, S. 16].

Weitere Unterschiede zwischen traditioneller KI und AL [MAES95]:

- Traditionelle KI konzentriert sich darauf, Systeme mit hoher aber isolierter Kompetenz zu entwickeln. Ein Beispiel sind Expertensysteme. Im Gegensatz dazu ist sind AL-Systeme holistischer Natur. Die Agenten in einer AL-Simulation benötigen integrierte Fähigkeiten auf niedrigerer Ebene, wie z.B. Wahrnehmung, Fortbewegung und adaptive Steuerung.
- Systeme der traditionellen KI sind weitgehend abgeschlossen von der Problemdomäne, zu der sie Wissen speichern. Interaktionen mit der Außenwelt erfolgen in kontrollierter Form durch den Systembediener. Agenten in AL-Systemen sind dagegen typischerweise komplexen und dynamischen Umweltbedingungen (simuliert oder real) unmittelbar ausgesetzt. Sie stehen in direktem Kontakt zur Umgebung, in der sie sich zurechtfinden müssen.
- Die meisten traditionellen KI-Systeme behandeln immer nur ein Problem zur Zeit. Häufig geschieht dies ohne enge Zeitbeschränkungen. Die Problemdomäne bleibt während dieser Zeit stabil. Dagegen müssen AL-Agenten unter Umständen mit verschiedenen, widersprüchlichen Zielsetzungen in einer veränderlichen Umwelt fertigwerden. Reaktions- und Anpassungszeiten sind beschränkt. Handlungsschritte sind nicht vorgegeben, sondern vom Agenten selbst festzulegen.
- Traditionelle KI-Systeme weisen statische Wissensstrukturen auf. Sie sind typischerweise nicht adaptiv. Demgegenüber besitzen AL-Systeme statt statischer Wissensbasen dynamische verhaltensgenerierende Module. Betont werden Phänomene wie Adaptivität und Systemevolution.

AL versteht sich im KI-Bereich als Ergänzung zu traditionellen Techniken. EA finden in der AL-Forschung vielfältige Anwendungsmöglichkeiten. Tatsächlich verläuft die Grenze zwischen beiden Gebieten fließend. Ein bekanntes Beispiel für den Einsatz von EA in AL-Simulationen stammt von Hillis, der die Koevolution in einem Räuber-Beute-System mit Hilfe von Genetischen Algorithmen modelliert [HILL90].

Beispiel: Koevolution

Hillis praktisches Ziel besteht darin, ein möglichst effizientes Sortierverfahren für Ganzzahlen zu entwickeln. Er bedient sich dazu zweier koevolvierender Populationen. Die eine enthält Sortierverfahren, während die Mitglieder der anderen Population aus Mengen von Permutationen bestehen. Die Fitneß eines Sortierverfahrens bemißt sich nun danach, wie gut es die Permutationen eines korrespondierenden Individuums in der zweiten Population sortiert. Dessen Fitneß wiederum hängt gerade davon ab, wie schlecht sich die in ihm enthaltenen Permutationen sortieren lassen. Hier evolvieren also in wechselseitiger Abhängigkeit ein Sortiermechanismus (Räuber) und seine Trainingsdaten (Beute). Hillis erzielt damit ausgezeichnete Ergebnisse.

Weitere schon realisierte Anwendungsmöglichkeiten von AL außerhalb der Biologie betreffen z.B. Computer-Spiele, rechnergenerierte Kunst, Zeitreihenprognosen und Optimierungsprobleme.[13]

Gegen AL-Modelle lassen sich aber auch einige Einwände erheben. So haben Mitchell und Forrest [MITC95] darauf hingewiesen, daß es schwerfällt, zwischen „niedlichen Animationen" und nützlichen, gehaltvollen AL-Modellen zu differenzieren, weil adäquate Beurteilungskriterien bisher fehlen. Zweitens, läßt sich selten eine exakte quantitative Beziehung zwischen dem Verhalten des simulierten Systems und einem realen Vorbild herstellen. Noch schwerer wiegt, daß aus ähnlichen Verhaltensmerkmalen simulierter und realer Systeme nicht automatisch auf übereinstimmende zugrundeliegende Strukturen und Prozesse geschlossen werden kann. Das stellt den Erklärungsgehalt von AL-Modellen insbesondere für die Biologie infrage.[14] Letztlich verweisen die aufgeworfenen Probleme aber nur auf offene Forschungsthemen dieser noch recht jungen Disziplin.

---

[13] Siehe die weiterführende Literatur zu diesem Kapitel.
[14] Diese und weitere kritische Aspekte von AL sind diskutiert in [BONA95].

1.5 Literatur zum Kapitel 1

Zitierte Literatur

[ALAN94] Alander, J.T.: An Indexed Bibliography of Genetic Algorithms (in verschiedene Arbeitsberichte aufgeteilte ständig aktualisierte GA-Bibliographie), University of Vaasa, Dep. of Information Technology and Production Economics, Vaasa 1994 (Siehe Internet-Informationen in Anhang A).

[AMIN94] Aminzadeh, F.; Jamshidi, M. (Hrsg.): Soft Computing. Fuzzy Logic, Neural Networks, and Distributed Artificial Intelligence, Englewood Cliffs/NJ: Prentice Hall 1994.

[ANGE93] Angeline, P.J.: Evolutionary Algorithms and Emergent Intelligence, Dissertation, Ohio State University, Columbus 1993.

[BONA95] Bonabeau, E.W.; Theraulaz, G.: Why Do We Need Artificial Life?, in: [LANG95], S. 303-325.

[BOX57] Box, G.E.P.: Evolutionary Operation: A Method for Increasing Industrial Productivity, in: Applied Statistics. A Journal of the Royal Statistical Society 6 (1957) 2, S. 81-101.

[BREM62] Bremermann, H.J.: Optimization through Evolution and Recombination, in: Yovits, M. C.; Jacobi, G. T.; Goldstein, G. D. (Hrsg.): Self-Organizing Systems, Washington: Spartan Books 1962, S. 93-106.

[DARW60] Darwin, C.: On the Origin of Species by Means of Natural Selection, or the Preservation of Favoured Races in the Struggle for Life, Nachdruck, London: John Murray 1860.

[DAWK90] Dawkins, R.: Der blinde Uhrmacher, München: dtv 1990.

[FOGE95] Fogel, D.B.: Evolutionary Computation. Toward a New Philosophy of Machine Intelligence, New York: IEEE Press 1995.

[FRIE58] Friedberg, R.M.: A Learning Machine: Part I, in: IBM Journal of Research and Development 2 (1958), S. 2-13.

[FRIE59] Friedberg, R.M.; Dunham, B.; North, J.H.: A Learning Machine: Part II, in: IBM Journal of Research and Development 3 (1959), S. 282-287.

[GOTT89] Gottschalk, W.: Allgemeine Genetik, Stuttgart: Thieme 1989.

[HASE82] Hasenfuss, I.: Die Selektionstheorie, in Siewing, R. (Hrsg.): Evolution, 2. A., Stuttgart: utb-Fischer, S. 307-318.

[HILL90] Hillis, W. D.: Co-Evolving Parasites Improve Simulated Evolution as an Optimization Procedure, in: Physica D 42 (1990), S. 228-234.

[KLIX92] Klix, F.: Die Natur des Verstandes, Göttingen: Hogrefe 1992.

[LANG89] Langton, C.G.: Artificial Life, in: Langton, C.G. (Hrsg.): Artificial Life, Redwood City/CA: Addison-Wesley 1989, S. 1-44.

[LANG95] Langton, C.G. (Hrsg.): Artificial Life. An Overview, Cambridge/MA: MIT Press 1995.

[MAES95] Maes, P.: Modeling Adaptive Autonomous Agents, in: [LANG95], S. 135-162.

[MEYE91] Meyer, J.-A.; Wilson, S.W. (Hrsg.): From Animals to Animats, Proceedings of the First International Conference on Simulation of Adaptive Behaviour, Cambridge/MA: MIT Press 1991.

[MITC95] Mitchell, M.; Forrest, S.: Genetic Algorithms and Artificial Life, in: [LANG95], S. 267-289.

[NEWE69] Newell, A.: Heuristic Programming: Ill Structured Problems, in: Aronofsky, J. (Hrsg.): Progress in Operations Research - Relationships between Operations Research and the Computer, Vol. 3, New York: Wiley 1969, S. 361-414.

[NISS94] Nissen, V.: Evolutionäre Algorithmen. Darstellung, Beispiele, betriebswirtschaftliche Anwendungsmöglichkeiten, Wiesbaden: DUV 1994.

[NISS95] Nissen, V.: An Overview of Evolutionary Algorithms in Management-Applications, in: Biethahn, J.; Nissen, V.: Evolutionary Algorithms in Management Applications, Berlin: Springer 1995, S. 44-97.

[RIED90] Riedl, R.: Die Ordnung des Lebendigen, München: Piper 1990.

[SCHA87]Schank, R.C.: What is AI Anyway?, in: The AI Magazine 8 (1987) 4, S. 59-65.

[SIMO84] Simon, H.: Why Should Machines Learn?, in: Michalski, R.S.; Carbonell, J.G.; Mitchell, T.: Machine Learning. An Artificial Intelligence Approach, Berlin: Springer 1984, S. 25-37.

[SING90] Singh, J.V. (Hrsg.): Organizational Evolution. New Directions, Newbury Park: Sage 1990.

[STEE95] Steels, L.: The Artificial Life Roots of Artificial Intelligence, in: [LANG95], S. 75-110.

[WILS91] Wilson, S.W.: The Animat Path to AI, in: [MEYE91], S. 15-21.

[WITT93] Witt, U. (Hrsg.): Evolutionary Economics, Aldershot: Elgar 1993.

[WRIG32]Wright, S.: The Roles of Mutation, Inbreeding, Crossbreeding, and Selection in Evolution, in: Proceedings of the 6th International Congress on Genetics, Vol. 1, New York: Ithaca 1932, S. 356-366.

[WUKE82] Wuketits, F.M.: Grundriß der Evolutionstheorie, Darmstadt: Wissenschaftliche Buchgesellschaft 1982.

Sonstige weiterführende Literatur

Artikel zu den Themen Evolutionäre Algorithmen/Evolutionary Computation und Artificial Life erscheinen regelmäßig in den bei MIT Press verlegten Fachzeitschriften „Evolutionary Computation", „Artificial Life" sowie „Adaptive Behavior". 1997 erscheinen die Erstausgaben zweier neuer Zeitschriften „Evolutionary Optimization" sowie „IEEE Transactions on Evolutionary Computation". Beide sind in erster Linie anwendungsorientiert.

Bäck, T.: Evolutionary Algorithms in Theory and Practice, New York: Oxford University Press 1996.

Charniak, E.; McDermott, D.: Introduction to Artificial Intelligence, Reading/MA: Addison Wesley 1985.

Eigen, M.: Stufen zum Leben, Neuausgabe 1992, 2. A., München: Piper 1992.

Fogel, L.J.; Owens, A.J.; Walsh, M.J.: Artificial Intelligence through Simulated Evolution, New York: John Wiley & Sons 1966.

Fogel, D.B.: Evolutionary Computation. Toward a New Philosophy of Machine Intelligence, New York: IEEE Press 1995.

Goldberg, D.E.: Genetic Algorithms in Search, Optimization, and Machine Learning, Reading/MA: Addison-Wesley 1989.

Hinton, G.E.; Nowlan, S.J.: How Learning Can Guide Evolution, in: Complex Systems 1 (1987), S. 495-502.

Holland, J.H.: Adaptation in Natural and Artificial Systems, 2. A., Cambridge/MA: MIT Press 1992 (1. A., Ann Arbor: The University of Michigan Press 1975).

Keller, H.B.; Weinberger, T.: Maschinelle Intelligenz. Grundlagen, Lernverfahren, „intelligent" agierende Systeme, Braunschweig/Wiesbaden: Vieweg (im Druck).

Koza, J.R.: Genetic Programming II, Cambridge/MA: MIT Press 1994.

Lewin, R: Complexity. Life at the Edge of Chaos, New York: Macmillan 1992.

Maynard Smith, J.: Did Darwin Get It Right? Essays on Games, Sex, and Evolution, New York: Chapman and Hall 1988.

Mayr, E.: Toward a New Philosophy of Biology: Observations of an Evolutionist. Cambridge/MA: Belknap Press 1988.

Meyer, M.: Operations Research - Systemforschung, 3. A., Stuttgart: UTB-Fischer 1990.

Michalski, R.S.; Carbonell, J.G.; Mitchell, T.M. (Hrsg.): Machine Learning. An Artificial Intelligence Approach, Berlin: Springer 1984.

Morán, F.; Moreno, A.; Merelo, J.J.; Chacón, P. (Hrsg.): Advances in Artificial Life, Berlin: Springer 1995.

Pearl, J.: Heuristics. Intelligent Search Strategies for Computer Problem Solving, korr. Nachdruck, Reading/MA: Addison-Wesley 1985.

Rechenberg, I.: Evolutionsstrategie '94, Stuttgart: Frommann-Holzboog 1994.

Schwefel, H.-P.: Evolution and Optimum Seeking, New York: John Wiley & Sons 1995.

Törn, A.; Zilinskas, A.: Global Optimization, Berlin: Springer 1989.

Wu, A.S.; Lindsay, R.K.: A Survey of Intron Research in Genetics, in: Voigt, H.-M.; Ebeling, W.; Rechenberg, I.; Schwefel, H.-P. (Hrsg.): Parallel Problem Solving from Nature - PPSN IV, LNCS 1141, Berlin: Springer 1996, S. 101-110.

Zadeh, L.A.: Fuzzy Logic, Neural Networks, and Soft Computing, in: Communications of the ACM 37 (1994) 3, S. 77-84.

1.6 Aufgaben zum Kapitel 1

Aufgabe 1-1: Evolutionstheorie

a) Welche Bedeutung haben Mutationen im Evolutionsgeschehen?
b) Wie ist in diesem Zusammenhang die Rolle der Rekombination einzuschätzen?
c) Ist Evolution ohne Mutation denkbar?
d) Ist Evolution ohne Selektion denkbar?
e) Diskutieren Sie das Fitneßkonzept in der Evolutionstheorie! Wie ist das Verhältnis von Fitneß und Reproduktionserfolg?

f) Vielfach geht man bei EA von einer extern gegebenen Fitneßfunktion aus. Was ist mit Blick auf das Vorbild der Evolutionstheorie davon zu halten? Kann man die genannte Vorgehensweise rechtfertigen?

g) Kennen Sie von Evolutionsvorgängen inspirierte Modelle außerhalb der Biologie?

Aufgabe 1-2: Evolutionäre Algorithmen

a) Was sind die Hauptströmungen im EA-Bereich?

b) Inwieweit unterschieden sich die ursprünglichen Intentionen der Begründer dieser verschiedenen Richtungen?

c) Warum konnten sich die frühen Ansätze im EA-Bereich in den 50er und 60er Jahren Ihrer Ansicht nach nicht durchsetzen?

d) Diskutieren Sie das Konzept der „global optimalen Lösung" vor dem Hintergrund einer praktischen Anwendung, z.B. der Reihenfolgeplanung von Produktionsaufträgen in der Automobilindustrie! Bedenken Sie dabei unter anderem folgende Aspekte: beschränkte Planungszeiten, stochastische Einflüsse auf das zu optimierende Realsystem, Qualität des Entscheidungsmodells, Qualität der Datengrundlage, mehrfache und eventuell gegenläufige Zielsetzungen, Verhandlungsprozesse mehrerer Entscheidungsträger mit individuellen Präferenzen! Wie beurteilen Sie nun den praktischen Wert heuristischer Lösungsverfahren?

e) Inwiefern sind EA maschinelle Lernstrategien? Kennen Sie noch andere Lernstrategien der KI? Welche Anwendungsvoraussetzungen haben diese?

f) Informieren Sie sich über die Forschungsgegenstände der Disziplinen Kybernetik bzw. Synergetik! Sehen Sie Bezüge zu AL oder EA?

Aufgabe 1-3: Artificial Life

a) Beschreiben Sie mit Ihren eigenen Worten den Ansatz von Artificial Life Modellen!

b) Wo sehen Sie mögliche Probleme eines solchen verhaltensorientierten Modellierungsansatzes?

c) Überlegen Sie sich praktische Anwendungen von AL in Ihrem eigenen Studiengebiet!

2 Genetische Algorithmen

Genetische Algorithmen (GA) gehen auf Arbeiten von John Holland in den 60er Jahren zurück. Holland wollte vor allem die Mechanismen adaptiver Systeme erklären und in Form sogenannter *reproductive plans* (erst später als GA bezeichnet) auf Computern implementieren. Dabei diente ihm die biologische Evolution als Vorbild. Hollands Ideen, die am umfassendsten in [HOLL92/75] dokumentiert sind, wurden bald auch für Optimierungszwecke eingesetzt. Zahlreiche Modifikationen des ursprünglichen, oft als „kanonischer GA" bezeichneten Verfahrens von Holland sind vorgeschlagen worden. Sie zielen überwiegend darauf ab, die Leistungsfähigkeit von GA bei Optimierungsproblemen zu verbessern. Das bekannte einführende Textbuch des Holland-Schülers David Goldberg [GOLD89] hat schließlich entscheidend zu einer weiten Verbreitung der Methodik beigetragen.[1]

GA sind heute die in Forschung und Anwendung zahlenmäßig dominierende Hauptströmung der Evolutionären Algorithmen.[2] Tausende erhalten den etwa zweiwöchentlich erscheinenden GA-Digest, das wichtigste elektronische Informations- und Diskussionsforum zu diesem Themenbereich.[3] Die Vielfalt der publizierten GA-Varianten und Forschungsergebnisse ist mittlerweile so groß, daß in dieser Einführung nur eine Auswahl von Inhalten angesprochen werden kann, die über Einzelfragestellungen hinaus für die praktische Optimierung relevant erscheinen. Das umfassende Literaturverzeichnis am Ende dieses Kapitels schafft jedoch die Möglichkeit, sich mit den dargestellten Konzepten und weiteren Themen noch eingehender zu befassen.

Zunächst wird ein elementares GA-Grundkonzept vorgestellt, der sogenannte „Basis-GA". Er ist als leicht verständliche „Einsteigerversion" in das Themengebiet zu begreifen und für Zwecke der praktischen Anwendung in vielerlei Hinsicht verbesserungsfähig. Solche

---

[1] Das Buch von Goldberg muß inzwischen als in manchen Abschnitten überholt angesehen werden. Aktuellere Einführungen in GA sind [MITC96] und [MICH96].

[2] Damit ist keineswegs gemeint, daß GA den übrigen EA-Varianten grundsätzlich überlegen wären!

[3] Adresse siehe Anhang A.

Erweiterungen und Verbesserungen sind Gegenstand des sich anschließenden Abschnittes.

Ein dritter Abschnitt widmet sich ausgewählten Ergebnissen der GA-Theorie. Gegenwärtig vollzieht sich bei der GA-Theorie ein Paradigmenwechsel. Das „alte" Theorie-Gebäude Hollandscher Prägung mit den Zentralelementen Schema-Theorem und Building-Block-Hypothese ist aus verschiedenen Gründen ins Wanken geraten. Diese Kritik wird bei der Darstellung berücksichtigt, ebenso wie einige andere Ergebnisse der GA-Theorie von praktischer Relevanz.

Die hier gewählte Strukturierung in Grundkonzept, Erweiterungen sowie ausgewählte Ergebnisse der Theorie findet sich auch in den Kapiteln zu anderen EA-Hauptformen dieses Buches wieder. Dabei sind die einzelnen Abschnitte dieses Kapitels wegen der großen Variantenvielfalt bei GA jedoch stärker differenziert als in den späteren Kapiteln zur Genetischen Programmierung, zu Evolutionsstrategien und zur Evolutionären Programmierung.

2.1 Grundkonzept

Genetische Algorithmen imitieren evolutionäre Prozesse unter besonderer Betonung genetischer Mechanismen. Dabei arbeitet ein GA mit einer Menge (Population) von künstlichen „Chromosomen", im folgenden Individuen oder Strings genannt. Jedes Individuum $\vec{a}$ ist ein String bestehend aus L Bits, wobei L ein anwendungsabhängiger Wert ist: $\vec{a} = (a_1, a_2, \ldots, a_{L-1}, a_L) \in \{0,1\}^L$. Jeder String gliedert sich außerdem in n Segmente ($n \leq L$). Jedes Segment korrespondiert zu einer Variablen des betrachteten Optimierungsproblems. Segment j ($j = 1,2,\ldots,n$) enthält in binär codierter Form einen Wert für die Entscheidungsvariable j des Optimierungsproblems. Segmente können gleichlange oder verschieden lange Bitfolgen enthalten. Es ist üblich, die einzelnen Bits auf dem String als „Gene" und ihre konkrete Ausprägung (0 oder 1) als „Allel" zu bezeichnen.[4] Bild 2-1 veranschaulicht die binäre Lösungscodierung bei GA.

---

[4] Zu den aus der Biologie entlehnten Begriffen vgl. den Abschnitt 1.1.

Bild 2-1: Binäre Lösungscodierung beim GA

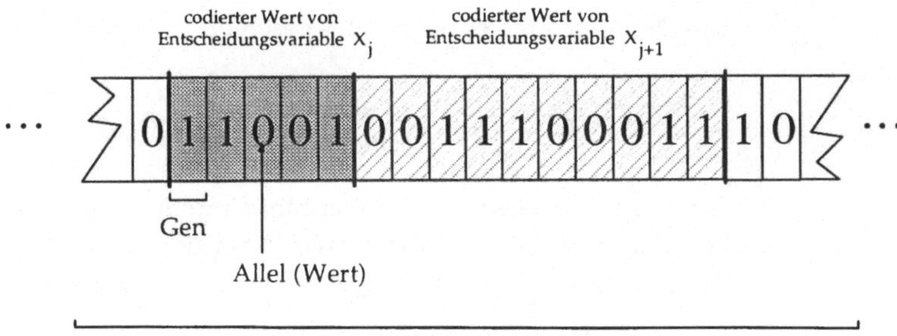

Im folgenden wird unterstellt, daß eine Zielfunktion $F(\vec{x})$ von n kontinuierlichen Entscheidungsvariablen $\vec{x} = x_1, x_2, ..., x_n$ maximiert werden soll. Dieser Fall wird erst allgemein und dann anhand eines Beispiels dargestellt. Dabei sei zunächst angenommen, daß nur positive Funktionswerte auftreten können.

Die binäre Codierung auf einem String endlicher Länge macht es erforderlich, für jede Variable x_j $(j = 1,2,...,n)$ des Optimierungsproblems einen unteren und oberen Grenzwert $[u_j, o_j] \in \mathbf{R}$, $u_j < o_j$ festzulegen. Dadurch wird auch der Suchraum beschränkt. Die Funktion F liefert also folgende Abbildung:

$$F: \prod_{j=1}^{n} [u_j, o_j] \rightarrow \mathbf{R}_+$$

Mittels einer segmentweise vorgehenden Decodierungsfunktion

$$\Gamma: \{0,1\}^L \rightarrow \prod_{j=1}^{n} [u_j, o_j]$$

können aus binären Strings die decodierten Variablenwerte gewonnen werden: $\vec{x} = \Gamma(\vec{a})$. Betrachten wir das j-te Stringsegment. Es hat die Länge L_j Bits, und auf ihm ist der Wert für die Variable x_j codiert. Es bezeichnet a_{jz} das Bit mit der Nummer z (von links begonnen, $z = 1,2,...,L_j$) des Stringsegments j.

Die Decodierung des Segmentes geschieht folgendermaßen:[5]

$$\Gamma^j(a_{j1},\ldots,a_{jL_j}) = u_j + \frac{o_j - u_j}{2^{L_j} - 1} \cdot \left(\sum_{z=1}^{L_j} a_{j(L_j-z+1)} \cdot 2^{z-1} \right) = x_j$$

Reelle Zahlen lassen sich dabei binär nur mit beschränkter Genauigkeit darstellen. Die Vorgehensweise bei der Codierung und Decodierung veranschaulicht das folgende Beispiel [NISS94, S. 23]:

Beispiel: Binäre Codierung und Decodierung

Es ist eine kontinuierliche Variable x mit dem Definitionsbereich $-1 \le x \le 2$ ($x \in \mathbf{R}$) binär zu codieren. Dazu muß zuerst die benötigte Darstellungspräzision festgelegt werden. Hier soll die erste Nachkommastelle genügen, so daß man sich den Definitionsbereich von x in 30 Intervalle der Breite 0,1 aufgeteilt denken kann. Um diese Präzision zu codieren, sind mindestens $L = 5$ Bits erforderlich, denn $16 = 2^4 < 30 < 2^5 = 32$. Höhere Präzision würde einen längeren String erfordern.

Die untere Intervallgrenze –1 wird durch den String 0 0 0 0 0 repräsentiert, die obere Intervallgrenze +2 durch den String 1 1 1 1 1.

Alle übrigen Strings werden linear auf den Definitionsbereich zwischen diesen Grenzen abgebildet. Im Rahmen der Decodierung wandelt man jeden binären String $a_1\, a_2\, a_3\, a_4\, a_5$ zuerst in die Basis 10 um. Der decodierte x-Wert ergibt sich aus:

$$x = -1 + \frac{2-(-1)}{2^5 - 1} \cdot \sum_{z=1}^{5} (a_{5-z+1}) \cdot 2^{z-1}$$

Der String 1 1 0 0 1 aus Bild 2-1 würde also so decodiert:

$$x = -1 + \frac{3}{31} \cdot 25 \approx 1{,}4$$

Diese Vorgehensweise ist nicht unproblematisch, denn sie schafft häufig keine eineindeutige Abbildung zwischen binären Strings und decodierten Werten. Außerdem läßt sich das wahre Optimum einer Funktion kontinuierlicher Variablen bei binärer Codierung im allgemeinen nur annähern.[6]

[5] Vgl. z.B. [BÄCK96, S. 109,MICH96, S. 19].

[6] Der GA realisiert dabei letztlich eine Form der Gittersuche [BÄCK96, S. 109].

Im folgenden ist der Ablauf eines einfachen GA (Basis-GA) dargestellt. Folgende Schritte werden durchlaufen:

Schritt 1: Initialisierung

In der Initialisierungsphase wird eine Ausgangspopulation $P(t = 0)$ von μ Individuen $\vec{a}_i$ $(i = 1,2,...,\mu)$ erzeugt.[7] Übliche Werte für μ liegen zwischen 30 und 500. Im allgemeinen ist μ eine gerade Zahl, wovon auch hier ausgegangen wird. Die Ausgangspopulation initialisiert man üblicherweise stochastisch. Das bedeutet, die einzelnen Bits aller Individuen der Population werden stochastisch unabhängig voneinander und mit gleicher Wahrscheinlichkeit entweder auf den Wert Eins oder Null gesetzt.

Schritt 2: Bewerten der Ausgangslösungen

Dieser Schritt ist notwendig, um unter den durch die binären Individuen repräsentierten Lösungsalternativen in der Population im anschließenden Selektionsschritt nach Qualität differenzieren zu können. Die Individuen werden decodiert und anhand einer aus den Zielkriterien abgeleiteten Fitneßfunktion Φ bewertet. Die Fitneßfunktion setzt sich aus der Zielfunktion F und der Decodierungsfunktion Γ zusammen: $\Phi = F \circ \Gamma$. Es gilt $(i = 1,2,...,\mu)$:

$$\Phi(\vec{a}_i) = F(\Gamma(\vec{a}_i))$$

Schritt 3: Stochastische Selektion und Replikation

In diesem Teilschritt werden μ Individuen aus der aktuellen Population P stochastisch gezogen und damit als Eltern ausgewählt. Es wird „mit Zurücklegen" gezogen, so daß Duplikate möglich sind. Die Selektionswahrscheinlichkeit p_s eines Individuums $\vec{a}_i \in P$ ergibt sich wie folgt $(i = 1,2,...,\mu)$:

$$p_s(\vec{a}_i) = \frac{\Phi(\vec{a}_i)}{\sum_{j=1}^{\mu} \Phi(\vec{a}_j)}$$

Dieses Schema wird als fitneßproportionale Selektion bezeichnet. Da alle Individuen eine positive Selektionswahrscheinlichkeit haben und mithin potentiell Nachkommen zeugen können, bezeichnet man fit-

[7] Der Generationsindex t wird im folgenden vernachlässigt.

neßproportionale Selektion als *nicht diskriminierend (not extinctive)*. Sie unterscheidet sich in dieser Hinsicht z.B. von den *diskriminierenden* Selektionsformen bei Evolutionsstrategien und Evolutionärer Programmierung, wo einige Individuen in der Population keine Chance erhalten, Nachkommen zu haben.[8]

Anschaulich kann man bei dieser Selektionsform an ein Glücksrad mit μ Abschnitten denken, die jeweils zu einem Populationsmitglied korrespondieren. Dabei entspricht die Breite jedes Abschnittes auf dem Glücksrad der Selektionswahrscheinlichkeit des korrespondierenden Individuums. Am Rad wird nun μ-mal gedreht, um die Eltern für den nächsten Verfahrensschritt zu ermitteln. Dies wird auch *roulette wheel selection* genannt und läßt sich wie folgt praktisch implementieren:

Das Interval $[0,1[$ wird in μ kontinuierliche Abschnitte aufgeteilt. Jedem Abschnitt wird ein Individuum der Population eineindeutig zugeordnet, wobei die Abschnittsbreite proportional zur Selektionswahrscheinlichkeit des jeweiligen Individuums ist. Nun erzeugt man eine im Intervall $[0,1[$ gleichverteilte Zufallszahl. Als Elter wird jenes Individuum gewählt, dessen Abschnitt die Zufallszahl enthält. Dieses Individuum wird in den zunächst leeren *mating pool* kopiert. Der Vorgang wird μ-mal durchgeführt. Der Erwartungswert, wie oft ein Individuum $\vec{a}_i$ als Elter im *mating pool* vertreten ist, ergibt sich aus $\mu \cdot p_s(\vec{a}_i)$.

Schritt 4: Erzeugen von Nachkommen

Die folgenden Teilschritte sind $(\mu/2)$-mal zu durchlaufen.

Teilschritt 4-1: Stochastische Partnerwahl

Aus dem *mating pool* werden mit gleicher Wahrscheinlichkeit $1/\mu$ und ohne Zurücklegen zwei Eltern $\vec{a}_{E_1}$ und $\vec{a}_{E_2}$ gezogen.

Aus ihnen entstehen durch die Variationsoperatoren Crossover und Mutation in den beiden folgenden Teilschritten zwei Nachkommen.

Teilschritt 4-2: Crossover

Das Crossover bildet in GA den Hauptoperator bei der Suche nach neuen, verbesserten Lösungen. Im Basis-GA wird 1-Punkt Crossover

[8] Man beachte, daß die Bezeichnung (*nicht*) *diskriminierende* Selektion ein rein technischer Term ist und keinerlei Werturteil hinsichtlich des Selektionsschemas beinhaltet.

(Bild 2-2) angewendet, die einfachste Crossover-Variante. Zunächst wird auf Basis der a priori festgelegten Crossover-Wahrscheinlichkeit p_c (empfohlen $p_c \geq 0{,}6$) ermittelt, ob ein Crossover stattfinden soll. Hierzu bestimmt man die Ausprägung einer im Intervall [0,1[gleichverteilten Zufallsvariable U. Crossover findet nur statt, falls $U \leq p_c$. Soll kein Crossover erfolgen, so werden die beiden Strings unverändert an den Mutationsoperator (Teilschritt 4-3) übergeben. Das heißt, in diesem Fall stimmen Eltern (Indices E_1 und E_2) und Nachkommen (Indices K_1 und K_2) zunächst überein:

$$\vec{a}_{K_1} = \vec{a}_{E_1}$$
$$\vec{a}_{K_2} = \vec{a}_{E_2}$$

Beim 1-Punkt Crossover wird dagegen stochastisch auf Basis einer Gleichverteilung ein Crossover-Punkt c zwischen 1 und L–1 bestimmt, der für beide Strings identisch ist. Dabei wird auf Segmentgrenzen keine Rücksicht genommen. Indem die Teilstücke rechts vom Crossover-Punkt zwischen den Strings ausgetauscht werden, entstehen zwei rekombinierte Nachkommen:

$$\vec{a}_{K_1} = (a_{E_1,1}, a_{E_1,2}, \ldots, a_{E_1,c}, a_{E_2,c+1}, \ldots, a_{E_2,L})$$
$$\vec{a}_{K_2} = (a_{E_2,1}, a_{E_2,2}, \ldots, a_{E_2,c}, a_{E_1,c+1}, \ldots, a_{E_1,L})$$

Bild 2-2: 1-Punkt Crossover

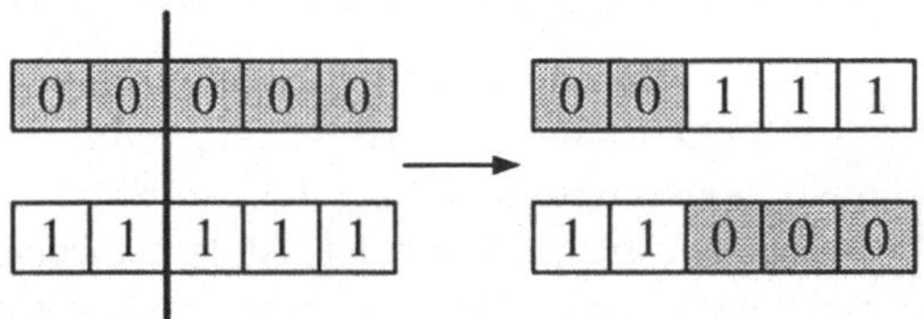

Teilschritt 4-3: Mutation

Die Mutation wird bei GA gewöhnlich als Suchoperator von nachrangiger Bedeutung eingestuft. Sie soll vor allem verhindern, daß an einzelnen Stringpositionen bei allen Individuen einer Population der gleiche Wert (Null oder Eins) steht, denn damit würde der Optimierungsprozeß faktisch nur noch in einem Unterraum des ursprünglichen Suchraums stattfinden.

Im Rahmen der Mutation wird jedes Bit eines Individuums mit einer Wahrscheinlichkeit von p_m (Standardwerte $p_m = 0{,}01$ oder $p_m = 0{,}001$) invertiert, so daß (z = 1,2...,L):

$$a'_{K_1,z} = \begin{cases} 1 - a_{K_1,z} & \text{falls } U_z \leq p_m \\ a_{K_1,z} & \text{falls } U_z > p_m \end{cases}$$

Dabei ist U_z die Ausprägung einer im Intervall [0,1[gleichverteilten Zufallsvariable. Der Index z soll deutlich machen, daß für jeden Wert von z eine Ausprägung der Zufallsvariablen neu zu bestimmen ist. Das Vorgehen für $\vec{a}_{K_2}$ ist analog.

Teilschritt 4-4: Bewerten der Nachkommen und Ergänzen der neuen Population

Beide Nachkommen werden bewertet:

$$\Phi(\vec{a}'_{K_1}) = F(\Gamma(\vec{a}'_{K_1}))$$
$$\Phi(\vec{a}'_{K_2}) = F(\Gamma(\vec{a}'_{K_2}))$$

Dann werden sie in die anfangs noch leere neue Population übernommen.[9] Wenn diese vollständig ist (also μ Individuen enthält), ersetzt sie die bisherige Population.

Schritt 5: Weiter bei Schritt 3 bis ein Abbruchkriterium greift

Abbruchkriterium werden am häufigsten ressourcenbezogen formuliert. So kann der GA terminieren, wenn eine vorab bestimmte maximale Generationszahl t_{max} überschritten wird oder ein festgelegtes Zeitbudget ausgeschöpft ist. Andere Abbruchkriterien beziehen sich auf die erreichte Lösungsqualität. So kann der GA beispielsweise beendet werden, wenn über einen längeren Zeitraum keine Verbesserung mehr beobachtet wurde. Wieder andere Abbruchkriterien beenden die Optimierung, wenn die Individuen der Population an vielen Bitpositionen übereinstimmen und das Crossover mithin ineffektiv ist.

---

[9] Einige Autoren behalten nur einen der so erzeugten Nachkommen, und zwar entweder den besseren oder einen zufällig gewählten. In diesem Fall sind die Teilschritte unter Schritt 4 insgesamt μ-mal zu durchlaufen.

Abschließend werden dem Benutzer die relevanten Ergebnisse mitgeteilt. Im allgemeinen wird es sich dabei um die beste während des gesamten Laufes gefundene Lösung handeln.

Das folgende simple Beispiel soll die Abläufe beim Basis-GA veranschaulichen.[10]

Beispiel: Simulation eines GA-Generationszyklus

Die zu maximierende Zielfunktion lautet:

$$F(x) = 2 \cdot x \qquad 0 \leq x \leq 63\ ;\ x \text{ ganzzahlig}$$

Das gesuchte Optimum dieser einfachen Funktion ist $F(x) = 126$ für $x = 63$. Es sei $\Phi(\vec{a}) = F(\Gamma(\vec{a}))$. Angesichts der Nebenbedingungen sind Strings der Länge $L = 6$ Bits erforderlich, um x-Werte binär zu codieren. So codiert der String 0 1 0 1 0 0 beispielsweise den Wert 20. Sein Fitneßwert ist 40. Die Startpopulation besteht aus den in Bild 2-3 dargestellten vier Lösungen. Simuliert wird ein Generationszyklus. Im Rahmen des fitneßproportionalen Selektionsprozesses kann ein Individuum natürlich nicht z.B. 1,64 mal gewählt werden, auch wenn dies der Erwartungswert ist, sondern hier sind nur ganzzahlige Einheiten möglich. Daher weichen tatsächliche und erwartete Nachkommenzahl eines Individuums etwas voneinander ab. Trotzdem ist zu erkennen, daß die besonders gute Lösung Nr. 3 einen stärkeren Einfluß auf die Folgegeneration hat als die schlechte Lösung Nr. 2. Erstere ist an der Bildung von zwei Nachkommen beteiligt, letztere hat keine Nachkommen. Das Crossover findet in diesem Beispiel zwischen den ersten beiden und den letzten beiden Elternkopien statt. Der senkrechte Strich markiert dabei in Bild 2-3 jeweils den Crossover-Punkt.

Als Ergebnis ergibt sich aus dem Crossover zwischen den beiden unteren Elternkopien eine neue Bestlösung, die der Optimallösung 1 1 1 1 1 1 sehr nahe kommt. Auch die durchschnittliche Fitneß (Ø) aller Individuen in der Population hat sich gegenüber der Ausgangssituation verbessert. Das Beispiel ist bewußt so gewählt, daß diese Effekte auftreten. Sie sollen hier lediglich veranschaulichen, worin viele Anhänger von GA die Stärke dieses Operators sehen, nämlich in der Kombination günstiger Elemente verschiedener Individuen.

[10] Das Beispiel stammt aus [NISS94, S. 22 ff.]. Es lehnt sich an ein Beispiel in [GOLD89] an.

Bild 2-3: Generationssimulation für den Basis-GA

codierte Lösung	decodierter x-Wert	$\Phi(\vec{a_i})$	p_s $\Phi(\vec{a_i})/\Sigma\Phi(\vec{a_j})$	Erwart-. wert Nachk.	tatsächl. Anzahl Nachk.	Nachkommen (Elternkopien) vor Crossover
010100	20	40	0,16	0,64	1	⟶ 010|100
001011	11	22	0,09	0,36	0	↗ 110|100
110100	52	104	0,41	1,64	2	⟶ 11|0100
101011	43	86	0,34	1,36	1	⟶ 10|1011
****** Vorherrschende Allele		Σ = 252 ∅ = 63	Σ = 1	Σ = 4	Σ = 4	

Nachkommen nach Crossover	Nachkommen nach Mutation	decodierter x - Wert	$\Phi(\vec{a_i})$
0101[0]0	0101[1]0	22	44
110100	110100	52	104
111011	111011	59	118
100100	100100	36	72
	1101*0 Vorherrschende Allele		Σ = 338 ∅ = 84,5

Die Frage, warum GA in vielen Fällen zu guten Optimierungsergebnissen führen, soll an dieser Stelle noch nicht vertieft werden. Sie wird in Abschnitt 2.3 in Verbindung mit Ergebnissen der GA-Theorie wieder aufgegriffen.

Das Crossover zwischen den beiden oberen Elternkopien in Bild 2-3 ist hingegen ineffektiv. Der Grund liegt in der großen Ähnlichkeit der beiden Individuen. Eine Situation, in der die Individuen der Population alle sehr ähnlich und schließlich sogar vollkommen identisch werden und das Crossover daher ineffektiv ist, kann beim Basis-GA mit fortschreitendem Zeitablauf leicht entstehen. Dabei ist nicht einmal erforderlich, daß man sich in der Nähe eines Optimums befindet. Man spricht dann von vorzeitiger Konvergenz (*premature convergence*) des GA.

Um die Effektivität des Crossover zu bewahren, sind daher verschiedene Maßnahmen entwickelt worden, von denen einige in Abschnitt 2.2 vorgestellt werden. Sie zielen darauf ab, die Heterogenität in der Population möglichst lange zu erhalten. Eine wichtige Rolle kommt dabei dem Selektionsvorgang zu.

Bei der Selektion werden bessere Lösungen tendenziell bevorzugt. Als Folge nimmt im Zeitablauf die Vielfalt der in der Population vertretenen Lösungen ab. Bestimmte Allele (Bitwerte) werden vorherrschend. Dieser Effekt ist aus didaktischen Gründen in unserem Beispiel wieder besonders deutlich ausgeprägt.

Wenn ein Gen bei allen Individuen der Population vollständig konvergiert ist (z.B. auf den Wert 1), kann nur noch eine zufällige Mutation an dieser Stelle das verlorengegangene Allel (hier den Wert 0) wieder einführen. Angesichts der niedrigen Mutationswahrscheinlichkeit p_m in GA wird deutlich, wie wichtig eine große Heterogenität der Ausgangspopulation ist, um nicht gleich von vornherein bestimmte Regionen des Suchraumes unabsichtlich auszugrenzen. Stochastische Initialisierung gilt als geeignet, diese Heterogenität in der Ausgangspopulation zu gewährleisten.

Bild 2-4 verdeutlicht abschließend die Abläufe beim Basis-GA in Form von Pseudocode.

2.2 Erweiterungen

Zu der im vorigen Abschnitt beschriebenen Basis-Version eines GA sind zahlreiche Erweiterungen bzw. Modifikationen vorgeschlagen worden. Sie zielen vor allem darauf ab, in praktischen Optimierungsaufgaben bessere Ergebnisse zu erzielen. Man muß die gegenwärtige Variantenvielfalt unter den GA-Implementierungen teilweise aber auch auf den Mangel an theoretisch fundierten Empfehlungen zurückführen, wie ein GA für praktische Zwecke konstruiert werden sollte.

Aus didaktischen Gründen werden im folgenden die einzelnen Komponenten eines GA separat behandelt. Dabei sollte man sich aber immer darüber im klaren sein, daß viele GA-Komponenten interdependent sind und folglich aufeinander abgestimmt entwickelt werden müssen.[11] Auf eine formale Darstellung wird an vielen Stellen des Textes zugunsten größerer Anschaulichkeit verzichtet.

---

[11] So hängen beispielsweise Lösungsrepräsentation, Suchoperatoren, Zielfunktion und Selektionsmechanismus eng zusammen.

Bild 2-4: Grober Ablauf des Basis-GA in Pseudocode

1 Wähle Strategieparameter $\mu, u_j, o_j, L, p_c, p_m$
2 t $\leftarrow$ 0
3 Population P(t) $\leftarrow$ Initialisiere $\vec{a}_i$ (i=1,2...,μ)
4 Bestimme Fitneßwert $\Phi(\vec{a}_i)$ für alle $\vec{a}_i \in$ P(t)
5 Wiederhole
6 t $\leftarrow$ t+1
7 P(t) $\leftarrow \emptyset$
8 *mating pool* $P_{zwi} \leftarrow \emptyset$ (*Zwischenpopulation*)

Stochastische Selektion (Elternauswahl): 9-11

9 Für i = 1 bis μ wiederhole
10 Beginn
11 Stoch. Selektion (mit Zurücklegen) eines Indiv. $\vec{a}$ aus P(t-1) mit fitneßprop. Selektionswahrsch. p_s

Replikation: 12

12 $P_{zwi} \leftarrow P_{zwi} \cup \{\vec{a}\}$
13 Ende

Stochastische Partnerwahl: 14-16

14 Für i = 1 bis μ/2 wiederhole
15 Beginn
16 Stoch. Selektion (ohne Zurücklegen) von zwei Individuen $\vec{a}_{E_1}$ und $\vec{a}_{E_2}$ aus P_{zwi} mit $p_s = 1/\mu$

Variation: 17,18

17 Crossover mit Wahrscheinlichkeit p_c. Ergebnis sind die noch unmutierten Nachkommen $\vec{a}_{K_1}, \vec{a}_{K_2}$
18 Mutation mit der bitbezogenen Wahrscheinlichkeit p_m ergibt die fertigen Nachkommen $\vec{a}'_{K_1}, \vec{a}'_{K_2}$

Ergänzen der neuen Population: 19,20

19 Bestimme Fitneßwerte $\Phi(\vec{a}'_{K_1})$ und $\Phi(\vec{a}'_{K_2})$
20 P(t) $\leftarrow$ P(t)$\cup\{\vec{a}'_{K_1}, \vec{a}'_{K_2}\}$
21 Ende
22 bis eine Abbruchbedingung erfüllt ist
23 Ausgabe der Ergebnisse
24 Stop

2.2.1 Lösungsrepräsentation

Gray Codierung

Traditionell verwenden GA eine binäre Lösungsrepräsentation. Dabei wird jedoch heute im allgemeinen nicht der Standard-Binärcode, sondern *Gray Code* verwendet.[12] Der Hintergrund ist folgender: Bei Standard Binärcode kann die Invertierung eines einzelnen Bits auf dem String zu einer drastischen Änderung des so codierten Wertes der Entscheidungsvariablen führen. Umgekehrt kann sich die Codierung von im Lösungsraum benachbarten Werten in jedem Bit unterscheiden. Dies gilt z.B. für die Codierung der benachbarten Ganzzahlen 3 und 4 in Standard Binärcode (Bild 2-5). Das Prinzip „kleine Ursache, kleine Wirkung" wird dadurch verletzt und der Optimierungsprozeß so künstlich erschwert.

Gray Code reduziert dieses Problem, ohne es allerdings völlig zu beseitigen.[13] Man bezeichnet die Anzahl unterschiedlicher Bits beim positionsweisen Vergleich von zwei Strings als *Hamming-Distanz* dieser Strings. Bei Gray Codierung beträgt die Hamming-Distanz für benachbarte Ganzzahlen (Zahlen k und k–1 in Bild 2-5), im Gegensatz zur Standard Binärcodierung, immer eins.

Bild 2-5: Vergleich zwischen Standard Binärcode und Gray Code

Ganzzahl k	Standard Binärcodierung	Hamming-Distanz (k, k-1)	Gray Codierung	Hamming-Distanz (k, k-1)
0	000	-	000	-
1	001	1	001	1
2	010	2	011	1
3	011	1	010	1
4	100	3	110	1

[12] Hollstien [HOLL71] und Bethke [BETH80] haben früh auf die Vorteile von Gray Codierung hingewiesen.
[13] Die Vorzüge von Gray Code diskutiert [BÄCK96, S. 221 ff.] in größerer Ausführlichkeit.

Um einen String aus Standard Binärcode in Gray Code zu konvertieren, geht man segmentweise und innerhalb eines Segmentes bitweise von links nach rechts vor. Es gelten folgende Konvertierungsformeln, bezogen auf die Bits des Stringsegmentes j ($z = 1,2,...,L_j$, $j = 1,2,...,n$) [WRIG91, S. 207]:

a) von Standard Binärcode zu Gray Code:

$$\gamma_z = \begin{cases} a_z & \text{für } z = 1 \\ a_{z-1} \oplus a_z & \text{sonst} \end{cases}$$

b) von Gray Code zu Standard Binärcode:

$$a_z = \bigoplus_{k=1}^{z} \gamma_k$$

Dabei bezeichnet a_z das Bit Nummer z (von links begonnen) des Stringsegmentes j in Standard Binärcode und γ_z das entsprechende Bit in Gray Code. Das Zeichen $\oplus$ bezeichnet den Operator „Addition modulo 2 im Binärraum". Es gilt daher $0 \oplus 0 = 0$, $1 \oplus 1 = 0$ und $1 \oplus 0 = 1$, $0 \oplus 1 = 1$.[14]

Nichtbinäre Repräsentationen

In vielen praktischen GA-Anwendungen verzichtet man heute auf binäre Lösungscodierung zugunsten einer Repräsentationsform höherer Kardinalität, die sich möglichst „natürlich" aus der bearbeiteten Problemstellung ergeben soll. Dazu zählen z.B. Lösungsrepräsentationen in Form von Vektoren reeller Zahlen, Permutationen, Matrizen oder Baumstrukturen.[15] Die zugrundeliegende Annahme ist, daß Erfolg oder Mißerfolg eines Optimierungsverfahrens in hohem Maße von der Wahl einer geeigneten Repräsentationsform abhängen. Die „beste" Repräsentation hängt ihrerseits nicht nur vom Optimierungsverfahren sondern auch von der konkreten Anwendung ab.

---

[14] Jüngste Forschungsergebnisse stellen die Überlegenheit von Gray Code wieder in Frage [JONE95b]. Demnach hängt die relative Vorteilhaftigkeit davon ab, wieviele Bits zur Codierung verwendet werden.

[15] Die in Kapitel 3 dargestellte Genetische Programmierung ist ein Beispiel für die Verwendung einer nichtbinären Lösungsrepräsentation in GA. Auch Kapitel 8 enthält Beispiele spezialisierter Lösungsrepräsentationen, z.B. bei den neuroevolutionären Systemen.

Besonders erfolgreich haben z.B. Michalewicz [MICH96] und Falkenauer [FALK94] das Konzept verfolgt, mit Lösungsrepräsentationen (spezialisierten Datenstrukturen) zu arbeiten, die dem gegebenen Anwendungsproblem optimal angepaßt sind. Die Verwendung spezialisierter Lösungsrepräsentationen ist oft eng an die Entwicklung darauf abgestimmter Suchoperatoren gekoppelt. Der Abschnitt 2.2.4 nennt dazu auch einige spezialisierte Suchoperatoren für Permutationen.

Variable Repräsentationen

Von einigen Autoren wurde vorgeschlagen, die Repräsentation in gewissem Umfang veränderbar zu halten, so daß sie im Verlaufe des Optimierungsprozesses vom GA automatisch an die Erfordernisse des Problems angepaßt werden kann. Solche Ansätze sind jedoch die Ausnahme geblieben.[16]

In den meisten GA-Anwendungen wird mit Strings konstanter Länge gearbeitet. Bei bestimmten GA-Varianten, wie etwa den *messy*-GA von Goldberg und Mitarbeitern [DEB91,GOLD93] oder der Genetischen Programmierung (*genetic programming*) von Koza[17], werden hingegen Strings variabler Länge verwendet. Besonders wenn es darum geht, Strukturen (und nicht nur Werte für Entscheidungsgrößen) zu optimieren, z.B. beim Entwurf der Architektur eines künstlichen Neuronalen Netzes, können variable Stringlängen vorteilhaft sein.

Diploidie

Verschiedene Autoren haben in ihren GA-Implementierungen Diploidie nachgeahmt.[18] Jedes GA-Individuum enthält dabei, wie beim biologischen Vorbild, ein oder mehrere String*paare* (scherzhaft in Bild 2-6 dargestellt). Beide Strings eines Paares enthalten Gene für diegleichen Variablen. Jedoch können deren Ausprägungen unterschiedlich sein, was in der Biologie einem heterozygoten Zustand mit verschiedenen Allelen entsprechen würde. Welches Allel (binär: 0 oder 1) sich im Rahmen der Decodierung und Lösungsbewertung durchsetzt,

---

[16] Zu näheren Einzelheiten vgl. z.B. Shaefers ARGOT-System [SHAE87] und das *dynamic parameter encoding* von Schraudolph und Belew [SCHR92]. In beiden Fällen geht es darum, die Darstellungspräzision binär codierter Variablenwerte adaptiv zu verändern. Zum Thema adaptiver Repräsentation siehe auch [MATH94].

[17] Genetische Programmierung wird in Kapitel 3 dargestellt.

[18] Siehe z.B. [GOLD87a,HILL90,NG95]. Zum Thema Diploidie siehe auch Kapitel 1.1.

hängt von ihrer Dominanz oder Rezessivität ab. Sind beide Allele dominant oder rezessiv, kann willkürlich der eine oder andere Wert gewählt werden.

Bild 2-6: Diploides GA-Individuum mit einem Stringpaar

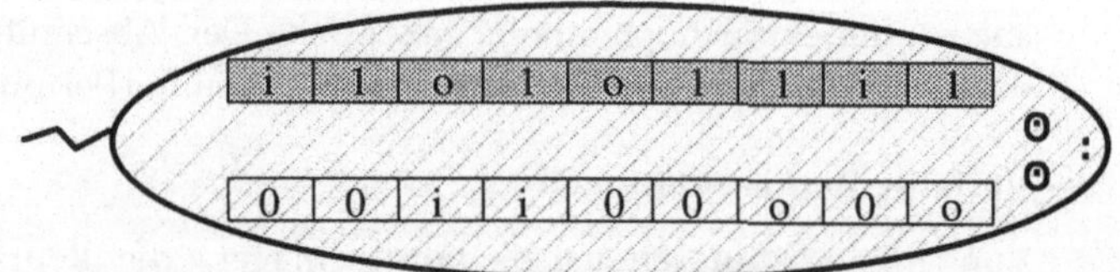

(0 = dominante Null, o = rezessive Null, 1 = dominante Eins, i = rezessive Eins)

Die immer auch mitvererbten rezessiven Allele bilden ein zusätzliches Reservoir von Lösungselementen bzw. eine Art von elementarem Gedächtnis. Diploidie wird gerne in Anwendungen mit nicht-stationärer Fitneßfunktion eingesetzt. Ändert sich die Fitneßfunktion, so können bisher nützliche dominante Allele durch einen Dominanzwechsel vorübergehend inaktiviert (rezessiv) werden. Als Trigger für den Dominanzwechsel bei einem Individuum kann z.B. die drastische Verschlechterung seiner Fitneß von einer Generation zur nächsten dienen [NG95]. Wenn sich später die Fitneßfunktion in umgekehrter Richtung erneut ändert, können die rezessiven Allele mittels eines erneuten Dominanzwechsels reaktiviert werden. So kann sich durch Diploidie in Verbindung mit Dominanzwechseln die GA-Population an veränderte „Umgebungsbedingungen" rasch anpassen.

2.2.2 Mutation

Traditionell ist die bitbezogene Mutationswahrscheinlichkeit bei GA sehr niedrig. Häufig findet man die auf De Jong [JONG75] bzw. Grefenstette [GREF86] zurückgehenden Einstellungen $p_m = 0{,}001$ bzw. $p_m = 0{,}01$. Diese niedrigen Pauschalwerte korrespondieren mit dem klassischen Verständnis der Mutation als Hintergrundoperator von nachrangiger Bedeutung.

In jüngster Zeit hat man diese traditionelle Sicht zunehmend in Frage gestellt und der Mutation in der Forschung mehr Aufmerksamkeit gewidmet.[19] Theoretische Untersuchungen von Mühlenbein haben ergeben, daß die optimale Mutationsrate von der Länge des Bitstrings L abhängt und näherungsweise gegeben ist durch [MÜHL92]:[20]

$$p_m^{(opt)} = 1 / L$$

Wie oben bereits erwähnt, sind in manchen GA die Lösungsalternativen eines Optimierungsproblems von n kontinuierlichen Variablen nicht binär codiert, sondern als Vektor reeller Zahlen $\vec{x} = (x_1, x_2, ..., x_n)$ repräsentiert. Dabei ist $x_j \in \mathbf{R}$ $(j = 1,2,...,n)$ die Ausprägung der Entscheidungsvariable j in der betreffenden Lösung. Diese Repräsentation finden wir später noch bei den Evolutionsstrategien (Kapitel 4) und der Evolutionären Programmierung (Kapitel 5) wieder. Sie erfordert eine andere Form der Mutation als bei binärer Codierung. Grundsätzlich ließen sich die Mutationsoperatoren von Evolutionsstrategien oder Evolutionärer Programmierung auf GA übertragen.

Eine alternative Mutationsform ist der Creep-Operator. Er kann folgendermaßen definiert werden [DAVI91b, S. 66]:

$$x_j' = \begin{cases} x_j + (U_{1j} - 0{,}5) \cdot 2T & \text{falls } U_{2j} \le p_{creep} \\ x_j & \text{falls } U_{2j} > p_{creep} \end{cases}$$

Dabei sind U_1 und U_2 die Ausprägungen von zwei unabhängigen, im Intervall $[0,1[$ gleichverteilten Zufallsvariablen. Der Index j macht deutlich, daß sie für jede Komponente des Vektors $\vec{x}$ neu bestimmt werden müssen, und zwar bei jedem Individuum. Der Creep-Operator erhöht oder erniedrigt also mit einer komponentenbezogenen Wahrscheinlichkeit p_{creep} den aktuellen Wert x_j jeder Vektorkomponente um einen stochastischen Betrag von maximal T. Dabei sind T und p_{creep} benutzerdefinierte Strategieparameter. Nicht unüblich ist der Wert $p_{creep} = 0{,}7$. T sollte klein gewählt werden. In Verbindung mit der Selektion realisiert der Creep-Operator eine Art stochastisches Hillclimbing.

2.2.3 Inversion

Anderes als bei den üblichen GA-Implementierungen, ist die Funktion eines Gens in der Natur häufig unabhängig von seiner Position auf

[19] Siehe z.B. die Ergebnisse in [SPEA93,VOSE94,HINT95,JONE95a,BÄCK96].
[20] Siehe hierzu auch [BÄCK96, S. 229,254].

dem Chromosom. Dies läßt sich in GA nachahmen, indem jedes Bit zusätzlich eine Nummer erhält. Nun können Operatoren konstruiert werden, welche die Reihenfolge der Gene auf dem String verändern, ohne daß sich dabei die Fitneß verändert, denn alle Gene sind ja anhand ihrer Nummer zu identifizieren, egal, wo sie sich auf dem String befinden.

Ein solcher Operator ist die auf Holland zurückgehende Inversion [HOLL92, S. 106 ff.]. Hierbei werden zwei Inversions-Punkte zwischen 1 und L–1 stochastisch festgelegt. Anschließend invertiert man die Reihenfolge der Gene zwischen den beiden Punkten. Bild 2-7 veranschaulicht die Vorgehensweise.

Bild 2-7: Inversion bei binärer Codierung

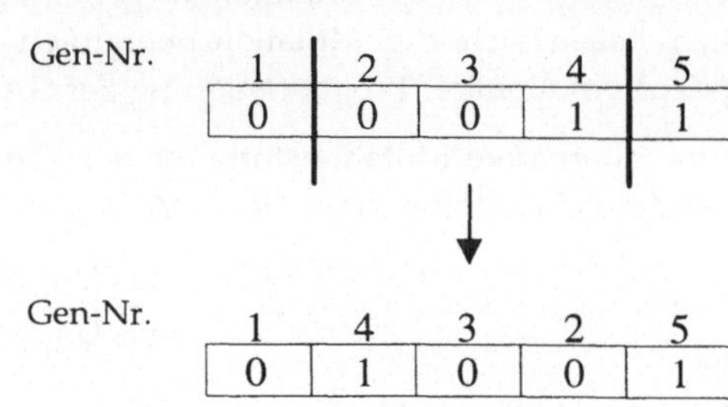

Man mag sich fragen, wozu der Inversionsoperator nützlich ist, wenn er doch die Fitneß eines Strings nicht verändert. Der Grund läßt sich folgendermaßen verdeutlichen: Auf dem String weit auseinanderliegende Gene werden z.B. beim 1-Punkt Crossover mit viel höherer Wahrscheinlichkeit getrennt als nahe zusammenliegende Gene. Wenn also auf weit auseinanderliegenden Positionen gute Bitwerte[21] bereits gefunden wurden, trennt sie das Crossover unerwünschterweise wieder. Inversion schafft eine Möglichkeit, diese Gene auf dem String „näher zusammenzurücken" und so tendenziell eher zusammen zu vererben.

Während mit dem Crossover also gute Werte für die Gene gefunden werden sollen, sucht der GA mittels der Inversion nach einer möglichst optimalen Anordnung der Gene auf dem String.

---

[21] Gemeint sind solche Werte, die z.B. mit Bits der global optimalen Lösung übereinstimmen.

Aus der Umstellung von Genen auf dem String durch Inversion ergibt sich aber ein Problem beim Crossover. Stimmt die Reihenfolge der Gene auf den beiden Eltern nicht überein, so werden ungültige Nachkommen entstehen, die einige Gene mehrfach und andere dagegen überhaupt nicht enthalten. Um das zu vermeiden, wählt man folgenden Master-Slave-Ansatz:[22] Ein Elter wird zum Master. Die Reihenfolge der Gene auf dem anderen Elter (Slave) ändert man temporär für die Durchführung des Crossover so, daß sie mit der des Master übereinstimmt. Erst dann erfolgt das Crossover.

Kritisch zu sehen ist, daß sich durch Verwendung des Inversionsoperators der Suchraum vergrößert. Es geht ja dann nicht mehr nur darum, gute Werte für die Gene zu finden, sondern gleichzeitig auch ihre Reihenfolge auf dem String zu optimieren.

2.2.4 Crossover

Der zentrale Suchoperator in GA ist das Crossover.[23] Die Vorstellungen, *wie* Crossover zur Identifizierung guter Lösungen beiträgt, gehen aber gegenwärtig noch weit auseinander. Gemäß der populären, aber zu stark vereinfachenden *Building Block-Hypothese* setzt ein GA, unter dem Einfluß von Crossover und Selektion, nach und nach bessere Lösungen aus den besten Lösungsbestandteilen voriger GA-Generationen zusammen.[24] Andere halten Crossover deswegen für nützlich, weil dadurch eine Art „Makromutation" realisiert wird, die zumindest in der Anfangsphase große Sprünge im Suchraum erzeugt und damit eine globale Form der Lösungssuche gestattet.[25]

Ob es zwischen zwei Strings überhaupt zum Crossover kommt, muß bei allen hier dargestellten Crossover-Varianten, analog zum Basis-GA, zunächst anhand der Crossover-Wahrscheinlichkeit p_c bestimmt

---

[22] Holland erwähnt noch eine zweite, weniger praktikable Vorgehensweise [HOLL92, S. 109].

[23] Auf eine formale Darstellung der Crossover-Varianten, wie auch der später behandelten Sequenzoperatoren, wird verzichtet. Es ist häufig schwierig, eine klare formale Beschreibung zu finden. Sie ist außerdem für das korrekte Verständnis der Operatoren nicht erheblich.

[24] Die *Building Block-Hypothese* wird oft (zu Unrecht) aus dem Schema-Theorem von Holland abgeleitet. Siehe zum Schema-Theorem den Abschnitt 2.3.

[25] In diesem Fall läßt sich der Crossover-Effekt allerdings durch Einführung einer expliziten Makromutation nachahmen. Dann ist nicht einmal mehr eine Population von Lösungen notwendig, um erfolgreich zu optimieren. Siehe hierzu [JONE95a].

werden. Sinngemäß gilt das auch für die N-Elter Sequenzoperatoren im nächsten Abschnitt.

Zwei Größen werden oft herangezogen, um das Charakteristische eines Crossover-Operators zu beschreiben: *positional bias* und *distributional bias* [ESHE89,BOOK93]. Bei dem auf Holland zurückgehenden 1-Punkt Crossover hängt die Wahrscheinlichkeit, mit der ein Gen beim Crossover zwischen den beteiligten Strings ausgetauscht wird, von seiner Position auf dem String ab. Man bezeichnet dies als *positional bias*. Generell nimmt die Austauschwahrscheinlichkeit entlang des Strings zum letzten Bit hin zu. Dieser Effekt ist unerwünscht. Er behindert z.B. die gemeinsame Vererbung von Genen, deren Positionen auf dem String weit auseinanderliegen. Außerdem führt der *positional bias* dazu, daß bestimmte Punkte im Suchraum leichter erreicht werden können als andere.

Distributional bias liegt vor, wenn die zu erwartende Menge des zwischen den zwei Strings beim Crossover ausgetauschten Materials keiner Gleichverteilung zwischen 1 und L–1 Bits unterliegt.

Beim 1-Punkt-Crossover liegt die Anzahl der zwischen zwei Strings ausgetauschten Gene mit gleicher Wahrscheinlichkeit zwischen 1 und L-1. 1-Punkt Crossover hat daher keinen *distributional bias.* Man nimmt an, daß der optimale *distributional bias* problemabhängig ist.

N-Punkt-Crossover

Beim N-Punkt Crossover werden N > 1 Crossover-Punkte stochastisch auf Basis einer Gleichverteilung zwischen 1 und L-1 festgelegt. Sie sind für beide Elternstrings identisch und müssen bei jedem Elternpaar neu bestimmt werden. Nummeriert man die von Crossover-Punkten bzw. dem Stringanfang und Stringende begrenzten Abschnitte der Strings von links beginnend fortlaufend mit 1,2,...usw., so werden beim N-Punkt Crossover alle Abschnitte mit gerader Nummer zwischen den beteiligten Strings ausgetauscht.[26]

Im allgemeinen ist N aus Symmetriegründen eine gerade Zahl. Häufig wird N = 2 gesetzt. Den Fall N = 4 veranschaulicht das Bild 2-8.

[26] Das gilt auch für den Sonderfall des 1-Punkt Crossover.

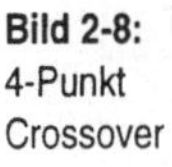

Bild 2-8:
4-Punkt
Crossover

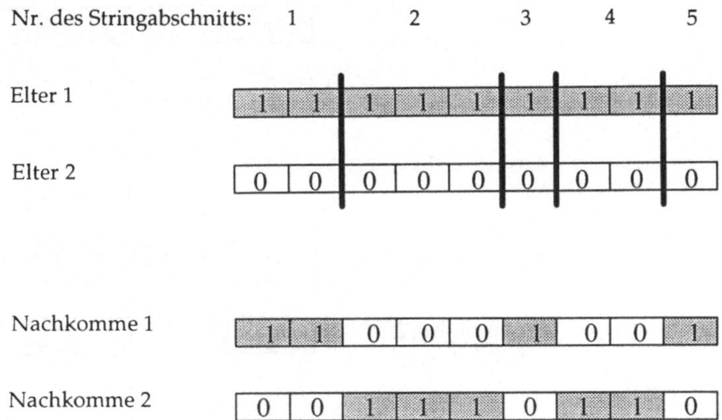

N-Punkt Crossover hat einen niedrigeren *positional bias* als 1-Punkt Crossover. Je größer der Wert von N ist, umso mehr sinkt der *positional bias*. Gleichzeitig steigt mit dem Wert von N der *distributional bias* von N-Punkt Crossover.[27] Die Anzahl ausgetauschter Bits zwischen den beteiligten Strings nähert sich mit steigendem N einer Binomialverteilung mit Erwartungswert L/2 an [JONG75].

Uniform Crossover

Uniform Crossover wird meist in einer parameterisierten Form verwendet [SYSW89,SPEA91]. Dabei ist für jede Bitposition auf den Strings individuell zu prüfen, ob ein Austausch zwischen beiden Eltern stattfinden soll. Der Austausch findet mit einer bitbezogenen Wahrscheinlichkeit von p_{ux} statt. Übliche Werte sind $0{,}5 \leq p_{ux} \leq 0{,}8$ [MITC96, S. 172].

Es seien U_z ($z = 1,2,\ldots, L$) Ausprägungen einer im Intervall [0,1[gleichverteilten Zufallsvariable. Dann tauschen die Eltern beim parameterisierten Uniform Crossover ihre Bits an der Stringposition z aus, wenn gilt $U_z \leq p_{ux}$. Bei $U_z > p_{ux}$ kommt es hingegen zu keinem Austausch. Bild 2-9 veranschaulicht das Prinzip.

27 Für N = 2 hat N-Punkt Crossover allerdings keinen *distributional bias*, aber dafür einen relativ starken *positional bias*.

Bild 2-9: Uniform Crossover

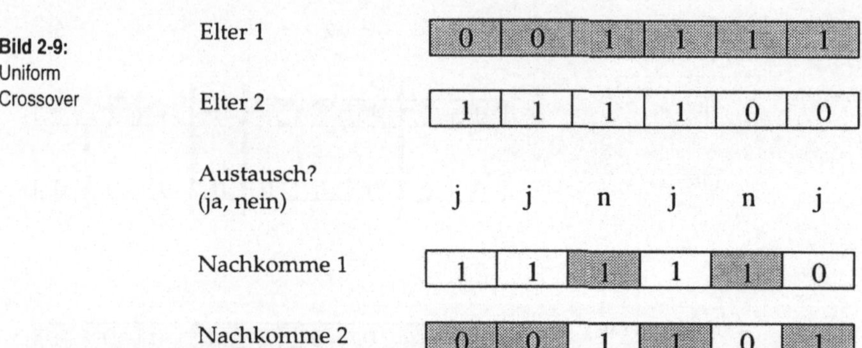

Uniform Crossover hat keinen *positional bias*. Das bedeutet, jedes Gen wird zwischen den beteiligten Strings mit gleicher Wahrscheinlichkeit ausgetauscht. Dafür ist der *distributional bias* von Uniform Crossover sehr hoch. Die Anzahl der zwischen den Strings ausgetauschten Bits folgt einer Binomialverteilung mit dem Erwartungswert $p_{ux} \cdot L$ [ESHE89].

Shuffle Crossover

Eine weitere interessante Variante ist das Shuffle Crossover [ESHE89]. Es läßt sich in Verbindung mit 1-Punkt oder N-Punkt Crossover einsetzen und erfordert eine Nummerierung der Gene auf dem String. Bild 2-10 verdeutlicht die Vorgehensweise am Beispiel des 1-Punkt Shuffle Crossover: Zunächst werden die Genpositionen auf beiden Eltern in identischer Weise stochastisch gemischt (*shuffle*). Dadurch hat Shuffle Crossover keinen *positional bias*. Anschließend erfolgt das 1-Punkt Crossover (oder N-Punkt Crossover) nach bekanntem Muster. Dann bringt man die Genpositionen wieder in ihre ursprüngliche Reihenfolge (*unshuffle*). Der *distributional bias* von Shuffle Crossover entspricht dem von 1-Punkt bzw. N-Punkt Crossover, je nachdem mit welcher der beiden Crossover-Varianten die *Shuffle-Unshuffle*-Operation kombiniert wird.

Bild 2-10:
1-Punkt Shuffle Crossover

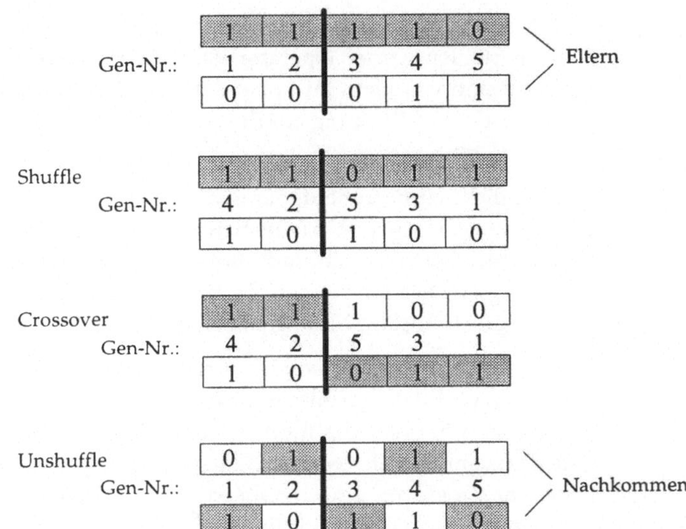

Die hier dargestellten Crossover sind in der Literatur häufig vertreten. Daneben existieren zahllose weitere Varianten, und es kommen immer noch laufend neue Vorschläge hinzu. Damit stellt sich automatisch die Frage: Welches Crossover ist am besten, was soll man verwenden? Die Frage ist gegenwärtig nicht befriedigend zu beantworten. Melanie Mitchell hat die aktuelle Situation treffend charakterisiert:

> „...the success or failure of a particular crossover operator depends in complicated ways on the particular fitness function, encoding, and other details of the GA. It is still a very important open problem to fully understand these interactions." [MITC96, S. 173]

Als gegenwärtiger Standard sind N-Punkt Crossover und das parameterisierte Uniform-Crossover anzusehen. Es gibt Hinweise, daß in kleinen Populationen ($\mu < 50$) Uniform Crossover aufgrund seines sehr explorativen Charakters die beste Alternative sein könnte [JONG91]. Mit „explorativ" ist gemeint, daß, wegen des starken Vermischungseffektes dieses Crossover bezüglich der beteiligten Strings, laufend Lösungen in neuen Bereichen des Suchraumes generiert und getestet werden.

Vieles deutet außerdem darauf, daß 1-Punkt Crossover grundsätzlich kein empfehlenswerter Operator ist.[28] Negativ an dieser Crossover-Variante sind vor allem ihr hoher *positional bias* und ihre relativ geringe vermischende Wirkung auf die beteiligten Strings und damit geringe Explorativität.

Gelegentlich wurde außerdem mit der Möglichkeit experimentiert, die verwendete Crossover-Variante bzw. Anzahl und Lage der Crossover-Punkte variabel zu halten und vom GA im Verlaufe der Optimierung selbsttätig einstellen zu lassen. Trotz teilweise ermutigender Ergebnisse sind solche Ansätze bislang jedoch die Ausnahme geblieben.[29]

Heute werden bei der Rekombination im allgemeinen nur Informationen von zwei Eltern vermischt (bisexuelle Rekombination). In Zukunft dürften aber Formen von multisexueller Rekombination (Multirekombination) eine zunehmend wichtigere Rolle spielen. Ein Beispiel ist Diagonal Crossover, eine Verallgemeinerung des N-Punkt Crossover auf mehr als zwei Eltern [EIBE94,95].[30]

Diagonal Crossover

Ein Diagonal Crossover erzeugt aus M Eltern genau M Nachkommen. Zunächst werden alle Eltern durch M-1 Crossover-Punkte einheitlich in M Abschnitte zerlegt. Die Wahl der Crossover-Punkte geschieht stochastisch auf Basis einer Gleichverteilung zwischen 1 und L–1. Dann wird der i-te Nachkomme (i= 1,2..., M) folgendermaßen gebildet: Der erste Abschnitt des i-ten Nachkommen stimmt immer mit dem ersten Abschnitt des i-ten Elters überein, der zweite Abschnitt mit dem zweiten Abschnitt des i+1-ten Elters, der dritte mit dem dritten des i+2-ten Elters usw. Überschreitet der Elternindex den Wert M, so beginnt man wieder bei 1 zu zählen. Bild 2-11 macht den Ablauf für ein Beispiel mit M = 3 Eltern und zwei Crossover-Punkten deutlich.

[28] Siehe z.B. die Ergebnisse in [ESHE89,SCHA89b,SYSW89].

[29] Beispiele enthalten z.B. [SCHA87,SPEA94,LEVE95].

[30] Für die Beschreibung und empirische Ergebnisse zu Scanning Crossover, einer Verallgemeinerung des Uniform Crossover auf den Fall von mehr als zwei Eltern, siehe [EIBE94,95].

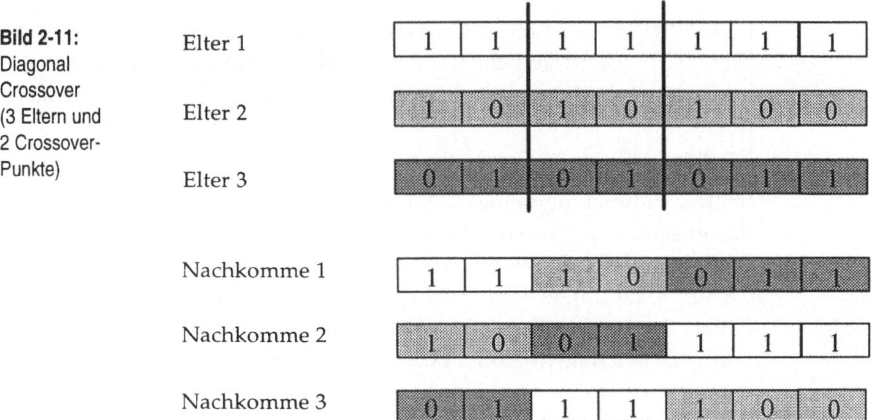

Bild 2-11: Diagonal Crossover (3 Eltern und 2 Crossover-Punkte)

Eiben et al. berichten auf der Basis empirischer Untersuchungen anhand einiger bekannter Testfunktionen von deutlichen Vorteilen der Multirekombination gegenüber 1-Punkt, N-Punkt und Uniform Crossover mit jeweils nur zwei Eltern [EIBE95]. So wurden die globalen Optima im allgemeinen mit größerer Sicherheit und häufig auch schneller gefunden. Die besten Ergebnisse ergaben sich bei Diagonal Crossover je nach Testfunktion mit $11 \leq M \leq 15$ Eltern.[31] Als Grund für den Erfolg der Multirekombination vermuten Eiben et al. unter anderem den sehr explorativen Charakter des Operators, der vorzeitige Konvergenz des GA behindert.[32] Für eine endgültige Beurteilung der Multirekombination bei GA ist es jedoch noch zu früh.

Es sollen noch einige Quellen für Crossover-Varianten angegeben werden, welche speziell auf die Lösungsrepräsentation in Form eines Vektors reeller Zahlen abgestimmt sind. Bei dieser Repräsentation enthält jedes Individuum seine Werte für die Entscheidungsvariablen nicht in binär codierter Form, sondern als Vektor reeller Zahlen. Jede Vektorkomponente beinhaltet den Wert einer Variablen in der Lösung. Darauf abgestimmte Crossover-Varianten sind z.B. Average Crossover

[31] Die Werte für M sind sicher nur eingeschränkt auf andere Probleme übertragbar. Sie machen aber deutlich, daß die optimale Anzahl von Eltern für Diagonal Crossover recht groß sein kann.
[32] Beyer erklärt die Vorteilhaftigkeit von Multirekombination mit einem *genetic repair*-Effekt [BEYE95]. Siehe hierzu die Ergebnisse von Beyer zu Evolutionsstrategien in Abschnitt 4.3.1. Sie lassen sich in diesem Punkt auf GA übertragen.

[DAVI91b, S. 66], Linear Crossover [WRIG91] und Blend Crossover [ESHE93]. Grundsätzlich lassen sich auch die bei Evolutionsstrategien beschriebenen Rekombinationsformen auf GA mit dieser Lösungsrepräsentation übertragen, ebenso wie die oben erläuterten Crossover-Formen.

Bei der Entwicklung eines GA muß nicht nur eine Entscheidung über die geeignetste Crossover-Variante getroffen werden, sondern auch über die Crossover-Wahrscheinlichkeit. Crossover wird allgemein mit $0{,}6 \leq p_C \leq 1{,}0$ angewendet. Da eindeutige Empfehlungen der Theorie fehlen, ist vorgeschlagen worden, p_C variabel zu halten und anhand heuristischer Regeln global zu steuern. Neben dem Crossover können auch die Auftrittswahrscheinlichkeiten anderer Operatoren, wie etwa der Mutation, so gesteuert werden. Eine mögliche Vorgehensweise besteht darin, während des GA-Laufes die Qualität von Individuen zu protokollieren, ebenso wie die Operatoren, mit denen diese Individuen aus den Eltern gebildet wurden. Auf Basis dieser Informationen werden dann die Operator-Wahrscheinlichkeiten periodisch überprüft und gegebenenfalls variiert [DAVI91b, S. 93 ff.].[33]

2.2.5 Sequenzoperatoren

Neben binärer Lösungscodierung findet man in der GA-Literatur besonders häufig Permutationscodierungen. Sie sind für viele kombinatorische Optimierungsprobleme, wie das bekannte Travelling Salesman Problem (TSP)[34], eine besonders naheliegende Form der Repräsentation. Die geschilderten Crossover-Varianten eignen sich nicht für Lösungsrepräsentationen in Gestalt von Permutationen. Sie würden ungültige Lösungen erzeugen, in denen einzelne Lösungselemente mehrfach auftauchen, während andere fehlen. Daher hat man für diese Art der Lösungsdarstellung spezielle Suchoperatoren entwickelt,

---

[33] Für ein anderes Beispiel siehe [JULS95]. Grefenstette [GREF86] und Bäck [BÄCK96, Kap. 7] behandeln die Suche nach optimalen Einstellungen der Crossoverwahrscheinlichkeit und weiterer GA-Strategieparameter als Optimierungsproblem, das mit einem Meta-Algorithmus gelöst wird. Die Übertragbarkeit der Ergebnisse solcher Meta-Experimente ist u.a. wegen der notwendigerweise recht begrenzten Anzahl von Testfunktionen problematisch.

[34] Beim TSP geht es darum, eine möglichst kurze Rundreise durch eine Reihe von Städten mit bekannten Distanzen zwischen den Städten zu finden. Dieses klassische OR-Problem ist auf sehr viele praktische Fragestellungen, z.B. in der Leiterplattengestaltung und im Pressevertrieb übertragbar.

die gemeinhin als Sequenzoperatoren bezeichnet werden. Man unterscheidet 1-Elter und M-Elter Sequenzoperatoren [FOX91].

Die M-Elter Sequenzoperatoren sind eine Generalisierung des Crossover auf Permutationen. Üblicherweise wird mit zwei Eltern gearbeitet, so daß M = 2. Aus der Fülle entwickelter Varianten sollen zwei besonders gebräuchliche Operatoren vorgestellt werden: Uniform Order-Based Crossover [DAVI91, S. 79 ff.] und Edge Recombination [WHIT89b]. Weitere bekannte Beispiele sind Cycle Crossover [OLIV87], Partially Mapped Crossover [GOLD85], Order Crossover [DAVI85, OLIV87] und Union2 [POON94].

Uniform Order-Based Crossover

Uniform Order-Based Crossover ist die Verallgemeinerung des Uniform Crossover auf Permutationen. Aus zwei Eltern werden zwei Nachkommen erzeugt, indem zunächst ein Bitstring der Länge L, die sogenannte Bitmaske, generiert wird. L ist in Analogie zu binären Strings die Anzahl der Elemente der Permutation. Die einzelnen Bits der Maske werden stochastisch unabhängig voneinander mit gleicher Wahrscheinlichkeit entweder auf den Wert Eins oder Null gesetzt. An allen Positionen mit einer 1 kopiert man nun die korrespondierenden Elemente des ersten Elters in den ersten Nachkommen. An allen Positionen mit einer 0 kopiert man die korrespondierenden Elemente des zweiten Elters in den zweiten Nachkommen. Das Ergebnis entspricht einer Zwischenstufe (s. Bild 2-12).

Nun erstellt man eine Liste aller Elemente des ersten Elters, die mit einer 0 in der Bitmaske assoziiert sind. Dies sind hier die Elemente „2", „3" und „5". Diese ordnet man nun so, daß ihre Reihenfolge mit der Reihenfolge derselben Elemente im zweiten Elter übereinstimmt. Hier ergibt sich die Reihenfolge „3, 5, 2". Schließlich füllt man damit von links nach rechts die Lücken im ersten Nachkommen auf. Ebenso erstellt man eine Liste aller Elemente des zweiten Elters, die mit einer 1 in der Bitmaske assoziiert sind („4" und „2"). Diese ordnet man so, daß ihre Reihenfolge mit der Reihenfolge dieser Elemente im ersten Elter übereinstimmt („2, 4"). Dann füllt man damit von links nach rechts die Lücken im zweiten Nachkommen auf. Bild 2-12 veranschaulicht diese Abläufe. Das Ergebnis sind zwei vollständige, gültige Nachkommen.

Bild 2-12: Uniform Order-Based Crossover (für L = 5)

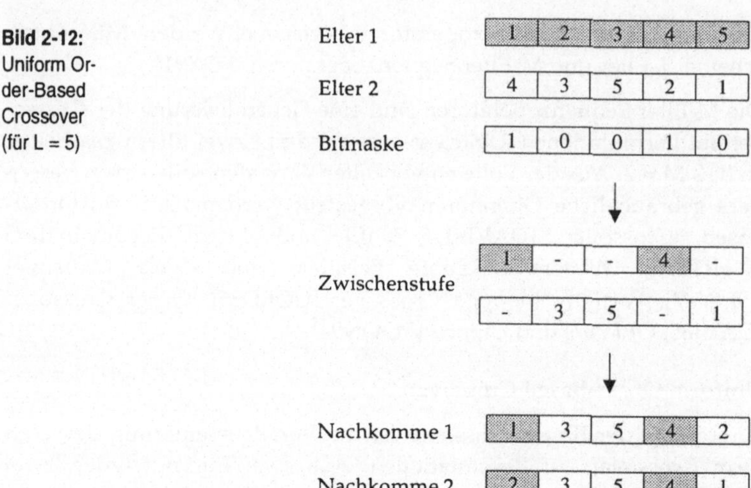

Edge Recombination

Uniform Order-Based Crossover vererbt Informationen über die relative Reihenfolge von Elementen in den Eltern auf die Nachkommen. Edge Recombination hingegen vererbt tendenziell die Nachbarschaftsbeziehungen zwischen Permutationselementen. Die Nachbarn eines Elementes (Wertes) sind seine unmittelbaren Vorgänger und Nachfolger in der Permutation. Stellt man eine Permutation als Graph dar, so läßt sich Nachbarschaft durch eine Kante zwischen zwei Elementen ausdrücken. Das erklärt den Namen Edge Recombination (Kanten-Rekombination).

Zunächst ist es erforderlich, die Eltern-Permutationen in einen *edge table* umzusetzen (Bild 2-13).[35] Er enthält zu jedem Wert alle unmittelbaren Nachbarn aus beiden Eltern, speichert also die Kanteninformationen. So enthält eine Permutation (4, 3, 5, 2, 1) von fünf Elementen beispielsweise die Kanten (4, 3), (3, 5), (5, 2), (2, 1) sowie (1, 4). Das Ende der Permutation wird zirkulär auf den Anfang abgebildet. Kanten, die in beiden Eltern übereinstimmen, werden im *edge table* durch ein Minuszeichen gekennzeichnet.

[35] Die Darstellung bezieht sich auf die in [STAR91] beschriebene und gegenüber der ursprünglichen Version verbesserte Fassung des Operators.

Bild 2-13: Edge Recombination

Elter 1	1	2	3	4	5
Elter 2	4	3	5	2	1

Edge table:

Wert	Nachbarwerte
1 :	-2, 5, 4
2 :	-1, 3, 5
3 :	2, -4, 5
4 :	-3, 5, 1
5 :	4, 1, 3, 2

Nachkomme	1	2	5	3	4

Aus zwei Eltern entsteht mittels des *edge table* bei Edge Recombination genau ein Nachkomme. Der Ablauf ist dabei wie folgt: Zunächst wählt man stochastisch den ersten Wert von einer der beiden Eltern-Permutationen aus und vererbt ihn an die erste Position des Nachkommen. Anschließend löscht man diesen Wert überall auf der rechten Seite des *edge table* (Spalte „Nachbarwerte"). Unter seinen Nachbarn wird der Wert für die nächste Position im Nachkommen anhand des folgenden Prioritätsschemas bestimmt:

1. Zuerst Werte mit einem Minuszeichen.
2. Ansonsten Werte, deren Nachbarschaftsliste am kürzesten ist.

Diese Vorgehensweise bevorzugt gemeinsame Kanten beider Eltern bei der Vererbung. Der Auswahlprozeß wird sooft wiederholt, bis der Nachkomme vollständig ist. Wenn nach dem Prioritätsschema mehrere Werte in Frage kommen, so erfolgt die Auswahl unter ihnen willkürlich. Ist andererseits die Nachbarschaftsliste eines ausgewählten Wertes leer, so muß von den verbliebenen Werten im *edge table* wiederum willkürlich einer als Nachfolger festgelegt werden.

Die oben erläuterten Teilschritte bei der Erzeugung eines Nachkommen sollen noch einmal anhand des Beispiels in Bild 2-13 veranschaulicht werden.

Beispiel: Edge Recombination

Als erstes Element des Nachkommen wird willkürlich der erste Wert aus Elter 1 gewählt, die „1". Anschließend löscht man die „1" überall aus der Spalte Nachbarwerte des *edge table*. Unter den Nachbarn der „1" wählt man die „2", da nur sie ein Minuszeichen besitzt. Man löscht wiederum rechts den Wert „2" aus der Spalte Nachbarwerte. Die „2" hat als Nachbarn die Werte „3" und „5", beide ohne Minuszeichen. Deren Nachbarschaftslisten sind gleichlang. Willkürlich entscheiden wir uns für die „5" und löschen dann auch sie aus der Spalte Nachbarwerte. Sie hat Kanten zu „4" und „3", deren Nachbarschaftslisten beide noch ein Element enthalten. Willkürlich wählen wir die „3". Sie hat als Nachbarn die „4", womit der Nachkomme vollständig ist.

Wie beim Crossover fällt es auch bei den Sequenzoperatoren schwer, für praktische Anwendungen einen bestimmten Operator als den besten zu empfehlen. Empirische Untersuchungen an einer beschränkten Anzahl von Beispielproblemen ergaben z.T. widersprüchliche Ergebnisse.[36]

1-Elter Sequenzoperatoren

1-Elter Sequenzoperatoren erzeugen aus einem Elter einen Nachkommen, indem sie die Sequenz des Elters teilweise umordnen und auf den Nachkommen vererben. Ein Beispiel ist der Zweiertausch (Bild 2-14a). Hier werden zwei Positionen in der Permutation stochastisch bestimmt, wobei alle Positionen mit gleicher Wahrscheinlichkeit 1 / L ausgewählt werden können. Anschließend vertauscht man den Inhalt dieser Positionen. Der Operator läßt sich leicht auf mehr als zwei Positionen generalisieren (Dreiertausch, Vierertausch etc.).

Beim Verschiebungsoperator (Bild 2-14b) bestimmt man zwei Punkte analog den Crossover-Punkten beim 2-Punkt Crossover. Das zwischen ihnen liegende Sequenz-Teilstück wird dann um U·L Positionen (Ergebnis gerundet) nach rechts verschoben, wobei U die Ausprägung einer im Intervall [0,1[gleichverteilten Zufallsvariable ist. Dabei wird das Stringende zirkulär auf den Stringanfang abgebildet. Man behandelt also den String wie einen Ring, so daß der rechte Nachbar der letzten Stringposition wieder die erste Stringposition ist.

---

[36] Vgl. z.B. die empirischen Untersuchungen in [FOX91,STAR91,LEE93].

Beim Scramble Sublist Operator [DAVI91b, S. 81 f.] bestimmt man ebenfalls zunächst zwei Punkte analog den Crossover-Punkten beim 2-Punkt Crossover. Das zwischen ihnen liegende Sequenzstück wird stochastisch permutiert (Bild 2-14c). Davon unterscheidet sich die Inversion nur insofern, als hierbei das betroffende Sequenzstück genau umgedreht wird (Bild 2-14d).

Bild 2-14: 1-Elter Sequenzoperatoren (Auswahl)

b) Verschiebung eines Sequenz-Teilstückes

c) Scramble sublist - Operator

d) Inversion

Fox und McMahon haben in einer empirischen Studie 1-Elter und M-Elter Sequenzoperatoren verglichen [FOX91]. Sie kommen zu dem Ergebnis, daß 1-Elter Operatoren, trotz ihrer simplen Gestaltung, häufig bessere Ergebnisse als die M-Elter Operatoren erbringen. Als Ursache wird vermutet, daß bei Permutationsproblemen M-Elter Operatoren zu starke Sprünge im Suchraum verursachen können, so daß die Fitneßwerte von Eltern und Nachkommen nur gering korreliert sind. In diesem Fall ergibt sich praktisch Random Search. Fox und McMahon empfehlen Elite-Selektion in Verbindung mit Sequenzoperatoren.[37]

2.2.6 Selektion

Für eine nähere Diskussion wichtiger Selektionsvarianten ist es sinnvoll, den Selektionsoperator in zwei algorithmische Teilschritte zu gliedern, die individuell betrachtet werden müssen:[38]

1. Selektionsalgorithmus,
2. Auswahlalgorithmus.

Im ersten Teilschritt wird für jedes Individuum der Population die erwartete erwartete Anzahl von Kopien im *mating pool*, letztlich also die Anzahl der Nachkommen dieses Individuums, festgelegt. Hierfür ist der *Selektionsalgorithmus* zuständig. Im Basis-GA hat jedes Individuum $\vec{a}_i$ $(i = 1,2,...,\mu)$ einen Erwartungswert von $E(\vec{a}_i) = \mu \cdot p_s(\vec{a}_i)$ Kopien im *mating pool*. Dabei ist $p_s(\vec{a}_i)$ die fitneßproportionale Selektionswahrscheinlichkeit und μ die (konstante) Populationsgröße.

Im Rahmen des zweiten Teilschrittes müssen nun Individuen anhand eines *Auswahlalgorithmus* für den *mating pool* konkret ausgewählt werden. Natürlich kann jedes Individuum dabei nur mit einer ganzzahligen Anzahl von Kopien im *mating pool* vertreten sein, während sein Erwartungswert eine positive reelle Zahl ist. Dieses Abbildungsproblem ist im Basis-GA durch *roulette wheel selection* gelöst worden, einem Auswahlalgorithmus, den wir in Abschnitt 2.1 als μ-faches Drehen an einem Glücksrad mit ungleich breiten Abschnitten veranschaulicht hatten. *Roulette wheel selection* hat den gravierenden Nachteil, daß der Erwartungswert $E(\vec{a}_i)$ und die tatsächliche Anzahl von Kopien eines Individuums weit auseinanderklaffen können.[39] Die Spanne möglicher tatsächlicher Anzahlen von Kopien eines Individuums bei gegebenem Erwartungswert bezeichnet man als *spread*.

---

[37] Zur Elite-Selektion vgl. Kapitel 2.2.6.

[38] In Anlehnung an Grefenstette und Baker [GREF89].

[39] Es ist theoretisch sogar möglich, daß bei *roulette wheel selection* μ-mal dasgleiche Individuum ausgewählt wird.

Auswahlalgorithmus Stochastic Universal Sampling (SUS)

Baker hat einen Auswahlalgorithmus entwickelt, der minimalen *spread* besitzt.[40] Er heißt *stochastic universal sampling* (SUS) und ist heute Standard in guten GA-Implementierungen. SUS ist wieder anhand eines Glücksrades leicht zu veranschaulichen (Bild 2-15). Die Implementierung ist dagegen nicht ganz so einfach.

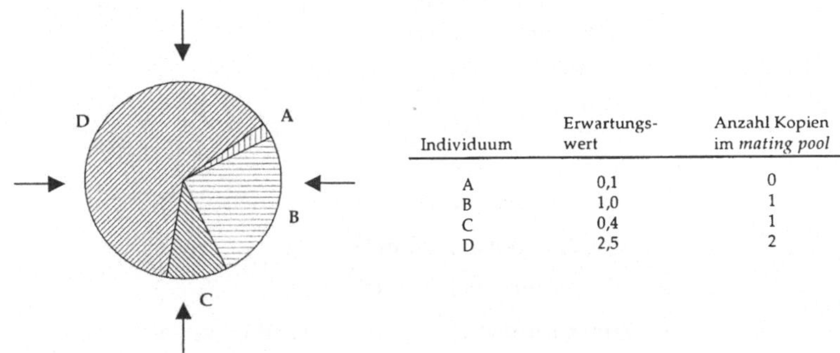

Individuum	Erwartungswert	Anzahl Kopien im *mating pool*
A	0,1	0
B	1,0	1
C	0,4	1
D	2,5	2

Bild 2-15: Glücksrad bei *stochastic universal sampling (SUS)*

Das Glücksrad ist folgendermaßen konstruiert: Es gibt einen Abschnitt für jedes Individuum in der Population. In Bild 2-15 sind es vier Individuen A bis D. Die Abschnittgröße ist proportional zum Erwartungswert $E(\vec{a}_i)$ der Anzahl von Kopien im *mating pool* für das jeweilige Individuum. Um das Rad herum sind in gleichmäßigem Abstand μ Zeiger angebracht. Nun wird am Rad genau einmal gedreht. Das Ausmaß der Drehung ist stochastisch. Von jedem Individuum kommen exakt soviele Kopien in den *mating pool,* wie Zeiger auf seinen Abschnitt weisen.

Für die praktische Implementierung hat Baker ein Code-Fragment in der Programmiersprache „C" angegeben [BAKE87]. Dies ist in Bild 2-16 als Pseudocode wiedergegeben. Dabei ist U wieder die Ausprägung einer im Intervall [0,1[gleichverteilten Zufallsvariable.

---

40 Für eine ausführliche Diskussion der theoretischen Eigenschaften dieses Auswahlalgorithmus siehe [BAKE87].

Bild 2-16: *stochastic universal sampling* in Pseudocode

```
Summe ← 0
Zeiger ← U ∈ [0,1[
Für i = 1 bis μ wiederhole
Beginn
  Summe ← Summe + E(ā_i)
  Solange (Summe > Zeiger)
  Beginn
   Kopiere Individuum ā_i in den mating pool
   Zeiger = Zeiger + 1
  Ende
Ende
```

Die wichtigsten Selektionsalgorithmen sind:

- fitneßproportionale Selektion,
- rangbasierte Selektion (*ranking*),
- Wettkampfselektion (*tournament selection*).

Alle drei sind grundsätzlich Formen der *nicht diskriminierenden* (*not extinctive*) Selektion.[41] Zur näheren Charakterisierung der verschiedenen Selektionsalgorithmen eignet sich unter anderem das Konzept des *Selektionsdrucks* (auch: Selektionshärte). Goldberg und Deb charakterisieren den Selektionsdruck anhand der *takeover time* [GOLD91].[42] Dies ist jene Anzahl an Generationen, nach der durch wiederholte Anwendung alleine der Selektion eine Population entsteht, die μ-1 Kopien des (singulären) besten Individuums der Ausgangspopulation enthält. Je länger die *takover time*, umso weicher ist die Selektion, umso niedriger ist also der Selektionsdruck. Niedriger Selektionsdruck korrespondiert in erster Näherung zu einer eher globalen Form der Optimumsuche, während hoher Selektionsdruck zu einer Art stochastischer Gradientensuche korrespondiert.

Goldberg und Deb untersuchten verschiedene Selektionsalgorithmen anhand der zwei Beispielfunktionen $F(x) = x^c$ sowie $F(x) = \exp(c \cdot x)$. Die *takeover time* bei fitneßproportionaler Selektion ist von der Ord-

[41] Zur Definition der nicht diskriminierenden Selektion vgl. Abschnitt 2.1.

[42] Blickle und Thiele verwenden den ähnlichen Begriff der *Selektionsintensität* und verstehen darunter die durch den Selektionsvorgang induzierte Änderung der durchschnittlichen Fitneß in der Population [BLIC95, S. 12].

nung $O(\mu \cdot \ln(\mu))$ Generationen und die längste der hier angesprochenen Selektionsalgorithmen. Für rangbasierte Selektion liegt sie in der Ordnung von $O(\ln(\mu))$ Generationen. Bei Wettkampfselektion variiert die *takeover time* stark in Abhängigkeit von der Populationsgröße μ und dem Wettkampfumfang ξ.[43]

Fitneßproportionale Selektion

Fitneßproportionale Selektion wurde bereits im Basis-GA erläutert. Die relativ lange *takeover time* bei dieser Selektionsform täuscht über folgendes hinweg: Der Anteil der besten Individuen steigt in der Population bei fitneßproportionaler Selektion zunächst schnell an. Später, wenn die besten Individuen etwa 50% der Population besetzen, steigt ihr Anteil jedoch nur noch langsam an [GOLD91].

Korrespondierende Beobachtungen zum Optimierungsfortschritt eines GA mit fitneßproportionaler Selektion findet man bei typischen Testfunktionen. Zunächst werden rasche Fortschritte gemacht. Diese Phase wird jedoch durch eine lange Periode geringer Fortschritte abgelöst.[44] Ein Erklärungsansatz dafür wäre wie folgt:

Anfangs ist die Heterogenität der Individuen in der Population noch hoch. Die kleine Gruppe von Individuen mit weit überdurchschnittlicher Fitneß werden im fitneßproportionalen Selektionsprozeß stark bevorteilt. Sie können mit ihren Nachkommen rasch einen größeren Anteil der Population erringen. So reduziert sich die Heterogenität der Population schnell. Dadurch wird das Crossover als Suchoperator ineffektiv. Fortschritte bei der Optimierung sind nun verstärkt vom seltenen Ereignis einer erfolgreichen Mutation abhängig. Weil die Individuen der Population einander zunehmend ähnlicher geworden sind, haben sie nun außerdem ähnliche Selektionswahrscheinlichkeiten, so daß der Optimierungsprozeß auch an Zielorientierung verliert.

Hieran wird deutlich, wie wichtig die richtige Balance zwischen *exploitation* (verkörpert durch den Einfluß der Selektion) und *exploration* (verkörpert durch den Einfluß der Suchoperatoren) für den Erfolg eines GA ist. Dieses Problem war einer der Anstöße zur Entwicklung von *Skalierungsfunktionen*.

---

[43] Siehe hierzu auch die empirischen Untersuchungen von Bäck mit verschiedenen Selektionsalgorithmen [BÄCK96, S. 165 ff].

[44] Siehe z.B. die empirischen Ergebnisse in [BÄCK96, Kap. 4].

Im Basis-GA gilt bekanntlich die Annahme $\Phi(\vec{a}) = F(\Gamma(\vec{a}))$. Der Fitneßwert eines Individuums wird also durch Einsetzen der decodierten Variablenwerte in die Zielfunktion ermittelt. Durch gezielte Skalierung der Zielfunktionswerte kann man die Selektionswahrscheinlichkeiten und damit den Selektionsdruck beeinflussen.

Der aus heutiger Sicht wichtigere Grund für Skalierungsfunktionen ist jedoch, daß fitneßproportionale Selektion positive Fitneßwerte voraussetzt. Dabei signalisieren höhere Fitneßwerte eine bessere Lösungsqualität. Eine Skalierungsfunktion $\Omega : \mathbf{R} \times \varpi_\Omega \to \mathbf{R}_+$ bildet reelle Zielfunktionswerte auf positive reelle Zahlen ab, wobei ϖ_Ω eine Menge zusätzlicher Parameter der Skalierung ist.

Dementsprechend betrachten wir im folgenden als Fitneß $\Phi(\vec{a})$ eines Individuums $\vec{a}$ den *skalierten* Zielfunktionswert der durch $\vec{a}$ repräsentierten Lösung. Weit verbreitet sind lineare dynamische Skalierung [GREF89] sowie Sigma Skalierung [FORR85].[45] Es gelten folgende Definitionen, wobei weiterhin ein Maximierungsproblem unterstellt ist $(i = 1,2,\ldots,\mu)$.

Lineare dynamische Skalierung:

$$\Phi(\vec{a}_i) = \gamma_1 \cdot F(\Gamma(\vec{a}_i)) - \min\{F(\Gamma(\vec{a}_j)) \mid \vec{a}_j \in P(t)\}$$

Dabei ist $\gamma_1 \in \mathbf{R}-\{0\}$ eine benutzerdefinierte Konstante. P(t) bezeichnet die aktuelle Population, während $\min\{\bullet\}$ den Zielfunktionswert des schlechtesten Individuums dieser Population liefert. Zu beachten ist, daß bei dieser Form der Skalierung die Fitneßwerte der Individuen erst ermittelt werden können, wenn die Population P(t) vollständig ist.

Eine Variante betrachtet anstelle des schlechtesten Individuums der aktuellen Population das schlechteste Individuum in den Populationen der letzten W Generationen [GREF86]. Dabei wird W als Skalierungsfenster (*scaling window*) bezeichnet.[46] Ein üblicher Wert ist W = 5. Für diese Variante der linearen dynamischen Skalierung ergibt sich:

$$\Phi(\vec{a}_i) = \gamma_1 \cdot F(\Gamma(\vec{a}_i)) - \min\{F(\Gamma(\vec{a}_j)) \mid \vec{a}_j \in P(t-z), z = 0,1,\ldots,W\}$$

Für $t < W$ gilt $z = 0,\ldots,t$.

[45] Auch als *sigma truncation* bezeichnet. Für eine Diskussion weiterer Skalierungsvarianten siehe z.B. [GOLD89, S. 122 ff.,GREF89,BÄCK96, S. 111 ff.].

[46] Über die richtige Definition des Skalierungsfensters W herrscht in der Literatur Uneinigkeit. Wir beziehen uns auf [MICH96, S. 67].

Sigma Skalierung:[47]

Sigma Skalierung verwendet Informationen über das arithmetische Mittel $\overline{F}$ und die Standardabweichung σ_F der Zielfunktionswerte in der aktuellen Population P(t), um die Skalierung dynamisch anzupassen:

$$\Phi(\vec{a}_i) = F(\Gamma(\vec{a}_i)) - (\overline{F} - \gamma_2 \cdot \sigma_F)$$

Für die benutzerdefinierte Konstante $\gamma_2 \in \mathbf{R}$ sind Werte $1 \leq \gamma_2 \leq 3$ üblich. Negative Fitneßwerte müssen vermieden werden. Auch bei dieser Form der Skalierung können Fitneßwerte erst berechnet werden, wenn die Population P(t) vollständig ist.

Hinsichtlich des Zusammenhanges von Skalierung und Selektionsdruck ist inzwischen geklärt, daß sich die Größenordnung $O(\mu \cdot \ln(\mu))$ durch Skalierung *nicht* ändert, sondern nur ein Proportionalitätsfaktor [BÄCK96, S. 168]. Für den Fall linearer dynamischer Skalierung wurde gezeigt, daß sie den Selektionsdruck erhöht, also die *takeover time* verkürzt, indem die Selektionswahrscheinlichkeiten überdurchschnittlicher Individuen vergrößert werden [BÄCK96, S. 193].

Insgesamt ist es schwierig, den Selektionsdruck bei fitneßproportionaler Selektion mittels einer Skalierungsfunktion adäquat zu steuern. Hierin liegt ein erheblicher Nachteil dieses Selektionsalgorithmus.

Rangbasierte Selektion

Ohne Skalierung kommt der auf Baker zurückgehende lineare rangbasierte Selektionsalgorithmus aus [BAKE85].[48] Hierbei hängt die Selektionswahrscheinlichkeit jedes Individuums von seiner Position in einer auf der Fitneß basierenden Rangordnung aller Mitglieder der aktuellen Population ab. Die absolute Höhe von Fitneßunterschieden zwischen verschiedenen Individuen wird dadurch nebensächlich. Zunächst sortiert man die Individuen der Population in absteigender Fitneß. Das erste Individuum $\vec{a}_1$ hat also bei Maximierung den höchsten Fitneßwert. Ihm wird ein Erwartungswert von E_{max} Kopien im *mating pool* zugeordnet. Das letzte und somit schlechteste Individuum der

[47] Von der Sigma Skalierung sind mehrere unterschiedliche Versionen bekannt. Siehe [BÄCK96, S. 112]. Wir orientieren uns hier an der Darstellung in [GOLD89, S. 124.].
[48] Für ein Beispiel nichtlinearer rangbasierter Selektion siehe [MICH96, S. 60].

Rangfolge erhält den Erwartungswert von E_{min} Kopien zugeordnet. Es bezeichnet $r(\vec{a}_i)$ den Rangplatz eines Individuums $\vec{a}_i$ $(i = 1,2,...,\mu)$ in der aktuellen Population. Dann ergeben sich folgende Selektionswahrscheinlichkeiten:

$$p_s(\vec{a}_i) = \frac{1}{\mu} \cdot \left(E_{max} - (E_{max} - E_{min}) \cdot \frac{r(\vec{a}_i) - 1}{\mu - 1} \right)$$

$$\text{wobei } p_s(\vec{a}_i) \geq 0 \;\; \forall i \in \{1,2,...,\mu\}, \; \sum_i p_s(\vec{a}_i) = 1$$

Wegen der Nebenbedingungen muß gelten $E_{min} = 2 - E_{max}$ und $1 \leq E_{max} \leq 2$. Weil die Selektionswahrscheinlichkeit nur noch von der Rangposition abhängt, läßt sich der Selektionsdruck über den Wert von E_{max} direkt steuern. Baker schlägt den recht niedrigen Wert $E_{max} = 1{,}1$ vor, aus dem nur ein relativ geringer Selektionsdruck folgt.

Angenehm ist, daß rangbasierte Selektion sich ohne Modifikationen auch bei Auftreten negativer Fitneßwerte einsetzen läßt. Im Falle der Minimierung sind außerdem nur die Individuen anders zu sortieren. Allerdings ignoriert rangbasierte Selektion die in den absoluten Fitneßunterschieden enthaltene Information, was manchmal von Nachteil sein kann, z.B. wenn rasche Konvergenz der Population gewünscht ist.

Wettkampfselektion

Der letzte hier vorzustellende Selektionsalgorithmus ist die auf unpublizierte Überlegungen von Wetzel zurückgehende Wettkampfselektion. Auch dieser Algorithmus vermeidet Skalierung und erfordert, anders als *ranking*, keine rechenaufwendige Sortierung der Population nach Fitneßwerten. Wettkampfselektion integriert Selektions- und Auswahlalgorithmus.

Die übliche Vorgehensweise besteht darin, aus der Population ξ Individuen $(2 \leq \xi < \mu)$ mit gleicher Selektionswahrscheinlichkeit $p_s = 1 / \mu$ zu ziehen und dann das beste unter ihnen in den *mating pool* zu kopieren. Dieser Vorgang wird μ-mal wiederholt, bis der *mating pool* vollständig ist. Über den Wert von ξ läßt sich der Selektionsdruck steuern. Häufig nimmt man den Wettkampfumfang $\xi = 2$. Man spricht dann von binärer Wettkampfselektion. Für binäre Wettkampfselektion und linear rangbasierte Selektion mit $E_{max} = 2$ stimmt die erwartete *takeover time* überein [GOLD91]. Mit steigendem ξ nimmt bei konstanter Populationsgröße μ der Selektionsdruck zu. Hält man dagegen den

Wettkampfumfang ξ konstant und erhöht μ, so sinkt der Selektionsdruck [BÄCK96, S. 175].

Wettkampfselektion kann unmodifiziert auch bei Auftreten negativer Fitneßwerte oder im Fall einer Minimierungsaufgabe angewendet werden. Ein Nachteil besteht allerdings darin, daß ein Individuum mit theoretisch bis zu μ Kopien im *mating pool* vertreten sein kann. Dieses Problem ist dasgleiche wie beim Auswahlalgorithmus *roulette wheel selection*. Dennoch ist Wettkampfselektion neben fitneßproportionaler Selektion das in der Praxis meistverwendete Selektionsschema.[49]

Angesichts der angesprochenen Nachteile fitneßproportionaler Selektion überrascht es, wie häufig dieser Selektionsalgorithmus noch verwendet wird. Das hat offenbar überwiegend historische Gründe, denn sowohl die grundlegenden Bücher von Holland [HOLL92/75] als auch von Goldberg [GOLD89] verwenden dieses Selektionsschema.

Als weiterer gravierender Nachteil fitneßproportionaler Selektion kommt hinzu, daß sie nicht verschiebungsinvariant (*translation invariant*) ist [MAZA93]. Das bedeutet, die Addition einer Konstanten auf den Zielfunktionswert verändert das Selektionsergebnis. Im Extremfall können dadurch das beste und das schlechteste Individuum einer Population trotz sehr unterschiedlicher Zielfunktionswerte praktisch identische Selektionswahrscheinlichkeiten erhalten. Daran wird noch einmal deutlich, wie heikel es ist, bei fitneßproportionaler Selektion eine geeignete Skalierungsfunktion zu konstruieren. Sowohl rangbasierte Selektion als auch Wettkampfselektion sind hingegen verschiebungsinvariant und daher auch aus diesem Grund vorzuziehen.

Elite-Selektion

In vielen Anwendungen wird, unabhängig vom sonst verwendeten Selektionsalgorithmus, das beste Individuum der aktuellen Generation auf jeden Fall in die Population der nächsten Generation übernommen. Man bezeichnet diese Vorgehensweise als Elite-Selektion (*elitist selection*). Sie geht auf einen Vorschlag von De Jong [JONG75] zurück, und kann ausgedehnt werden auf die besten υ Individuen ($1 \leq \upsilon \leq \mu$) einer Population.

---

[49] Für eine Diskussion der aus dem Bereich der Evolutionsstrategien stammenden $(\mu+\lambda)$ bzw. (μ,λ)-Selektion bei GA siehe [BÄCK96, S. 174 ff.].

Durch Elite-Selektion ist gewährleistet, daß die besten bisher gefundenen Lösungen eines Laufes nicht mehr aus der Population verlorengehen Dies wäre sonst aufgrund des stochastischen Charakters der Selektion und wegen der lösungsverändernden Wirkung von Crossover und Mutation nicht sichergestellt. Andererseits vergrößert Elite-Selektion die Gefahr dauerhafter Stagnation auf einem Suboptimum.

Abschließende Hinweise zur Selektion

Die Fitneß eines Individuums muß sich durchaus nicht immer aus einer berechenbaren Zielfunktion ableiten, wie bisher unterstellt wurde. Die Lösungsbewertung kann, je nach Art der praktischen Anwendung, vielmehr z.B. auch das Ergebnis einer Simulation oder eines praktischen Experimentes sein.

Desweiteren können sich die im Rahmen der Fitneßbestimmung relevanten Systembedingungen im Zeitablauf ändern. Eine vielversprechende, hier nur kurz erwähnte neuere Entwicklung in diesem Kontext sind Ansätze mit koevolvierenden Populationen auf der Basis von Räuber-Beute-Simulationen. Hier entwickeln sich zwei (oder mehr) Populationen in wechselseitiger Abhängigkeit, wobei zwischen ihren Individuen eine inverse Fitneßbeziehung besteht. Für diese Vorgehensweise war am Schluß des Kapitels 1 bereits ein Beispiel gegeben worden, bei dem es um die Entwicklung eines effizienten Sortieralgorithmus ging.[50]

2.2.7 Steady-state-GA

In den meisten GA-Implementierungen, wie auch beim Basis-GA, werden während einer Verfahrensiteration (Generation) immer *alle* Individuen der Population durch ihre Nachkommen ersetzt. Man bezeichnet diese Ersetzungs-Strategie als *generational replacement*. In einer als *steady-state*-GA bezeichneten Variante werden dagegen bei jeder Iteration nur wenige Individuen der Population, im allgemeinen die schlechtesten, ersetzt.[51] Dadurch verbleiben gute Lösungen tenden-

[50] Weitere interessante Beispiele koevolutionärer Optimierung beschreiben z.B. [PARE94] und [ROSI95].

[51] *Steady-state* GA wurden ursprünglich von Syswerda [SYSW89] und Whitley [WHIT89a] entwickelt. Die hier dargestellte Form orientiert sich an der erweiterten Version von Davis [DAVI91b, S. 35 f.].

ziell länger in der Population und können den Optimierungsprozeß dauerhafter beeinflussen als bei *generational replacement*. Im Vergleich zum Ablauf beim Basis-GA erfordert ein *steady-state*-GA lediglich Änderungen bei den Schritten 3 und 4:

Schritt 1: Initialisierung

Vorgehen wie beim Basis-GA.

Schritt 2: Bewerten der Ausgangslösungen

Wie beim Basis-GA.

Schritt 3: Erzeugen und Bewerten von Nachkommen

Teilschritt 3-1: Stochastische Selektion und Replikation

Es werden zwei Individuen aus der Population stochastisch gezogen (mit Zurücklegen) und zu Eltern bestimmt. Von ihnen werden Kopien erzeugt. Der Selektionsalgorithmus ist im allgemeinen lineare rangbasierte Selektion. Als Auswahlalgorithmus ist SUS der Standard, wobei man nun mit SUS natürlich zwei und nicht μ Individuen bestimmt.

Teilschritt 3-2: Crossover

Uniform oder N-Punkt Crossover wird meist deterministisch, also mit $p_c = 1$, auf die beiden Elternkopien angewendet.

Teilschritt 3-3: Mutation

Dieser Schritt erfolgt wie beim Basis-GA.

Teilschritt 3-4: Überprüfen auf Duplikate

Die entstandenen Nachkommen werden nur behalten, wenn sie mit keinem der gegenwärtigen Populationsmitglieder identisch sind. Duplikate werden also verworfen.

Teilschritt 3-5: Bewerten der Nachkommen

Für den oder die verbliebenen Nachkommen wird der Fitneßwert bestimmt.

Teilschritt 3-6: Überprüfen der Schleifenbedingung

Die Teilschritte 3-1 bis 3-6 werden sooft wiederholt, bis insgesamt q akzeptable Nachkommen (keine Duplikate) erzeugt worden sind.[52] Es ist $1 \leq q \leq \mu$, und ein üblicher Wert ist $q = 2$.

Schritt 4: Ersetzen von Populationsmitgliedern

Zunächst werden q bisherige Populationsmitglieder gelöscht, im allgemeinen die schlechtesten Individuen. Dann fügt man die q Nachkommen zur Population hinzu. Die Populationsgröße bleibt also hinterher unverändert μ.

Schritt 5: Weiter bei Schritt 3 bis ein Abbruchkriterium greift

Wie beim Basis-GA.

Bei *steady-state*-GA können höhere Mutations- bzw. Crossover-Wahrscheinlichkeiten als bei *generational replacement* verwendet werden. Dadurch soll der GA einen stärker explorativen Charakter erhalten, während gleichzeitig gute Populationsmitglieder durch die gewählte Ersetzungsstrategie geschützt werden [SYSW89]. Gegenüber *generational replacement* sollte allerdings mit größeren Populationen gearbeitet werden [JONG93b].

Für Optimierungsprobleme mit stochastisch beeinflußter Lösungsbewertung sind *steady-state*-GA in der beschriebenen Form nicht geeignet. Hier besteht die Gefahr, daß schlechte Lösungen aufgrund des stochastischen Einflusses bei der Bewertung zufällig relativ gute Fitneßwerte erhalten. Das Ersetzungskonzept von *steady-state*-GA würde nun dafür sorgen, daß diese Individuen zu Unrecht über einen langen Zeitraum in der Population verbleiben können und den Optimierungsfortschritt behindern.

2.2.8 Nischentechniken

Für den Erfolg eines GA ist es wichtig, möglichst lange die Heterogenität (*diversity*) der Populationsmitglieder zu erhalten, da sie die Effektivität des Crossover wesentlich mitbestimmt. GA-Techniken, welche die Bildung von Nischen in natürlichen Ökosystemen abstrakt

[52] Eventuelle überzählige Nachkommen werden verworfen.

nachahmen, gehören zu den heterogenitätsfördernden Maßnahmen. Sie können grob in sequentielle und parallele Ansätze unterschieden werden, wobei die parallelen vorzuziehen sind [MAHF95]. Nischentechniken werden vor allem eingesetzt für Optimierungsprobleme mit mehrfacher Zielsetzung[53] sowie für Problemstellungen, bei denen mehrere oder sogar alle verschiedenen Optima eines multimodalen Zielfunktionsgebirges gefunden werden sollen.

Hier werden zwei bekannte parallele Nischentechniken vorgestellt: deterministisches *crowding*[54] [MAHF92,95] und *sharing* [GOLD87b,89].

Deterministisches Crowding

Die Grundidee des *crowding* ist, daß Nachkommen immer die ihnen ähnlichsten Individuen der bisherigen Population ersetzen. Dadurch soll vermieden werden, daß sich viele nahezu identische Individuen (*crowds*) in der Population ansammeln. Beim deterministischen *crowding* ersetzen folgende Schritte die Schritte 3 und 4 des Basis-GA:[55]

Schritt 3: Deterministische Selektion

Alle Individuen der Population werden in den *mating pool* kopiert.

Schritt 4: Erzeugen der neuen Population

Die folgenden Schritte werden ($\mu/2$)-mal durchlaufen.

Teilschritte 4-1: Stochastische Partnerwahl

Dieser Schritt erfolgt wie im Basis-GA.

Teilschritt 4-2: Crossover

Crossover wird stets, also mit Wahrscheinlichkeit $p_c = 1$, angewendet und so zwei Nachkommen erzeugt. Welches Crossover verwendet werden sollte, ist nicht festgelegt.

Teilschritt 4-3: Mutation

Das Vorgehen ist wie im Basis-GA.

---

[53] Siehe z.B. den Ansatz in [HORN94].
[54] De Jong verwendete als erster *crowding* [JONG75].
[55] Die übrigen Schritte erfolgen wie im Basis-GA.

Teilschritt 4-4: Bewerten der Nachkommen

Für beide Nachkommen wird der Fitneßwert bestimmt.

Teilschritt 4-5: Vergleich von Eltern und Nachkommen

Je ein Elter und ein Nachkomme bilden ein Paar. Dabei wird jeder Nachkomme mit dem ihm ähnlichsten seiner beiden Eltern zusammengefaßt. „Ähnlichkeit" bemißt sich entweder genotypisch oder phänotypisch. Ein genotypisches Ähnlichkeitsmaß ist die Hamming-Distanz, also die Anzahl unterschiedlicher Bits auf den zwei verglichenen Strings. Ein phänotypisches Ähnlichkeitsmaß wäre z.B. die euklidische Distanz. Sie ist für zwei Individuen $\vec{x}_A$ und $\vec{x}_B$ gegeben als:

$$d_{euklid}(\vec{x}_A, \vec{x}_B) = \sqrt{\sum_{j=1}^{n} \left(x_{A,j} - x_{B,j}\right)^2}$$

Die Wahl des richtigen Distanzmaßes ist problemabhängig.

Teilschritt 4-6: Deterministische Selektion und Ergänzen der neuen Population

Von jedem der beiden Paare wird das Individuum mit dem besseren Fitneßwert, Elter oder Nachkomme, ausgewählt und zur anfangs leeren Folgepopulation ergänzt.

Sharing

Die Grundidee beim *sharing* ist, den Fitneßwert eines Individuums zu reduzieren, wenn sich in seiner (genotypisch oder phänotypisch definierten) Nachbarschaft noch weitere Individuen der Population befinden. So wird die Heterogenität der Populationsmitglieder forciert. Der durch *sharing* reduzierte Fitneßwert ist gegeben als $(i = 1,2,...,\mu)$:

$$\Phi'(\vec{a}_i) = \frac{\Phi(\vec{a}_i)}{\sum_{j=1}^{\mu} \Lambda(d(\vec{a}_i, \vec{a}_j))}$$

Der Nenner wird als *niche count* des Individuums $\vec{a}_i$ bezeichnet. Die *sharing*-Funktion Λ ist eine Funktion der Distanz d zwischen zwei Individuen, wobei die Distanz, wie beim *crowding*, genotypisch oder phänotypisch definiert sein kann.

Λ gibt den Wert „1" zurück, wenn zwei Individuen nach dem gewählten Distanzmaß identisch sind, und den Wert „0", wenn die Distanz einen benutzerdefinierten Schwellenwert $T_{share} \geq 0$ erreicht oder überschreitet. Weit voneinander entfernte Individuen beeinflussen sich also in ihrer Fitneß nicht. T_{share} wird auch als Nischenradius bezeichnet. Man beachte, daß der *niche count* eines Individuums immer mindestens eins ist, weil das Individuum im Zuge der Berechung auch mit sich selbst verglichen wird (der Fall $i = j$). Gebräuchlich ist *power law sharing*:

$$\Lambda(d) = \begin{cases} 1 - \left(\frac{d}{T_{share}} \right)^{\beta} & d < T_{share} \\ 0 & d \geq T_{share} \end{cases}$$

Die richtige Wahl des Schwellenwerts T_{share} ist problemabhängig und von großer Bedeutung für die Fähigkeit von *sharing*, verschiedene Optima im Suchraum zu finden und simultan in der Population zu behalten.[56] Die benutzerdefinierte Konstante $\beta \in \mathbf{R}$ beeinflußt die Form der nichtlinearen *sharing*-Funktion. Sie kann z.B. auf den Wert $\beta = 1$ gesetzt werden, was zu einer dreieckigen *sharing*-Funktion führt. *Sharing* führt ohne spezielle Modifikationen in Verbindung mit Wettkampfselektion zu chaotischem Verhalten des GA [OEI91].

Mahfoud hat Experimente mit verschiedenen Nischentechniken bei zahlreichen multimodalen Testfunktionen unterschiedlicher Komplexität sowie zwei Klassifikationsaufgaben durchgeführt [MAHF95]. Er vergleicht, wie schnell und zuverlässig die (multiplen) Optima jedes Problems gefunden und in der Population behalten werden. Mahfoud beurteilt sowohl *crowding* als auch *sharing* positiv, mit leichten Vorteilen für *sharing*.

2.2.9 Mehrzieloptimierung

Entscheidungssituationen, bei denen mehrfache Zielsetzungen auftreten, kommen in der Praxis häufig vor. Die Entscheidung ist leicht, wenn es eine Lösung gibt, die hinsichtlich jedes Zielkriteriums alle anderen Lösungsalternativen übertrifft. Das ist jedoch die Ausnahme.

---

[56] Deb und Goldberg machen einige Vorschläge, wie T_{share} bei genotypisch bzw. phänotypisch gemessener Distanz gewählt werden sollte [DEB89].

Von großer Bedeutung bei Aufgaben der Mehrzieloptimierung ist das nachfolgend erläuterte Konzept der *Pareto-Optimalität*. Eine Lösung $\vec{x}_A$ aus einem beliebigen Lösungsraum $\mathbf{L} \neq \varnothing$ wird als pareto-optimal (= effizient) bezeichnet, wenn es in **L** keine Lösung $\vec{x}_B$ gibt, die hinsichtlich des Zielerreichungsgrades bei keinem Zielkriterium schlechter, jedoch bei mindestens einem Zielkriterium besser ist als $\vec{x}_A$. Formal ergibt sich unter der Annahme einer Maximierung von:

$$\vec{F}(\vec{x}) = (F_1(\vec{x}),\ldots,F_g(\vec{x}))\ ,\ \vec{x} \in \mathbf{L},$$

daß eine Lösung $\vec{x}_A \in \mathbf{L}$ genau dann pareto-optimal ist, wenn keine andere Lösung $\vec{x}_B \in \mathbf{L}$ existiert, die $\vec{x}_A$ *dominiert*. Das heißt, es darf keine Lösung $\vec{x}_B \in \mathbf{L}$ geben, so daß:

$$\forall z \in \{1,2,\ldots,g\}\ ,\ F_z(\vec{x}_B) \geq F_z(\vec{x}_A) \quad \text{und}$$
$$\exists z \in \{1,2,\ldots,g\}\ ,\ F_z(\vec{x}_B) > F_z(\vec{x}_A)$$

Meistens geht es in der Mehrzieloptimierung darum, Entscheidungsträgern eine Menge *effizienter*, das heißt pareto-optimaler Lösungen anzubieten. Daraus wird dann nur eine Lösung zur Realisierung ausgewählt, wobei individuelle Präferenzen, externe Einflüsse (z.B. politischer Druck) und Aushandlungsprozesse zwischen den Entscheidungsträgern letztlich den Ausschlag geben.

Ansätze zur Mehrzieloptimierung mit GA bzw. anderen EA-Formen setzen im Verfahrensablauf vor allem bei der Selektion an, und lassen sich im wesentlichen in vier Gruppen aufteilen [FONS95]:

- Aggregationsansatz,
- Ansätze mit wechselnden Zielen,
- Einsatz von Nischentechniken,
- Pareto-basierte Ansätze.

Aggregationsansatz

Beim Aggregationsansatz werden die Funktionswerte einer Lösung bei den g verschiedenen Zielkriterien in eventuell gewichteter Form zu einem Gesamt-Zielfunktionswert aggregiert, der z.B. folgende Form haben kann:

$$F(\vec{x}) = c_1 \cdot F_1(\vec{x}) + \ldots + c_g \cdot F_g(\vec{x})$$

Dabei entsprechen die $c_z \in \mathbf{R}$ ($z = 1,2,...,g$) den subjektiven Zielgewichtungen. Komplexere aggregierte Zielfunktionen sind möglich. Das Optimierungsproblem kann dank der Aggregatfunktion nun ohne spezielle Modifikationen am GA wie jedes Einzielproblem bearbeitet werden.[57] Das Ergebnis besteht meistens in einer einzelnen Lösung. Es wird also keine Menge pareto-optimaler Lösungen bestimmt. Der Aggregationsansatz unterstellt eine Substitutionsbeziehung zwischen den verschiedenen Teilzielen.

Ansätze mit wechselnden Zielen

Ein bekanntes Beispiel für Ansätze mit wechselnden Zielen ist das VEGA-System [SCHA84].[58] Bei Vorliegen von g verschiedenen Zielkriterien zerlegt man darin die stochastische Selektion in g Teilschritte. In jedem Teilschritt selektiert man nun aus der Gesamtpopulation einen gleichgroßen Anteil des *mating pool* nach Maßgabe eines der g Ziele. So können Individuen, die in mehreren Zielkriterien gute Werte erreichen, viele Nachkommen erzeugen. Crossover und Mutation finden übergreifend zwischen Individuen des gesamten *mating pool* statt.

Einsatz von Nischentechniken

Nischentechniken sind verschiedentlich für Zwecke der Mehrzieloptimierung eingesetzt worden. Ein Beispiel ist der Niched Pareto GA von Horn et al. [HORN94]. Er verwendet im wesentlichen eine erweiterte Form von Wettkampfselektion. Dabei werden immer zwei Individuen (Kandidaten) stochastisch aus der Population gezogen und mit den Individuen einer gleichfalls stochastisch bestimmten Teilmenge der Population (die Vergleichsmenge) verglichen. Über den Umfang der Vergleichsmenge läßt sich der Selektionsdruck steuern.

Wenn nur einer der beiden Kandidaten von keinem Mitglied der Vergleichsmenge dominiert ist, wird dieser zur Reproduktion ausgewählt. Falls beide nicht dominiert sind oder beide dominiert sind, wird eine spezielle Form des *sharing* eingesetzt, um einen der Kandidaten auszuwählen. Ausgewählt wird die Lösung, in dessen Nische sich weniger Individuen befinden. Gewählt wird also der Kandidat mit dem

---

[57] Ein Beispiel für den Aggregationsansatz ist in [MUNA93] zu finden. Siehe zu den Ansätzen der Mehrzieloptimierung auch die Quellen in [FONS95].
[58] Für eine genauere Beschreibung siehe auch [GOLD89, S. 199 f.].

kleinsten *niche count*. Horn et al. skalieren dabei die Werte aller Zielkriterien in den gleichen Bereich, z.B. das Intervall [0,1], und bauen ihr Distanzmaß beim *sharing* auf diesen skalierten Zielfunktionswerten auf. Dafür ist allerdings bei jedem Ziel eine zumindest ungefähre Vorstellung über minimal und maximal erreichbare Zielfunktionswerte nötig.[59]

Pareto-basierte Ansätze

Der eben geschilderte Ansatz ist gleichzeitig ein Beispiel für Mehrzieloptimierung unter Verwendung des Konzeptes der Pareto-Optimalität, weil das Dominanzprinzip in der Selektion eingesetzt wird.

Von Goldberg stammt hierzu ein alternativer Vorschlag [GOLD89]. Er läuft auf eine Form der rangbasierten Selektion hinaus. Dabei werden die Rangplätze nach folgendem Muster vergeben: Nicht-dominierte Individuen erhalten Rang 1 und werden bei der Bestimmung der weiteren Rangplätze nicht mehr berücksichtigt. Aus der Restpopulation bestimmt man wiederum die *nun* nicht-dominierten Lösungen, weist ihnen Rang 2 zu und streicht auch sie aus der weiteren Betrachtung. Der Vorgang wird wiederholt, bis allen Individuen ein Rang zugeordnet ist. Alle Individuen mit gleichem Rang haben identische Selektionswahrscheinlichkeiten. Dieses Pareto-*ranking* wird mit einem Auswahlalgorithmus wie SUS kombiniert.

Reine Pareto-basierte Selektion ist bei Problemstellungen mit sehr vielen unterschiedlichen Zielkriterien keine gute Strategie für die Mehrzieloptimierung. Mit steigender Anzahl von Zielen erfüllen im allgemeinen immer mehr Lösungen im Suchraum das Kriterium der Pareto-Optimalität. Durch die Fülle der gefundenen pareto-optimalen Lösungen würden Entscheidungsträger überfordert. Hier ist es sinnvoll, zusätzliche Informationen über die zielbezogene Präferenzstruktur der Entscheidungsträger im Optimierungsprozeß (gegebenenfalls interaktiv) zu berücksichtigen [FONS93].

Für fundierte Empfehlungen zugunsten einer bestimmten Technik der GA-basierten Mehrzieloptimierung reichen die bislang vorliegenden Erfahrungen noch nicht aus.

---

59 Vgl. [HORN94] für eine ausführlichere Darstellung.

2.2.10 Berücksichtigung von Nebenbedingungen

Eigentlich sind alle praktischen Optimierungsprobleme durch Nebenbedingungen gekennzeichet, die den Raum zulässiger Lösungen begrenzen oder sogar in mehrere unzusammenhängende Bereiche zerteilen. Solche Nebenbedingungen können z.B. sein:

- Grenzwerte (*bounds*) für Variablen,
- Ganzzahligkeitsbedingungen für Variablen,
- Gleichungs- oder Ungleichungsrestriktionen.

Notwendig sind also Konzepte, wie in beschränkten Lösungsräumen ungültige Lösungen zu behandeln sind, oder sie möglichst sogar ganz vermieden werden können.

Die einfachste Vorgehensweise wäre, ungültige Nachkommen sofort zu verwerfen und so lange neue Nachkommen zu generieren, bis sie alle Nebenbedingungen der Anwendung erfüllen und der Optimierungsprozeß fortgesetzt werden kann. Dieser Ansatz ist bei hochbeschränkten Problemstellungen aus Laufzeitgründen jedoch nicht mehr praktikabel. Nicht selten bereitet schon das Auffinden gültiger Ausgangslösungen Probleme. Ungültige Lösungen zu erzeugen, um sie sofort zu verwerfen, verschwendet außerdem unnötig Ressourcen.

Die GA-Literatur enthält eine Fülle von Vorschlägen zur Behandlung von Nebenbedingungen. Davon können hier nur einige angesprochen werden.[60] Die verfügbaren Verfahren zur Behandlung von Nebenbedingungen lassen sich grob in zwei Klassen aufteilen.

Die Verfahren der ersten Klasse behindern das Entstehen ungültiger Lösungen nicht. Hierzu gehören beispielsweise:

- Straffunktionen,
- Techniken der Mehrzieloptimierung.

Die Verfahren der zweiten Klasse zielen darauf ab, ungültige Lösungen von vornherein zu vermeiden. Hierzu gehören z.B.

- intelligente Decodierung,
- spezialisierte Lösungsrepräsentation und/oder Operatoren.

Auf Verfahren beider Klassen wird nun näher eingegangen.

[60] Michalewicz hat in [MICH96, S. 141 ff.] einige weitere Ansätze beschrieben und verglichen.

Straffunktionen

Straffunktionen (*penalty functions*) sind das gebräuchlichste Mittel, um in GA Nebenbedingungen zu berücksichtigen. Der Grund ist die Universalität des Ansatzes, der bei prinzipiell allen Arten von Zielfunktionen und Nebenbedingungen anwendbar ist. Die Grundidee besteht darin, ungültige Lösungen bei der Fitneßermittlung zu bestrafen, was z.B. mit einer Straffunktion $Z : \mathbf{R}^n \rightarrow \mathbf{R}_+$ für den Fall der Maximierung in folgender Form geschehen kann ($\vec{x} = \Gamma(\vec{a})$):

$$\Phi(\vec{a}) = \begin{cases} F(\vec{x}) & \text{falls } \vec{x} \text{ gültig ist} \\ F(\vec{x}) - Z(\vec{x}) & \text{falls } \vec{x} \text{ nicht gültig ist} \end{cases}$$

Die Straffunktion liefert nur dann den Wert Null, wenn alle p ($p \geq 0$) Nebenbedingungen des Optimierungsproblems von $\vec{x}$ erfüllt werden. Häufig bildet man den Strafterm anhand einer Menge differenzierter Straffunktionen. Dann mißt die einzelne Straffunktion Z_k die Verletzung der Nebenbedingung k ($k = 1,2,...p$). Die Details sind anwendungsabhängig.[61]

Für Straffunktionen gelten folgende Empfehlungen [RICH89]:

- Die Strafhöhe sollte nicht pauschal, sondern graduell gewählt werden, in Abhängigkeit vom Ausmaß der Ungültigkeit einer Lösung. Sie sollte dabei eher von der Distanz einer Lösung zum zulässigen Bereich abhängen als nur von der Anzahl verletzter Nebenbedingungen.
- Gute Straffunktionen vergeben Strafen etwa in Höhe der erwarteten Fitneßänderung, wenn die ungültige in eine (möglichst ähnliche) gültige Lösung umgewandelt würde. Die Strafe sollte nicht niedriger als die Höhe dieser Fitneßänderung sein.

Die konkrete Parameterisierung von Straffunktionen ist ein anwendungsabhängiges, nicht-triviales Optimierungsproblem in sich selbst. Es erscheint hierbei sinnvoll, in frühen Stadien der Optimierung ungültige Lösungen weniger stark zu bestrafen als in späteren Phasen. Michalewicz verwendet z.B. folgenden allgemeinen Strafterm [MICH95, S, 153]:

---

61 Siehe hierzu auch [MICH96, S. 141 ff.].

$$Z(\vec{x}) = \frac{1}{2 \cdot \tau} \cdot \sum_{k=1}^{p} (Z_k(\vec{x}))^2$$

Dabei ist $\tau \in \mathbf{R}_+$ ($\tau \geq \tau_{min}$) eine Art Temperaturparameter, der im Verlaufe des Optimierungsprozesses langsam bis auf den Wert τ_{min} abgesenkt wird. Das Verfahren ist sensitiv bezüglich der Wahl dieses „Abkühlungsplans". Empfohlene Werte sind $\tau_0 = 1$, $\tau_{t+1} = 0{,}1 \cdot \tau_t$ und $\tau_{min} = 0{,}000001$, wobei t der Generationsindex ist.

Techniken der Mehrzieloptimierung

Auch Techniken der Mehrzieloptimierung sind prinzipiell geeignet, die Einhaltung von beliebigen Nebenbedingungen sicherzustellen. Dabei bildet die ursprüngliche Zielfunktion $F(\vec{x})$ dann nur noch eines von mehreren Zielkriterien. Weitere Zielkriterien sind nun die Straffunktionen $Z_k(\vec{x})$ ($k = 1,2,...,p$), die es jeweils zu minimieren gilt. Das bedeutet, die Verletzungen der verschiedenen Nebenbedingungen sollen als weitere Ziele der Optimierung minimal werden.[62]

Intelligente Decodierung

Bei dieser Methode werden im allgemeinen eine wenig spezialisierte, häufig nichtbinäre Lösungsrepräsentation und wenig spezialisierte Suchoperatoren verwendet. Das anwendungsbezogene Wissen ist hier vor allem in der Decodierungsfunktion Γ im Rahmen der Fitneßbewertung enthalten. Dort können z.B. heuristische und interpretierende Elemente einfließen, die sicherstellen, daß trotz der wenig spezialisierten Repräsentation die decodierten Lösungen komplexe Nebenbedingungen der Anwendung erfüllen. Ein Beispiel verdeutlicht das Prinzip.

Beispiel: Intelligente Decodierung bei Tourenplanungsproblemen

Tourenplanungsprobleme zählen zu den Standardproblemen des Operations Research. Es kann dabei z.B. darum gehen, n Kunden mit k Fahrzeugen begrenzter Kapazität aus einem zentralen Depot mit Gütern zu beliefern. Dabei sollen kostenminimale Touren gefahren werden, wobei zusätzliche Nebenbedingungen, wie etwa festgelegte „Zeitfenster" für das Beliefern eines bestimmten Kunden, auftreten können.

---

[62] Ein Beispiel enthält [LIEP90].

Für ein solches Tourenplanungsproblem entwickelten Blanton und Wainwright einen GA mit intelligenter Decodierungsroutine [BLAN93]. Lösungen sind jeweils als Permutation der n anzusteuernden Kunden codiert. Bei der Decodierung werden die ersten k Kunden der Permutation der Reihe nach jeweils einem der k Fahrzeuge zugeordnet. Dadurch sind die k Fahrrouten initialisiert. Die verbleibenden n–k Kunden der Permutation werden einzeln daraufhin untersucht, welcher Tour sie am besten zuzuordnen sind, um bei möglichst geringen Gesamtkosten gleichzeitig die Nebenbedingungen der Problemstellung einzuhalten. Dieses heuristische Konstruktionsverfahren führt schließlich erst zu vollständigen Touren und ermöglicht damit eine Lösungsbewertung.

Spezialisierte Lösungsrepräsentation und Operatoren

Wenn das zu bearbeitende Optimierungsproblem gut verstanden und in seiner Struktur durchschaut ist, so wäre es unklug, dieses anwendungsbezogene Vorwissen nicht zu nutzen. Das kann durch die Entwicklung einer problem- oder domänenspezifischen Form der Lösungsrepräsentation und darauf abgestimmter Suchoperatoren geschehen. Dadurch sollen ungültige Lösungen möglichst gar nicht erst generiert werden.

Ein gutes Beispiel für die Vermeidung ungültiger Lösungen durch eine spezialisierte Lösungsrepräsentation bei gleichzeitig wenig spezialisierten Suchoperatoren ist die in Kapitel 3 ausführlich dargestellte Genetische Programmierung (GP). GP beruht auf einer baumartigen, nicht-binären Lösungsdarstellung.

Besonders hervorzuheben sind hier auch die Arbeiten von Z. Michalewicz. Seine als GENOCOP I bezeichnete GA-Variante wurde entwickelt, um Optimierungsprobleme mit linearen Gleichungs- und Ungleichungsrestriktionen sowie beschränkten Wertebereichen bei den Variablen zu bearbeiten [MICH96, S. 122 ff.]. GENOCOP I geht in mehreren Schritten vor. Zunächst werden die Gleichungsrestriktionen benutzt, um durch Substitution die abhängigen Variablen zu eliminieren und ein System reiner Ungleichungsrestriktionen einzuführen. Diese Ungleichungen werden später dazu verwendet, dynamisch zulässige Wertebereiche für die verbliebenen Variablen zu bestimmen. GENOCOP I repräsentiert Lösungen als Vektoren reeller Zahlen und verwendet mehrere spezialisierte Suchoperatoren, die stets gültige Lösungen garantieren. Eine als GENOCOP II bezeichnete Weiterentwicklung berücksichtigt über einen Straffunktionsansatz zusätzlich nichtlineare Gleichungs- und Ungleichungsrestriktionen [MICH96, S. 134 ff.].

Welcher Ansatz zur Berücksichtigung von Nebenbedingungen bei der praktischen Optimierung gewählt werden sollte, hängt vom Einzelfall ab. Grundsätzlich ist es empfehlenswert zu versuchen, über die Lösungsrepräsentation und angepaßte Operatoren sicherzustellen, daß Nebenbedingungen erfüllt werden. Dies ist jedoch oft keine leichte Aufgabe. Ansätze, die ungültige Lösungen zulassen, sind in hochbeschränkten Optimierungsaufgaben kritisch zu sehen, weil unter Umständen die meiste Zeit auf das Erzeugen und Bewerten ungültiger Lösungen verwendet wird. Bei Straffunktionen besteht zusätzlich das Problem, eine gute Parameterisierung dieser Funktionen zu finden.

2.3 Ausgewählte Ergebnisse der GA-Theorie

Ergebnisse der GA-Theorie sind, teilweise in Form von Empfehlungen bereits an verschiedenen Stellen des bisherigen Textes eingeflossen, so z.B. bei den Selektionsvarianten. Im folgenden werden noch Ergebnisse zur Konvergenz, zu Hollands Schema-Theorie und zur Frage der Eignung bestimmter Optimierungsprobleme für GA nachgetragen. Dies ist nur eine kleine Auswahl aus der Fülle von Publikationen zur GA-Theorie. Viele Theoriebereiche sind heute jedoch noch stark umstritten. Während GA in praktischen Anwendungen erfolgreich eingesetzt werden, sind die theoretischen Grundlagen, um diesen Erfolg zu erklären und vorauszusagen noch unzureichend. Von einer einheitlichen und universell akzeptierten GA-Theorie ist man gegenwärtig weit entfernt.

2.3.1 Das Schema-Theorem und seine Kritiker

In seinem Buch „Adaptation in Natural and Artifical Systems" legte J. Holland 1975 die Basis für viele der nachfolgenden theoretischen Arbeiten zu GA. Holland ging es darum, die Funktionsweise adaptiver Systeme zu erklären und aus diesem Verständnis künstliche adaptive Systeme (GA) zu entwickeln. Adaptation verstand er als *„any process whereby a structure is progressively modified to give better performance in its environment"* [HOLL75, S. V].

Sein Vorbild war die biologische Evolution, die eine Anpassung an wechselnde Umgebungsbedingungen dadurch ermöglicht, daß ständig Veränderungen bestehender genetischer Strukturen generiert, getestet und gegebenfalls über die Vererbung verbreitet werden.

Zur Formalisierung der im Adaptationsprozeß modifizierten Strukturen führte Holland den Begriff des Schemas ein. Ein Schema ist eine Schablone (*template*), die eine Menge von Strings beschreibt, welche an definierten Positionen übereinstimmen. Hollands ursprüngliche Theorie bezieht sich auf einen elementaren, sogenannten „kanonischen" GA mit binären Strings, fitneßproportionaler Selektion, Mutation und 1-Punkt Crossover, vergleichbar dem in Abschnitt 2.1 beschriebenen Basis-GA. Seine Schema-Theorie ist später von Radcliffe [RADC94], Vose und Liepins [VOSE91a,b], Goldberg und Lingle [GOLD85,89] sowie anderen verallgemeinert und auf andere Repräsentationsformen und Suchoperatoren übertragen worden. Hier soll nur das ursprüngliche Holland-Konzept wiedergegeben werden.

Ein Schema entspricht einem Ähnlichkeitsmuster über dem Alphabet {0, 1, * } und beschreibt eine Menge von Strings im Raum $\{0,1\}^L$, die an definierten Positionen übereinstimmen. Für jedes der L binären Gene eines Strings schreibt das Schema entweder eine „1" oder ein „0" vor oder es läßt den Wert offen. Letzteres wird durch den Platzhalter „*" verdeutlicht.

Beispiel: Schemata

Das Schema H_1 = 101** umfaßt alle Strings der Länge L = 5, deren erstes Bit eine 1, zweites Bit eine 0 und drittes Bit eine 1 ist. Die Belegung der vierten und fünften Position ist beliebig. Damit beschreibt das Schema folgende Menge von Strings: {10100, 10101, 10110, 10111}. Sie sind Instanzen (Exemplare) des Schemas H_1. Gleichzeitig sind sie aber auch Instanzen anderer Schemata, z.B. des Schemas H_2 = 10*** oder des Schemas H_3 = **1**.

H_3 ist gegenüber H_2 und H_2 ist gegenüber H_1 das allgemeinere Schema, da es weniger vorgegebene Bits enthält. Die Anzahl der vorgegebenen Bits bezeichnet man als *Ordnung* o(H) eines Schemas H. Im Beispiel ist $o(H_1) = 3$ und $o(H_2) = 2$ und $o(H_3) = 1$. Den Abstand zwischen dem ersten und letzten fixierten Bit eines Schemas nennt man die *definierende Länge* δ(H) des Schemas H. Hier ist $\delta(H_1) = 3 - 1 = 2$ und $\delta(H_2) = 1$ sowie $\delta(H_3) = 0$.

Jeder String ist gleichzeitig Instanz von 2^L verschiedenen Schemata. Seine Fitneß sagt auch etwas über die Fitneß der durch ihn repräsentierten Schemata. Eine Population von μ Strings enthält, in Abhängigkeit von ihrer Heterogenität, Instanzen von zwischen 2^L und $\mu \cdot 2^L$ verschiedenen Schemata. Während der GA explizit also nur auf einer Population von μ Individuen operiert, verarbeitet er implizit eine wesentlich größere Anzahl von Schemata. Man bezeichnet dies als impliziten Parallelismus.

Die Anzahl unterschiedlicher Schemata der Länge L beträgt bei binärer Codierung 3^L (zwei Zeichen „0", „1" und ein Platzhalter „*"). Allgemeiner beträgt sie $(b+1)^L$, wenn ein Alphabet höherer Kardinalität mit b Zeichen verwendet wird. Von zwei Codierungen, welche die gleiche Anzahl von Alternativen repräsentieren können, kann das Alphabet höherer Kardinalität weniger Schemata generieren [HOLL92, S. 71].[63] Daher sinkt mit steigender Kardinalität des Alphabets die Anzahl der in einem String repräsentierten Schemata. Der implizite Parallelismus von GA bei der Schemaverarbeitung ist bei binärer Codierung am höchsten. Dies dient häufig als Rechtfertigung für die Wahl einer Binärcodierung.[64]

Während Schemata in der stochastisch initialisierten Ausgangspopulation noch in großer Vielfalt gleichberechtigt vorliegen, konzentriert die Selektion den Suchprozeß auf erfolgversprechende Bereiche des Suchraumes. Dabei setzen sich auf der impliziten Ebene Schemata, deren Vertreter in der Population gute Fitneßwerte besitzen, zunehmend gegenüber den Schemata mit niedrigerer in der Population beobachteter Fitneß durch. Die Suchoperatoren, vor allem das Crossover, variieren gleichzeitig die Individuen in der Population immer wieder und testen somit neue Bereiche des Suchraumes, bzw. neue Schemata. Zwischen diesen beiden Strategien, dem Ausnutzen schon bekannter guter Strukturen (*exploitation*) und der Suche nach neuen, noch besseren Strukturen (*exploration*) eine optimale Balance zu finden, ist für adaptive Systeme ganz allgemein von großer Bedeutung.

Holland hat die Propagierung von Schemata bei einem kanonischen GA mit *generational replacement* in seinem bekannten Schema-Theorem

[63] Dabei ist zu beachten, daß, wenn ein höheres Alphabet verwendet wird, die erforderliche Stringlänge abnimmt.
[64] Siehe Goldbergs *principle of minimal alphabets* [GOLD89, S. 80 ff.].

formalisiert.[65] Im folgenden bezeichnet I(H) die Menge aller Instanzen des Schemas H und N(H,t) die Anzahl von Instanzen des Schemas H in der Population P(t) zum Zeitpunkt t. Die durchschnittliche beobachtete Fitneß aller Instanzen des Schemas H in der Population P(t) ist gegeben durch:

$$\Phi(H,t) = \frac{1}{N(H,t)} \cdot \sum_{\vec{a}(t) \in I(H) \cap P(t)} \Phi(\vec{a}(t))$$

Dagegen ist die durchschnittliche Fitneß aller Individuen in P(t) gegeben als:

$$\overline{\Phi}(t) = \frac{1}{\mu} \cdot \sum_{i=1}^{\mu} \vec{a}_i(t)$$

Vernachlässigt man zunächst Mutation und Crossover und betrachtet nur den Einfluß fitneßproportionaler Selektion auf Schema H, so gilt:

$$N(H,t+1) = N(H,t) \cdot \frac{\Phi(H,t)}{\overline{\Phi}(t)} \qquad (1)$$

Für sich allein genommen bewirkt die Selektion also ein Wachstum der Anzahl von Instanzen des Schemas H in der Population entsprechend dem Verhältnis der durchschnittlichen Fitneß der Vertreter von H in P(t) zur durchschnittlichen Fitneß aller Individuen in Population P(t). Schemata, deren Vertreter überdurchschnittliche Fitneßwerte aufweisen, werden also in der Population zunehmen, was einer Konzentration auf erfolgversprechende Bereiche des Suchraumes entspricht (*exploitation*).

Die Suchoperatoren Mutation und Crossover verkörpern demgegenüber das Element der *exploration*. Anhand der Ordnung o(H) und der definierenden Länge δ(H) können Überlebenswahrscheinlichkeiten für ein Schema H unter den Operatoren Mutation und 1-Punkt Crossover berechnet werden. Bei der Mutation wird jedes Bit unabhängig mit der Wahrscheinlichkeit p_m invertiert. Das Schema H überlebt diesen Prozeß unverändert mit der Wahrscheinlichkeit:

$$p_{survive}(mu) = (1-p_m)^{o(H)} \approx 1 - p_m \cdot o(H) \quad \text{für } p_m << 1 \qquad (2)$$

[65] Vgl. zu den folgenden Ausführungen [GOLD89, S. 28-33], [HOLL92, Kap. 6, insbesondere S. 102 f.] und [BÄCK96, S. 124 ff.].

Schema H wird durch 1-Punkt Crossover zerstört, wenn der Crossover-Punkt zwischen das erste und letzte fixierte Bit fällt. Ist das zweite Elter allerdings selbst eine Instanz von H, so bleibt das Schema erhalten. Es ergibt sich folgende Wahrscheinlichkeit für H, das 1-Punkt Crossover unbeschadet zu überstehen:

$$p_{survive}(xo) = 1 - p_c \cdot \frac{\delta(H)}{L-1} \cdot \left(1 - \frac{N(H)}{\mu}\right) \qquad (3)$$

oder vereinfacht näherungsweise:

$$p_{survive}(xo) = 1 - p_c \cdot \frac{\delta(H)}{L-1}$$

Faßt man (1) bis (3) zusammen, ergibt sich Hollands Schema-Theorem:

$$N(H, t+1) \geq N(H, t) \cdot \frac{\Phi(H, t)}{\overline{\Phi}(t)} \cdot \left[1 - p_c \cdot \frac{\delta(H)}{L-1} \cdot \left(1 - \frac{N(H)}{\mu}\right)\right] \cdot (1 - p_m)^{o(H)}$$

oder näherungsweise:

$$N(H, t+1) \geq N(H, t) \cdot \frac{\Phi(H, t)}{\overline{\Phi}(t)} \cdot \left[1 - p_c \cdot \frac{\delta(H)}{L-1} - p_m \cdot o(H)\right]$$

Das Schema-Theorem kann so interpretiert werden, daß überdurchschnittliche Schemata niedriger Ordnung und kurzer definierender Länge (sogenannte *building blocks*) in den Folgegenerationen exponentiell zunehmen, während gleichzeitig unterdurchschnittliche Schemata exponentiell abnehmen.

Eine anschauliche, aber umstrittene Erklärung für den praktischen Erfolg von GA und die Bedeutung des Crossover, ist die oft in Verbindung mit dem Schema-Theorem genannte *Building Block-Hypothese:*

> „...instead of building high-performance strings by trying every conceivable combination, we construct better and better strings from the best partial solutions of past samplings. ... so does a genetic algorithm seek near optimal performance through the juxtaposition of short, low-order, high performance schemata, or building blocks." [GOLD89, S. 41]

Diese Vorstellung, gute Lösungen würden durch Crossover sukzessiv aus Teillösungen zusammengesetzt, gibt jedoch ein zu stark vereinfachendes Bild der Funktionsweise eines GA. Sie unterstellt, daß sich das Gesamtproblem in unabhängige Teilprobleme dekomponieren läßt. Das ist jedoch ein für die GA-Praxis keineswegs typischer Fall, der außerdem mit simpleren Optimierungsmethoden wohl effizienter zu bearbeiten wäre.

Nach Hollands Auffassung realisieren kanonische GA eine optimale Suchstrategie, wenn die *kumulierte* Fitneß der Population maximiert werden soll.[66] Holland betrachtet also eine andere Zielgröße als dies bei der Funktionsoptimierung der Fall ist, wo im allgemeinen nur die beste gefundene Lösung von Interesse ist. Anderes ausgedrückt ist Hollands kanonischer GA nicht in erster Linie ein Verfahren zur Funktionsoptimierung.[67] Dies ist ein Grund, warum Hollands GA später in so vielfältiger Weise für Optimierungsaufgaben modifiziert worden ist.

Seit kurzem ist bekannt, daß die in kanonischen GA realisierte Suchstrategie auch für den ursprünglich intendierten Zweck, die kumulierte Fitneß zu maximieren, *nicht* grundsätzlich optimal ist. Holland hatte dies an der Analogie des Spielens an Spielautomaten rechnerisch belegt. Macready und Wolpert [MACR96, S. 28 ff.] identifizieren jedoch einen Rechenfehler in Hollands Arbeit, der zu einem insgesamt falschen Ergebnis führt. Die Gültigkeit des Schema-Theorems bleibt davon allerdings unberührt, ebenso die Tatsache, daß GA in vielen praktischen Optimierungsaufgaben gute Erfolge erzielen.

Über die praktische Bedeutung des Schema-Theorems herrscht Uneinigkeit. Während es über Jahre die Basis für viele theoretische Arbeiten zu GA bildete, mehren sich inzwischen kritische Stimmen. Ein wesentlicher Einwand besteht darin, daß in Populationen endlicher Größe unweigerlich stichprobenbedingte Schätzfehler bei der Bestimmung der Fitneß eines Schemas entstehen. Die wahre statische Fitneß (*static average fitness*) eines Schemas H, gemittelt über alle seine Instanzen in I(H) kann ja immer nur anhand der aktuellen Vertreter des Schemas in P(t) geschätzt werden. Die Fitneß unter den Instanzen ein und desselben Schemas variiert jedoch normalerweise beträchtlich. Bei endlichen Populationen ergibt sich daraus ein Schätzfehler, wenn die beobachtete Schema-Fitneß in der aktuellen Population (*observed fitness*) als Schätzer für die wahre statische Fitneß eines Schemas H herangezogen wird. Je kleiner die Populationsgröße μ ist, umso massivere Schätzfeh-

66 Siehe hierzu [HOLL92, insbesondere Kap. 5 und 7].
67 Dieser Punkt wird in [JONG93a] klargestellt.

ler sind zu erwarten. Sie wirken sich im Rahmen der fitneßproportionalen Selektion aus und machen den Erklärungsgehalt des Schema-Theorems für den praktischen Optimierungserfolg von GA bei endlichen Populationen zweifelhaft.

> „The estimate of the fitness of a schema is equal to the exact fitness in very simple applications only. ... But if the estimated fitness is used in the interpretation, then the schema theorem is almost a tautology, only describing proportional selection." [MÜHL91, S. 324]

> „The effect of fitness variance within schemas is that, in populations of realistic size, the observed fitness of a schema may be arbitrarily far from the static average fitness, even in the initial population." [GREF93, S. 80]

Ein weiterer Kritikpunkt bezieht sich auf die dem Schema-Theorem zugrundeliegende Annahme der Unabhängigkeit, mit der Stichproben von Vertretern verschiedener Schemata in der Population auftreten. Tatsächlich sind die Stichproben mehrerer Schemata im allgemeinen *nicht* unabhängig [GREF93]. So überschneiden sich manche Schemata. Wenn die Population bei zwei sich überschneidenden Schemata mit jeweils unterschiedlicher Geschwindigkeit konvergiert[68], sind die Stichproben nicht mehr unabhängig. Dieser Effekt tritt auch bei unendlich großen Populationen auf. Er bewirkt, daß die in der Population beobachtete Fitneß eines Schemas von seiner wahren statischen Fitneß drastisch abweichen kann, so daß aus dem Schema-Theorem keine Erklärung für den praktischen Optimierungserfolg eines GA abgeleitet werden kann.

Jeder String ist Vertreter sehr vieler Schemata. Möglicherweise läßt sich die global beste Lösung durch Schemata mit *unter*durchschnittlicher Performanz beschreiben [FOGE95, S. 134]. Eine Suchstrategie, die - wie im Schema-Theorem für GA unterstellt - überdurchschnittliche Schemata stark bevorteilt, kann sich daher für praktische Optimierungsfragestellungen als zu konservativ erweisen.

Bei Optimierungsaufgaben kommt es darauf an, Lösungen mit möglichst guten Zielfunktionswerten zu finden. Zu ein und derselben Zielfunktion sind jedoch mittels Skalierung beliebig viele Fitneßfunktionen konstruierbar. Das Schema-Theorem bezieht sich auf die Fitneßfunktion Φ und nicht auf die Zielfunktion F, was seinen praktischen

---

[68] Man spricht dann von kollateraler Konvergenz [GREF93].

Wert weiter einschränkt. Bei linearer Skalierung bleibt exponentielles Wachstum von im Hinblick auf die *Zielfunktion* überdurchschnittlichen Schemata gewährleistet. Dies gilt jedoch im allgemeinen nicht für nichtlineare Formen der Skalierung [GREF89].

2.3.2 Konvergenz auf das globale Optimum

Bei jedem Optimierungsverfahren ist die Frage, ob und unter welchen Bedingungen es mit Wahrscheinlichkeit 1,0 auf ein globales Optimum der Zielfunktion konvergiert, von besonderem theoretischem Interesse. Dabei sei das Kriterium für globale Konvergenz hier wie folgt definiert [RUDO96]:[69]

$$\lim_{t \to \infty} \Pr\{F(\Gamma(B(t))) = F^*\} = 1$$

Dabei bezeichnet F^* den global optimalen Zielfunktionswert. Die Funktion $B(t)$ extrahiert aus einer Population zum Zeitpunkt t das beste Individuum. Unterstellt man, wie bisher, ein Maximierungsproblem, gilt also:

$$B(t) = \arg\max\{F(\Gamma(a_i(t))) : i = 1,2,\ldots,\mu\}\ .$$

Aus dem im vorigen Abschnitt behandelten Schema-Theorem kann für GA die Konvergenz auf das globale Optimum *nicht* abgeleitet werden [RUDO94].

Theoretische Abhandlungen zur Konvergenz von GA konzentrieren sich auf den klassischen kanonischen GA nach Holland, während die zahlreichen GA-Varianten für praktische Optimierungsaufgaben theo-

---

[69] *Hinweis:* Für die praktische Optimierung (hier: Maximierung) genügt im allgemeinen eine schwächere Form der globalen Konvergenz. Jeder Optimierer würde normalerweise dafür sorgen, daß die beste gefundene Lösung während eines Laufes des Optimierungsverfahrens immer nochmal separat als Kopie gespeichert (im „goldenen Käfig") und laufend aktualisiert wird. Auf diese Weise kann sie nie ganz verlorengehen, obwohl diese Lösung, wegen des fehlenden Elite-Charakters der Selektion, in der aktuellen Population vielleicht nicht mehr vertreten ist. Daher würde als Konvergenzkriterium in der praktischen Optimierung meistens genügen, daß die abgespeicherte, bisher beste Lösung des Laufes:

$$Opt(t) = \max\{F(\Gamma(B(t))), Opt(t-1)\}\ ,\ \ Opt(0) = F(\Gamma(B(0)))$$

für $t \to \infty$ mit Wahrscheinlichkeit 1,0 auf das globale Optimum konvergiert. Auf diesen Sachverhalt hat auch Rudolph hingewiesen [RUDO96, S. 5].

retisch nur schlecht untersucht sind.[70] Für kanonische GA hat Rudolph nachgewiesen, daß sie selbst bei unendlicher Zeit nicht auf das globale Optimum konvergieren [RUDO94]. Dieser auf der Markovkettentheorie beruhende wichtige Beweis wird im folgenden wiedergegeben. Zunächst sind jedoch einige Vorbemerkungen zu Markovketten nützlich.[71]

Eine *Markovkette* ist eine spezielle Form von stochastischem Prozeß. Charakteristisch für Markovketten sind folgende Merkmale:

- Der Prozeß ist durch diskrete Zustände gekennzeichnet.[72]
- Der Prozeß läuft in zeitdiskreten Schritten ab.
- Die Wahrscheinlichkeit, daß der Prozeß sich zum Zeitpunkt t+1 in einem Zustand b befindet, wenn er zum Zeitpunkt t im Zustand a ist, hängt nur von den beiden Zuständen a und b ab, zwischen denen der Übergang definiert ist, und nicht von den früher durchlaufenen Zuständen der Kette.

Die Wahrscheinlichkeit, aus einem Zustand a zum Zeitpunkt t in einen Zustand b zum Zeitpunkt t+1 zu gelangen, wird als *Übergangswahrscheinlichkeit* $p_{ab} \geq 0$ bezeichnet. Sind die Übergangswahrscheinlichkeiten unabhängig von t, bezeichnet man die Markovkette als *homogen*. Es ist üblich, die Übergangswahrscheinlichkeiten in Form einer quadratischen *Übergangsmatrix* P zusammenzufassen. Die Anzahl der Zeilen und Spalten dieser Matrix entspricht der Anzahl k möglicher Zustände. Die Zeilensumme der p_{ab} ist gleich eins für alle Zeilen, also:

$$\Sigma_{b=1}^{k} p_{ab} = 1 \ \ \forall a \in \{1,2,\ldots,k\} .$$

Bei einer als Zeilenvektor $\vec{p}(0)$ gegebenen Ausgangsverteilung über die möglichen Zustände ergibt sich die Verteilung der Markovkette nach dem t-ten Zeitschritt als $\vec{p}(t) = \vec{p}(0) \cdot P^t$. Wenn für eine beliebige Potenz P^t von P gilt $P^t \cdot P = P^t$, so befindet sich der stochastische Prozeß zum Zeitpunkt t im Gleichgewicht. P^t wird in diesem Fall als *Gleichgewichtsmatrix* bezeichnet und enthält identische Wahrschein-

[70] Solche GA werden nach De Jong auch als GAFOs (Genetic Algorithms for Function Optimization) bezeichnet.

[71] Diese Grundlagen können in jedem Lehrbuch zu Markovketten oder zum Operations Research nachgelesen werden, z.B. in [IOSI80,WINS87].

[72] Für unsere Zwecke ist die Anzahl der Zustände außerdem endlich.

lichkeitsvektoren als Zeilen. Die Einträge dieser Vektoren sind streng positiv und geben an, mit welcher Wahrscheinlichkeit sich die Markovkette im Gleichgewicht, unabhängig vom Ausgangszustand, in jedem der k Zustände befindet. Die Matrix P der Übergangswahrscheinlichkeiten wird in diesem Fall als *ergodisch* bezeichnet.

Einige weitere Definitionen werden benötigt [SENE81]. Eine quadratische $k \times k$ Matrix P heißt

- *positiv* $(P > 0)$, wenn $p_{ab} > 0$ für alle $a,b \in \{1,2,...,k\}$,
- *nicht-negativ* $(P \geq 0)$, wenn $p_{ab} \geq 0$ für alle $a,b \in \{1,2,...,k\}$.

Eine nicht-negative $k \times k$ Matrix P heißt

- *primitiv*, wenn ein $t \in \mathbf{N}$ existiert, so daß P^t positiv ist,
- *stochastisch*, wenn $\sum_{b=1}^{k} p_{ab} = 1 \;\; \forall a \in \{1,2,\ldots,k\}$.

Eine stochastische $k \times k$ Matrix P heißt *stabil*, wenn sie identische Zeilen hat. Nach diesen Vorbemerkungen jetzt zum Beweis von Rudolph. Er betrachtet ein allgemeines Maximierungsproblem der Form

$$\text{Max! } F(\Gamma(\vec{a})) \;,\; \vec{a} \in \{0,1\}^L$$

unter den Annahmen $0 < F(\Gamma(\vec{a})) < \infty$ und $F(\Gamma(\vec{a})) \neq$ konstant.

Der kanonische GA mit $p_m \in (0,1)$, $p_c \in [0,1]$ und fitneßproportionaler Selektion wird nun als homogene Markovkette beschrieben. Als Zustand der Markovkette wird der Zustand der Population, ausgedrückt in den Ausprägungen aller Gene aller Individuen zu einem Zeitpunkt angesehen. Der Zustandsraum ist daher $\mathbf{Y} = \{0,1\}^{L \cdot \mu}$. Die Projektion $\pi_i(a)$ $(i = 1,2,...,\mu)$ greift das i-te binäre Teilstück der Länge L aus der binären Repräsentation des Zustandes a heraus, anders ausgedrückt also das i-te Individuum aus der zum Zustand a korrespondierenden Population.

Zustandsänderungen der Population werden mit Hilfe der Übergangsmatrix P beschrieben. Sie ist selbst das Produkt von drei stochastischen Matrizen, welche die Auswirkungen von Crossover, Mutation und Selektion auf die Population beschreiben.

Theorem 1 [RUDO94, S. 97]:

Die Übergangsmatrix P des kanonischen GA ist primitiv und stochastisch.

Theorem 2 [IOSI80, S. 123]:

Es sei P eine primitive, stochastische Matrix. Dann konvergiert P^t für $t \to \infty$ auf eine positive, stabile, stochastische Matrix $P^\infty = 1' \cdot \vec{p}(\infty)$, wobei $\vec{p}(\infty) = \vec{p}(0) \cdot \lim_{t \to \infty} P^t = \vec{p}(0) \cdot P^\infty$ ein Wahrscheinlichkeitsvektor ist und aus Einträgen ungleich Null besteht.

Aus den Theoremen 1 und 2 folgt, daß der kanonische GA eine Markovkette mit ergodischer Übergangsmatrix P ist. Es existiert eine Gleichgewichtsmatrix P^∞, deren Zeilen aus identischen Wahrscheinlichkeitsvektoren mit streng positiven Einträgen bestehen. Die Elemente des Wahrscheinlichkeitsvektors geben an, unabhängig von der Initialisierung des GA, mit welcher Wahrscheinlichkeit sich der GA im Gleichgewicht in welchem der k Zustände befindet.

Theorem 3 [RUDO94, S. 98]:

Der kanonische GA konvergiert nicht auf das globale Optimum.

Beweis: Es sei $Z(t) = \max\{F(\Gamma(\pi_i^{(t)}(a))) \mid i = 1,2,\ldots,\mu\}$ der beste Zielfunktionswert einer GA-Population, die durch den Zustand a repräsentiert ist, zum Zeitpunkt t. Damit ist $Z(t) = F(\Gamma(B(t)))$. Desweiteren sei nun $a \in \mathbf{Y}$ irgendein Zustand für den gilt $\max\{F(\Gamma(\pi_i(a))) \mid i = 1,2,\ldots,\mu\} < F^*$, und $p_a(t)$ ist die Wahrscheinlichkeit, daß die GA-Population zum Zeitpunkt t in einem solchen Zustand a ist. Aus Theorem 2 in Verbindung mit Theorem 1 folgt, daß die Wahrscheinlichkeit, mit der sich die GA-Population in Zustand a befindet, für $t \to \infty$ auf den Wert $p_a(\infty) > 0$ konvergiert. Daher gilt:

$$\lim_{t \to \infty} \Pr\{Z(t) = F^*\} \leq 1 - p_a(\infty) < 1$$

Damit ist die Bedingung für Konvergenz auf das globale Optimum nicht erfüllt.

Dieses Ergebnis ist für den Anwender natürlich zunächst recht enttäuschend. Soll man ein Optimierungsverfahren verwenden, daß nicht einmal vor dem Hintergrund unbeschränkter Zeit auf die global beste Lösung konvergiert? Die Frage ist unfair gestellt. Holland wollte mit seinem kanonischen GA ja gar nicht in erster Linie ein Optimierungsverfahren entwickeln. Auf praktische Optimierung zielten erst die zahlreichen Ergänzungen und Modifikationen, die andere später an Hollands GA vornahmen. Für die Praxis ist es außerdem im allgemeinen zweitrangig, ob globale Konvergenz bewiesen werden kann. Entscheidend ist vielmehr, daß das betrachtete Verfahren *nahe*-optimale Lösungen *in möglichst kurzer Zeit* findet. Leider sind hierzu generelle Aussagen für GA noch schwierig.

Der empirisch belegbare Erfolg unterschiedlichster GA-Varianten bei vielen komplexen Optimierungsaufgaben ist in der Theorie bislang nur schlecht verstanden. In jüngster Zeit hat man allerdings erfolgreich begonnen, theoretische Ergebnisse der statistischen Mechanik auf GA zu übertragen, um ihre Dynamik besser zu verstehen [SHAP94].

Ergänzt man den kanonischen GA um Elite-Selektion, so daß in jeder Generation das beste Individuum unverändert in die Nachfolgepopulation kopiert wird, läßt sich beweisen, daß dieser erweiterte GA nun für $t \to \infty$ auf das globale Optimum konvergiert. Der Beweis kann analog zum Konvergenzbeweis für Evolutionäre Programmierung in Kapitel 5 geführt werden.[73]

2.3.3 Schwierige und leichte Probleme für GA

Seit längerem bemüht man sich, Kriterien zu finden, nach denen Probleme hinsichtlich ihrer Eignung für GA als „GA-leicht" =gut geeignet oder „GA-schwer" = schlecht geeignet klassifiziert werden können. Die bisher gemachten Vorschläge nehmen ganz unterschiedliche Perspektiven ein und sind allesamt umstritten. Hier soll ein kurzer Überblick genügen.

Goldberg und Whitley untersuchen sogenannte *deceptive problems* [GOLD89,WHIT91]. Intuitiv handelt es sich um Probleme, die so beschaffen sind, daß der GA über die Lage des globalen Optimums im Suchraum getäuscht wird. Die *deception*-Forschung bezieht sich stark auf Hollands Schema-Theorie. Nachdem sich kritische Stimmen zur Schema-Theorie mehren, gerät auch die *deception*-Forschung immer stärker in die Kritik. So hält Grefenstette *deception* weder für notwendig noch hinreichend, um ein Problem als GA-schwer zu charakterisieren [GREF93]. Der Realitätsbezug künstlich entworfener *deceptive problems* ist umstritten.

[73] Siehe hierzu [FOGE95, S. 126 ff.]. Siehe auch [EIBE91] und [RUDO94] für weitere Konvergenzbeweise unter Elite-Selektion.

Davidor hat das stark von der gewählten Lösungsrepräsentation beeinflußte Ausmaß an Epistasie zugrundegelegt, um Probleme als leicht oder schwer für GA zu klassifizieren [DAVI90]. In der Biologie wird ein Gen als epistatisch bezeichnet, wenn es ein anderes Gen daran hindert, seine Wirkung zu entfalten. Wenn GA-Forscher von Epistasie sprechen, meinen sie im allgemeinen, daß die Änderung der codierten Werte einer Entscheidungsvariablen zu Fitneßänderungen führt, deren Vorzeichen und Ausmaß auch von den codierten Werten anderer Entscheidungsvariablen auf dem String abhängt. Nach Davidors Einschätzung ist ein mittlerer Grad von Epistasie günstig für GA (Bild 2-17), während bei niedriger Epistasie Gradientenverfahren effizienter sind [DAVI90, S. 371]. Bei extrem hoher Epistasie fehlen hingegen Regelmäßigkeiten, die ein GA ausbeuten kann, so daß nur noch Random Search einsetzbar ist. Epistasie stellt leider eine schlecht meßbare Größe dar. Außerdem existieren GA-schwere Probleme mit niedriger Epistasie. Daher ist der praktische Nutzen auch dieses Ansatzes umstritten.

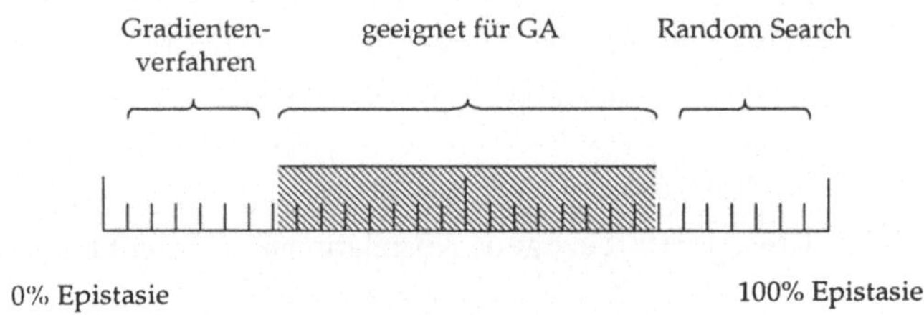

Bild 2-17: Grade von Epistasie und geeignete Lösungsmethoden

Die Ergänzungsliteratur zu diesem Kapitel enthält Quellen, in denen weitere Teilaspekte untersucht werden, von denen man annimmt, daß sie beeinflussen, wie gut ein Anwendungsproblem für GA geeignet ist. Dazu zählen z.B. Multimodalität, stochastische Störeinflüsse bei der Fitneßermittlung, *long path problems, royal roads* und *spurious correlations*.

Bei den Bemühungen um ein universelles Maß zur Beurteilung der Eignung eines Anwendungsproblems für GA sind einige neuere Ansätze der statistischen Korrelationsanalyse von besonderem Interesse. Sie beruhen auf der intuitiven Vorstellung einer Fitneßlandschaft mit

Hügeln und Tälern (lokale Extrema der Fitneßfunktion), die über dem Suchraum aufgespannt ist[74].

Manderick et al. untersuchen unter anderem, wie der Optimierungserfolg eines GA von der Gestaltung des Suchoperators beeinflußt wird [MAND91]. Dazu führen sie den operatorbezogenen Korrelationskoeffizienten r_{op} ein. Er setzt die Fitneßwerte von Eltern und ihren unmittelbaren Nachkommen in Beziehung. Intuitiv drückt r_{op} aus, wie zerklüftet (*rugged*) die Fitneßlandschaft unter dem betrachteten Suchoperator erscheint.

Um r_{op} zu berechnen, generiert man zunächst stochastisch eine Stichprobe von z.B. M = 100 Individuen im Suchraum.[75] Diese bilden die Menge der Eltern. Auf sie wird der festgelegte Suchoperator, also z.B. die Mutation oder ein bestimmtes Crossover, angewendet. Das Ergebnis ist eine gleichgroße Menge von Nachkommen. Zu jeder Anwendung des Suchoperators enthalten die Zufallsvariablen $\Phi^{(E)}$ bzw. $\Phi^{(N)}$ die korrespondierenden Fitneßwerte der Eltern bzw. Nachkommen. Erzeugt der Suchoperator aus einem Elter nur einen Nachkommen (z.B. die Mutation), entsprechen $\Phi^{(E)}$ und $\Phi^{(N)}$ deren jeweiligen Fitneßwerten. Wenn der Suchoperator aus zwei Eltern zwei Nachkommen erzeugt (z.B. das Crossover), repräsentieren $\Phi^{(E)}$ und $\Phi^{(N)}$ hingegen die Fitneß-Mittelwerte der zwei Eltern bzw. der zwei Nachkommen.

Der operatorbezogene Korrelationskoeffizient r_{op} ist definiert als:[76]

$$r_{op} = \frac{\operatorname{cov}(\Phi^{(E)}, \Phi^{(N)})}{\sigma(\Phi^{(E)}) \cdot \sigma(\Phi^{(N)})}$$

$$\text{mit } \operatorname{cov}(\Phi^{(E)}, \Phi^{(N)}) = \frac{1}{M} \cdot \sum_{z=1}^{M} (\Phi_z^{(E)} - \overline{\Phi}^{(E)}) \cdot (\Phi_z^{(N)} - \overline{\Phi}^{(N)})$$

Es bezeichnet $\operatorname{cov}(\Phi^{(E)}, \Phi^{(N)})$ die Kovarianz von $\Phi^{(E)}$ und $\Phi^{(N)}$. $\overline{\Phi}^{(E)}$ bzw. $\overline{\Phi}^{(N)}$ sind die Mittelwerte, und $\sigma(\Phi^{(E)})$ bzw. $\sigma(\Phi^{(N)})$ sind die Standardabweichungen von $\Phi^{(E)}$ und $\Phi^{(N)}$ in der Stichprobe.

---

74 Siehe auch das Konzept der *adaptive topography* von Wright in Abschnitt 1.1.
75 Diese Anzahl verwenden Manderick et al.
76 Praktisch relevant sind für r_{op} nur die Werte im Intervall [0,1].

Für den operatorbezogene Korrelationskoeffizient r_{op} finden Manderick et al. bei ihrem Testproblem (Tourenplanungsaufgabe) unter verschiedenen Suchoperatoren einen ausgeprägten positiven Zusammenhang zwischen dem Wert von r_{op} und dem Erfolg des Operators auf dem Problem. Ein großer Wert für r_{op} bedeutet, daß die Fitneßlandschaft unter dem gegebenen Suchoperator relativ glatt (*smooth*) erscheint, was es für den GA erleichtern sollte, Regelmäßigkeiten der Fitneßlandschaft auszubeuten. Ein hoher Wert für r_{op} impliziert auch, daß sich viele Lösungselemente der Eltern in den Nachkommen wiederfinden, das heißt der Suchoperator nicht allzu explorativ ist. Wieviel Explorativität optimal wäre, hängt von der Gestalt der Fitneßlandschaft im Einzelfall ab.

Alleine ist r_{op} allerdings nicht ausreichend, um zu ermitteln, wie gut sich ein bestimmtes Problem für GA eignet. Es gibt z.B. maximal zerklüftete, multimodale Fitneßlandschaften, in denen mit GA trotzdem leicht zu optimieren ist. Gleichzeitig können unimodale Probleme für GA sehr schwierig sein [HORN95].

Noch universeller als der operatorbezogene Korrelationskoeffizient ist die Fitneß-Distanz-Korrelationsanalyse (FDKA) von Jones und Forrest [JONE95b]. Hier wird eine Parallele zwischen GA und heuristischer Suche gezogen, wobei die Fitneßfunktion als heuristische Funktion aufgefaßt wird. Ein generelles Prinzip heuristischer Funktionen besteht darin, daß ihre Werte möglichst gut mit der Distanz des aktuellen Punktes im Suchraum zum Zielpunkt der Suche korrelieren sollten. Daher werden bei der FDKA die Werte der Fitneßfunktion als Schätzer der Distanz zum unter dem gewählten Distanzmaß nahegelegensten globalen Optimum der Fitneßfunktion verstanden. Die globalen Optima der Fitneßfunktion müssen bekannt sein. Als Distanzmaß kann bei binären GA die Hamming-Distanz genommen werden.[77]

Aus der Korrelation $r_{\Phi d}$ zwischen Fitneß und Distanz zum nahegelegensten globalen Optimum ergibt sich ein Maß für die Schwierigkeit des Problems. Dazu generiert man zunächst stochastisch eine Stichprobe des Suchraumes von z.B. $M = 4000$ Individuen.[78] Deren Fitneßwerte sowie Distanz zum nächsten globalen Optimum wird bestimmt

[77] Zur Definition der Hamming-Distanz siehe den Abschnitt 2.2.1.

[78] Diese Anzahl verwenden Jones und Forrest.

und in zwei Zufallsvariablen Φ und d repräsentiert. Dann ergibt sich der Fitneß-Distanz-bezogene Korrelationskoeffizient wie folgt:

$$r_{\Phi d} = \frac{\text{cov}(\Phi, d)}{\sigma(\Phi) \cdot \sigma(d)}$$

$$\text{mit } \text{cov}(\Phi, d) = \frac{1}{M} \cdot \sum_{z=1}^{M} (\Phi_z - \overline{\Phi}) \cdot (d_z - \overline{d})$$

Dabei ist cov(Φ,d) die Kovarianz von Fitneß und Distanz, und es sind $\overline{\Phi}$ bzw. $\overline{d}$ der Mittelwert und $\sigma(\Phi)$ bzw. $\sigma(d)$ die Standardabweichung der betrachteten Fitneßwerte und Distanzwerte. Die Hoffnung ist, daß für den hier unterstellten Fall der Maximierung die Fitneß mit abnehmender Distanz zum Optimum zunimmt. Der ideale Wert für $r_{\Phi d}$ wäre –1,0 bei Maximierung und +1,0 bei Minimierung. Die Fitneß-Distanz Korrelation $r_{\Phi d}$ wird als Maß für den Schwierigkeitsgrad des betrachteten Problems verwendet, das zumindest in manchen Fällen eine Prognose über die Eignung des Optimierungsproblems für GA ermöglicht.

Jones und Forrest finden bei einer ganzen Reihe von Testproblemen mit bekannten Optima eine gute Übereinstimmung zwischen $r_{\Phi d}$ und dem durch GA-Testläufe oder aus der Literatur bekannten Schwierigkeitsgrad des Problems bezogen auf GA als Optimierungsmethode.[79] Anhand der $r_{\Phi d}$ -Werte lassen sich die untersuchten Maximierungsprobleme in drei Gruppen trennen [JONE95b, S. 186]:

- leicht (*straightforward*): Die Fitneß nimmt mit abnehmender Distanz zum nächsten globalen Optimum zu: $r_{\Phi d} \leq -0{,}15$.
- schwierig (*difficult*): Hier gibt es kaum eine Korrelation zwischen Fitneß und Distanz: $-0{,}15 < r_{\Phi d} < 0{,}15$.
- fehlleitend (*misleading*): Hier nimmt die Fitneß mit steigender Distanz zum Optimum zu: $r_{\Phi d} \geq 0{,}15$.

Einige Schwächen der FDKA sind offensichtlich. So können bisher nur Aussagen über Probleme getroffen werden, deren globale Optima *a priori* bekannt sind. Dieser Schwachpunkt ist prinzipiell überwindbar, z.B. indem man statt der globalen Optima die besten bisher bekannten Lösungen verwendet.

---

[79] Zu den untersuchten Beispielen gehören auch *deceptive problems, long path problems* und *royal road functions.*

Für nichtbinäre GA muß außerdem ein anderes Abstandsmaß als die Hamming-Distanz verwendet werden, z.B. für Permutationsrepräsentationen die minimale Anzahl von Ausschneide-Einfüge-Operationen zur Überführung von zwei Permutationen ineinander. Desweiteren wird es bei Funktionen mit sehr vielen globalen Optima problematisch, für jeden Lösungspunkt der Stichprobe das nächstgelegene Optimum zu bestimmen. In manchen Fällen kann die FDKA außerdem ein zu simples Maß der Problemschwierigkeit sein.

Ein weiterer Einwand ist, daß $r_{\Phi d}$ bislang *kein GA-spezifisches Maß* der Problemschwierigkeit darstellt, sondern ein Maß, daß eine Fitneßlandschaft allgemein charakterisiert. Es ist nicht klar, wie man sich bei einer konkreten Problemstellung, nur auf der Basis von $r_{\Phi d}$ zwischen GA und anderen heuristischen Lösungsverfahren entscheiden soll.[80]

Zu beachten ist außerdem, daß die Fitneßfunktion eine Decodierungsfunktion und häufig zusätzlich eine Skalierung der Zielfunktionswerte einschließt. Durch die Gestaltung der Lösungsrepräsentation, der Decodierungs- sowie der Skalierungsfunktion läßt sich die Schwierigkeit eines Anwendungsproblems für GA in erheblichem Maße beeinflussen.

Die Korrelationsanalyse hat bezüglich der Frage, wie gut sich ein Problem für GA eignet, offensichtlich einiges Erklärungspotential. Sie muß aber als Analysetool noch weiterentwickelt werden, um dieses Potential auch auszuschöpfen.

80 Diese Entscheidung könnte aber klarer werden, wenn die Distanz zum Optimum nicht mehr auf Basis eines universellen Maßes wie der Hamming-Distanz bestimmt würde, sondern auf Basis der vom jeweiligen Optimierungsverfahren tatsächlich verwendeten Suchoperatoren.

2.4 Literatur zum Kapitel 2

Zitierte Literatur

[BÄCK96] Bäck, T.: Evolutionary Algorithms in Theory and Practice, New York: Oxford University Press 1996.

[BAKE85] Baker, J.E.: Adaptive Selection Methods for Genetic Algorithms, in: [GREF85], S. 101-111.

[BAKE87] Baker, J.E.: Reducing Bias and Inefficiency in the Selection Algorithm, in: [GREF87], S. 14-21.

[BELE91] Belew, R.K.; Booker, L.B. (Hrsg.): Proceedings of the Fourth International Conference on Genetic Algorithms, San Mateo/CA: Morgan Kaufmann 1991.

[BETH80] Bethke, A.D.: Genetic Algorithms as Function Optimizers, Dissertation, University of Michigan, Ann Arbor 1980.

[BEYE95] Beyer, H.-G.: Toward a Theory of Evolution Strategies: On the Benefits of Sex - The $(\mu/\mu,\lambda)$ Theory, in: Evolutionary Computation 3 (1995) 1, S. 81-111.

[BLIC95] Blickle, T.; Thiele, L.: A Comparison of Selection Schemes Used in Genetic Algorithms, TIK-Report Nr. 11 (Version 2), ETH Zürich TIK 1995.

[BOOK93] Booker, L.B.: Recombination Distributions for Genetic Algorithms, in: [WHIT93], S. 29-44.

[DAVI85] Davis, L.: Job Shop Scheduling with Genetic Algorithms, in: [GREF85], S. 136-140.

[DAVI90] Davidor, Y.: Epistasis Variance: Suitability of a Representation to Genetic Algorithms, in: Complex Systems 4 (1990), S. 369-383.

[DAVI91a] Davis, L. (Hrsg.): Handbook of Genetic Algorithms, New York: Van Nostrand Reinhold 1991.

[DAVI91b] Davis, L.: A Genetic Algorithms Tutorial, in: [DAVI91a], S. 1-101.

[DAVI94] Davidor, Y.; Schwefel, H.-P.; Männer, R. (Hrsg.): Parallel Problem Solving from Nature - PPSN III, LNCS 866, Berlin: Springer 1994.

[DEB89] Deb, K.; Goldberg, D.E.: An Investigation of Niche and Species Formation in Genetic Function Optimization, in: [SCHA89a], S. 42-50.

[DEB91] Deb, K.: Binary and Floating-Point Optimization Using Messy Genetic Algorithms, Dissertation, Technical Report TCGA 91004, University of Alabama, The Clearinghouse for Genetic Algorithms, Tuscaloosa 1991.

[EIBE91] Eiben, A.E.; Aarts, E.H.L.; Van Lee, K.M.: Global Convergence of Genetic Algorithms: a Markov Chain Analysis, in: [SCHW91], S. 4-12.

[EIBE94] Eiben, A.E.; Raué, P.-E.; Ruttkay, Z.: Genetic Algorithms with Multi-Parent Recombination, in: [DAVI94], S. 78-87.

[EIBE95] Eiben, A.E.; van Kemenade, C.H.M.: Performance of Multi-Parent Crossover Operators on Numerical Function Optimization Problems, Technical Report 95-33, Rijksuniversiteit te Leiden, Vakgroep Informatica, Leiden 1995.

[ESHE89] Eshelman, L.J.; Caruana, R.A.; Schaffer, J.D: Biases in the Crossover Landscape, in: [SCHA89a], S. 10-19.

[ESHE93] Eshelman, L.J.; Schaffer, J.D.: Real-Coded Genetic Algorithms and Interval-Schemata, in: [WHIT93], S. 187-202.

[ESHE95] Eshelman, L.J. (Hrsg.): Proceedings of the Sixth International Conference on Genetic Algorithms, San Francisco: Morgan Kaufmann 1995.

[FALK94] Falkenauer, E.: A New Representation and Operators for Genetic Algorithms Applied to Grouping Problems, in: Evolutionary Computation 2 (1994) 2, S. 123-144.

[FOGA94]Fogarty, T.C. (Hrsg.): Evolutionary Computing, LNCS 865, Berlin: Springer 1994.

[FOGE95] Fogel, D.B.: Evolutionary Computation. Toward a New Philosophy of Machine Intelligence, New York: IEEE Press 1995.

[FONS93] Fonseca, C.M.; Fleming, P.J.: Genetic Algorithms for Multiobjective Optimization: Formulation, Discussion and Generalization, in: [FORR93], S. 416-423.

[FONS95] Fonseca, C.M.; Fleming, P.J.: An Overview of Evolutionary Algorithms in Multiobjective Optimization, in: Evolutionary Computation 3 (1995) 1, S. 1-16.

[FORR85] Forrest, S.: Scaling Fitnesses in the Genetic Algorithm, unpubliziertes Manuskript (Programmdokumentation), University of Michigan, Ann Arbor 1985.

[FORR93] Forrest, S. (Hrsg.): Proceedings of the Fifth International Conference on Genetic Algorithms, San Mateo/CA: Morgan Kaufmann 1993.

[FOX91] Fox, B.R.; McMahon, M.B.: Genetic Operators for Sequencing Problems, in: [RAWL91], S. 284-300.

[GOLD85] Goldberg, D.E.; Lingle Jr., R.: Alleles, Loci, and the Traveling Salesman Problem, in: [GREF85], S. 154-159.

[GOLD87a] Goldberg, D.E.; Smith, R.E.: Nonstationary Function Optimization Using Genetic Algorithms with Dominance and Diploidy, in: [GREF87], S. 59-68.

[GOLD87b] Goldberg, D.E.; Richardson, J.: Genetic Algorithms with Sharing for Multimodal Function Optimiziation, in: [GREF87], S. 41-49.

[GOLD89] Goldberg, D.E.: Genetic Algorithms in Search, Optimization, and Machine Learning, Reading/MA: Addison-Wesley 1989.

[GOLD91] Goldberg, D.E.; Deb. K.: A Comparative Analysis of Selection Schemes Used in Genetic Algorithms, in: [RAWL91], S. 69-93.

[GOLD93] Goldberg, D.E.; Deb, K.; Kargupta, H.; Harik, G.: Rapid, Accurate Optimization of Difficult Problems Using Fast Messy Genetic Algorithms, in: [FORR93], S. 56-64.

[GREF85] Grefenstette, J.J. (Hrsg.): Proceedings of an International Conference on Genetic Algorithms and Their Applications, Hillsdale/NJ: Lawrence Erlbaum 1985.

[GREF86] Grefenstette, J.J.: Optimization of Control Parameters for Genetic Algorithms, in: IEEE Transactions on Systems, Man, and Cybernetics 16 (1986) 1, S. 122-128.

[GREF87] Grefenstette, J.J. (Hrsg.): Genetic Algorithms and their Applications. Proceedings of the Second International Conference on Genetic Algorithms, Hillsdale/NJ: Lawrence Erlbaum 1987.

[GREF89] Grefenstette, J.J.; Baker, J.E.: How Genetic Algorithms Work: A Critical Look at Implicit Parallelism, in: [SCHA89a], S. 20-27.

[GREF93] Grefenstette, J.J.: Deception Considered Harmful, in: [WHIT93], S. 75-91.

[HILL90] Hillis, W.D.: Co-Evolving Parasites Improve Simulated Evolution as an Optimization Procedure, in: Physica D 42 (1990), S. 228-234.

[HINT95] Hinterding, R.; Gielewski, H.; Peachey, T.C.: The Nature of Mutation in Genetic Algorithms, in: [ESHE95], S. 65-72.

[HOLL71]Hollstien, R.B.: Artificial Genetic Adaptation in Computer Control Systems, Dissertation, University of Michigan, Ann Arbor 1971.

[HOLL92/75] Holland, J.H.: Adaptation in Natural and Artificial Systems, 2. A., Cambridge/MA: MIT Press 1992 (1. A., Ann Arbor: The University of Michigan Press 1975).

[HORN94] Horn, J.; Nafpliotis, N.; Goldberg, D.B.: A Niched Pareto Genetic Algorithm for Multiobjective Optimization, in: Proceedings of the IEEE Conference on Evolutionary Computation, Orlando/FL 1994, S. 82-87.

[HORN95] Horn, J.; Goldberg, D.E.: Genetic Algorithm Difficulty and the Modality of Fitness Landscapes, in: [WHIT95], S. 243-269.

[IOSI80] Iosifescu, M.: Finite Markov Processes and Their Applications, Chichester: Wiley 1980.

[JONE95a] Jones, T.: Crossover, Macromutation, and Population-Based Search, in: [ESHE95], S. 73-80.

[JONE95b] Jones, T.; Forrest, S.: Fitness Distance Correlation as a Measure of Problem Difficulty for Genetic Algorithms, in: [ESHE95], S. 184-192.

[JONG75] De Jong, K.: An Analysis of the Behavior of a Class of Genetic Adaptive Systems, Dissertation, University of Michigan, Ann Arbor 1975.

[JONG91] De Jong, K.; Spears, W.M.: An Analysis of the Interacting Roles of Population Size and Crossover in Genetic Algorithms, in: [SCHW91], S. 38-47.

[JONG93a] De Jong, K.: Genetic Algorithms are NOT Function Optimizers, in: [WHIT93], S. 5-17.

[JONG93b] De Jong, K.; Sarma, J.: Generation Gaps Revisited, in: [WHIT93], S. 19-28.

[JULS95] Julstrom, B.A.: What Have You Done for Me Lately? Adapting Operator Probabilities in a Steady-State Genetic Algorithm, in: [ESHE95], S. 81-87.

[LEE93] Lee, I.; Sikora, R.; Shaw, M.J.: Joint Lot Sizing and Sequencing With Genetic Algorithms for Scheduling: Evolving the Chromosome Structure, in: [FORR93], S. 383-389.

[LEVE95] Levenick, J.R.: Metabits: Generic Endogeneous Crossover Control, in: [ESHE95], S. 88-95.

[LIEP90] Liepins, G.E.; Hilliard, M.R.; Richardson, J.; Palmer, M.: Genetic Algorithms Applications to Set Covering and Traveling Salesman Problems, in: Brown, D.E.; White, C.C. (Hrsg.): Operations Reserach and Artificial Intelligence: The Integration of Problem-Solving Strategies, Boston: Kluwer 1990, S. 29-57.

[MACR96] Macready, W.G.; Wolpert, D.H.: On 2-armed Gaussian Bandits and Optimization, Technical Report SFI-TR-96-03-009, Santa Fe Institute, Santa Fe 1996.

[MAHF92] Mahfoud, S.W.: Crowding and Preselection Revisited, in: [MÄNN92], S. 27-36.

[MAHF95] Mahfoud, S.W.: A Comparison of Parallel and Sequential Niching Methods, in: [ESHE95], S. 136-143.

[MAND91] Manderick, B.; de Weger, M.; Spiessens, P.: The Genetic Algorithm and the Structure of the Fitness Landscape, in: [BELE91], S. 143-150.

[MÄNN92] Männer, R.; Manderick, B. (Hrsg.): Parallel Problem Solving from Nature, Proceedings of the Second Conference on Parallel Problem Solving from Nature, Amsterdam: North-Holland 1992.

[MATH94] Mathias, K.E.; Whitley, L.D.: Changing Representations During Search: A Comparative Study of Delta Coding, in: Evolutionary Computation 2 (1994) 3, S. 249-278.

[MAZA93] de la Maza, M.; Tidor, B.: An Analysis of Selection Procedures with Particular Attention Paid to Proportional and Boltzmann Selection, in: [FORR93], S. 124-131.

[MICH95] Michalewicz, Z.: Genetic Algorithms, Numerical Optimization, and Constraints, in: [ESHE95], S. 151-158.

[MICH96] Michalewicz, Z.: Genetic Algorithms + Data Structures = Evolution Programs, 3. A., Berlin: Springer 1996.

[MITC96] Mitchell, M.: An Introduction to Genetic Algorithms, Cambridge/ MA: The MIT Press 1996.

[MÜHL91] Mühlenbein, H.: Evolution in Time and Space - The Parallel Genetic Algorithm, in: [RAWL91], S. 316-337.

[MÜHL92] Mühlenbein, H.: How Genetic Algorithms Really Work I. Mutation and Hillclimbing, in: [MÄNN92], S. 15-25.

[MUNA93] Munakata, T.; Hashier, D.J.: A Genetic Algorithm Applied to the Maximum Flow Problem, in: [FORR93], S. 488-493.

[NG95] Ng, K.P.; Wong, K.C.: A New Diploid Scheme and Dominance Change Mechanism for Non-Stationary Function Optimization, in: [ESHE95], S. 159-166.

[NISS94] Nissen, V.: Evolutionäre Algorithmen. Darstellung, Beispiele, betriebswirtschaftliche Anwendungsmöglichkeiten, Wiesbaden: DUV 1994.

[OEI91] Oei, C.K.; Goldberg, D.E.; Chang, S.J.: Tournament Selection, Niching, and the Preservation of Diversity, IlliGAL Report 91011, University of Illinois, Illinois Genetic Algorithms Laboratory, Urbana-Champaign 1991.

[OLIV87] Oliver, I.M.; Smith, D.J.; Holland, J.R.C.: A Study of Permutation Crossover Operators on the Traveling Salesman Problem, in: [GREF87], S. 224-230.

[PARE94] Paredis, J.: Co-evolutionary Constraint Satisfaction, in: [DAVI94], S. 46-55.

[POON94] Poon, P.W.; Carter, J.N.: Genetic Algorithm Crossover Operators for Ordering Applications, in: Computers & Operations Research 22 (1994) 1, S. 135-147.

[RADC94] Radcliffe, N.J.: The Algebra of Genetic Algorithms, in: Annals of Mathematics and Artificial Intelligence 10 (1994), S. 339-384.

[RAWL91] Rawlins, G.J.E. (Hrsg.): Foundations of Genetic Algorithms, San Mateo/CA: Morgan Kaufmann 1991.

[RICH89] Richardson, J.T.; Palmer, M.R.; Liepins, G.; Hilliard, M.: Some Guidelines for Genetic Algorithms with Penalty Functions, in: [SCHA89a], S. 191-197.

[ROSI95] Rosin, C.D.; Belew, R.K.: Methods for Competitive Co-Evolution: Finding Opponents Worth Beating, in: [ESHE95], S. 373-380.

[RUDO94] Rudolph, G.: Convergence Analysis of Canonical Genetic Algorithms, in: IEEE Transactions on Neural Networks 5 (1994) 1, S. 96-101.

[RUDO96] Rudolph, G.: Unveröffentlichte Unterlage zum Vortrag „Theory of Evolutionary Algorithms: State of the Art", gehalten auf dem Seminar „Evolutionary Algorithms and Their Applications", Schloß Dagstuhl März 1996.

[SCHA84]Schaffer, J.D.: Some Experiments in Machine Learning Using Vector Evaluated Genetic Algorithms, Dissertation, Vanderbilt University, Nashville 1984.

[SCHA87]Schaffer, J.D.; Morishima, A.: An Adaptive Crossover Distribution Mechanism for Genetic Algorithms, in: [GREF87], S. 36-40.

[SCHA89a] Schaffer, J.D. (Hrsg.): Proceedings of the Third International Conference on Genetic Algorithms, San Mateo/CA: Morgan Kaufmann 1989.

[SCHA89b] Schaffer, J.D.; Caruana, R.A.; Eshelman, L.J.; Das, R.: A Study of Control Parameters Affecting Online Performance of Genetic Algorithms for Function Optimization, in: [SCHA89a], S. 51-60.

[SCHR92] Schraudolph, N.N.; Belew, R. K.: Dynamic Parameter Encoding for Genetic Algorithms, in: Machine Learning 9 (1992), S. 9-21.

[SCHW91] Schwefel, H.-P.; Männer, R. (Hrsg.): Parallel Problem Solving from Nature, LNCS 496, Berlin: Springer 1991.

[SENE81] Seneta, E.: Non-Negative Matrices and Markov Chains, 2. A., New York: Springer 1981.

[SHAE87] Shaefer, C.G.: The Argot Strategy: Adaptive Representation Genetic Optimization Technique, in: [GREF87], S. 50-58.

[SHAP94] Shapiro, J.; Prügel-Bennett, A.; Rattray, M.: A Statistical Mechanical Formulation of the Dynamics of Genetic Algorithms, in: [FOGA94], S. 17-27.

[SPEA91] Spears, W.; De Jong, K.: On the Virtues of Parameterized Uniform Crossover, in: [BELE91], S. 230-236.

[SPEA93] Spears, W.: Crossover or Mutation?, in: [WHIT93], S. 221-237.

[SPEA94] Spears, W.: Adapting Crossover in Genetic Algorithms, Artificial Intelligence Center Internal Report AIC-94-019, Naval Research Laboratory, Washington/DC 1994.

[STAR91] Starkweather, T.; McDaniel, S.; Mathias, K.; Whitley, L.D.; Whitley, C.: A Comparison of Genetic Sequencing Operators, in: [BELE91], S. 69-76.

[SYSW89] Syswerda, G.: Uniform Crossover in Genetic Algorithms, in: [SCHA89a], S. 2-9.

[SYSW91] Syswerda, G.: A Study of Reproduction in Generational and Steady-State Genetic Algorithms, in: [RAWL91], S. 94-101.

[VOIG96] Voigt, H.-M.; Ebeling, W.; Rechenberg, I.; Schwefel, H.-P. (Hrsg.): Parallel Problem Solving from Nature - PPSN IV, LNCS 1141, Berlin: Springer 1996.

[VOSE91a] Vose, M.D.: Generalizing the Notion of Schema in Genetic Algorithms, in: Artificial Intelligence 50 (1991), S. 385-396.

[VOSE91b] Vose, M.D.; Liepins, G.E.: Schema Disruption, in: [BELE91], S. 237-242.

[VOSE94] Vose, M.D.: A Closer Look at Mutation in Genetic Algorithms, in: Annals of Mathematics and Artificial Intelligence 10 (1994), S. 423-434.

[WHIT89a] Whitley, L.D.: The GENITOR Algorithm and Selection Pressure: Why Rank-Based Allocation of Reproductive Trials Is Best, in: [SCHA89a], S. 116-121.

[WHIT89b] Whitley, L.D.; Starkweather, T.; Fuquay, D.: Scheduling Problems and Traveling Salesmen: The Genetic Edge Recombination Operator, in: [SCHA89a], S. 133-140.

[WHIT91] Whitley, L.D.: Fundamental Principles of Deception in Genetic Search, in: [RAWL91], S. 221-241.

[WHIT93] Whitley, L.D.: Foundations of Genetic Algorithms 2, San Mateo/CA: Morgan Kaufmann 1993.

[WHIT95] Whitley, L.D.; Vose, M.D.: Foundations of Genetic Algorithms 3, San Francisco/CA: Morgan Kaufmann 1995.

[WINS87] Winston, W.L.: Operations Research: Applications and Algorithms, Boston: Duxbury Press 1987.

[WRIG91] Wright, A.H.: Genetic Algorithms for Real Parameter Optimization, in: [RAWL91], S. 205-218.

Sonstige weiterführende Literatur

Bäck, T.: Generalized Convergence Models for Tournament- and (μ,λ)-Selection, in: [ESHE95], S. 2-8.

Bäck, T.; Fogel, D.B.; Michalewicz, Z. (Hrsg.): Handbook of Evolutionary Computation, New York: Oxford University Press (erscheint 1997).

Biethahn, J.; Nissen, V. (Hrsg.): Evolutionary Algorithms in Management Applications, Berlin: Springer 1995.

Das, R.; Whitley, L.D.: The Only Challenging Problems Are Deceptive: Global Search by Solving Order-1 Hyperplanes, in: [BELE91], S. 166-173.

Davis, L. (Hrsg.): Genetic Algorithms and Simulated Annealing, Los Altos/CA: Morgan Kaufmann 1987.

De Jong, K.A.; Spears, W.M.: Using Markov Chains to Analyze GAFOs, in: [WHIT95], S. 115-137.

Eshelman, L.J.; Schaffer, J.D.: Crossover's Niche, in: [FORR93], S. 9-14.

Forrest, S.; Mitchell, M.: What Makes a Problem Hard for a Genetic Algorithm? Some Anomalous Results and Their Explanation, in: Machine Learning 13 (1993), S. 285-319.

Goldberg, D.E.: Sizing Populations for Serial and Parallel Genetic Algorithms, in: [SCHA89a], S. 70-79.

Goldberg, D.E.: Genetic Algorithms and Walsh Functions: Part II, Deception and its Analysis, in: Complex Systems 3 (1989), S. 153-171.

Goldberg, D.E.; Rudnick, M.: Genetic Algorithms and the Variance of Fitness, in: Complex Systems 5 (1991), S. 265-278.

Hart, W.E.; Belew, R.K.: Optimizing an Arbitrary Function Is Hard for the Genetic Algorithm, in: [BELE91], S. 190-195.

Heistermann, J.: Genetische Algorithmen. Theorie und Praxis evolutionärer Optimierung, Stuttgart: Teubner 1994.

Horn, J.; Goldberg, D.E.; Deb, K.: Long Path Problems, in: [DAVI94], S. 149-158.

Kauffman, S.A.: Adaptation on Rugged Fitness Landscapes, in: Stein, D.L. (Hrsg.): Lectures in the Sciences of Complexity, Vol. 1, Redwood City/CA: Addison-Wesley 1989, S. 527-618.

Mühlenbein, H.; Schlierkamp-Voosen, D.: The Science of Breeding and Its Application to the Breeder Genetic Algorithm (BGA), in: Evolutionary Computation 1 (1993) 4, S. 335-360.

Peck, C.C.; Dhawan, A.P.: Genetic Algorithms as Global Random Search Methods: An Alternative Perspective, in: Evolutionary Computation 3 (1995) 1, S. 39-80.

Reeves, C.R.: Using Genetic Algorithms with Small Populations, in: [FORR93], S. 92-99.

Rosé, H.; Ebeling, W.; Asselmeyer, T.: The Density of States - A Measure of the Difficulty of Optimisation Problems, in: [VOIG96], S. 208-217.

Schaffer, J.D.; Eshelman, L.J.: On Crossover as an Evolutionary Viable Strategy, in: [BELE91], S. 61-68.

Schaffer, J.D.; Eshelman, L.J.; Offutt, D.: Spurious Correlations and Premature Convergence in Genetic Algorithms, in: [RAWL91], S. 102-112.

Schoenauer, M.; Michalewicz, Z.: Evolutionary Computation at the Edge of Feasibility, in: [VOIG96], S. 245-254.

Smith, R.E.; Goldberg, D.E.: Diploidy and Dominance in Artificial Genetic Search, in: Complex Systems 6 (1992), S. 251-285.

Thierens, D.; Goldberg, D.E.: Convergence Models of Genetic Algorithm Selection Schemes, in: [DAVI94], S. 119-129.

Turner, A.; Corne, D.; Ritchie, G.; Ross, P.: Obtaining Multiple Distinct Solutions with Genetic Algorithm Niching Methods, in: [VOIG96], S, 451-460.

Voget, S.: Aspekte genetischer Optimierungsalgorithmen: Mathematische Modellierung und Einsatz in der Fahrplanerstellung, Dissertation, Universität Hildesheim, Fachbereich IV, Hildesheim 1995.

Vose, M.D.: Modeling Simple Genetic Algorithms, in: [WHIT93], S. 63-73.

Vose, M.D.: Modeling Simple Genetic Algorithms, in: Evolutionary Computation 3 (1995) 4, S. 453-472.

2.5 Aufgaben zum Kapitel 2

Aufgabe 2-1: Wiederholung

a) Warum arbeiten viele GA mit einer (meist binären) Codierung von Ausprägungen der Entscheidungsvariablen?
b) Wie lassen sich relle Zahlen binär codieren? Welche Probleme treten dabei auf?
c) Was ist Gray-Codierung? Welche Vorteile bietet diese Codierungsform?
d) Welche Aufgabe kommt, nach dem vorherrschenden Verständnis, der Mutation bei GA zu? Welche Rolle spielt dagegen das Crossover?
e) Wo liegt der Hauptunterschied zwischen *generational replacement* und *steady-state* GA-Formen?
f) Nennen Sie verschiedene Möglichkeiten für eine Initialisierung der GA-Startpopulation! Sind alle immer anwendbar?
g) Auf welche Weise könnte man die Fitneß eines Lösungsindividuums bestimmen, wenn keine berechenbare Zielfunktion vorliegt?
h) Wo liegt der Hauptnachteil sowohl von *roulette wheel selection* als auch von Wettkampf-Selektion? Welche alternativen Verfahren kennen Sie?
i) Wozu dienen Skalierungsfunktionen? Kann man den gleichen Effekt auch anders erreichen?
j) Was kennzeichnet Elite-Selektion?
k) Wann setzt man Sequenzoperatoren ein? Erläutern Sie einige Sequenzoperatoren!
l) Was sind pareto-optimale Lösungen? Wie können solche Lösungen mittels GA identifiziert werden?
m) Erläutern sie drei verschiedene Vorgehensweisen, um beliebige Nebenbedingungen in GA zu berücksichtigen!
n) Was ist ein Holland-Schema? Was sind *building blocks*?
o) Was versteht man unter *deception*? Was unter Epistasie?

Aufgabe 2-2: Fragen zum Nachdenken

a) Vergleichen Sie die GA-Mechanismen mit dem biologischen Vorbild! Wo gibt es Gemeinsamkeiten bzw. Unterschiede?
b) Wäre ein GA ohne Mutation sinnvoll?
c) Wo sehen Sie sinnvolle Einsatzmöglichkeiten für Nischentechniken?
d) Welche Bedeutung messen Sie dem Schema-Theorem von Holland bei?
e) Diskutieren Sie die These „GA sind eine Form von Random Search"!
f) Welche Bedeutung hat das Konzept der Fitneßlandschaft für den GA-Entwurfsprozeß?
g) Wie groß schätzen Sie die praktische Relevanz der Konzepte *deception* bzw. Epistasie ein?

Aufgabe 2-3: Praktische Übung

a) Programmieren Sie einen Basis-GA in einer Programmiersprache Ihrer Wahl! Testen Sie nun verschiedene Crossover-Operatoren anhand der in Anhang B beschriebenen Beispiele für Funktionen kontinuierlicher Variablen!

   Machen Sie dabei für jede GA-Version mindestens zehn unabhängige Testläufe mit unterschiedlichen Startpunkten bzw. Zufallszahlenströmen, und betrachten Sie die besten, schlechtesten und Mittelwert-Ergebnisse zu jeder Einstellung! Tun sie dies für eine unimodale Funktion, wie die Rosenbrock-Funktion, und für eine multimodale Funktion, wie z.B. Griewank oder Schaffer1! Unterscheidet sich die günstigste Crossover-Form in den beiden Fällen?

b) Finden Sie eine effiziente Implementierung für Bakers *stochastic universal sampling* Algorithmus!

c) Erweitern Sie Ihre Experimente aus a), indem Sie auch mit anderen Design-Optionen von GA experimentieren! Dazu gehören z.B. andere Selektionsvarianten, unterschiedliche Populationsgrößen und verschiedene Crossover- und Mutationswahrscheinlichkeiten. Ändern Sie möglichst immer nur einen Aspekt Ihres Verfahrens zur Zeit und machen Sie eine größere Anzahl von Testläufen, um ein Gefühl für die Qualität der betrachteten Einstellung zu bekommen!

d) Implementieren Sie nun eine GA-Variante für ein selbstgewähltes kombinatorisches Problem, wie etwa die in Anhang B wiedergegebene Claus-Hotz-Funktion! Experimentieren Sie mit verschiedenen Sequenzoperatoren und Rekombinationswahrscheinlichkeiten. Gibt es einen besten Sequenzoperator, und gilt diese Empfehlung auch noch, wenn Sie ein anderes kombinatorisches Problem betrachten?

e) Vergleichen Sie *generational replacement* und *steady-state* GA an einer Reihe selbstgewählter Testfunktionen! Welche Beobachtung machen sie im Hinblick auf die beobachtete Fortschrittsgeschwindigkeit des jeweiligen Verfahrens und die durchschnittliche erreichte Lösungsqualität?

f) Überlagern Sie nun die eben benutzten Testfunktionen mit einer stochastischen Störgröße, so daß die Fitneßbestimmung stochastisch beeinflußt wird! Sie können hierbei z.B. eine normalverteilte Zufallsgröße auf den Zielfunktionswert aufaddieren.[81] Untersuchen Sie, wie sich unterschiedlich große Störeinflüsse auf das Optimierungsergebnis bei *generational replacement* und im *steady-state* Fall auswirken! Machen Sie dabei z.B. zehn Evaluierungen für jede Lösung und betrachten Sie jeweils den Mittelwert als die „wahre" Fitneß der Lösung.

g) Machen Sie nochmal Experimente mit einer stochastischen Zielfunktion (vgl. f) für *generational replacement*! Vergleichen Sie diesmal bisexuelle und multisexuelle Crossoverformen miteinander. Welche sind erfolgreicher?

[81] Zur Erzeugung normalverteilter Zufallszahlen vgl. Abschnitt 4.1.

3 Genetische Programmierung

Schon in den späten 50er Jahren beschäftigte man sich mit der Frage, wie Computer lernen können, ein Problem zu lösen, ohne dafür explizit programmiert zu werden. Anders ausgedrückt untersuchte man, ob Computerprogramme, die eine gegebene Aufgabenstellung lösen können, sich nicht auch rein automatisch generieren lassen.[1] Diese frühen Versuche hatten nur bescheidenen Erfolg, nicht zuletzt, weil noch keine hinreichend leistungsfähigen Computer verfügbar waren.

Seit Mitte der 80er Jahre arbeitet man erneut an Konzepten, Problemlösungen in Form von Programmcode automatisch, und zwar mittels evolutionärer Prinzipien zu erzeugen.[2] Große Bedeutung haben dabei die Arbeiten von John Koza erlangt, die vor allem in seinen beiden Büchern [KOZA92b,94] unter dem Titel „Genetic Programming" publiziert wurden. Dieses Kapitel beschäftigt sich mit den Grundlagen und einigen Erweiterungen von Kozas Genetic Programming (GP).

3.1 Grundkonzept

Die Aufgabe, anhand von Trainingsdaten automatisch ein Computerprogramm zu generieren, das eine gegebene Aufgabenstellung löst, wird als Programm-Induktion bezeichnet. GP ist als eigenständige Variante Genetischer Algorithmen für Programm-Induktion anzusehen. Die Individuen oder Strukturen, die in GP durch evolutionäre Operatoren modifiziert werden, sind Computerprogramme unterschiedlicher Größe und Komplexität. Sie setzen sich aus Funktionen, Variablen und Konstanten zusammen.

Die Ausgangspopulation P(0) besteht bei GP aus μ stochastisch generierten Programmen. Sie werden gebildet aus den Elementen einer Menge problemangemessener elementarer Funktionen (*function set*) sowie den Elementen einer Menge problemangemessener Variablen und Konstanten (*terminal set*). Beide Mengen bilden die Grundlage, auf deren Basis GP versucht, Programme zu erzeugen, die das gegebene Anwendungsproblem bestmöglich lösen. Gleichzeitig determiniert die

[1] Ein Beispiel ist Friedbergs Lernautomat [FRIE58,59].

[2] Siehe die Beispiele in [CRAM85,JONG87,FUJI87].

Wahl des *function set* und des *terminal set* den Raum aller potentiell generierbaren Programme. Damit haben diese Vorgaben großen Einfluß auf die Komplexität des Suchraumes und beeinflussen auch die Qualität des GP-Ergebnisses.

GP-Individuen (Programme) sind im Regelfall baumartig strukturiert. Koza verwendet in seinen GP-Implementierungen die Programmiersprache LISP, weil sie einige für GP nützliche Eigenschaften aufweist:

- LISP ist eine syntaktisch einfache Sprache ohne Unterscheidung zwischen Programmen und Daten. Programme wie Daten sind durch Klammern begrenzte Listen von Elementen. Listen können beliebig tief verschachtelt werden. Ein einfaches Beispiel für einen LISP-Ausdruck ist (* 11 (+ 3 1 4)).
- LISP-Ausdrücke lassen sich als knotenorientierte Baumstrukturen (*parse trees*) darstellen (Bild 3-1). Jeder Teilast entspricht einer Liste von Elementen.
- Größe und Form von LISP-Strukturen lassen sich dynamisch verändern.
- LISP ist eine interpretierende Sprache. So können hierarchisch strukturierte Programme in Form von geschachtelten LISP-Listen bequem aufgebaut und mittels der EVAL-Funktion bei der Fitneßermittlung ausgeführt werden. Der Ausdruck (* 11 (+ 3 1 4)) würde dabei folgendermaßen evaluiert: Zunächst wird die Multiplikationsfunktion mit zwei Argumenten, einer Konstanten 11 und einer Liste (+ 3 1 4) aufgerufen. Im Rahmen der Evaluierung wird zuerst der Wert von (+ 3 1 4) ermittelt. Es handelt es sich schlicht um die Addition von drei Konstanten mit dem Ergebnis 8. Die Evaluierung des Gesamtausdruckes (* 11 (+ 3 1 4)) liefert dementsprechend den Wert 88.

Den Vorzügen stehen andererseits Nachteile wie z.B. die langsamen Ausführungszeiten von LISP-Programmen gegenüber. GP hängt jedoch nicht von einer Verwendung der Sprache LISP ab, sondern kann ebenso in anderen Programmiersprachen implementiert werden.[3]

---

[3] Vielfach verwendet werden die Programmiersprachen C, Smalltalk und C++. Zu Implementierungsdetails von GP siehe [KEIT94,KINN94b,O'REI95].

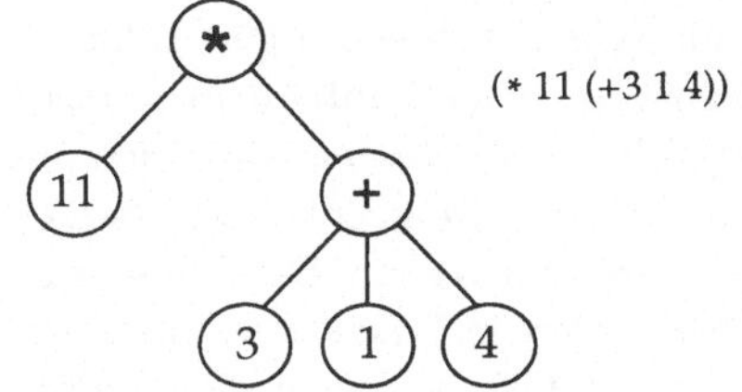

Bild 3-1: Programmbaum und korrespondierender LISP-Ausdruck

Bevor ein GP-Lauf gestartet werden kann, sind einige Entscheidungen zu treffen, die Koza in folgende fünf Schritte untergliedert:

1. Festlegen des *terminal set,*
2. Festlegen des *function set,*
3. Bestimmen eines geeigneten Fitneßmaßes,
4. Festlegen der Strategieparameterwerte,
5. Bestimmen des Abbruchkriteriums und einer Entscheidungsregel, um das GP-Ergebnis festzulegen.

Da sich Computerprogramme in GP aus Elementen des *function set* und des *terminal set* zusammensetzen, definiert der Benutzer in den ersten zwei vorbereitenden Schritte faktisch eine Sprache, in der GP die spätere Lösung ausdrückt. Die letzten drei Schritte korrespondieren mit vergleichbaren Aufgaben bei anderen EA.

Elemente des *function sets* können insbesondere sein:

- arithmetische Operationen (wie +, –, *),
- mathematische Funktionen (Sin, Cos usw.),
- boolsche Operationen (AND, NOT usw.),
- Verzweigungen (If-Then-Else),
- Iterationen (For, Do-Until usw.),[4]
- anwendungsspezifische Funktionen.

---

[4] Ein erwähnenswertes Problem im Zusammenhang mit den Elementen des *function set* stellen iterationsermöglichende Funktionen wie *Do-Until* dar. Aufgrund der stochastischen Einflüsse bei GP entstehen ohne weitere Vorkehrungen häufig Programme, die Endlos-Schleifen enthalten. Es muß also immer auch eine Möglichkeit vorgesehen werden, Schleifen zu beenden. Dies geschieht in der Regel durch Hochzählen vordefinierter Schleifenvariablen. Siehe zu dieser Problematik [O'REI95, S. 53f.].

In praktischen Anwendungen sollte man grundsätzlich versuchen, möglichst nützliche Funktionen in das *function set* aufzunehmen, die voraussichtlich das rasche Auffinden guter Lösungen erleichtern. Hier besteht also eine Möglichkeit zur Berücksichtigung von anwendungsspezifischem Vorwissen. Die Größe des Suchraumes hängt direkt von den Elementen in *function set* und *terminal set* ab. Man sollte diese Mengen von GP-Grundbausteinen also nicht unnötig aufblähen. Andererseits darf man sie aber auch nicht so stark einschränken, daß gute Lösungen nicht mehr gefunden werden können.

Dem *function set* wird ein *argument map* beigeordnet. Es enthält die Anzahl der Argumente jeder Funktion des *function set*.

Elemente des *terminal set* sind Konstanten und Variablen. Von besonderer Bedeutung sind sogenannte *ephemeral random constants* (kurzlebige stochastisch bestimmte Konstanten). Viele Probleme, wie etwa das Schätzen der Parameter einer Regressionsfunktion machen den Einsatz dieser Art von Konstanten im *terminal set* sinnvoll. Hierbei wird eine Dummy-Konstante mit definiertem Wertebereich in das *terminal set* aufgenommen. Jedesmal, wenn bei der stochastischen Erzeugung von Programmen für die Ausgangspopulation diese *ephemeral constant* als Knoten eines Programmbaumes ausgewählt werden, ersetzt man sie durch eine immer wieder neu stochastisch gleichverteilt festgelegte Konstante aus dem Wertebereich der *ephemeral constant*.

Koza verwendet sechs verschiedene Arten von *ephemeral constants*, z.B. boolsche mit den möglichen Ausprägungen {T, Nil} und reellwertige aus dem Intervall [-1,000 , 1,000] mit einer „Granularität" (Genauigkeit) von 0,001. Es sind bei Koza also 2001 verschiedene Ausprägungen von reellwertigen Konstanten anstelle dieser reellwertigen *ephemeral constant* möglich.[5] Würde man sie alle *explizit* in das *terminal set* aufnehmen, so würden sie die übrigen dort vertretenen Variablen und Konstanten in ihrer Anzahl weit dominieren. Das wiederum behinderte die gewünschte vielfältige Gestaltung der stochastisch gebildeten Programme in der GP-Ausgangspopulation. Deshalb verwendet man stattdessen *eine ephemeral constant*.

---

5 -1,000, -0,999, -0,998, ..., 0,999, 1,000

An die benutzerdefinierten Grundbausteine, also *function set* und *terminal set*, werden folgende zwei Anforderungen gestellt:

- *Angemessenheit* (*sufficiency*): Es muß mit den Elementen von *function set* und *terminal set* möglich sein, eine Lösung für das gegebene Anwendungsproblem zu finden.
- *Abgeschlossenheit* (*closure*): Jede Funktion des *function set* sollte als Argument jeden Wert zulassen, den beliebige andere Funktionen dieser Menge potentiell zurückgeben können sowie jeden Wert, den beliebige *terminals* (das sind Variablen und Konstanten) annehmen könnten.

Um die Abgeschlossenheit sicherzustellen und Laufzeitfehler zu vermeiden, kann es erforderlich werden, bestimmte, seitens der Programmiersprache vorhandene Funktionen, zu ergänzen, bevor man sie in das *function set* übernimmt. So müssen beispielsweise Divisionen durch Null verhindert werden, weshalb man eine spezielle Form der Divisionsfunktion verwendet, bei der Divisionen durch Null zu einem Ergebniswert von 1 führen. Diese in GP häufig eingesetzte Funktion (*protected division function*) wird mit dem Symbol % dargestellt.[6]

Demgegenüber wird vom gewählten Fitneßmaß gefordert, daß es für jedes beliebige Programm, das GP generiert, einen Fitneßwert liefert.[7] Die Gestaltung der Fitneßfunktion ist von sehr großer Bedeutung für die Effektivität von GP. Folgende Überlegungen sollten einfließen:

- Die unterschiedliche Qualität verschiedener Programme muß sich im Fitneßwert möglichst differenziert widerspiegeln.
- Auch Teillösungen müssen differenziert bewertbar sein.
- In die Fitneßfunktion können auch mehrere Beurteilungskriterien einfließen. Häufig berücksichtigt man an dieser Stelle neben der funktionalen Qualität eines Programmes z.B. seine Komplexität.

Je nach Anwendung kann die Fitneß auf sehr unterschiedliche Weise gemessen werden. In vielen Fällen läßt sich Fitneß z.B. als Fehlerterm angeben, also als absolute Differenz zwischen der Ausgabe des Programms und der korrekten Ausgabe, summiert über eine Menge von

---

[6] Nicht zu verwechseln mit „Prozent"!

[7] Manchmal kann es vor der Fitneßberechnung erforderlich sein, Programmausgaben noch durch einen sogenannten *wrapper* in den Wertebereich der Anwendung zu transformieren.

repräsentativen Beispielen (Trainingsdaten). Diese Differenz wird bei jedem Trainingsfall häufig noch quadriert. Je geringer die Summe der quadrierten Abweichungen, umso besser ist das Programm.[8]

In anderen Fällen kann Fitneß mit Hilfe einer Punktzahl ausgedrückt werden, z.B. im Sinne von richtig erkannten Fällen aus einer Menge von Testbeispielen. Hier würde eine hohe Punktzahl guter Fitneß entsprechen.

Manchmal kann es notwendig sein, ein „Trefferkriterium" (*hits criterion*) zu bestimmen. Es legt den Toleranzbereich fest, für den eine Programmausgabe, die sehr nah am korrekten Zielwert liegt, als richtig (Treffer) akzeptiert wird.

Der unmittelbar aus der jeweiligen Anwendung abgeleitete Fitneßwert wird als Rohfitneß Φ_{ro} bezeichnet. Häufig arbeitet man bei GP jedoch nicht mit der Rohfitneß, sondern transformiert diesen Wert. Mit μ als Populationsgröße und a_i ($i = 1,2,...,\mu$) als Bezeichner für ein Programm der aktuellen Population gelten folgende Zusammenhänge [KOZA92a, S. 222 f.]:

Rohfitneß:

$$\Phi_{ro}(a_i)$$

Standardisierte Fitneß: (Φ_{max} ist der max. mögliche Rohfitneßwert)

$$\Phi_{st}(a_i) = \begin{cases} \Phi_{ro}(a_i) & \text{falls niedriger Wert von } \Phi_{ro}(a_i) \text{ gut ist} \\ \Phi_{max} - \Phi_{ro}(a_i) & \text{falls hoher Wert von } \Phi_{ro}(a_i) \text{ gut ist} \end{cases}$$

Justierte Fitneß:

$$\Phi_{ju}(a_i) = \frac{1}{1 + \Phi_{st}(a_i)}$$

Bei der standardisierten Fitneß charakterisiert ein niedriger Wert eine gute Lösung, während bei justierter Fitneß ein hoher Wert gut ist. Justierte Fitneß liegt immer im Intervall zwischen 0 und 1. In den Beispielen dieses Kapitels ist immer die standardisierte Fitneß gemeint, falls nichts anderes angegeben ist.

8 Die richtige Wahl der Trainingsdaten ist häufig ein schwieriges Problem. Es muß sichergestellt sein, daß das Gelernte gut generalisiert wird.

Ein wichtiger Strategieparameter von GP ist die Populationsgröße μ. GP verwendet in der Grundform vergleichsweise große und häufig nicht weiter strukturierte Populationen von oft mehreren Tausend Individuen.[9]

Für den Wert der maximalen Anzahl von Generationen t_{max} gibt es keine generellen Empfehlungen. Er hängt überwiegend von der Komplexität der Anwendung und vom Leistungsumfang der verfügbaren Hardware ab. Koza verwendet in seinen Experimenten häufig 51 Generationen (inkl. Ausgangspopulation). Ein Lauf wird andererseits oft auch vorzeitig abgebrochen, wenn eine vollkommen korrekte Lösung für das bearbeitete Problem gefunden ist. Ansonsten gilt in der Regel das beste im gesamten Lauf gefundene Programm als Schlußergebnis von GP.

Wenn es darum geht, gute Einstellungen für die Strategieparameter eines GP-Systems zu finden, oder wenn die Robustheit von GP bei der Lösung einer bestimmten Aufgabe untersucht werden soll, ist es immer notwendig, eine größere Anzahl von Läufen durchzuführen, bevor Rückschlüsse möglich sind. Aufgrund verschiedener stochastischer Einflüsse in GP können die Ergebnisse einzelner Läufe auch bei der gleichen Parametereinstellung nämlich stark streuen.

Nachdem die fünf vorbereitenden Schritte abgeschlossen sind, kann ein GP-Lauf durchgeführt werden. GP weist große Ähnlichkeiten im Ablauf zu GA auf.

Durchführung des eigentlichen GP-Laufes

Schritt 1: Initialisierung

In der Initialisierungsphase wird eine Ausgangspopulation P(0) von μ baumstrukturierten Programmen stochastisch erzeugt. Man generiert jedes der μ Programme, indem zunächst mit gleicher Wahrscheinlichkeit zufällig eine Funktion des *function set* ausgewählt und zur Wurzel des Programmbaumes bestimmt wird. Die Wurzel des Baumes ist immer eine Funktion. Im Beispiel von Bild 3-2 ist dies die Funktion „OR". Sie hat zwei Argumente, die auf der nächsten Hierarchieebene des Programmbaumes stehen. Im Fall des Bild 3-2 wird jedes Argument

[9] Kinnear empfiehlt, mit dem vom jeweiligen Computer max. handhabbaren Populationsumfang zu arbeiten [KINN94b].

stochastisch und mit gleicher Wahrscheinlichkeit aus der Vereinigungsmenge der Elemente von *function set* und *terminal set* gewählt.

Handelt es sich bei dem so bestimmten Argument um ein Element des *terminal set*, also eine Variable bzw. Konstante, so ist der Generierungsprozeß für diesen Ast des Programmbaumes beendet. Wird dagegen als Argument eine weitere Funktion gewählt, so setzt sich der Generierungsprozeß in rekursiver Weise fort.

Bild 3-2: Entstehen eines Programmbaumes für die Ausgangspopulation

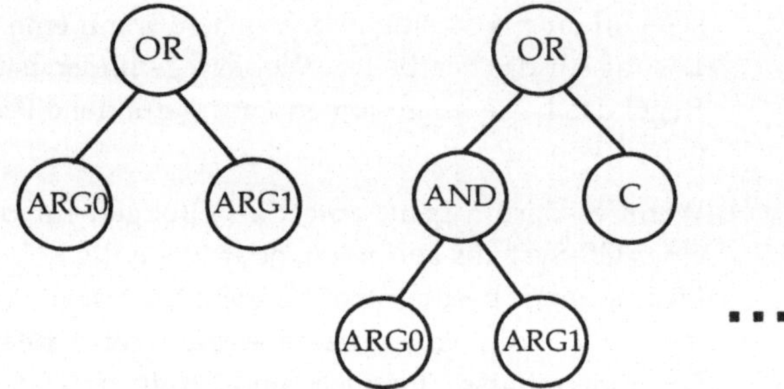

Damit Programmbäume nicht übermäßig groß und komplex werden, legt man eine maximale Baumhöhe fest. Sie entspricht der Anzahl von Kanten des längsten Pfades von der Wurzel zu einem Endpunkt (Blatt) des Baumes. Üblich ist bei Koza eine Maximalhöhe von sechs in der Ausgangspopulation P(0) und von 17 in allen späteren Populationen. Um möglichst vielfältige Programmstrukturen in der Ausgangspopulation zu haben, benutzt man bei der Initialisierung häufig eine als *half-ramping* bezeichnete Vorgehensweise. Alle Baumhöhen zwischen zwei und der Maximalhöhe werden gleich oft erzeugt. Für *jede* dieser Baumhöhen bestimmt man je die Hälfte der Vertreter auf eine der beiden folgenden Weisen:[10]

- Alle Pfade im Baum zwischen Wurzel und Blättern sind gleichlang und entsprechen der Höhe des Baumes. Dies erreicht man, indem Knoten auf einer Stufe des Baumes, die geringer ist als die festge-

[10] Diese Vorgehensweise wird in [IBA96] dahingehend kritisiert, daß die generierten Bäume nicht wirklich zufälligen Charakter haben, und es wird ein alternatives Verfahren zur Erzeugung „zufälliger" Baumstrukturen vorgestellt.

legte Baumhöhe, nur durch stochastisch und mit identischen Wahrscheinlichkeiten ausgewählte Elemente aus dem *function set* belegt werden dürfen.[11] Knoten auf der Stufe des Baumes, die seiner Höhe entspricht, werden dagegen durch stochastische Auswahl aus dem *terminal set* bestimmt.

- Die andere Hälfte der Bäume spezifizierter Höhe weist unterschiedliche Strukturen auf. Hier werden alle Knoten auf Stufen unterhalb der Baumhöhe durch Elemente aus der Vereinigungsmenge von *function set* und *terminal set* belegt. Für die Knoten der letzten Stufe des Baumes werden dagegen nur Elemente des *terminal set* ausgewählt. In beiden Fällen erfolgt die Auswahl wieder stochastisch und mit identischen Wahrscheinlichkeiten.

Duplikate, also identische Individuen, werden für die Ausgangspopulation nicht zugelassen.

Schritt 2: Bewerten der Ausgangslösungen

Im nächsten Schritt wird jedes Individuum der Ausgangspopulation P(0) anhand der Fitneßfunktion in der bereits beschriebenen Weise bewertet. Da alle Programme zufälligen Charakter haben, sind die Fitneßwerte in der Ausgangspopulation im allgemeinen extrem schlecht. Dennnoch werden bessere und schlechtere Lösungen vorliegen, die sich anhand ihrer Fitneßwerte differenzieren lassen.

Schritt 3: Bilden der neuen Population

Die folgenden Teilschritte werden sooft durchlaufen, bis die zunächst leere neue Population den Umfang von μ Individuen (Programmen) erreicht hat.

Schritt 3-1: Operatorwahl

Um die Individuen für die Folgegeneration zu erzeugen, kennt GP in der Grundform die evolutionären Operatoren Reproduktion und Crossover, denen individuelle Operatorwahrscheinlichkeiten p_r bzw. p_c zugeordnet sind. Dabei gilt $p_r + p_c = 1$. Häufige Werte für diese Strategieparameter von GP sind $p_r = 0{,}1$ und $p_c = 0{,}9$. Ein Mutations-

[11] Die Wurzel des Baumes liegt definitionsgemäß auf der Stufe 0.

operator wird in der GP-Grundform nicht verwendet.[12] Nun bestimmt man probabilistisch anhand der Operatorwahrscheinlichkeiten, welcher Operator angewendet werden soll.

Schritt 3-2: Stochastische Selektion und Replikation

Die anschließende Auswahl von Individuen als Argumente für den Operator erfolgt auf Basis der Fitneßwerte. Dabei kann fitneßproportionale Selektion verwendet werden.[13] Häufiger findet man jedoch Wettkampfselektion, wobei wiederholt aus einer Stichprobe von z.B. jeweils sieben Individuen immer das beste anhand der standardisierten Fitneß ausgewählt wird.[14] Die selektierten Programme verbleiben gleichzeitig in der alten Population. Es wird also auf Kopien gearbeitet (entspricht Ziehen mit Zurücklegen).

Schritt 3-3: Operatoranwendung und Ergänzen der neuen Population

Im Falle des Reproduktionsoperators wird ein Individuum ausgewählt und unverändert in die neuen Population (= Folgepopulation) kopiert.

Im Falle des Crossover (Bild 3-3) werden zunächst zwei Individuen als Eltern ausgewählt. In beiden Eltern wird anschließend stochastisch und unabhängig voneinander ein Crossover-Punkt bestimmt. In Bild 3-3 a sind dies die Knoten „*" und „11". Im allgemeinen werden innere Knoten und Blattknoten mit unterschiedlichen Wahrscheinlichkeiten als Crossover-Punkte gewählt. Koza wählt innere Knoten mit einer Wahrscheinlichkeit von $p_{ip} = 0{,}9$ und Blattknoten mit einer Wahrscheinlichkeit von $p_{ep} = 0{,}1$ als Crossover-Punkte aus. Ist diese Entscheidung getroffen, so wird bei jedem Elter unter den jeweiligen Knoten stochastisch und mit gleicher Wahrscheinlichkeit einer als Crossover-Punkt ausgewählt.

---

[12] Die Mutation dient bei GA bekanntlich dazu, dem vollständigen Verlust einzelner Genausprägungen vorzubeugen. Bei GP ist es angesichts der Populationsgröße sowie wegen der variablen Länge und Struktur von GP-Individuen aber unwahrscheinlich, daß einzelne Primitive ganz verlorengehen. Siehe jedoch auch die Bemerkungen zur Mutation im Abschnitt 3.2.2.

[13] Man beachte, daß hierfür ein Fitneßmaß nötig ist, daß guten Individuen hohe Werte zuweist.

[14] Auf eine nähere Darstellung dieser Selektionsformen kann verzichtet werden, da sie bereits in Kapitel 2 ausführlich erläutert wurden.

Anschließend tauscht man die zwei entstehenden Crossover-Fragmente (Bild 3-3 b), also die mit dem Crossover-Punkt als Wurzelknoten beginnenden Teilbäume, zwischen den Elternkopien aus und erhält so zwei Nachkommen von in der Regel unterschiedlicher Größe und Struktur (Bild 3-3 c). Diese bewertet man hinsichtlich ihrer Fitneß und fügt sie zur neuen Population hinzu.[15]

Bild 3-3: Crossover zwischen zwei Elternprogrammen in GP

Zwei Eltern:

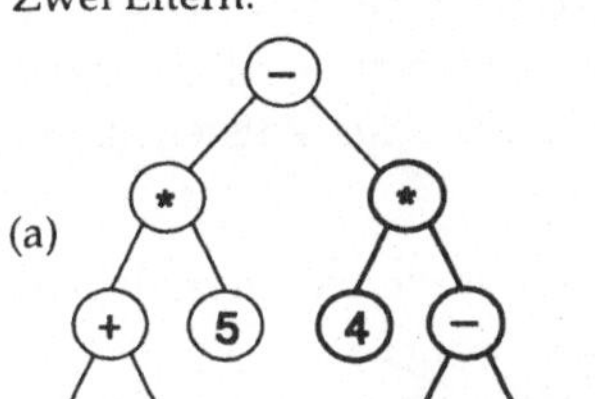

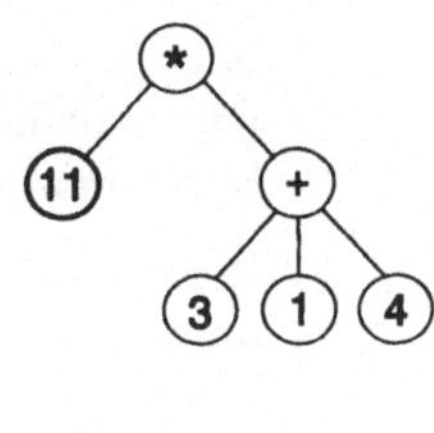

Zwei Crossover-Fragmente:

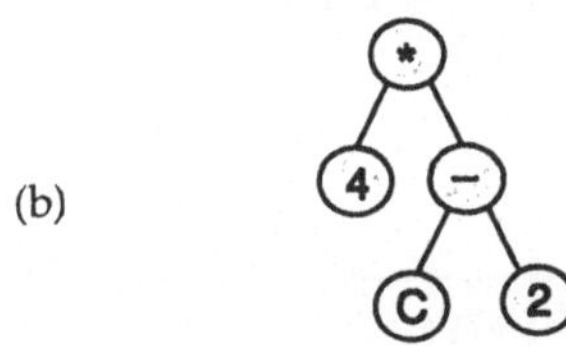

Die zwei Nachkommen:

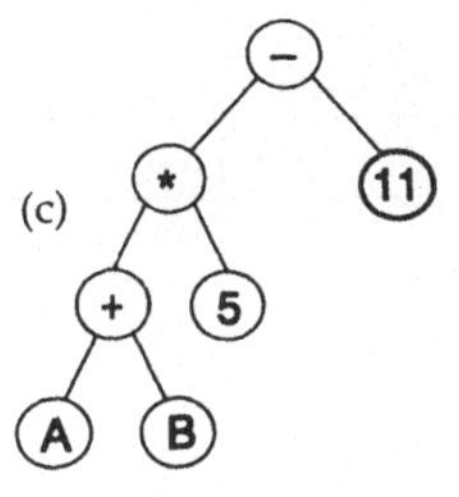

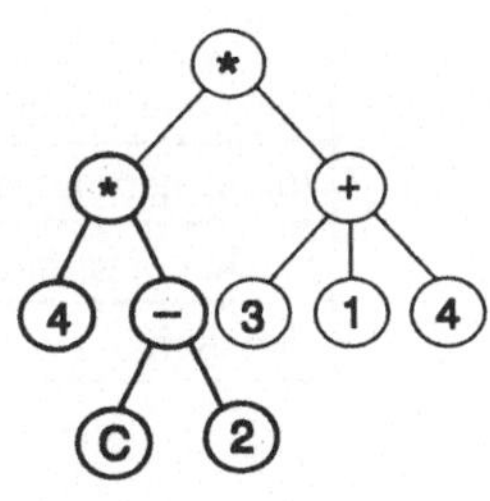

[15] GP kennt allerdings, genau wie GA, die Möglichkeit, von den zwei Nachkommen nur einen in die neue Population zu übernehmen, also weiter zu verwenden.

Allerdings werden Nachkommen, welche die maximal erlaubte Höhe (17) überschreiten, verworfen und stattdessen für Nachkomme 1 das Elter 1 (für Nachkomme 2 das Elter 2) in die neue Population übernommen. Ebenfalls ausgeschlossen wird oft die Möglichkeit, ein Crossover-Fragment, das nur aus einer Variablen oder Konstanten besteht, an die Wurzel (als Crossover-Punkt) des anderen Elters anzufügen.

LISP ist eine besonders bequeme Sprache zur Implementierung von GP. Das geschilderte Crossover läßt sich in LISP durch einfaches Austauschen von Listen zwischen den beteiligten Programmen realisieren. Die syntaktische Korrektheit der entstehenden neuen Programme bleibt erhalten.

Reproduktion und Crossover wendet man stochastisch solange an, bis die neue Population vollständig ist.[16]

Schritt 4: Weiter bei Schritt 3 bis ein Abbruchkriterium greift

Der geschilderte Ablauf iteriert, bis ein Abbruchkriterium greift. So entstehen im Verlaufe der Zeit aus den zufälligen Ausgangslösungen sukzessiv bessere Lösungen des gegebenen Anwendungsproblems.

Tabelle 3-1: Standardeinstellungen wesentlicher GP Parameter

Parameter	Wert
Populationsgröße μ [17]	4000-16000
max. Generationen t_{max}	51
Crossover-Wahrscheinlichkeit p_c	0,9
Reproduktions-Wahrscheinlichkeit p_r	0,1
Lage Crossover-Punkt p_{ip} / p_{ep}	0,9 / 0,1
max. Baumhöhe Ausgangspopulation	6
max. Baumhöhe während des restl. Laufes	17
Initialisierungsmethode	half-ramping
Selektionsverfahren	Wettkampf
Fitneßtyp	standardisierte Fitneß

[16] Weil die Operatoren stochastisch ausgewählt werden, kann es sein, daß die neue Population schließlich einen Umfang von μ+1 Individuen hat. Dem kann man begegnen, indem man beim letzten Crossover nur einen der Nachkommen in die neue Population übernimmt.

[17] Der Wert für μ ist im allgemeinen deutlich kleiner, wenn Mutation verwendet wird.

Bild 3-4: Grober GP-Ablauf in Pseudocode

1 Wähle GP-Strategieparameter (vgl. Tabelle 3-1)
2 $t \leftarrow 0$
3 $P(t) \leftarrow$ Initialisiere Programm a_i $(i=1,2...,\mu)$
4 Bestimme Fitneßwert $\Phi(a_i)$ für alle $a_i \in P(t)$
5 Wiederhole
6 $t \leftarrow t+1$
7 $P(t) \leftarrow \varnothing$
8 $i \leftarrow 0$
9 Solange $i < \mu$, wiederhole
10 Wähle Operator auf Basis von p_c und p_r
11 Wenn Operator = Reproduktion, dann

Selektion und Replikation:

Stochastische Selektion (mit Zurücklegen) eines Individuums a aus $P(t-1)$ durch Wettkampfselektion

Ergänzen der neuen Population:

$P(t) \leftarrow P(t) \cup \{a\}$
$i \leftarrow i + 1$

sonst (* Crossover *)

Selektion und Replikation:

Stochastische Selektion (mit Zurücklegen) zweier Eltern a_{E_1}, a_{E_2} aus $P(t-1)$ durch Wettkampfselekt.

Variation:

Crossover der Elternkopien ergibt zwei Nachkommen a_{K_1} und a_{K_2}

Ergänzen der neuen Population:

Bestimme Fitneßwerte $\Phi(a_{K_1})$ und $\Phi(a_{K_2})$
$P(t) \leftarrow P(t) \cup \{a_{K_1}, a_{K_2}\}$
$i \leftarrow i + 2$

12 Wenn $i > \mu$, dann reduziere Umfang von $P(t)$ auf μ
13 bis eine Abbruchbedingung erfüllt ist
14 Ausgabe der Ergebnisse
15 Stop

Oft empfiehlt sich eine manuelle Nachbearbeitung der Schlußlösung, um die Lesbarkeit und Verständlichkeit zu verbessern. Bild 3-4 verdeutlicht den GP-Ablauf nochmals im Überblick. Tabelle 3-1 nennt Standardeinstellungen von wesentlichen GP-Strategieparametern.[18]

Das folgende Beispiel [KOZA94, S. 57-67] veranschaulicht die oben dargestellte Vorgehensweise.[19]

Beispiel: 2-Quader-Problem

Beim 2-Quader-Problem gibt es sechs unabhängige Variablen L_1, B_1, H_1, L_2, B_2, H_2 und eine abhängige Variable D. Ausgehend von den in Tabelle 3-2 dargestellten zehn Beispieldatensätzen, soll mit GP ein Computerprogramm erzeugt werden, das nach Eingabe der Werte der unabhängigen Variablen den korrekten Wert der abhängigen Variable ausgibt. Hierbei handelt es sich um ein sogenanntes *symbolisches Regressionsproblem*.[20] Gesucht ist ein symbolischer Ausdruck, der die Beziehung zwischen den unabhängigen Variablen und der abhängigen Größe möglichst genau approximiert.

Tabelle 3-2: Daten zum 2-Quader-Problem[21]

Datensatz	L_1	B_1	H_1	L_2	B_2	H_2	D
1	3	4	7	2	5	3	54
2	7	10	9	10	3	1	600
3	10	9	4	8	1	6	312
4	3	9	5	1	6	4	111
5	4	3	2	7	6	1	-18
6	3	3	1	9	5	4	-171
7	5	9	9	1	7	6	363
8	1	2	9	3	9	2	-36
9	2	6	8	2	6	10	-24
10	1	10	7	5	1	45	-155

18 Nach [KOZA94].

19 Viele GP-Anwendungsbeispiele sind in [KOZA92b,94, KINN94a] enthalten.

20 „Symbolisch", weil keine Regression im mathematischen Sinne durchgeführt wird.

21 Nach [KOZA94, S. 58].

Das gewählte Beispiel ist recht überschaubar. Der geübte Betrachter wird die den Daten zugrundeliegende Beziehung vermutlich schon entdeckt haben. Sie lautet:

$$D = L_1 \cdot B_1 \cdot H_1 - L_2 \cdot B_2 \cdot H_2$$

Es wird dabei die Volumendifferenz zwischen zwei Quadern berechnet (Bild 3-5). Ausgestattet mit diesem Vorwissen fällt es einem Programmierer nicht schwer, ein Programm zu entwerfen, das die gewünschten Ausgaben liefert. Häufig sind die in Daten „versteckten" Zusammenhänge jedoch weit schwerer zu ermitteln, sofern überhaupt welche enthalten sind.

Bild 3-5: 2-Quader-Problem

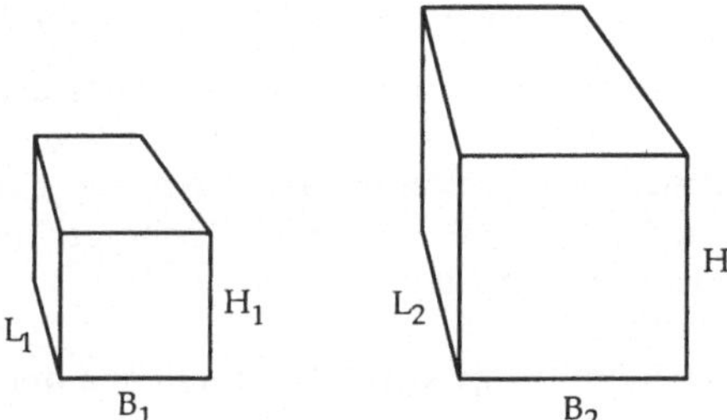

Um den gesuchten Ausdruck mit GP zu finden, werden zunächst die oben genannten fünf vorbereitenden Schritte durchlaufen. Dies sind die problemspezifischen Entscheidungen. Der eigentliche GP-Lauf ist dann standardmäßig.

Vorbereitungsschritt 1: Festlegen des *terminal set* T

Man kann die Elemente des *terminal set* als Eingaben an das zu entwickelnde Computerprogramm auffassen. Für das 2-Quader-Problem bieten sich hier die sechs unabhängigen Variablen an:

$$T = \{L_1, B_1, H_1, L_2, B_2, H_2\}$$

Vorbereitungsschritt 2: Festlegen des *function set* F

Ohne eine Vorstellung von der optimalen Lösung des 2-Quader-Problems zu haben, bieten sich an dieser Stelle die arithmetischen Grundfunktionen der Addition, Subtraktion und Multiplikation von zwei Argumenten an, sowie die gegen Division durch Null geschützte Divisionsfunktion %:

$F = \{+, -, *, \%\}$[22]

Der *argument map* zu diesem *function set* enthält die Anzahl der Argumente der einzelnen Funktionen und lautet:

{2, 2, 2, 2}

Vorbereitungsschritt 3: Bestimmen eines Fitneßmaßes

Als Ausgaben der mit GP erzeugten Programme erhält man für jeden der gegebenen zehn Datensätze einen Vorschlag für den Wert der abhängigen Variable D. Als natürliches (Roh-)Fitneßmaß bietet sich daher der über alle Testfälle aufsummierte absolute Fehler an, also die absolute Differenz zwischen dem vorgeschlagenen und dem tatsächlichen Wert von D.

Da ein vollkommen korrektes Programm einen Fitneßwert von 0 hat, entspricht in diesem Fall die standardisierte Fitneß der Rohfitneß. Als Trefferkriterium wird vereinbart, daß jeder Vorschlag für D, der den wahren Wert weniger als 0,01 verfehlt, als korrekt (Treffer) anzusehen ist.

Vorbereitungsschritt 4: Festlegen der Strategieparameterwerte

Es werden die in Tabelle 3-1 angegebenen Standardeinstellungen verwendet. Die Populationsgröße ist $\mu = 4000$.

Vorbereitungsschritt 5: Abbruchkriterium und GP-Ergebnis

Ein GP-Lauf wird beendet, wenn entweder $t_{max} = 51$ Generationen durchlaufen sind oder mindestens ein Programm der Population vollkommen korrekt ist, d.h. zehn Treffer erzielt. Als Ergebnis wird das beste im gesamten Lauf gefundene Programm festgelegt.

Die für GP wesentlichen Aspekte des 2-Quader-Problems sind in Tabelle 3-3 zusammengefaßt.[23]

---

[22] Bei der Verwendung arithmetischer Funktionen kann es in GP im Zuge der stochastischen Verknüpfung dieser Funktionen zu Programmen immer geschehen, daß der Bereich darstellbarer Zahlen verlassen wird und ein *overflow* oder *underflow* die Folge ist. Um dies zu verhindern, müssen die arithmetischen Funktionen dagegen geschützt werden. Eine Möglichkeit besteht darin, für den Fall, daß ein zu kleiner oder zu großer absoluter Wert generiert würde, stattdessen einen problemlos darstellbaren kleinen bzw. großen Default-Wert zurückzugeben.
[23] In Anlehnung an [KOZA94, S. 63].

Tabelle 3-3: Übersicht zum 2-Quader-Problem

Ziel	Gesucht ist ein Programm, das für die Werte der sechs unabhängigen Variablen den korrekten Wert der abhängigen Größe D ausgibt.
Datenbasis der Bewertung	Zehn zufällige Datensätze für die sechs unabhängigen Variablen (verschiedene Datensätze für jeden GP-Lauf)
terminal set T	$T = \{L_1, B_1, H_1, L_2, B_2, H_2\}$
function set F	F = {+, –, *, %}
Rohfitneß	über alle zehn Trainingsdatensätze summierter absoluter Fehler zwischen dem wahren Wert von D und der Programmausgabe
standardisierte Fitneß	wie Rohfitneß
Treffer	Anzahl der Fälle, bei denen der wahre Wert von D um weniger als 0,01 verfehlt wird
Strategieparameter	$\mu = 4000$, Standardeinstellungen
Erfolgskriterium	Programm erzielt zehn Treffer

Ergebnisse für das 2-Quader-Problem

Die Individuen der Ausgangspopulation P(0) sind Resultate eines stochastischen Initialisierungsprozesses. Entsprechend miserabel sind ihre Fitneßwerte. Dennoch existieren deutliche Fitneßunterschiede, die im späteren Selektionsschritt ausgenutzt werden. Das schlechteste Programm hat einen Gesamtfehler (Fitneß) von 3.093.623. Die durchschnittliche Fitneß der Ausgangspopulation beträgt 1.195.092. Das beste Individuum hat einen Fitneßwert von 783, was bedeutet, daß es im Durchschnitt bei zehn Datensätzen den wahren Wert von D um 78,3 verfehlt. Es hat die Form:

$$(* (- (- B_1\ L_2) (- B_2\ H_1)) (+ (- H_1\ H_1) (* H_1\ L_1)))$$

Es entspricht dem mathematischen Ausdruck:

$$H_1 \cdot L_1 \cdot (B_1 + H_1 - B_2 - L_2)$$

Die unabhängige Variable H_2 ist in diesem Programm nicht berücksichtigt, das auch sonst wenig Ähnlichkeit mit der korrekten Lösung hat.

Im evolutionären Prozeß entstehen in den nächsten Generationen neue Individuen mit deutlich verbesserten Fitneßwerten. Die Fitneß des besten Programms der jeweiligen Population beläuft sich zwischen Generation 2 und 7 auf die Werte 778, 510, 138, 117, 53 und 51. Das beste Programm in Generation 8 hat einen Fitneßwert von 4,44 und die Form:

(– (– (* (* B_1 H_1) L_1) (* (* L_2 H_2) B_2))
(% (+ B_1 L_1) (– (– L_1 B_2) (+ (+ B_2 L_2)
(* L_2 B_2)))))

und entspricht dem Ausdruck:

$$B_1 \cdot H_1 \cdot L_1 - B_2 \cdot H_2 \cdot L_2 - \frac{B_1 + L_1}{L_1 - 2 \cdot B_2 - L_2 - L_2 \cdot B_2}$$

Bis auf den letzten fehlerhaften Term ist dies schon (fast) die korrekte Lösung des 2-Quader-Problems. In Generation 11 taucht dann ein vollkommen richtiges Programm (Fitneßwert 0) auf, das lautet:

(– (* (* B_1 H_1) L_1) (* (* L_2 H_2) B_2))

was der algebraisch korrekten Lösung

$$L_1 \cdot B_1 \cdot H_1 - L_2 \cdot B_2 \cdot H_2$$

entspricht. Damit ist das Erfolgskriterium erfüllt und der GP-Lauf wird beendet.

GP findet für symbolische Regressionsprobleme wie das 2-Quader-Problem allerdings häufig *nicht* die algebraisch korrekte Lösung sondern eine Näherungslösung. Die Struktur der so erzeugten Programme kann dabei beträchtlich von dem abweichen, was man vielleicht zuvor erwartet hatte oder was ein menschlicher Programmierer vorgeschlagen hätte [KOZA94]. Andererseits ist GP aber gerade in solchen Anwendungen sinnvoll, wo eine Lösung nicht bekannt ist und schwer gefunden werden kann.

Koza führte insgesamt 33 GP-Läufe für das 2-Quader-Problem durch, von denen 9 innerhalb der gesetzten Grenze von 51 Generationen erfolgreich waren. Ein Lauf gilt als erfolgreich, wenn sein Ergebnis dem vorab festgelegten Erfolgskriterium genügt.

3.2 Erweiterungen

Im folgenden werden einige Erweiterungen des eben geschilderten Grundkonzeptes von GP beschrieben. Dabei stehen „Automatisch Definierte Funktionen" (ADFs) im Mittelpunkt.

3.2.1 Automatisch Definierte Funktionen (ADFs)

Komplexe Problemstellungen lassen sich häufig in verschiedene, besser überschaubare Teilprobleme zerlegen. Im nächsten Schritt versucht man dann, diese Teilprobleme zu lösen. Anschließend verwendet man die Lösungen der Teilprobleme, um das komplexe Gesamtproblem zu lösen. So entsteht eine hierarchische und modulare Lösung des Gesamtproblems.

Ein solches Vorgehen ist typisch für die Entwicklung von Software. Modularisierung führt häufig zu besserer Verständlichkeit der Programme und macht den Prozeß der Problemlösung und Systementwicklung effizienter. Lösungen von Teilproblemen können wiederholt aufgerufen oder, eventuell mit kleinen Modifikationen, an verschiedenen Stellen eines Programmes verwendet werden.

Um die Effizienz von GP bei komplexen Problemstellungen zu verbessern, sind verschiedene Modularisierungskonzepte vorgeschlagen worden, von denen sich die „Automatisch Definierten Funktionen" (ADFs) am weitesten durchgesetzt haben. Sie sind inzwischen eine Standarderweiterung in vielen GP-Systemen geworden. Die Methodik wird ausführlich und anhand zahlreicher Beispiele in [KOZA94] erläutert. Die folgende Beschreibung stellt daraus Kernaspekte vor.

Im wesentlichen geht es bei dieser Erweiterung von GP darum, für konkrete Problemstellungen modular aufgebaute Programme zu generieren, die aus ADFs und einem Hauptprogramm besteht. Dabei werden die konkreten Inhalte des Hauptprogrammes und der ADFs durch evolutionäre Mechanismen automatisch erzeugt. Es ist nicht vorgegeben, ob und in welcher Weise die ADFs im Rahmen eines GP-Individuums aufgerufen und eingesetzt werden.

Allerdings muß im Vorfeld eines GP-Laufes entschieden werden, wie die grobe Programmarchitektur aussehen soll, insbesondere, wieviele ADFs jedes Programm der GP-Population hat und wieviele Parameter (Argumente) einer Funktion übergeben werden. Bild 3-6 verdeutlicht die allgemeine Struktur eines Programmbaumes in LISP mit einem Hauptprogrammast und zwei ADFs.[24] Den einzelnen Knoten sind in dieser Abbildung Ziffern zugeordnet, die den Typ des jeweiligen Knotens repräsentieren. Die ersten sechs Knotentypen, also jene oberhalb der gestrichelten Linie, sind *invariant*. GP hat keinen Einfluß auf diese Knoten. Nur der Bereich unterhalb der gestrichelten Linie, also die konkreten Inhalte der ADFs und des Hauptprogrammastes, werden automatisch erzeugt.

Bild 3-6: Struktur eines LISP-Programmbaumes mit zwei ADFs

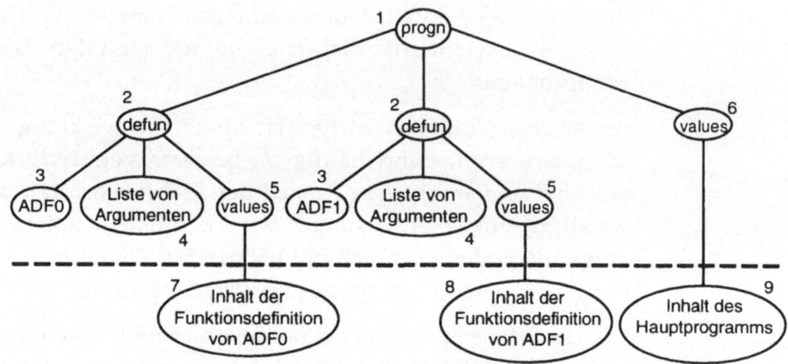

Die Common-LISP-Funktion *progn* evaluiert jedes ihrer Argumente sequentiell. Sie gibt aber nur den Wert der Evaluierung des letzten Argumentes zurück. Für das Beispiel in Bild 3-6 bedeutet dies, daß, von links nach rechts, zunächst ADF0 evaluiert (und dadurch definiert) wird, dann ADF1, und schließlich der Hauptprogrammast ganz rechts. In LISP können Unterprogramme nur als Funktionen mittels eines *defun* deklariert werden.

Die Deklaration einer ADF, unterhalb des *defun*-Knotens, umfaßt den Funktionsnamen, die Argumentenliste der Funktion sowie, unterhalb des *values*-Knotens, den eigentlichen Funktionsinhalt. Die Argumenten- oder Parameterliste besteht aus einer Reihe von lokalen Dummy-Variablen. Ihre Werte werden beim Aufruf der ADF festgelegt. Die Ausgestaltung der *values*-Funktion bestimmt letztlich den Rückgabewert der ADFs bzw. des Hauptprogrammes.

---

[24] In Anlehnung an [KOZA94, S. 169].

Das Hauptprogramm steht unterhalb der rechten *values*-Funktion im Programmbaum. Es ruft im allgemeinen die zuvor definierten ADFs auf. Der Hauptprogrammast bildet das letzte Argument für die Funktion *progn*. Daher entspricht der Wert der *values*-Funktion des Hauptprogrammes gleichzeitig der Ausgabe des gesamten Programmes.[25]

ADFs können kein, ein, oder beliebig viele Argumente haben. Neben lokalen Dummy-Variablen können in der *values*-Funktion einer ADF auch die globalen Problemvariablen selbst auftauchen. Desweiteren müssen ADFs nicht explizit Informationen an das Hauptprogramm zurückliefern, sondern können auch implizit durch Seiteneffekte wirken, indem sie z.B. den Systemzustand verändern.

Modulare Programmlösungen, die ein menschlicher Programmierer erstellt hat, und solche, die mit GP automatisch erzeugt wurden, können sich, durchaus auch in unerwüschter Weise, grundlegend unterscheiden. So kann eine ADF [KOZA94, S. 75]:

- eine Teilaufgabe auf eine ähnliche oder auf eine ganz andere Art lösen, als ein menschlicher Programmierer es tun würde,
- eine Funktion redundant definieren, die bereits im *function set* enthalten war,
- einige ihrer Argumente ignorieren,
- im Programm an keiner Stelle aufgerufen werden,
- einen konstanten Wert definieren,
- einen Rückgabewert liefern, der einem ihrer Argumente entspricht,
- eine andere ADF mit einer Untermenge oder Permutation ihrer eigenen Argumente aufrufen.

Grundsätzlich ist es auch denkbar, daß sich eine ADF selbst aufruft. Diese Möglichkeit soll hier jedoch ausgeschlossen werden.[26] Wir erlauben dagegen, daß ADFs sich wechselseitig entweder nicht aufrufen oder in hierarchischer Weise aufeinander referenzieren. Der erste Fall ist besonders sinnvoll, wenn die einzelnen ADFs zur Erkennung un-

---

[25] Soweit diese *values*-Funktion mehrere Argumente hat, werden auch mehrere Werte ausgegeben. Obwohl sich die Darstellungen hier an LISP orientieren, können zur Implementierung von GP mit ADFs auch andere Programmiersprachen verwendet werden.

[26] Rekursion in GP ist z.Zt. noch ein aktiver Forschungsgegenstand.

terschiedlicher Muster im Rahmen der Mustererkennung dienen.[27] Der für uns wichtigste Fall, soweit mehrere ADFs auftreten, sind jedoch *hierarchische ADFs*, bei denen eine ADF jede andere ADF aufrufen kann, die bereits definiert ist, also weiter links im Programmbaum steht.

Vorbereitende Schritte bei GP mit ADFs

Die vorbereitenden Schritte sind bei Verwendung von GP mit ADFs grundsätzlich diegleichen wie ohne ADFs. Es kommen jedoch noch Entscheidungen im Rahmen der allgemeinen Programmarchitektur hinzu. Diese Festlegungen müssen ganz am Anfang getroffen werden. Für alle Individuen der GP-Population sind einheitlich festzulegen:

- die Anzahl der ADFs,
- die Anzahl der Argumente (Dummy-Variablen) für jede ADF,
- falls mehr als eine ADF vorgesehen ist, ob und in welcher Weise die ADFs einander aufrufen dürfen.

Diese Entscheidungen erfordern einige Vorüberlegungen. Es gibt verschiedene Methoden, um diese Architekturentscheidungen zu treffen, insbesondere [KOZA94, Kap. 7]:

- Analyse des Anwendungsproblems,
- Berücksichtigung verfügbarer Ressourcen,
- Nutzen früherer Erfahrungen bzw. Analyse der Ergebnisse von Vorexperimenten.

Bei der *Analyse des Anwendungsproblems* geht es darum, vorherzuahnen, wie sich die Gesamtaufgabe sinnvoll in Teilprobleme zerlegen läßt. Durch *common sense*, aufgabenspezifisches Vorwissen und analytische Methoden sollen problemimmanente Regelmäßigkeiten erkannt werden, um daraus eine gute Architektur abzuleiten. Ist das nicht mit hinreichender Gewißheit möglich, so wird man lieber eine „zu große" Architektur nehmen. Man wählt in diesem Fall also soviele ADFs und ADF-Argumente, daß die Erzeugung guter Lösungen für das Anwendungsproblem durch diese Architekturentscheidungen möglichst nicht behindert wird.

---

[27] Auf diesen Fall wird hier nicht näher eingegangen. Die Kap. 15 bis 20 in [KOZA94] enthalten hierzu ausführliche Beispiele.

GP ist vergleichsweise *ressourcen*aufwendig im Hinblick auf Rechenzeit und virtuellen Speicher. In vielen Fällen werden die verfügbare Hardware und Rechenzeiterfordernisse starken Einfluß auf die Architekturentscheidungen haben, denn jede zusätzliche ADF und jedes weitere ADF-Argument erhöht die Ressourcenanforderungen.

Manchmal lassen sich *Erfahrungen* aus ähnlichen Problemstellungen nutzen, um für die aktuelle Aufgabe leichter eine passende Architektur zu finden. Mindestens können einige *Vorexperimente* mit verschiedenen plausiblen Architekturalternativen durchgeführt werden, um eine günstige Architektur zu ermitteln. Dabei ist allerdings problematisch, daß die Ergebnisse einzelner GP-Läufe breit streuen können, auch wenn die gleichen Strategieparameterwerte verwendet werden [KINN94b]. Man kann also nicht mit gutem Gewissen aus dem Resultat einzelner Läufe auf die Qualität einer Architektur generalisieren.

Nachdem die Anzahl der ADFs feststeht, ist noch zu klären, ob und in welcher Form sie einander aufrufen können. Dahinter steht z.B. die Frage, ob ADFs unabhängige Teilaufgaben bearbeiten oder ob eine ADF auf der Funktionalität anderer ADFs aufbauen kann.

Als nächstes ist die Anzahl der Argumente individuell für jede ADF festzulegen. Hier muß häufig ein Kompromiß zwischen zwei Gesichtspunkten gefunden werden. Will man dem evolutionären Lösungsprozeß möglichst weitgehende Freiheit bei der inhaltlichen Definition von ADFs geben, so spricht das für eher viele Argumente. Jede zusätzliche Dummy-Variable, die ein Argument repräsentiert, kostet jedoch Rechenzeit. Eine vernünftige Obergrenze auf die Anzahl der Argumente einer ADF ist die Anzahl der Variablen des Anwendungsproblems. Allgemeine Angaben zu einer sinnvollen unteren Grenze sind schwieriger zu finden.[28]

Anschließend werden die bereits von GP ohne ADFs her bekannten vorbereitenden Schritte 1 und 2, also

- Festlegen des *terminal set* und
- Festlegen des *function set* (mit passendem *argument map*).

---

[28] So können auch ADFs ohne Parameter sinnvoll sein. Sie dienen dazu, Konstante zu erzeugen, die dann an unterschiedlichen Programmstellen verwendet werden können. Oder sie wirken über Seiteneffekte auf den Systemzustand bzw. verändern gegebenenfalls globale Variablen, wenn ihnen diese zugänglich sind.

Dies wird separat für alle ADFs und den Hauptprogrammast durchgeführt. Hierfür gibt es folgende Empfehlungen [KOZA94, S. 83]. Das *terminal set* des Hauptprogrammastes ist dasgleiche, das man ohne ADFs verwenden würde. Das *function set* besteht aus den Namen der ADFs sowie dem Inhalt jenes *function set*, das man ohne ADFs benutzen würde.

Das *terminal set* einer ADF enthält soviele Dummy-Variablen wie die ADF Argumente hat. Die Dummy-Variablen sind nur lokal innerhalb der jeweiligen ADF definiert. Daher können in verschiedenen ADFs auch problemlos gleiche Bezeichnungen für Dummy-Variablen verwendet werden.

Das *function set* einer ADF ist grundsätzlich dasselbe, wie man es bei GP ohne ADFs wählen würde. Es enthält gegebenenfalls zusätzlich die Bezeichnungen aller anderen ADFs, die von der betrachteten ADF potentiell aufgerufen werden können.

Die vorbereitenden Schritte 3 bis 5 sind diegleichen wie bei GP ohne ADFs. Anschließend kann ein GP-Lauf durchgeführt werden. Hierzu muß zuerst wieder stochastisch eine Ausgangspopulation P(0) erzeugt werden. Dabei ist sicherzustellen, daß jedes Programm die vorgesehene Architektur aufweist. Die invarianten Knoten des Programmbaumes, in Bild 3-6 oberhalb der markierten Linie dargestellt[29], müssen also immer vorhanden sein.[30] Wie die ADFs und der Hauptprogrammast konkret aussehen, bestimmt sich dagegen durch das bereits bei GP ohne ADFs beschriebene stochastische Initialisierungsverfahren. Jede ADF besteht aus einer zufälligen Zusammenstellung von Elementen des *terminal set* und des *function set* dieser ADF. Entsprechend wird das Hauptprogramm gebildet aus Elementen von dem *terminal* und *function set* des Hauptprogrammastes.

Wenn ADFs verwendet werden, so erhalten alle Knoten des Programmbaumes einen Typ zugeordnet. Im Beispiel des Bild 3-6 sind alle Knoten der ADF0 vom Typ 7, alle Knoten der ADF1 vom Typ 8 und die Knoten des Hauptprogrammastes haben den Typ 9. Diese

---

[29] Die Anzahl der ADFs beträgt natürlich nicht unbedingt zwei , wie in Bild 3-6, sondern richtet sich nach den gerade getroffenen Architekturentscheidungen.

[30] In Kozas Implementierungen werden diese Knoten aus Aufwandsgründen nicht tatsächlich erzeugt, gespeichert oder durch GP-Operatoren manipuliert, da sie als *invariante* Knoten ohnehin vorgegeben sind.

Vorgehensweise, allen nicht-invarianten Knoten eines Astes des Gesamtprogrammes einheitlich denselben Typ zu geben, bezeichnet man als *branch typing*.[31]

Diese Typisierung ist notwendig, um sicherzustellen, daß beim Crossover stets syntaktisch korrekte, gültige Lösungen produziert werden. Gegenüber GP ohne ADFs wird eine modifizierte Form des Crossover angewendet, die man als *strukturerhaltendes Crossover* bezeichnet. Zunächst wird, wie bisher, aus allen nicht-invarianten Knoten des ersten Elters einer als Crossover-Punkt festgelegt. Im Unterschied zu GP ohne ADFs, wählt man nun jedoch den Crossover-Punkt beim anderen Elter stochastisch aus der Menge der nicht-invarianten Punkte *desselben Typs*. Fällt der Crossover-Punkt beispielsweise in die ADF0 des in Bild 3-6 dargestellten Programms, so muß der Crossover-Punkt beim anderen Elter auch im Programmast der ADF0 liegen.

So werden zwischen verschiedenen Programmen korrespondierende Teilbäume ausgetauscht. Weil einzelne ADFs eventuell mehrfach an verschiedenen Stellen aufgerufen werden, kann sich Crossover besonders stark auswirken, wenn es eine solche ADF verändert.

Strukturerhaltendes Crossover betrifft niemals die invarianten Knoten eines Programmes mit ADFs. Der weitere Ablauf eines GP-Laufes gestaltet sich wie im Fall ohne ADFs. Das folgende Beispiel aus [KOZA94, S. 81 ff.] soll die Vorgehensweise beim Einsatz von ADFs veranschaulichen.

Beispiel: 2-Quader-Problem mit ADF

Dieses Problem ist uns bereits bekannt. Die gesuchte Beziehung lautet:

$$D = L_1 \cdot B_1 \cdot H_1 - L_2 \cdot B_2 \cdot H_2$$

Man erkennt, daß zwei identische Volumenberechnungen erforderlich sind, die lediglich mit verschiedenen Parametern durchgeführt werden. Hier käme die Implementierung einer Funktion zur Volumenberechnung infrage. Dieser Aspekt soll nun für das gesuchte Programm ausgenutzt werden.

[31] Eine alternative Vorgehensweise, das *point typing*, weist jedem nicht-invarianten Knoten nach bestimmten Kriterien einen individuellen Typ zu. Im allgemeinen arbeitet man jedoch mit *branch typing*, so daß hier nicht weiter auf *point typing* eingegangen wird.

Vorbereitungsschritt 0: Programmarchitekturentscheidungen

Außer den bekannten fünf vorbereitenden Schritten von GP erfordert die Anwendung von ADFs als erstes Entscheidungen hinsichtlich der groben Programmarchitektur. Es soll hier nur *eine* ADF mit drei Argumenten, die zu den drei Dimensionen der Quader korrespondieren, vorkommen. Jedes Individuum in der Population verfügt also über einen Hauptprogrammast sowie über einen ADF-Ast mit drei Argumenten.

Vorbereitungsschritte 1 und 2: *terminal sets* und *function sets*

Zunächst legt man das *terminal set* des Hauptprogrammastes fest. Aus den sechs einzugebenden Werten der unabhängigen Variablen L_1, H_1, B_1, L_2, H_2, B_2 soll der Wert der abhängigen Variablen D ermittelt werden. Daher wird das folgende *terminal set* gewählt:

$$T = \{L_1, B_1, H_1, L_2, B_2, H_2\}$$

Es entspricht jenem ohne ADFs. Das gilt auch für das *function set* des Hauptprogrammastes, welches allerdings um das Element ADF0 für die automatisch definierte Funktion zu erweitern ist:

F = {ADF0, +, -, *, %}

Der zugehörige *argument map* ist:

{3, 2, 2, 2, 2}

Entsprechende Entscheidungen sind nun für den funktionsdefinierenden Programmast ADF0 zu treffen. Das *terminal set* enthält drei Platzhalter für die vom Hauptprogrammast übergebene Parameter:

T = {ARG0, ARG1, ARG2}

Das *function set* ist:

F = {+, -, *, %}

mit dem *argument map*:

{2, 2, 2, 2}

Vorbereitungsschritte 3 bis 5:

Vorgehen wie ohne ADF.

Die für GP mit ADF spezifischen Aspekte sind für das 2-Quader-Problem in Tabelle 3-4 festgehalten.[32]

Tabelle 3-4: Übersicht zum 2-Quader-Problem mit ADF

Ziel	Gesucht ist ein Programm, das für die Werte der sechs unabhängigen Variablen den korrekten Wert der abhängigen Größe D ausgibt
Datenbasis, Fitneß, Erfolgskriterium, Strategieparameterwerte	wie im Fall ohne ADF
Programmarchitektur	Ein Hauptprogrammast und ein funktionsdefinierender Ast ADF0 mit drei Parametern
Typisierung	*branch typing*
terminal set für HP-Ast	$T_{hp} = \{L_1, B_1, H_1, L_2, B_2, H_2\}$
function set für HP-Ast	$F_{hp} = \{+, -, *, \%, ADF0\}$
terminal set für ADF0	$T_{adf0} = \{ARG0, ARG1, ARG2\}$
function set für ADF0	$F_{adf0} = \{+, -, *, \%\}$

Ergebnisse für das 2-Quader-Problem mit ADF

Unter den 4000 stochastisch erzeugten Programmen der Ausgangspopulation P(0) hat das beste Individuum eine standardisierte Fitneß von 1142 und die Form:

```
(progn (defun adf0 (ARG0 ARG1 ARG2)
    (values (% ( * ( % ( – ARG2 ARG0 )
    ( % ARG2 ARG2 ) ) ARG0 )
    ( * ( *( – ARG1 ARG0 ) ( + ARG2 ARG1 ) ) ARG2 ) ) ) )
    (values ( – ( * B2 B2 ) ( * B2 ( * ( – H2 H1 ) L2 ) ) ) ) )
```

Es ruft ADF0 (zufällig) *nicht* auf und entspricht dem Ausdruck:

$$B_2^2 - B_2 \cdot L_2 \cdot (H_2 - H_1)$$

der noch wenig Ähnlichkeit mit der korrekten Lösung hat. Zwischen Generation 1 und 6 verbessert sich die Fitneß des besten Individuums von 1101 auf 96. Das beste Individuum aus Generation 6 ruft ADF0 im Hauptprogrammast zweimal auf und sieht folgendermaßen aus:

32 In Anlehnung an [KOZA94, S. 84].

```
(progn (defun adf0 (ARG0 ARG1 ARG2)
    (values ( – ( – ARG0 ARG0 ) ( * ( * ARG0 ARG1 )
    ( % ARG2 ( % ARG2 ARG2 ) ) ) ) ) )
    (values ( – ( + ( – ( ADF0 L2 B2 H2 ) ( ADF0 B1 H1 L1 ) )
    L1 ) ( + ( - H2 H2 ) ( – ( % L1 L1 ) H2 ) ) ) ) ) )
```

Die Definition von ADF0 entspricht hier $-ARG0 \cdot ARG1 \cdot ARG2$, also dem negativen Volumen eines Quaders mit den Seitenlängen ARG0, ARG1 und ARG2. Der Hauptprogrammast ist äquivalent:

$$B_1 \cdot H_1 \cdot L_1 - L_2 \cdot B_2 \cdot H_2 + L_1 - 1 + H_2$$

In der nächsten Generation 7 hat das beste Individuum ebenfalls einen Fitneßwert von 96. Es ist jedoch völlig anders aufgebaut. Anders als beim menschlichen Programmierer leiten sich die im Zeitablauf besten gefundenen Individuen bei GP meistens nicht logisch aus ihren Vorgängern ab [KOZA94, S. 90].

In Generation 13 wird schließlich ein vollkommen korrektes Programm gefunden:

```
(progn (defun adf0 (ARG0 ARG1 ARG2)
    (values ( – ( * ARG2 ARG0 ) ( * ( + ARG0
    ( * ARG0 ARG1 ) ) ( % ARG2 ( % ARG2 ARG2 ) ) ) ) ) )
    (values ( – ( ADF0 L2 B2 H2 ) (ADF0 B1 H1 L1 ) ) ) ) )
```

Auch hier entspricht die Definition von ADF0 dem negativen Volumen $-ARG0 \cdot ARG1 \cdot ARG2$. Diese Funktion wird im Hauptprogrammast so eingesetzt, daß ein korrektes Ergebnis entsteht.

Koza führte insgesamt 93 GP-Läufe mit ADFs für das 2-Quader-Problem durch, von denen 15 innerhalb der festgesetzten 51 Generationen erfolgreich waren. Das entspricht einer Erfolgsquote von 16% gegenüber 27% für GP ohne ADFs.

Weitere interessante Vergleiche zwischen den Ergebnissen mit und ohne ADFs betreffen die *strukturelle Komplexität* der erzeugten Programme sowie den Rechenaufwand [KOZA94, S. 98 ff.]. Die strukturelle Komplexität gibt an, wie häufig im veränderbaren Teil des Programmes Elemente aus *function set* und *terminal set* tatsächlich verwendet werden. Dies entspricht der Anzahl von veränderbaren Knoten im Programmbaum. So beträgt z.B. die strukturelle Komplexität 24 bei dem gerade beschriebenen korrekten Programm mit ADF.

Nach *Occams Gesetz* ist von mehreren korrekten Lösungen diejenige die beste, welche die niedrigeste strukturelle Komplexität besitzt. Der Wert $\overline{S}_{ohne}$ bezeichnet die durchschnittliche strukturelle Komplexität der *best-of-run* Programme erfolgreicher GP-Läufe ohne Verwendung von ADFs. Entsprechend gilt der Wert $\overline{S}_{mit}$ für die *best-of-run* Programme erfolgreicher GP-Läufe mit ADFs. Im Fall des 2-Quader-Problems ergibt sich ein Verhältnis R_S von:

$$R_S = \frac{\overline{S}_{ohne}}{\overline{S}_{mit}} = \frac{17{,}8}{33{,}5} = 0{,}53$$

Demnach ist unter Gesichtspunkten struktureller Komplexität beim 2-Quader-Problem die Verwendung von ADFs nicht vorteilhaft.

Um den Rechenaufwand zwischen GP mit und ohne ADFs zu vergleichen, bestimmt Koza auf Basis einer größeren Zahl von Läufen für beide Alternativen die Schätzgröße E. Sie gibt an, wieviele Programme insgesamt mindestens generiert werden müssen, um mit definierter Wahrscheinlichkeit (hier 99%) eine Lösung zu finden, die das Erfolgskriterium erfüllt.[33] E_{ohne} gibt diesen Wert für GP ohne ADFs und E_{mit} für den Fall mit ADFs an. Für das 2-Quader-Problem ergibt sich die Verhältnisgröße R_E als:[34]

$$R_E = \frac{E_{ohne}}{E_{mit}} = \frac{1.176.000}{2.220.000} = 0{,}53$$

Weder unter strukturellen noch unter Rechenaufwandsaspekten ist es in diesem einfachen Anwendungsbeispiel also vorteilhaft, ADFs zu verwenden. Das ist im folgenden Beispiel [KOZA94, Kap. 6] anders.

Beispiel: Even-5-Parity Problem

Die Even-k-Parity Funktion von k boolschen Argumenten D_0 bis D_{k-1} liefert den Wert T (für True), falls eine gerade Anzahl (inkl. null) der Argumente den Wert T haben, sonst liefert die Funktion den Wert NIL. Eine boolsche Funktion läßt sich als Wahrheitswerttabelle darstellen. Im Fall der Even-5-Parity Funktion hat diese Tabelle $2^5 = 32$ Zeilen, entsprechend den möglichen Wertekombinationen der fünf Argumente D_0 bis D_4.

---

[33] Zu näheren Einzelheiten vgl. [KOZA94, S. 99-106].

[34] Die betragsmäßige Übereinstimmung von R_S und R_E ist zufällig.

Diese 32 Kombinationen der boolschen Argumente dienen als Datengrundlage zur Fitneßbewertung im Rahmen einer Anwendung von GP auf das Even-5-Parity Problem. Dabei sollen die Ergebnisse für Läufe ohne bzw. mit ADFs gegenübergestellt werden. Die wesentlichen Aspekte für *GP ohne ADFs* faßt Tabelle 3-5 zusammen.

Tabelle 3-5: Übersicht zum Even-5-Parity Problem ohne ADFs

Ziel	Gesucht ist ein Programm, das den Wert der Even-5-Parity Funktion generiert, wenn es als Eingabe die boolschen Werte der fünf unabhängigen Argumente erhält.
Datenbasis der Bewertung	Alle 2^5=32 möglichen Kombinationen der fünf unabhängigen Eingabegrößen
terminal set T	T = $\{D_0, D_1, D_2, D_3, D_4\}$
function set F	F = {AND, OR, NAND, NOR}
Rohfitneß	Anzahl der Fälle, bei denen Programmausgabe und Wert der Even-5-Parity Funktion übereinstimmen (Treffer)
standardisierte Fitneß	2^5 minus Rohfitneß
Treffer	wie Rohfitneß
Strategieparameter	μ = 16000, Standardeinstellungen
Erfolgskriterium	Programm erzielt 32 Treffer

Ergebnisse für das Even-5-Parity Problem ohne ADFs

Von 25 durchgeführten Läufen sind 11 erfolgreich. Die durchschnittliche strukturelle Komplexität der *best-of-run* Programme aus den 11 erfolgreichen Läufen liegt bei $\bar{S}_{ohne} = 299{,}9$. Der Rechenaufwand, um mit 99% Wahrscheinlichkeit mindestens eine erfolgreiche Lösung zu erzeugen beträgt $E_{ohne} = 6.528.000$ Individuen (entsprechend Fitneßevaluierungen).

Ergebnisse für das Even-5-Parity Problem mit mehreren ADFs

Dasgleiche Problem soll nun unter Einsatz von ADFs gelöst werden. Im Rahmen der allgemeinen Strukturentscheidungen geht es zunächst darum, die Anzahl der Parameter der ADFs festzulegen.

Die interessanten boolschen Funktionen haben mindestens zwei Argumente, so daß sich hieraus eine praktische Untergrenze ergibt. Eine vernünftige Obergrenze liegt in der Variablenzahl des Problems, in diesem Fall also fünf. Hier sollen ADFs mit vier Parametern verwendet werden.

Es wird vermutet, daß die korrekte Lösung des Even-5-Parity Problems auf Parity-Funktionen niedrigerer Ordnung zurückgreift. Daher soll es in jedem Programm neben dem Hauptprogrammast noch zwei ADFs mit jeweils vier Argumenten geben. ADF1 kann dabei auf ADF0 referenzieren, jedoch nicht umgekehrt. Es liegt also eine Hierarchie von ADFs vor.

Im *function set* von ADF1 taucht daher, neben den bereits oben verwendeten Funktionen, noch ADF0 auf. Der Hauptprogrammast schließlich enthält sowohl ADF0 als auch ADF1 in seinem *function set*. Tabelle 3-6 gibt einen Überblick der weiteren Entscheidungen im Rahmen von GP mit ADFs für dieses Problem.

Tabelle 3-6: Übersicht zum Even-5-Parity Problem mit ADFs

Ziel	Gesucht ist ein Programm, das den Wert der Even-5-Parity Funktion generiert, wenn es als Eingabe die boolschen Werte der fünf unabhängigen Argumente erhält.
Datenbasis, Fitneß, Erfolgskriterium, Strategieparameterwerte	wie im Fall ohne ADFs
Programmarchitektur	Hauptprogrammast und zwei funktionsdefinierende Äste ADF0 und ADF1 mit je vier Parametern. ADF1 kann hierarchisch auf ADF0 referenzieren.
Typisierung	*branch typing*
terminal set für HP-Ast	T_{hp}={D_0, D_1, D_2, D_3, D_4}
function set für HP-Ast	F_{hp}={ADF1, ADF0, AND, OR, NAND, NOR}
terminal set für ADF1	T_{adf1}={ARG0, ARG1, ARG2, ARG3}
function set für ADF1	F_{adf1}={ADF0, AND, OR, NAND, NOR}
terminal set für ADF0	T_{adf0}={ARG0, ARG1, ARG2, ARG3}
function set für ADF0	F_{adf0}={AND, OR, NAND, NOR}

Ergebnisse für das Even-5-Parity Problem mit ADFs

Alle 19 mit ADFs durchgeführten Läufe produzieren Lösungen, die dem Erfolgskriterium genügen. Diese Lösungen verfolgen z.T. sehr unterschiedliche Konzepte. In einigen Fällen wird das Problem der Even-5-Parity Funktion dadurch gelöst, daß in den ADFs auf Parity-Funktionen niedrigerer Ordnung zurückgegriffen wird. Ein Beispiel ist folgendes Programm:

```
(progn (defun ADF0 ( ARG0 ARG1 ARG2 ARG3 )
    (values ( AND ( NAND ARG2 ARG0 )
                  (AND ( NAND ARG2 ARG0 )
                  (OR ARG2 ARG0 ) ) ) ) ) )
    (defun ADF1 ( ARG0 ARG1 ARG2 ARG3 )
    (values ( ADF0  ( NOR ARG2 ARG2 )
                  ( NAND ( OR ARG2 ARG0 )
                  ( NOR ARG1 ARG0 ) )
                  (ADF0  ARG1 ARG3 ARG3 ARG3 )
                  (ADF0  ARG1 ARG1 ARG3 ARG3 ) ) ) ) )
    (values ( ADF1  ( ADF0  D1 D1 D0 D4)
                  ( ADF0  D3 D4 D2 D2 ) ( ADF0  D0 D2 D4 D1 )
                  ( OR D1 D1 ) ) ) ) )
```

ADF0 entspricht hier (Odd-2-Parity ARG0 ARG2)[35]. Hingegen ist ADF1 äquivalent dem Ausdruck:

(Even-2-Parity ARG1 (Odd-2-Parity ARG2 ARG3))

Beide ADFs definieren hier also implizit Parity-Funktionen niedrigerer Ordnung, die im Hauptprogrammast verknüpft werden, um das Even-5-Parity Problem zu lösen.

Andere, ebenfalls vollkommen korrekte Lösungen, verwenden dagegen keine Parity-Funktionen niedrigerer Ordnung. Ihre Struktur ist schwerer durchschaubar. Allen ist jedoch gemeinsam, daß sie ADFs im Hauptprogrammast aufrufen. Da kein Zwang hierzu besteht, ist es offenbar ein Selektionsvorteil, ADFs aktiv einzusetzen.

Interessant sind auch die Vergleiche zwischen GP ohne und mit ADFs hinsichtlich stuktureller Komplexität bzw. Rechenaufwand. Es ergeben sich folgende Verhältnisgrößen [KOZA94, S. 188]:

[35] Die Odd-2-Parity Funktion gibt den Wert T zurück, wenn eine ungerade Anzahl ihrer boolschen Argumente den Wert T hat, ansonsten gibt sie NIL zurück.

$$R_S = \frac{\overline{S}_{ohne}}{\overline{S}_{mit}} = \frac{299{,}9}{156{,}8} = 1{,}91$$

$$R_E = \frac{E_{ohne}}{E_{mit}} = \frac{6.528.000}{464.000} = 14{,}07$$

Es ist bei diesem verhältnismäßig komplexen Anwendungsbeispiel demnach vorteilhaft, ADFs einzusetzen. Dies gilt besonders unter dem Gesichtspunkt des Rechenaufwands.

Wie das erste Beipiel gezeigt hat, ist es andererseits nicht immer sinnvoll, mit ADFs zu arbeiten. Die Entscheidung für ADFs, wie auch die Wahl der Programmarchitektur, erfordern etwas Erfahrung.

Einiges deutet jedoch darauf hin, daß GP gegenüber Architekturentscheidungen nicht allzu sensibel ist. Dennoch läuft die Notwendigkeit, eine Programmarchitektur vorab zumindest grob zu spezifizieren, der Intention höchster Flexibilität von GP eigentlich zuwider.

> „The user should not be required to specify the size, shape, and structural complexity of the solution in advance." [KOZA92b, S. 204]

Koza hat daher zwei Vorgehensweisen vorgeschlagen, um automatisch die Architektur eines modularen GP-Programmes gleichzeitig mit der Lösung des konkreten Anwendungsproblems zu erzeugen. Beim ersten Ansatz erzeugt man stochastisch eine Ausgangspopulation von Individuen mit unterschiedlichen Architekturen, also unterschiedlich vielen ADFs [KOZA94, Kap. 21]. Die Anzahl der Argumente je ADF ist dabei im Rahmen vorgegebener Grenzwerte stochastisch bestimmt. Der zweite und gleichzeitig vielversprechendere Ansatz beruht auf architekturverändernden Operatoren. Im Gegensatz zum ersten Ansatz läßt sich hierbei die Architektur von Programmen innerhalb eines GP-Laufes noch dynamisch verändern [KOZA95b].

3.2.2 Mutation in GP

Seit einiger Zeit wird die bisherige Form des Crossover in GP kritisch diskutiert, da sie als ineffizient gilt. Gerade in praktischen GP-Anwendungen ist daher neben dem Crossover auch die *Mutation* als Suchoperator verwendet worden. Sie ergänzt die Operatoren Reproduktion und Crossover und wird mit Wahrscheinlichkeit p_m im Rahmen der Operatorwahl aufgerufen.

Eine übliche Form der Mutation ist die folgende (Bild 3-7):[36] Nachdem auf Basis der Fitneßwerte ein Programmbaum als Elter ausgewählt worden ist, bestimmt man stochastisch einen Knoten des Elters als Mutations-Punkt. Dann wird ebenfalls stochastisch ein neuer Programmbaum generiert, dessen maximal erlaubte Höhe geringer ist als der sonst zulässige Wert der Programmbaumhöhe. Nun ersetzt man im Elter den Teilbaum, dessen Wurzel der Mutations-Punkt ist, durch den eben generierten Baum. Der so entstandene Nachkomme wird in die neue Population übernommen, sofern er die zulässige maximale Baumhöhe nicht überschreitet. Ansonsten kann der Mutationsvorgang entweder wiederholt werden, oder man übernimmt stattdessen das Elter.

Bild 3-7: Mutation in GP

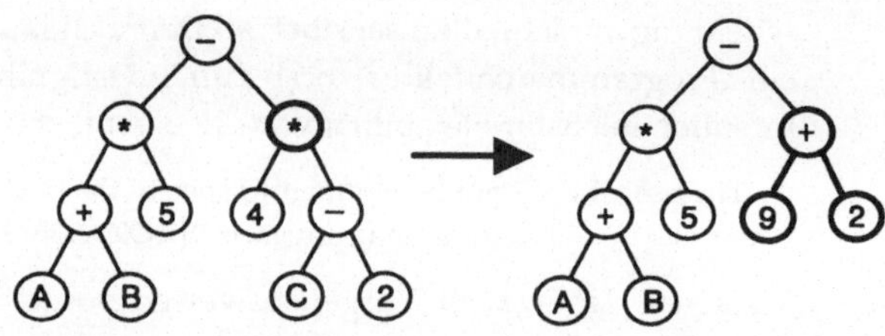

Ein bemerkenswerter Nebeneffekt der Mutation ist, daß kleinere Populationsgrößen als bei Koza, etwa auf dem Niveau herkömmlicher GA, ausreichend sind, ohne daß die Vielfalt des Materials in der Population sich zu schnell erschöpft.

3.2.3 Einige sonstige Erweiterungen im Überblick

Im folgenden wird auf einige weitere Ergänzungen der GP-Grundform in kurzer Form eingegangen. Diese Übersicht ist nicht erschöpfend und soll lediglich einige aktuelle Entwicklungstrends verdeutlichen.[37]

Aufgrund der hohen Rechenzeitanforderungen von GP und dem inhärent parallelen Charakter der Methode bietet sich *parallele Hardware*

[36] Siehe auch [MONT95].

[37] Auf weitergehende Spezialliteratur wird verwiesen. Stärken und Schwächen von GP werden im übrigen in Kapitel 7 diskutiert.

zur Implementierung an. Hierbei ist zunächst an die Parallelisierung der aufwendigen Fitneßermittlung zu denken.[38]

Einen gänzlich anderen Ansatz zur Beschleunigung verfolgen Nordin und Banzhaf [NORD94,95b]. Sie verwenden zur Implementierung der GP-Individuen *Maschinensprache*.[39] Dadurch entfällt die rechenzeitaufwendige Interpretierung der Programme zur Laufzeit. Individuen werden direkt als binärer Maschinencode manipuliert. Sie weisen, im Gegensatz zum Standardvorgehen, keine baumartige sondern eine lineare Struktur auf. Daher wird der Crossover-Operator beschränkt, so daß Crossover-Punkte immer zwischen und nicht innerhalb von Programmzeilen liegen. Ein Mutationsoperator verändert den Inhalt von Programmzeilen nach einfachen Regeln. Es ergeben sich Geschwindigkeitsvorteile bis zum Faktor 100 gegenüber einer interpretierenden Implementierung in C bzw. bis Faktor 2000 gegenüber LISP.

Die Forderung nach Abgeschlossenheit von *function* und *terminal sets* wird von vielen, die nicht in LISP arbeiten, als schwerwiegende Einschränkung empfunden. Durch Daten- und Funktionstypisierung wird die Vielfalt der Kombinationsmöglichkeiten von Programmprimitiven - und damit der GP-Suchraum - auf sinnvolle Kombinationen eingeschränkt. Um mit typisierten Funktionen, Variablen und Konstanten zu arbeiten, muß man die Initialisierungsroutine und Suchoperatoren von GP allerdings in einer Weise modifizieren, so daß Typkompatibilitäten berücksichtigt werden. Besonders bekannt geworden ist die als „Strongly Typed GP" bezeichnete *typisierte GP-Form* von Montana [MONT95].

Verschiedentlich werden *steady-state* Varianten von GP verwendet.[40] Die Vorgehensweise entspricht grundsätzlich dem *steady-state*-GA.

Es wird auch daran gearbeitet, die positiven Erfahrungen aus hybriden GA zu übertragen und GP mit anderen Methoden zu kombinieren (*hybride GP-Systeme*). Dabei untersucht man vor allem Möglichkeiten, lokale Verbesserungsverfahren in GP zu integrieren, um die globalen Sucheigenschaften auf lokaler Ebene zu ergänzen.[41]

---

[38] Koza und Andre berichten von großen Geschwindigkeitsgewinnen bei einer GP-Implementierung auf einem transputerbasierten System [KOZA95a].
[39] Das GP-System selbst (Operatoren, Kontrollstruktur) ist in C implementiert.
[40] Für ein Beispiel siehe [NORD94].
[41] Beispiele enthalten [IBA94,O'REI95].

3.3 Ausgewählte Ergebnisse der GP-Theorie

Nordin und Banzhaf argumentieren, daß EA mit einer Lösungsrepräsentation variabler Länge, und hierzu gehört ganz besonders GP, einem inhärenten Druck unterliegen, Lösungen und Teillösungen von geringer struktureller Komplexität hervorzubringen [NORD95a]. Es besteht also gewissermaßen ein Druck, kurze bzw. kleine Lösungen zu produzieren. Wie hoch dieser „Kompressionsdruck" im einzelnen ist, hängt unter anderem von der gewählten Repräsentation, den genetischen Operatoren und weiteren Parametern ab.

Mißt man in geeigneter Weise die Größe eines Programmes, z.B. als Anzahl der Knoten einer baumartigen Repräsentation oder als Bitanzahl bei binärer Lösungsdarstellung, so erhält man einen Wert, den Nordin und Banzhaf als *absolute Komplexität* eines Programmes bezeichnen. Dieses Maß entspricht im wesentlichen dem oben erläuterten strukturellen Komplexitätsmaß von Koza.

Programme, die mit GP erzeugt wurden, enthalten häufig Abschnitte (Blöcke), die überflüssig zu sein scheinen, weil sie für keinen der zur Fitneßevaluierung verwendeten Datensätze (*fitness cases*) die Ausgabe des Programmes in irgendeiner Form beeinflussen. Diese Blöcke sind demnach bezüglich der Funktionalität des Programmes neutral. Sie werden in Analogie zu vergleichbaren Strukturen in den Erbanlagen von Lebewesen *Introns* genannt. Als *absolutes Intron* wird ein Programmabschnitt bezeichnet, der keine Auswirkungen auf die Programmausgabe hat *und* unsensibel gegenüber Crossover ist. Jedes Crossover in diesem Abschnitt hat keine Auswirkungen auf die Programmfunktionalität.

Im Unterschied zur absoluten Komplexität mißt die *effektive Komplexität* nur die Größe der aktiven Teile eines Programmes. Sie entspricht also der absoluten Komplexität abzüglich der Größe von Introns im Programm.

Koza hat wiederholt festgestellt, daß GP dazu tendiert, vergleichsweise große Programme mit relativ schwer durchschaubarer Stuktur zu erzeugen [KOZA92a,b,94]. Nordin und Banzhaf untersuchen dagegen nicht nur die absolute sondern auch die effektive Komplexität von Programmen. Betrachtet wird ein GP-System mit fitneßproportionaler Selektion und Crossover als Suchoperator.

Ein Crossover wird als destruktiv bezeichnet, wenn es bei dem betroffenen Programm zu einer Verschlechterung des Fitneßwertes führt. Betrifft das Crossover einen absoluten Intron-Block, so können sich keine negativen Konsequenzen für das Programm ergeben, da Introns nichts zur Programmfunktionalität beitragen. Programme mit niedriger effektiver Komplexität bei relativ großer absoluter Komplexität sind also durch destruktive Crossover-Wirkungen wenig gefährdet.

Die Konsequenzen lassen sich in einer dem Schema-Theorem bei GA ähnlichen Weise formalisieren.[42] Es bezeichne $C_e(a_i)$ die effektive und $C_a(a_i)$ die absolute Komplexität eines Programmes a_i ($i = 1,2,...\mu$). Desweiteren ist p_c die globale Wahrscheinlichkeit für Crossover bei einem Programm, während p_{di} die Wahrscheinlichkeit angibt, daß ein Crossover in einem der *aktiven* Blöcke eines Programmes a_i zu destruktiven Effekten, also herabgesetzter Fitneß, führt. Dabei ist p_{di} definitionsgemäß null für absolute Intron-Blöcke. Weiterhin bezeichne $\Phi(a_i)$ die Fitneß von Programm a_i und $\overline{\Phi}(t)$ die durchschnittliche Fitneß aller Individuen der aktuellen Population P(t).[43] Bei fitneßproportionaler Selektion ergibt sich eine konservative Schätzung für den Anteil $A_i(t+1)$ eines Programmes a_i an der Population P(t+1) von:

$$A_i(t+1) \approx A_i(t) \cdot \frac{\Phi(a_i)}{\overline{\Phi}(t)} \cdot \left(1 - p_c \cdot \frac{C_e(a_i)}{C_a(a_i)} \cdot p_{di}\right)$$

Der Anteil hängt also vom Einfluß sowohl der Selektion als auch des Crossover-Operators ab. Eine Umformung ergibt:

$$A_i(t+1) \approx \left(\frac{\Phi(a_i) - p_c \cdot \Phi(a_i) \cdot \frac{C_e(a_i)}{C_a(a_i)} \cdot p_{di}}{\overline{\Phi}(t)} \right) \cdot A_i(t)$$

So ist besser zu sehen, daß der Crossover-abhängige Term sich auch als Abzug vom ursprünglichen Fitneßwert des Programmes a_i bei der Selektion interpretieren läßt. Das führt zur Definition der *effektiven Fitneß* $\Phi_e(a_i)$:

---

42 Zum Schema-Theorem vgl. Abschnitt 2.3.

43 Das Fitneßmaß muß so gewählt sein, daß gute Individuen hohe Werte erhalten.

$$\Phi_e(a_i) = \Phi(a_i) - p_c \cdot \Phi(a_i) \cdot \frac{C_e(a_i)}{C_a(a_i)} \cdot p_{di}$$

Es ist die effektive Fitneß, die den Anteil eines Programmes an der nächsten Generation bestimmt. Die effektive Fitneß wird beeinflußt durch das Verhältnis von effektiver zu absoluter Komplexität des betrachteten Programmes. Die Reproduktionschancen eines Programmes verbessern sich, wenn das Verhältnis seiner effektiven zu seiner absoluten Komplexität kleiner wird. Das kann auf zweierlei Arten geschehen. Einerseits vergrößert es die absolute Komplexität, wenn zusätzliche Introns in das Programm gelangen.[44] Andererseits reduziert sich die effektive Komplexität des Programmes, wenn es für das Anwendungsproblem eine simplere Lösung darstellt. Weitere Möglichkeiten, effektive Komplexität zu reduzieren, liegen in der Verwendung von Kontrollstrukturen (z.B. Schleifen) oder in Modularisierungen wie etwa ADFs.

In empirischen Untersuchungen anhand einer symbolischen Regressionsaufgabe machen Nordin und Banzhaf Beobachtungen, die mit diesen Überlegungen gut übereinstimmen:

- In frühen Generationen ändert sich zunächst die durchschnittliche Fitneß einer Population recht stark, während die effektive Komplexität sich relativ wenig verändert. Der Anteil eines Individuums an der Zusammensetzung der Folgegeneration wird in dieser Phase vor allem von seiner Fitneß bestimmt.
- Später nimmt das Ausmaß der Fitneßänderungen ab und der Einfluß des Verhältnisses von effektiver zu absoluter Komplexität im Rahmen der effektiven Fitneß nimmt zu. Der Kompressionsdruck steigt und die effektive Komplexität wird reduziert.
- Noch später nimmt die absolute Komplexität durch Einfügen von Introns exponentiell zu. Dabei bleibt die effektive Komplexität niedrig und die durchschnittliche Fitneß der Population verbessert sich weiter. Destruktive Crossover-Wirkungen werden seltener, das heißt, die Individuen sind durch Introns besser dagegen geschützt.

---

[44] Diese Möglichkeit ist durch verschiedene Faktoren beschränkt, z.B. durch eine benutzerdefinierte Obergrenze für die maximale Höhe des Programmbaumes.

Der analytisch hergeleitete und empirisch beobachtete Kompressionsdruck führt zu GP-Lösungen, die kurz bzw. klein sind, wenn man ihre effektive Komplexität betrachtet. Durch den Kompressionsdruck besteht aber auch die Gefahr vorzeitiger Konvergenz auf suboptimale Lösungen mit niedriger effektiver Komplexität. Daher liegt der Gedanke nahe, durch einen entsprechenden Term in der Fitneßfunktion den Kompressionsdruck extern zu steuern. Ein Vorschlag von Nordin und Banzhaf läuft darauf hinaus, diesen Druck D proportional zur absoluten Komplexität des Programmes zu machen und bei der Fitneßberechnung abzuziehen:

$$\Phi_e(a_i) = \Phi(a_i) - D \cdot C_a(a_i) - p_c \cdot \Phi(a_i) \cdot \frac{C_e(a_i)}{C_a(a_i)} \cdot p_{di}$$

Ihre empirischen Untersuchungen zeigen aber auch, daß eine externe Steuerung des Kompressionsdruckes nicht einfach ist.

Auf einige weitere Arbeiten im Bereich der GP-Theorie kann an dieser Stelle nur kurz hingewiesen werden. So hat O'Reilly, in Analogie zu GA, ein Schema-Theorem für GP und, darauf aufbauend, eine GP-bezogene Form der *Building-Block-Hypothese* (BBH) formuliert [O'REI95, Kap. 4]. O'Reilly kommt jedoch zu dem Schluß, daß jedes Schema-Theorem die GP-Dynamik im Grunde zu stark vereinfacht. In ähnlicher Richtung argumentiert Angeline, der Hollands Schema-Theorem als für GP unpassend ablehnt, da es auf Lösungsrepräsentationen fixierter Länge zugeschnitten ist [ANGE93, Kap. 3.1]. Angeline entwickelt eine alternative Theorie, um den Erfolg von EA zu erklären. Sie basiert auf *abstract features*, die statische und dynamische Repräsentationsformen einschließen.

Altenberg schließlich untersucht populationsdynamische Aspekte von GP [ALTE94]. Dabei geht es vor allem um die Evolution der Struktur von Lösungen in GP. Er argumentiert, daß verschiedene Programme zwar dasgleiche Verhalten codieren können, ihre jeweiligen Lösungsstrukturen aber eventuell unterschiedlich gut geeignet sind, um daraus, durch Anwendung evolutionärer Operatoren, noch bessere Lösungen zu entwickeln. Diese Evolutionsfähigkeit (*evolvability*) läßt sich in verschiedenster Weise beeinflussen, was zu praktischen Verbesserungen der GP-Performanz führen kann.

3.4 Literatur zum Kapitel 3

Zitierte Literatur

[ALTE94] Altenberg, Lee: The Evolution of Evolvability in Genetic Programming, in: [KINN94a], S. 47-74.

[ANGE93] Angeline, P.J.: Evolutionary Algorithms and Emergent Intelligence, Dissertation, The Ohio State University, Columbus 1993.

[ANGE94] Angeline, P.J.: Genetic Programming: A Current Snapshot, in: Sebald, A.V.; Fogel, L.J. (Hrsg.): Proceedings of the Third Annual Conference on Evolutionary Programming, Singapur: World Scientific 1994, S. 224-232.

[CRAM85] Cramer, N.L.: A Representation for the Adaptive Generation of Simple Sequential Programs, in Grefenstette, J.J. (Hrsg.): Proceedings of an International Conference on Genetic Algorithms and Their Applications, Hillsdale/NJ: Lawrence Erlbaum 1985, S. 183-187.

[DAVI94] Davidor, Y.; Schwefel, H.-P.; Männer, R. (Hrsg.): Parallel Problem Solving from Nature - PPSN III, Berlin: Springer 1994.

[ESHE95] Eshelman, L.J. (Hrsg.): Proceedings of the Sixth International Conference on Genetic Programming, San Francisco: Morgan Kaufmann 1995.

[FORR93] Forrest, S. (Hrsg.): Proceedings of the Fifth International Conference on Genetic Algorithms, San Mateo: Morgan Kaufmann 1993.

[FRIE58] Friedberg, R.M.: A Learning Machine: Part I, in: IBM Journal of Research and Development 2 (1958), S. 2-13.

[FRIE59] Friedberg, R.M.; Dunham, B.; North, J.H.: A Learning Machine: Part II, in: IBM Journal of Research and Development 3 (1959), S. 282-287.

[FUJI87] Fujiki, C.; Dickinson, J.: Using the Genetic Algorithm to Generate LISP Source Code to Solve the Prisoner's Dilemma, in: [GREF87], S. 236-245.

[GREF87] Grefenstett, J.J. (Hrsg.): Genetic Algorithms and their Applications. Proceedings of the Second International Conference on Genetic Algorithms, Hillsdale/NJ: Lawrence Erlbaum 1987.

[HOLL92]Holland, J.H.: Adaptation in Natural and Artificial Systems, 2. A., Cambridge/MA: MIT Press 1992

[IBA94]Iba, H.; de Garis, H.; Sato, T.: Genetic Programming with Local Hill-Climbing, in: [DAVI94], S. 302-311.

[IBA96]Iba, H.: Random Tree Generation for Genetic Programming, in: Voigt, H.-M.; Ebeling, W.; Rechenberg, I.; Schwefel, H.-P. (Hrsg.): Parallel Problem Solving from Nature - PPSN IV, LNCS 1141, Berlin: Springer 1996, S. 144-153.

[JONG87] De Jong, K.: On Using Genetic Algorithms to Search Program Spaces, in: [GREF87], S. 210-216.

[KEIT94] Keith, M.J.; Martin, M.C.: Genetic Programming in C++: Implementation Issues, in: [KINN94a], S. 285-310.

[KINN94a] Kinnear, K.E.: Advances in Genetic Programming, Cambridge/ MA: MIT Press 1994.

[KINN94b] Kinnear, K.E.: A Perspective on the Work in this Book, in: [KINN94a], S. 3-19.

[KOZA92a] Koza, J.R.: The Genetic Programming Paradigm: Genetically Breeding Populations of Computer Programs to Solve Problems, in: Soucek, B. and the IRIS Group (Hrsg.): Dynamic, Genetic, and Chaotic Programming. The Sixth Generation, New York: John Wiley & Sons 1992, S. 203-321.

[KOZA92b] Koza, J.R.: Genetic Programming, Cambridge/MA: MIT Press 1992.

[KOZA94] Koza, J.R.: Genetic Programming II, Cambridge/MA: MIT Press 1994.

[KOZA95a] Koza, J.R.; Andre, D.: Parallel Genetic Programming on a Network of Transputers, Technical Report, Stanford University, Computer Science Department, Jan. 1995.

[KOZA95b] Koza, J.R.: Two Ways of Discovering the Size and Shape of a Computer Program to Solve a Problem, in: [ESHE95], S. 287-294.

[MONT95] Montana, D.J.: Strongly Typed Genetic Programming, in: Evolutionary Computation 3 (1995) 2, S. 199-230.

[NORD94] Nordin, P.: A Compiling Genetic Programming System that Directly Manipulates the Machine Code, in: [KINN94a], S. 311-331.

[NORD95a] Nordin, P.; Banzhaf, W.: Complexity Compression and Evolution, in: [ESHE95], S. 310-317.

[NORD95b] Nordin, P.; Banzhaf, W.: Evolving Turing-Complete Programs for a Register Machine with Self-Modifying Code, in: [ESHE95], S. 318-325.

[O'REI95] O'Reilly, U.-M.: An Analysis of Genetic Programming, Dissertation, Carleton University, Ottawa 1995.

[WHIT95] Whitley, D.; Vose, M. (Hrsg.): Foundations of Genetic Algorithms 3, San Francisco: Morgan Kaufmann 1995.

Sonstige weiterführende Literatur

Angeline, P.J.; Kinnear, K.E. (Hrsg.): Advances in Genetic Programming 2, Cambridge/MA: MIT Press 1996.

Gatherole, C.; Ross, P.: Dynamic Training Subset Selection for Supervised Learning in Genetic Programming, in: [DAVI94], S. 312-321.

Geyer-Schulz, A.: Fuzzy Rule-Based Expert Systems and Genetic Machine Learning, 2. A., Heidelberg: Physica 1996.

Kinnear, K.E.: Alternatives in Automatic Function Definition: A Comparison of Performance, in: [KINN94a], S. 119-141.

Koza, J.R., Goldberg, D.E.; Fogel, D.B.; Riolo, R.L. (Hrsg.): Genetic Programming 1996. Proceedings of the First Annual Conference, Cambridge/MA: MIT Press 1996.

Langdon, W.B.: Evolving Data Structures with Genetic Programming, in: [ESHE95], S. 295-302.

O'Reilly, U.-M.; Oppacher, F.: Program Search with a Hierarchical Variable Length Representation: Genetic Programming, Simulated Annealing and Hill Climbing, in: [DAVI94], S. 397-406.

Robinson, G.; McIlroy, P.: Exploring some Commercial Applications of Genetic Programming, in: Fogarty, T.C. (Hrsg.): Evolutionary Computing, LNCS 993, Berlin 1995: Springer, S. 234-264.

Tacket, W.A.: Recombination, Selection, and the Genetic Construction of Computer Programs, Dissertation, University of Southern California 1994.

Tacket, W.A.: Greedy Recombination and Genetic Search on the Space of Computer Programs, in: [WHIT95], S. 271-297.

Wineberg, M.; Oppacher, F.: A Representation Scheme to Perform Program Induction in a Canonical Genetic Algorithm, in: [DAVI94], S. 292-301.

Zhang, B.-T.; Mühlenbein, H.: Balancing Accuracy and Parsimony in Genetic Programming, in: Evolutionary Computation 3 (1995) 1, S. 17-38.

3.5 Aufgaben zum Kapitel 3

Aufgabe 3-1: Wiederholung

a) Wo liegen Gemeinsamkeiten bzw. Unterschiede zwischen GA und GP?

b) Welche Bedeutung haben *terminal set(s)* und *function set(s)* für die Größe des Suchraumes bei GP?

c) Was bedeuten die Anforderungen der Abgeschlossenheit (closure) und Angemessenheit (sufficiency)?

d) Was sind *ephemeral constants*?

e) Welche vorbereitenden Schritte sind notwendig, bevor ein GP-Lauf gestartet werden kann (ohne bzw. mit ADFs)?

f) Wann ist es sinnvoll, mit ADFs zu arbeiten?

g) Welchen Effekt haben Introns (funktional irrelevante Codesegmente) in GP-Programmen: 1) während des GP-Laufes, 2) in der Schlußlösung?

Aufgabe 3-2: Fragen zum Nachdenken

a) Welche Anwendungsmöglichkeiten sehen Sie für GP in Ihrem Arbeitsbereich? Was sind die wichtigsten Konkurrenzverfahren?

b) Wo kann anwendungsbezogenes Vorwissen in GP einfließen?

c) Die Ergebnisse eines einzelnen GP-Laufes können durch stochastische Einflüsse stark streuen. Was bedeutet das für Sie in der Phase der Parameterisierung eines GP-Systems?

d) Worin unterscheiden sich Programme, die GP-erzeugt sind von solchen, die menschliche Programmierer erstellt haben. Welche Bedeutung messen Sie diesen Unterschieden z.B. hinsichtlich der Akzeptanz für das Ergebnis bei?

e) Läßt sich GP auch für kombinatorische Problemstellungen wie z.B. das Travelling Salesman Problem einsetzen? Wie sinnvoll erscheinen Ihnen entsprechende Bemühungen?

Aufgabe 3-3: Praktische Übung

Die folgenden Teilaufgaben setzen voraus, daß Sie Zugang zu einem GP-Tool haben. Tools sind teilweise über das Internet zu bekommen (vgl. Anhang A). Auch ohne ein solches Werkzeug können Sie sich aber Gedanken über *terminals* und *functions* sowie die prinzipielle Vorgehensweise bei der Lösung machen!

a) **Lernen einer boolschen 11-Multiplexer Funktion**
   Das Bild 3-8 zeigt einen boolschen 11-Multiplexer:

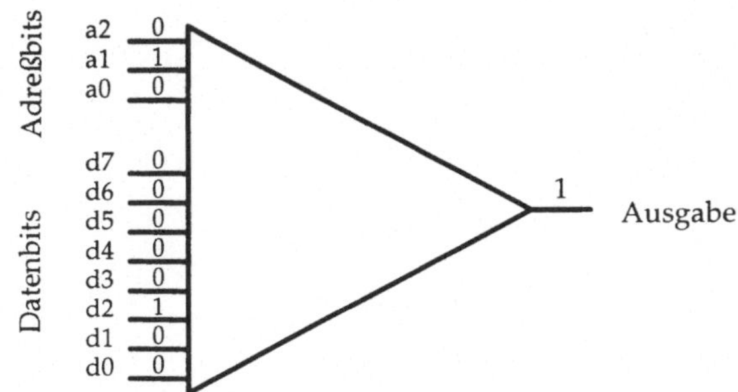

Bild 3-8: Boolscher 11-Multiplexer

Die Eingabe besteht aus 3 Adreßbits und 2^3 Datenbits. Die korrekte Ausgabe ist der boolsche Wert (0 oder 1) jenes Datenbits, dessen Nummer durch die Adreßbits spezifiziert wird. Haben die Adreßbits (a2 bis a0) z.B. den Wert 010 (binäre Zwei) und die Datenbits (d7 bis d0) sind 00000100, so ist die korrekte Ausgabe der Wert 1. Insgesamt sind 2^{11} verschiedene Eingaben an den Multiplexer möglich, zu denen es jeweils genau eine richtige Ausgabe gibt.

Es soll mit GP ein Programm (eigentlich: eine Funktion) generiert werden, das den 11-Multiplexer emuliert! Wählen Sie dabei als *Rohfitneß* die Anzahl der korrekten Ausgaben über alle 2048 möglichen Eingaben.

Hinweis: Eine genaue Beschreibung der Lösung sowie Vergleichsergebnisse finden Sie in [KOZA92a,b].

b) **Symbolische Regression**

Gesucht wird ein mathematischer Ausdruck, der eine gegebene Datenreihe möglichst genau approximiert. Hierbei bestehe die Datenreihe aus 50 zufällig gewählten Paaren von (x,y)-Werten des Polynoms sechsten Grades $y = x^6 - 2x^4 + x^2 = x^2 \cdot (x-1)^2 \cdot (x+1)^2$ im Intervall[-1,1]. *(Arbeiten Sie mit drei Nachkommastellen.)*

Das GP-Programm soll also auf die Eingabe eines x-Wertes mit der Ausgabe des korrekten y-Wertes reagieren. Idealerweise würde GP also das zugrundeliegende Polynom als algebraisch korrekte Lösung generieren. Lösen Sie diese Aufgabe sowohl ohne als auch mit ADFs und vergleichen Sie die Ergebnisse!

Hinweise: Ihr terminal set sollte flüchtige (ephemeral) reellwertige Konstanten beinhalten. Wann immer eine solche Konstante in einem Programm als Argument gewählt wird, erzeugt man stochastisch und mit gleicher Wahrscheinlichkeit eine reellwertige Zahl zwischen -1,000 und +1,000 (insgesamt 2001 Möglichkeiten), welche dann den Platz der Konstanten im Programm einnimmt.

Als Rohfitneß empfiehlt sich der aufsummierte absolute Fehler über alle 50 Beispieldatensätze zwischen dem vom GP-Programm erzeugten y-Wert und dem korrekten y-Wert auf Basis des gegebenen Polynoms.

Wenn Sie mit ADFs arbeiten, genügt eine ADF mit einem Parameter.

Eine genaue Beschreibung der Lösung sowie Vergleichsergebnisse finden Sie in [KOZA94].

4 Evolutionsstrategien

Evolutionsstrategien (ES) sind eine vor allem in Deutschland populäre EA-Hauptform. Ihre Entwicklung geht zurück auf Arbeiten von Rechenberg und Schwefel an der TU Berlin Mitte der 60er-Jahre.[1] Damals ging es um Fragen der praktischen Optimierung im Rahmen ingenieurwissenschaftlicher Anwendungen. Anders als GA, sind ES damit von Anfang an als Optimierungsmethode konzipiert worden.[2]

ES unterscheiden sich von GA und GP insbesondere bei der Lösungsrepräsentation, im Selektionsmechanismus, sowie bzgl. der Gestaltung und Bedeutung der Suchoperatoren Rekombination und Mutation. Diese Unterschiede resultieren einerseits daraus, daß in ES die Evolution auf der Ebene phänotypischer Auswirkungen, also auf der Ebene von Individuen mit ihren Eigenschaften, simuliert wird und nicht, wie bei GA und GP, genetische Mechanismen der Chromosomen-Ebene im Vordergrund stehen. Andererseits ergeben sich die Unterschiede aber auch aus praktischen Erfordernissen, da ES überwiegend zur Optimierung kontinuierlicher Entscheidungsvariablen verwendet werden.[3]

Im folgenden wird zunächst die heute gängige Grundform von ES vorgestellt. Verschiedene Erweiterungen und Abwandlungen dieses Konzepts, nicht immer in chronologischer Reihenfolge, schließen sich in der Darstellung an, ebenso wie einige grundlegende Ergebnisse der ES-Theorie.[4]

---

[1] Frühe umfassende Arbeiten zu ES sind [RECH73] und [SCHW75]. Aktualisierte Darstellungen enthalten [RECH94,SCHW95a,b,BÄCK96].

[2] Anwendungsübersichten enthalten [BÄCK92] und [NISS95].

[3] Zu Gemeinsamkeiten und Unterschieden zwischen den einzelnen EA-Hauptformen siehe auch Kapitel 7.

[4] *Hinweis:* Mit den Gruppen um Rechenberg (Berlin) bzw. Schwefel (Dortmund) existieren zwei ES-Schulen. Es ist weder didaktisch noch aus Platzgründen zweckmäßig, beide ES-Entwicklungslinien in dieser Einführung gleichermaßen zu würdigen. Die nachfolgenden Ausführungen orientieren sich stärker an der Dortmunder Schule. Die Arbeitsschwerpunkte und Ergebnisse der Berliner Forschungsgruppe sind am besten in [RECH94] dokumentiert. Dieses Buch wird zur Ergänzung und Vertiefung nachdrücklich empfohlen.

4.1 Grundkonzept

Der folgende ES-Ablauf bezieht sich auf die Optimierung einer Funktion F von n kontinuierlichen Entscheidungsvariablen:[5]

$$F : \mathbf{R}^n \rightarrow \mathbf{R}$$

Ohne Beschränkung der Allgemeinheit wird ein Minimierungsproblem unterstellt. Jedes ES-Individuum entspricht einem Vektor und enthält zum einen Werte für alle Entscheidungsvariablen $x_j \in \mathbf{R}$ $(j = 1,2,...,n)$ des gegebenen Anwendungsproblems. Außerdem enthält jedes Individuum noch n_σ $(1 \leq n_\sigma \leq n)$ Standardabweichungen $\sigma_k \in \mathbf{R}_+$ $(k = 1,2,...,n_\sigma)$, die im Rahmen des Mutationsoperators von Bedeutung sind und auch als „(durchschnittliche) Mutationsschrittweiten" bezeichnet werden. Sie bilden Strategieparameter, die vom Verfahren selbstadaptiv eingestellt werden. Falls $1 < n_\sigma < n$, so gilt, daß die Standardabweichungen $\sigma_1, \sigma_2, ..., \sigma_{n\sigma-1}$ mit den Entscheidungsvariablen $x_1, x_2, ..., x_{n\sigma-1}$ gekoppelt sind, während die Standardabweichung $\sigma_{n\sigma}$ für die restlichen Variablen $x_{n\sigma}, x_{n\sigma+1}, ..., x_n$ gilt [BÄCK96, S. 69]. Heute ist es jedoch üblich, entweder $n_\sigma = 1$ oder $n_\sigma = n$ Standardabweichungen zu verwenden.[6]

Man kann den Ablauf einer ES in folgende Schritte unterteilen:

Schritt 1: Initialisierung

In der Initialisierungsphase generiert man eine Ausgangspopulation P(t=0) von μ Individuen $\vec{a}_i = (\vec{x}_i, \vec{\sigma}_i)$ $(i = 1,2,...,\mu)$.[7] Soweit kein Vorwissen über die Lage des globalen Optimums vorhanden ist, sollten die Individuen der Ausgangspopulation möglichst gleichmäßig über den Suchraum verteilt werden [SCHW95a, S. 149]. Dadurch steigt die Chance, daß sich eine Ausgangslösung in der Nähe des globalen Optimums befindet. Es ist auch denkbar, die Ausgangspopulation stochastisch auf Basis einer Gleichverteilung innerhalb festgelegter Ober- und Untergrenzen $[u_j, o_j] \subset \mathbf{R}$, $u_j < o_j$ für jede Entscheidungsvariable zu initialisieren. Bäck empfiehlt $n_\sigma = n$ Standardabweichungen zu wählen mit einheitlichem Anfangswert $\sigma_k^{(0)} = 3,0$ [BÄCK96, S. 83].

---

[5] Vgl. insbesondere [SCHW95a] sowie [BÄCK96].
[6] Pers. Komm. mit G. Rudolph im Juli 1996.
[7] Wir vernachlässigen den Generationsindex t.

Schritt 2: Bewerten der Ausgangslösungen[8]

Jedem Individuum $\vec{a}_i$ wird nun ein Fitneßwert $\Phi(\vec{a}_i)$ zugeordnet. Üblicherweise sind Zielfunktionswert und Fitneßwert identisch, so daß (i = 1,2,...,μ):

$$\Phi(\vec{a}_i) = F(\vec{x}_i)$$

Schritt 3: Erzeugen von Nachkommen

Im Rahmen einer ES-Generation werden aus μ Eltern λ Nachkommen erzeugt. Dazu werden wiederholt Eltern ausgewählt (Ziehen mit Zurücklegen), ihre Bestandteile rekombiniert und der entstehende Nachkomme anschließend noch mutiert. Empfohlen wird traditionell ein Verhältnis μ/λ von ungefähr 1/7, wobei μ deutlich größer als 1 gewählt werden muß [SCHW87].[9] Standardwerte sind $\mu = 15$ und $\lambda = 100$.
Man beachte, daß, anders als bei GA und GP, die Population vom Umfang μ bei ES (und auch bei EP) einer Population von zur Reproduktion ausgewählten *Eltern* entspricht.[10] Folgende Teilschritte sind λ-mal zu durchlaufen:

Teilschritt 3-1: Stochastische Partnerwahl

In der hier vorgestellten Grundform wird aus jeweils zwei Eltern ein Nachkomme erzeugt. Man bestimmt zunächst stochastisch zwei Individuen aus der Population konkret als Elternpaar für den zu erzeugenden Nachkommen: $\vec{a}_{E1}$ und $\vec{a}_{E2}$. Dabei haben alle Individuen gleiche Selektionswahrscheinlichkeit $1/\mu$. Dieser Schritt dient als Vorbereitung für die nachfolgende Rekombination der zwei Eltern.

Teilschritt 3-2: Rekombination (einschließlich Replikation)

Anschließend werden die Komponenten beider Elternvektoren rekombiniert und das Resultat als Nachkomme betrachtet. Empirisch hat

---

[8] Dieser Schritt ist bei der (μ,λ)-Selektion im Gegensatz zur (μ+λ)-Selektion nicht unbedingt erforderlich. Siehe zu diesen beiden Selektionsformen bei der ES den Schritt 4 und Abschnitt 4.2.3.

[9] Bei multimodalen Funktionen, können größere Werte für μ/λ empfehlenswert sein, weil sie die Härte der Selektion vermindern und eine stärker globale Suche fördern.

[10] Bei GA und GP bildet die Population vom Umfang μ dagegen bekanntlich die Basis zur anschließenden Selektion der Eltern.

sich gezeigt, daß es häufig vorteilhaft ist, unterschiedliche Rekombinationsformen auf Entscheidungsvariablen und Strategieparameter anzuwenden.

Die Werte der Entscheidungsvariablen des Nachkommen (Index K) werden ermittelt, indem bei jeder Entscheidungsvariablen stochastisch der Wert des einen oder anderen Elters (Indices E_1 und E_2) gewählt wird. Man bezeichnet diese Vorgehensweise als *diskrete Rekombination*. Sie erinnert stark an das Uniform Crossover bei GA. Dagegen bildet man bei den Mutationsschrittweiten den Mittelwert der elterlichen Ausprägungen. Dies heißt *intermediäre Rekombination*:

$$x_{K,j} = x_{E_1,j} \text{ oder } x_{E_2,j} \qquad (j = 1,2,\ldots,n \;;\; E_1, E_2 \in (1,2,\ldots,\mu))$$

$$\sigma_{K,k} = 0{,}5 \cdot (\sigma_{E_1,k} + \sigma_{E_2,k}) \qquad (k = 1,2,\ldots,n_\sigma)$$

Das Wort „oder" bei der diskreten Rekombination der elterlichen Entscheidungsvariablen soll andeuten, daß entweder der Wert des einen oder des anderen Elters mit gleicher Wahrscheinlichkeit gewählt und an den Nachkommen vererbt wird. Bild 4-1 und Bild 4-2 veranschaulichen beispielhaft die Vorgänge bei den zwei Rekombinationsformen.

Bild 4-1: Diskrete Rekombination

Elter 1	4,0	6,2	1,8	0,3
Elter 2	8,0	3,6	0,8	0,7
Nachkomme	4,0	3,6	0,8	0,3

Bild 4-2: Intermediäre Rekombination

Elter 1	4,0	6,2	1,8	0,3
Elter 2	8,0	3,6	0,8	0,7
Nachkomme	6,0	4,9	1,3	0,5

Die Rekombination ist für ES kein unwichtiger Operator, wie manchmal behauptet wird. Sie beschleunigt den Optimierungsprozeß und ist wichtig für die selbstadaptive Einstellung der Strategieparameter, hier also der Standardabweichungen (Mutationsschrittweiten).

Teilschritt 3-3: Mutation des Nachkommen

In diesem Teilschritt wird der Nachkomme mutiert. Dazu werden zunächst die Mutationsschrittweiten durch Multiplikation mit einer logarithmisch normalverteilten Zufallsgröße verändert. Anschließend mutiert man die Ausprägung jeder Entscheidungsvariable, indem zu ihrem Wert eine normalverteilte Zufallsgröße mit Erwartungswert 0 und Standardabweichung σ_j hinzuaddiert wird.

Der Index K für den Nachkommen wird im folgenden vernachlässigt. Formal gilt dann:

$$\sigma_k' = \sigma_k \cdot \exp(\tau_1 \cdot N(0,1) + \tau_2 \cdot N_k(0,1))$$

$$x_j' = x_j + \sigma_j' \cdot N_j(0,1) \qquad \forall\, j \geq n_\sigma : \sigma_j' = \sigma'_{n_\sigma}$$

N(0,1) bezeichnet die einmalige Realisierung einer standard-normalverteilten Zufallsvariable bei dem Nachkommen. Dagegen verdeutlicht $N_j(0,1)$, daß die Ausprägung einer standard-normalverteilten Zufallsgröße für jeden Wert des Zählers j neu bestimmt wird.[11] Bei τ_1 und τ_2 handelt es sich um exogene Konstanten. Der globale Faktor $\exp(\tau_1 \cdot N(0,1))$ beeinflußt die Änderung aller Standardabweichungen einheitlich, während der Faktor $\exp(\tau_2 \cdot N_k(0,1))$ eine individuelle Anpassung der einzelnen Schrittweiten ermöglicht. Traditionell galt folgende Empfehlung für die Wahl der Strategieparameter τ_1 und τ_2:[12]

$$\tau_1 \propto \left(\sqrt{2 \cdot n}\right)^{-1}$$

$$\tau_2 \propto \left(\sqrt{2\sqrt{n}}\right)^{-1}$$

Jüngste Forschungsergebnisse haben jedoch verdeutlicht, daß diese heuristischen Werte häufig suboptimal sind [KURS96]. Günstige Werte liegen für beide Strategieparameter demnach eher bei 0,1 bis 0,2.

Falls nur mit einer Standardabweichung gearbeitet wird ($n_\sigma = 1$), vereinfacht sich die Mutation zu:

$$\sigma' = \sigma \cdot \exp(\tau_0 \cdot N(0,1))$$

$$x_j' = x_j + \sigma' \cdot N_j(0,1)$$

---

11 Siehe auch den Kasten „Exkurs zur Erzeugung normalverteilter Zufallszahlen".

12 Vgl. z.B. [BÄCK93, S. 5].

Exkurs zur Erzeugung normalverteilter Zufallszahlen:

Normalverteilte Zufallszahlen mit Erwartungswert 0 und Standardabweichung 1 werden als (0,1)- oder standard-normalverteilt bezeichnet. Sie können auf folgende Weise generiert werden [BOX58]:

Man erzeugt zunächst zwei im Intervall [0,1[*gleich*verteilte unabhängige Zufallszahlen U_1 und U_2. Praktisch jede Programmiersprache enthält dafür Standardroutinen (`random(x)`). Durch folgende Transformation erhält man daraus zwei standard-normalverteilte Zufallszahlen N_1 und N_2:

$$N_1 = \sqrt{-2\ln U_1} \cdot \sin(2\pi U_2)$$

$$N_2 = \sqrt{-2\ln U_1} \cdot \cos(2\pi U_2)$$

Aus einer standard-normalverteilten Zufallsgröße N(0,1) läßt sich eine normalverteilte Zufallsgröße N(E,σ) mit beliebigem Erwartungswert E und beliebiger Standardabweichung σ erzeugen durch die Transformation:

$$N(E,\sigma) = E + \sigma \cdot N(0,1)$$

Entsprechend gewinnt man durch folgende Umformung aus N(E,σ) eine standard-normalverteilte Zufallsgröße N(0,1):

$$N(0,1) = (N(E,\sigma) - E) \;/\; \sigma$$

Die Verwendung normalverteilter Mutationen bei den Entscheidungsvariablen wird gemeinhin aus der Beobachtung gerechtfertigt, daß Kinder ihren Eltern ähnlich sind, und kleine Veränderungen in der natürlichen Vererbung häufiger vorkommen als große. Dagegen hat die logarithmische Normalverteilung für die multiplikative Mutation der Standardabweichungen folgende Vorteile [SCHW95a, S. 143]:

- Die Standardabweichungen bleiben automatisch positiv.
- Kleine Änderungen treten häufiger auf als große.
- Der Median der multiplikativen Änderung liegt bei Eins, so daß es bei Fehlen von Selektion zu keiner Drift kommt. Der Mutationsprozeß wird in diesem Fall also neutral sein. Das bedeutet, daß jede Multiplikation mit einem bestimmten Wert mit gleicher Wahrscheinlichkeit auftritt wie die Multiplikation mit dem Kehrwert.

Dennoch kann es vorkommen, daß die Standardabweichungen bei der multiplikativen Mutation auf einen Wert nahe Null (kleiner als ein

Minimalwert $\varepsilon > 0$) reduziert werden. In diesem Fall setzt man sie auf den Minimalwert ε. Dies geschieht, weil sich sonst der Optimierungsprozeß praktisch auf die Suche in einem Unterraum des ursprünglichen Problems reduzieren würde.[13]

Die ES ist also in der Lage, selbstadaptiv günstige Werte für die Standardabweichungen zu finden. Man kann daher von einem Zwei-Ebenen-Optimierungsprozeß sprechen. Einerseits werden gute Werte für die problembezogenen Entscheidungsvariablen gesucht, während das Verfahren gleichzeitig günstige Einstellungen für die Strategieparameterwerte identifiziert. Eine selbstadaptive Einstellung der Strategieparameter ergibt maximale Flexibilität in unterschiedlichsten Zielfunktionslandschaften, insbesondere, wenn in jeder Problemdimension mit einer individuellen Schrittweite gearbeitet wird.

Die Standardabweichungen können übrigens nur dann erfolgreich von der ES selbstadaptiv eingestellt werden, wenn μ hinreichend groß gewählt wird, so daß in der Population ein Pool unterschiedlicher Kombinationen von Strategieparameterwerten verfügbar ist.

Teilschritt 3-4: Bewerten des Nachkommen und Ergänzen der Zwischenpopulation[14]

Der entstandene Nachkomme $\vec{a}' = (\vec{x}', \vec{\sigma}')$ wird nun bewertet:

$$\Phi(\vec{a}') = F(\vec{x}')$$

Anschließend fügt man ihn zur anfangs leeren Zwischenpopulation P_{zwi} hinzu.

Schritt 4: Deterministische Selektion

Im Rahmen des nun folgenden Selektionsschrittes werden die bezogen auf ihre Fitneß μ besten Individuen unter den λ Nachkommen zur neuen Population. Man bezeichnet diese Vorgehensweise als (μ,λ)-Selektion oder „Komma-Selektion".[15] Die Lebensdauer jedes Indivi-

---

[13] Die Reduzierung der Suche auf einen Unterraum des Ursprungsproblems bringt einen unerwünschten Selektionsvorteil für die betroffenen Individuen mit sich.Siehe hierzu [SCHW95a, S. 147 f. und S. 204].

[14] Das Konzept der Zwischenpopulation trägt der Tatsache Rechnung, daß bei der ES die Populationsgröße zwischen μ und λ alterniert.

[15] (μ,λ)-Selektion erfordert, daß $\lambda > \mu$, da sonst keine Selektion stattfinden würde, was Random Search zur Folge hätte.

duums ist damit auf eine Generation beschränkt. Man bezeichnet die ES mit (μ,λ)-Selektion als (μ,λ)-ES.

Die (μ,λ)-Selektion ist eine Form der *diskriminierenden Selektion (extinctive selection)*. Sie wird deswegen als diskriminierend bezeichnet, weil bestimmte Individuen, hier diejenigen mit schlechten Fitneßwerten, keine Chance erhalten, Nachkommen zu haben. Sie werden von der Nachkommenzeugung ausgeschlossen, also diskriminiert.

Man hat bei der Komma-Selektion keine Garantie, daß die beste bis dato gefundene Lösung auch in der Schlußpopulation enthalten ist. Daher empfiehlt es sich, die bisherige Bestlösung *separat* zu speichern und laufend zu aktualisieren.[16] Davon wird der Optimierungsprozeß als solcher nicht beeinflußt, doch hat man die Gewähr, immer die beste während eines Laufes gefundene Lösung am Schluß abrufen zu können.

Schließlich läßt sich über das Verhältnis μ/λ die Härte der Selektion steuern. Je kleiner der Wert des Bruches, umso härter wird die Selektion. Bei multimodalen Funktionen empfiehlt sich eine weichere Selektion als bei unimodalen Funktionen, um die Gefahr zu verringern, vorzeitig an Suboptima hängen zu bleiben.

Schritt 5: Weiter bei Schritt 3 bis ein Abbruchkriterium greift

Der geschilderte iterative Prozeß wird fortgesetzt, bis eine Abbruchbedingung greift. Abbruchkriterien können an verfügbare Ressourcen geknüpft sein, z.B. wenn eine maximale Anzahl von Generationen t_{max} überschritten wird. Sie können aber auch erfolgsorientiert formuliert sein und den Optimierungsprozeß beispielsweise beenden, wenn über einen gewissen Zeitraum keine Verbesserungen mehr erzielt worden sind.

Ein von Schwefel vorgeschlagenes Abbruchkriterium beruht auf dem Vergleich des besten und schlechtesten Fitneßwertes in der aktuellen Population. Die ES terminiert, wenn diese Fitneßwerte entweder absolut oder relativ gesehen nah beieinanderliegen [SCHW95a, S. 145 f.]. Formal gilt für ein Minimierungsproblem mit $\Phi_{best} = \min\{\Phi(\vec{a}_i(t))\}$ als dem besten und $\Phi_{worst} = \max\{\Phi(\vec{a}_i(t))\}$ als dem schlechtesten Fitneßwert in der Population zum Zeitpunkt t das Abbruchkriterium

[16] Man könnte von einem „goldenen Käfig" für die beste bislang gefundene Lösung sprechen.

$$\Phi_{worst} - \Phi_{best} \leq c_1$$

für den absolut formulierten Fall und

$$\Phi_{worst} - \Phi_{best} \leq \frac{c_2}{\mu} \cdot \left| \sum_{i=1}^{\mu} \Phi(\vec{a}_i(t)) \right|$$

für den relativ formulierten Fall, wobei $c_1 > 0$ und $c_2 > 0$ exogene Konstanten sind. Abschließend wird das ES-Ergebnis, häufig die beste während des gesamten Laufes gefundene Lösung, dem Benutzer mitgeteilt. Bild 4-3 enthält die ES-Grundform in Pseudocode.

Bild 4-3: Grober Ablauf der ES-Grundform in Pseudocode

```
 1 Wähle Strategieparameter μ,λ,n_σ,σ_k^(0),τ_1,τ_2,ε
 2 t ← 0
 3 P(t) ← Initialisiere a⃗_i (i=1,2...,μ)
 4 Bestimme Fitneßwert Φ(a⃗_i) für alle a⃗_i ∈ P(t)
 5 Wiederhole
 6   t ← t+1
 7   P(t) ← ∅
 8   P_zwi ← ∅        (*Zwischenpopulation*)
 9   Für z ← 1 bis λ wiederhole
10   Beginn
Stochastische Partnerwahl: 11
11     Stochast. Selektion (mit Zurücklegen) von zwei
       Eltern a⃗_E1 und a⃗_E2 aus P(t-1) mit p_s = 1/μ für
       alle a⃗_i ∈ P(t-1)
Variation mit Replikation: 12,13
12     Rekombination der Eltern ergibt den noch
       unmutierten Nachkommen a⃗_z
13     Mutation des Nachkommen ergibt a⃗'_z
Ergänzen der Zwischenpopulation: 14,15
14     Bestimme Fitneßwert Φ(a⃗'_z)
15     P_zwi = P_zwi ∪ {a⃗'_z}
16   Ende
Deterministische Selektion: 17
17   P(t) ← die besten μ Individuen aus P_zwi
18 bis eine Abbruchbedingung erfüllt ist
19 Ausgabe der Ergebnisse
20 Stop
```

4.2 Erweiterungen

In diesem Abschnitt werden ausgewählte Erweiterungen der oben dargestellten ES-Grundform beschrieben. Einerseits passen sie das ES-Konzept an spezifische Aufgabenstellungen an, z.B. Probleme der kombinatorischen oder der Mehrzieloptimierung. Andererseits zielen manche Maßnahmen schlichtweg auf Verbesserungen der ES-Performanz in praktischen Anwendungen.

4.2.1 Korrelierte Mutationen

In der bislang unterstellten Grundform der ES finden die Mutationen in den einzelnen Problemdimensionen, das heißt bei den einzelnen Entscheidungsvariablen, unabhängig voneinander statt. Dadurch ist die Population im allgemeinen nicht in der Lage, der lokal besten Suchrichtung unmittelbar zu folgen, z.B. entlang eines schmalen Tales in der Zielfunktionslandschaft bei der Minimierung. Das wäre nur möglich, wenn diese Richtung zufällig mit einer der Koordinatenachsen übereinstimmt. Korrelierte Mutationen entschärfen dieses Problem und gestatten raschere Fortschritte bei der Optimierung.

Bild 4-4 veranschaulicht die Vorzüge korrelierter Mutationen an einem zweidimensionalen Beispiel mit individuellen Standardabweichungen (Mutationsschrittweiten) in den beiden Dimensionen. Eingezeichnet sind die Höhenlinien[17] eines hypothetischen Zielfunktionsgebirges, sowie die Ellipsoide von zwei ES-Individuen. Im n-dimensionalen Raum sind die (Hyper)Ellipsoide jene geometrischen Orte, die bei einer Mutation mit gleicher Wahrscheinlichkeit erreicht werden. Links ist der Fall unkorrelierter Mutationen dargestellt. Hier liegen die Achsen der Ellipsoide parallel zu den Koordinatenachsen.[18] Rechts sieht man die Situation für den Fall korrelierter Mutationen. Die Korrelation der Mutationen in den einzelnen Problemdimensionen bewirkt, daß sich die Ausrichtung der Ellipsoide im Suchraum ändert. Die Mutationsellipsoide können sich der Kontur der Zielfunktionslandschaft besser anpassen, so daß die ES mit größerer Geschwindigkeit bei der Optimierung vorankommt.

---

[17] Alle Punkte auf derselben Höhenlinie haben einen identischen Zielfunktionswert.

[18] Falls nur eine Mutationsschrittweite für alle Problemdimensionen verwendet wird, hat man anstelle der Ellipsoide dann Kugeln.

Bild 4-4: Veranschaulichung unkorrelierter (links) und korrelierter Mutationen (rechts) [19]

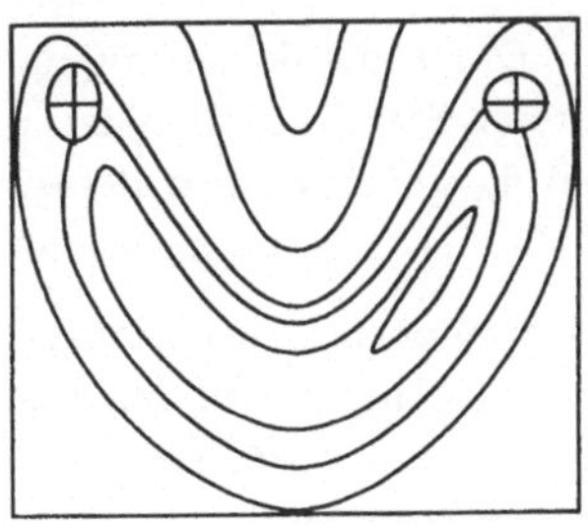

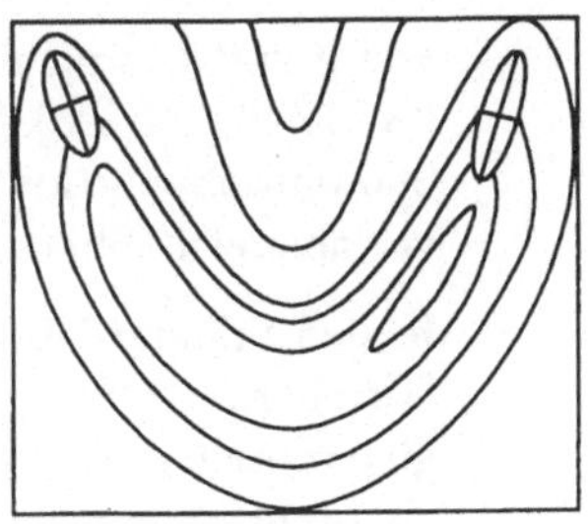

⊕ = **Mutationsellipsoid**

Algorithmisch werden linear korrelierte Mutationen mit Hilfe von Rotationswinkeln als zusätzlichen ES-Strategieparametern realisiert. Man erzeugt zuerst unkorrelierte normalverteilte Mutationen der Entscheidungsvariablen. Die anschließenden Rotationen des Mutationsellipsoids entsprechend den Rotationswinkeln führen auf linear korrelierte Mutationen.[20]

Die ES-Variante mit linear korrelierten Mutationen erfordert verschiedene Änderungen gegenüber der geschilderten ES-Grundform, die im folgenden dargestellt sind. [21]

Zusätzlich zu den n_σ Standardabweichungen $\sigma_k \in \mathbf{R}_+$ $(k = 1,2,..., n_\sigma)$ enthält jedes ES-Individuum $\vec{a}_i$ $(i = 1,2,...,\mu)$ nun noch n_α Rotationswinkel $\alpha_m \in [-\pi, \pi]$ $(m = 1,2,...,n_\alpha)$ als interne Strategieparameter, so daß $\vec{a}_i = (\vec{x}_i, \vec{\sigma}_i, \vec{\alpha}_i)$.[22] Die genaue Anzahl der Rotationswinkel hängt

---

[19] In Anlehnung an [HOFF92, S. 40], in ähnlicher Form auch in [BÄCK96, S. 70].

[20] Zu einem vielversprechenden anderen Schema für korrelierte Mutationen siehe [HANS95].

[21] Die folgenden Ausführungen beziehen sich auf [RUDO92a,BÄCK93a,96,SCHW95a,b].

[22] Die Standardabweichungen und Rotationswinkel repräsentieren zusammen eine vollständige Beschreibung der verallgemeinerten n-dimensionalen Normalverteilung mit Erwartungswertvektor 0 und Kovarianzmatrix C. Es handelt sich bei der ES mit korrelierten Mutationen also nur um eine Erweiterung der herkömmlichen Vorgehensweise bei unkorrelierten Mutationen der Entscheidungsvariablen. Letztere beruht ja ebenfalls auf normalverteilten, aber unkorrelierten Zufallsgrößen. Man verwendet anstelle der Kovarianzen die äquivalenten Rotationswinkel, um zu garantieren, daß bei der Mutation der Strategieparameter das Koordinatensystem orthogonal bleibt, was einer positiv-definiten Kovarianzmatrix entspricht. Zu näheren Einzelheiten siehe z.B. [BÄCK96, S. 69 f.]. Rudolph hat die Gültigkeit dieser praktischen Vorgehensweise bei korrelierten Mutationen belegt [RUDO92a].

von n und von n_σ ab.[23] Es gilt die Beziehung $n_\alpha = (n - n_\sigma/2) \cdot (n_\sigma - 1)$ [SCHW95b, S. 898]. Für den Standardfall, daß die Anzahl individueller Standardabweichungen n_σ gleich n, also der Anzahl Entscheidungsvariablen ist, gibt es $n \cdot (n - 1)/2$ Rotationswinkel je Individuum.[24]

In den Standardabweichungen und Rotationswinkeln hat die ES mit korrelierten Mutationen also insgesamt maximal $n \cdot (n + 1)/2$ Strategieparameter. Die Güte jedes Optimierungsverfahrens hängt davon ab, ob es gelingt, für seine Strategieparameter günstige Einstellungen zu finden. Bei einer selbstadaptiven Änderung der Strategieparameterwerte ist es möglich, in den Parametern eine Art internes Modell der lokalen Zielfunktionstopologie aufzubauen. Dadurch wird gegenüber statischen Parameterisierungen mehr Flexibilität in unterschiedlichsten Zielfunktionslandschaften erreicht.

Daher werden die Standardabweichungen und Rotationswinkel bei der ES mit korrelierten Mutationen vom Verfahren selbstadaptiv eingestellt. Naturgemäß kann diese Selbstanpassung einer Vielzahl von Strategieparametern durchaus rechenzeitaufwendig sein, nicht zuletzt weil dafür große Populationen erforderlich sind.

Neben den Änderungen in der Repräsentation, müssen die Schritte der ES-Grundform wie folgt modifiziert werden:

Schritt 1: Initialisierung

In der Literatur fehlen eindeutige Empfehlungen, wie die Rotationswinkel initialisiert werden sollten. Das ist nicht so gravierend, weil die Winkel im Verlaufe des Optimierungsprozesses ohnehin selbstadaptiv angepaßt werden. Es liegt nahe, die Rotationswinkel stochastisch auf Basis einer Gleichverteilung im Intervall $[-\pi, \pi]$ zu initialisieren.

Schritt 2: Bewerten der Ausgangslösungen

Dies geschieht wie in der ES-Grundform.

Teilschritt 3-1: Stochastische Partnerwahl

Vorgehen wie in der ES-Grundform.

---

[23] Natürlich ist es auch möglich, auf Rotationswinkel als Strategieparameter ganz zu verzichten, was dem Fall unkorrelierter Mutationen entspricht.

[24] Im ebenfalls üblichen Fall von $n_\sigma = 2$ Standardabweichungen gibt es $n - 1$ Rotationswinkel.

Teilschritt 3-2: Rekombination (einschließlich Replikation)

Auch die Rotationswinkel werden rekombiniert. Üblicherweise verwendet man intermediäre Rekombination bzw. intermediäre Multirekombination[25] bei den Strategieparametern, also auch den Winkeln.[26]

Teilschritt 3-3: Mutation des Nachkommen

Der Mutationsablauf sieht vor, daß zunächst die Strategieparameter und erst dann die Entscheidungsvariablen mutiert werden. Dabei geschieht die Änderung der Standardabweichungen wie gehabt. Die Rotationswinkel werden hingegen additiv mittels einer normalverteilten Zufallsgröße mutiert. Anschließend mutiert man auf Basis der veränderten Strategieparameter die Werte der Entscheidungsvariablen. Im folgenden wird aus Gründen der Übersichtlichkeit eine Vektorschreibweise bei den Entscheidungsvariablen verwendet. Die Mutation läßt sich wie folgt formalisieren ($k = 1,2,..., n_\sigma$; $m = 1,2,...,n_\alpha$):

$$\sigma_k' = \sigma_k \cdot \exp(\tau_1 \cdot N(0,1) + \tau_2 \cdot N_k(0,1))$$

$$\alpha_m' = \alpha_m + \beta \cdot N_m(0,1)$$

$$\vec{x}' = \vec{x} + \vec{N}(\vec{0}, \vec{\sigma}', \vec{\alpha}')$$

Schwefel empfiehlt, den Parameter β auf den Wert $\beta \approx 0{,}0873$ ($\approx 5°$) zu setzen. Für den Fall, daß die mutierten Rotationswinkel den zulässigen Bereich $[-\pi, \pi]$ verlassen sollten, gilt folgende Regelung [BÄCK96, S. 73]: Wenn ein Winkel um einen Betrag c_α größer als $+\pi$ (bzw. kleiner als $-\pi$) ist, wird der Wert $-\pi + c_\alpha$ (bzw. $\pi - c_\alpha$) zugewiesen. Es findet also eine zirkuläre Abbildung auf den zulässigen Bereich statt, um ungültige Werte für die Rotationswinkel zu vermeiden.

$\vec{N}(\vec{0}, \vec{\sigma}', \vec{\alpha}')$ bezeichnet die Realisierung eines Zufallsvektors, der verteilt ist entsprechend der verallgemeinerten n-dimensionalen Normalverteilung mit Erwartungswertvektor $\vec{0}$ und einer durch die (mutierten) Standardabweichungen und Rotationswinkel beschriebenen Kovarianzmatrix C. Bei der linear korrelierten Mutation der Entscheidungsvariablen geht man algorithmisch folgendermaßen vor:

---

[25] Siehe zur Multirekombination den Abschnitt 4.2.2.

[26] Siehe z.B. [BÄCK96, S. 83]. Jedoch erzielt Rudolph in [RUDO92a] mit diskreter Rekombination der Rotationswinkel für ein Testproblem die besten Ergebnisse.

Ausgangspunkt sind die rekombinierten und bereits mutierten Standardabweichungen und Rotationswinkel. Dabei unterstellen wir im folgenden den Standardfall $n_\sigma = n$, $n_\alpha = n \cdot (n-1)/2$.

Man erzeugt, wie in der ES-Grundform, mit Hilfe der Standardabweichungen zunächst in gewohnter Weise einen Zufallsvektor $\vec{\Delta}_{un} = \vec{N}(\vec{0}, \vec{\sigma}')$ aus normalverteilten, aber unkorrelierten Komponenten. Dann erfolgt die ebenenweise Rotation durch Multiplikation mit n_α Rotationsmatrizen $R_{p,q}(\alpha_m)$. Dabei gilt die Indextransformation $m = (1/2) \cdot (2n - p) \cdot (p + 1) - 2n + q$ [SCHW95b, S. 899].[27] Jede Multiplikation bewirkt eine Koordinatentransformation hinsichtlich der Achsen p und q nach Maßgabe des zugehörigen Rotationswinkels. Die Form der Rotationsmatrizen $R_{p,q}(\alpha_m)$ ist gegeben durch die Einheitsmatrix mit folgenden Ausnahmen: In den Zeilen p und q lauten die Einträge auf der Hauptdiagonale $\cos \alpha_m$. Der Eintrag in Zeile p und Spalte q lautet $-\sin \alpha_m$, jener in Zeile q und Spalte p lautet $\sin \alpha_m$.

Es ergibt sich am Ende ein Zufallsvektor $\vec{\Delta}_{kor} = \vec{N}(\vec{0}, \vec{\sigma}', \vec{\alpha}')$ mit korrelierten Komponenten. Folgende Beziehung gilt [RUDO92, S. 108]:

$$\vec{\Delta}_{kor} = \left(\prod_{p=1}^{n-1} \prod_{q=p+1}^{n} R_{p,q}(\alpha_m) \right) \cdot \vec{\Delta}_{un}$$

Beispiel: Korrelierte Mutationen[28]

Für den anschaulichen Fall von zwei Dimensionen ($n = n_\sigma = 2$) gibt es genau eine Rotationsmatrix bzw. einen Rotationswinkel α ($n_\alpha = 1$). Dann ergeben sich die korrelierten Mutationen aus:

$$\begin{pmatrix} \Delta_{kor}^{(1)} \\ \Delta_{kor}^{(2)} \end{pmatrix} = \vec{\Delta}_{kor} = R_{1,2}(\alpha) \cdot \vec{\Delta}_{un} = \begin{pmatrix} \cos\alpha & -\sin\alpha \\ \sin\alpha & \cos\alpha \end{pmatrix} \cdot \begin{pmatrix} \Delta_{un}^{(1)} \\ \Delta_{un}^{(2)} \end{pmatrix}$$

---

27 Diese Transformation wird benötigt, da aus Gründen der bequemeren Darstellung die Rotationswinkel in *Vektorform* angegeben werden, jeder Winkel sich jedoch auf eine Rotations*matrix* hinsichtlich der Achsen p und q bezieht. Die angegebene Transformation stellt diese Beziehung her.

28 Nach [SCHW95a, S. 241].

Bei der Mutation der Entscheidungsvariablen wird der Vektor $\vec{\Delta}_{kor}$ dann komponentenweise auf die Werte der korrespondierenden Entscheidungsvariablen aufaddiert. Das Schema lautet allgemein:

$$x_1' = x_1 + \Delta_{kor}^{(1)}$$

$$x_2' = x_2 + \Delta_{kor}^{(2)}$$

....

$$x_n' = x_n + \Delta_{kor}^{(n)}$$

Teilschritt 3-4 bis Schritt 5

Vorgehen wie in der ES-Grundform.

Alles in allem erfordert die ES mit korrelierten Mutationen keinen erheblichen programmiertechnischen Zusatzaufwand bei der Implementierung gegenüber der ES-Grundform. Dagegen kann der durch die Selbstadaptivität bei den Strategieparametern verursachte Rechenaufwand beträchtlich sein. In einer konkreten Anwendung ist es daher empfehlenswert, zunächst einfachere ES-Varianten zu testen, bevor die ES mit korrelierten Mutationen eingesetzt wird.

4.2.2 Rekombination

In der Literatur werden verschiedene Rekombinationsoperatoren für ES beschrieben, wobei die Darstellungen teilweise uneinheitlich sind. Im wesentlichen kann man diskrete und intermediäre sowie bisexuelle und multisexuelle Rekombinationsformen differenzieren.[29] Die Rekombinationsformen dürfen sich bei den Entscheidungsvariablen und den Strategieparametern unterscheiden. Die einzelnen Komponenten eines Nachkommen (Index K) können auf folgende Weise aus den Werten der Eltern (E-Indizes) bestimmt werden ($j = 1,2,...,n$):[30]

---

[29] Bei der bisexuellen Rekombination sind zwei Eltern pro Nachkomme beteiligt, bei der multisexuellen Rekombination auch mehr als zwei Eltern pro Nachkomme.

[30] *Die Darstellungen gelten entsprechend für die Rekombination der Strategieparameter.* Bei den Multirekombinationsformen orientieren wir uns an [RECH94, S. 87 f.,SCHW95a, S. 146,SCHW95b, S. 897]. Diskrete Multirekombination kann abweichend auch wie folgt implementiert werden [BÄCK96, S. 74]:

$x_{K,j} = x_{E_1,j}$ oder $x_{E_{2j},j}$,
mit $E_{2j} \in (1,2,...,\mu)$ stochastisch neu bestimmt für jedes j und $E_1 \in (1,2,...,\mu)$.

$$x_{K,j} = \begin{cases} x_{E,j} & \text{keine Rekombination, } E \in (1,2,\ldots,\mu) \\ x_{E_1,j} \text{ oder } x_{E_2,j} & \text{diskrete Rekomb., } E_1, E_2 \in (1,2,\ldots,\mu) \\ x_{E_j,j} & \text{diskrete Multirekomb., } E_j \in (1,2,\ldots,\rho) \\ U_j \cdot x_{E_1,j} + (1-U_j) \cdot x_{E_2,j} & \text{intermediäre Rek., } E_1, E_2 \in (1,2,\ldots,\mu) \\ \frac{1}{\rho} \sum_{E=1}^{\rho} x_{E,j} & \text{intermediäre Multirekombination} \end{cases}$$

Alle Individuen haben grundsätzlich die gleiche Wahrscheinlichkeit, als Elter für die Rekombination ausgewählt zu werden. Das Wort „oder" bei der diskreten Rekombination soll verdeutlichen, daß entweder der Wert des einen oder der des anderen Elters mit gleicher Wahrscheinlichkeit gewählt wird. Bei der (verallgemeinerten) intermediären Rekombination ist die Größe U_j erklärungsbedürftig. U_j ist die Ausprägung einer im Intervall [0,1[gleichverteilten Zufallsvariable, wobei der Index j deutlich machen soll, daß für jeden Wert von j eine Ausprägung dieser Zufallsvariablen neu bestimmt werden muß. Bild 4-5 veranschaulicht die verallgemeinerte Form der intermediären Rekombination. Traditionell setzt man jedoch $U_j = 0{,}5$ für alle j. Dann ergibt sich Übereinstimmung mit Bild 4-2.

Bild 4-5: (Bisexuelle) intermediäre Rekombination (verallgemeinerte Form)

Elter 1	4,0	6,2	1,8	0,2
Elter 2	8,0	3,6	0,8	0,7
Uj	0,9	0,5	0,2	0,6
1 - Uj	0,1	0,5	0,8	0,4
Nachkomme	4,4	4,9	1,0	0,4

[30] (Fortsetzung): Intermediäre Multirekombination kann auch so implementiert werden [BÄCK96, S. 74]:

$$x_{K,j} = U_j \cdot x_{E_{1j},j} + (1-U_j) \cdot x_{E_2,j}$$

mit $E_{1j} \in (1,2,\ldots,\mu)$ stochastisch neu bestimmt für jedes j und $E_2 \in (1,2,\ldots,\mu)$.

Die Multirekombinationsvarianten[31] sind biologisch motiviert von der Vorstellung einer Population als Genpool, aus dem neu rekombinierte Nachkommen hervorgehen. Das ρ bezeichnet die Anzahl der bei der Multirekombination an der Erzeugung eines Nachkommen beteiligten Eltern ($\rho \leq \mu$).[32] Algorithmisch werden aus den μ Individuen einer Generation ρ mit gleicher Wahrscheinlichkeit ausgewählt. Anschließend bildet man aus diesen Eltern einen Nachkommen gemäß dem gewählten Multirekombinationstyp. Bild 4-6 veranschaulicht den Fall der diskreten Multirekombination bei $\rho = 3$. Für jeden Nachkommen werden die ρ Eltern neu festgelegt. Es bezeichnet hier $x_{E_j,j}$ die Ausprägung der Entscheidungsvariablen j bei dem für jeden Wert von j stochastisch aus den ρ Individuen neu bestimmten Elter E_j. Rechenberg hat für multirekombinante ES die Bezeichnung $(\mu/\rho,\lambda)$-ES bzw. $(\mu/\rho+\lambda)$-ES vorgeschlagen, je nachdem, ob Komma-Selektion oder die in Abschnitt 4.2.3 erläuterte Plus-Selektion betrieben wird.

Bild 4-6: Diskrete Multirekombination ($\rho = 3$)

Elter 1	4,0	6,2	1,8	0,3
Elter 2	8,0	3,6	0,8	0,7
Elter 3	2,4	1,6	0,8	1,2
Nachkomme	2,4	6,2	0,8	0,7

Intermediäre Multirekombination führt bei $\rho = \mu$ dazu, daß alle Nachkommen durch Mutation aus dem Schwerpunkt der Eltern hervorgehen. Rekombination wird traditionell mit Wahrscheinlichkeit $p_r = 1{,}0$ angewendet.

Wann welche Rekombinationsformen vorteilhaft sind, wird in der Literatur noch nicht völlig einheitlich beurteilt.[33] Kursawe hat verschiedene Rekombinationsformen empirisch verglichen und festgestellt,

---

[31] In der Literatur auch als „globale" oder „panmiktische" Rekombination bezeichnet.

[32] Vgl. hierzu auch Rechenberg, der ρ als „Mischungszahl" bezeichnet [RECH94, S. 87 ff.].

[33] Für eine detaillierte Analyse verschiedener Rekombinationsformen siehe [BÄCK96, S. 74 ff.].

daß bei unimodalen Funktionen intermediäre Multirekombination sowohl für die Standardabweichungen als auch für die Entscheidungsvariablen günstig ist. Bei multimodalen Funktionen wird empfohlen, auf Entscheidungsvariablen die diskrete Multirekombination und auf Strategieparameter die intermediäre Multirekombination anzuwenden [KURS96]. Auch Rechenberg empfielt die Verwendung von Multirekombination [RECH90, S. 60]. Bäck und Schwefel raten dagegen zu diskreter Rekombination der Entscheidungsvariablen und intermediärer Rekombination oder intermediärer Multirekombination der Strategieparameter [SCHW87,BÄCK93a, S. 5,BÄCK96, S. 75].

4.2.3 Selektion

In einer als (μ+λ)-Selektion oder „Plus-Selektion" bezeichneten Selektionsvariante werden die bezogen auf ihre Fitneß μ besten Individuen aus der Vereinigungsmenge von Eltern und Nachkommen als neue Population ausgewählt. Das bedeutet, ein Individuum kann im Prinzip beliebig lange überleben (Elite-Selektion), soweit sein Fitneßwert sehr gut ist. Man bezeichnet die ES mit (μ+λ)-Selektion als (μ+λ)-ES.

Generell wird jedoch die (μ,λ)-Selektion empfohlen.[34] Sie hat gegenüber der (μ+λ)-Selektion verschiedene Vorteile. So können lokale Optima tendenziell einfacher wieder verlassen werden, weil gute Lösungen nicht permanent in der Population verbleiben, sondern wieder „vergessen" werden. Außerdem behindert (μ+λ)-Selektion die Selbstanpassung der Strategieparameter. So kann es auch bei schlecht angepaßten Mutationsschrittweiten gelegentlich zu einer erfolgreichen Mutation der Entscheidungsvariablen mit einem guten Fitneßwert für das betroffene Individuum kommen. Im Falle der Plus-Selektion würden diese falsch eingestellten Strategieparameter aufgrund des guten Fitneßwertes für unerwünscht lange Zeit in der Population verbleiben, während sie bei der Komma-Selektion schnell wieder verlorengehen. Desweiteren ist die (μ+λ)-Selektion nachteilig in dynamischen Umgebungen und bei stochastisch beeinflußten Fitneßwerten.[35]

In jüngster Zeit sind verschiedene Erweiterungen und Alternativen zur klassischen (μ+λ)- bzw (μ,λ)-Selektion vorgeschlagen worden.[36]

---

[34] Siehe z.B. [BÄCK93a, S. 5, SCHW95a, S. 145, BÄCK96, S. 79].
[35] Siehe zu weiteren Einzelheiten [BÄCK96, S. 79].
[36] Siehe hierzu z.B. [SCHW95b, S. 895 ff.] und [SCHW95a, S. 247] sowie [RECH94, S. 87 ff.].

Während bei der Komma-Selektion die Lebenszeit jedes Individuums auf eine Generation beschränkt bleibt, ist sie bei der Plus-Selektion prinzipiell unbegrenzt. Man kann sich nun eine Zwischenform vorstellen, bei der jedem Individuum ein Lebensalter in Gestalt eines Generationszählers zugeordnet wird. Hat dieser den Maximalwert $\kappa \geq 1$ erreicht, so wird das Individuum im Selektionsprozeß ausgelöscht.

Als weitere Variante kann Wettkampfselektion verwendet werden. Sie eignet sich besonders für ES-Implementierungen auf Parallelrechnern. Aus der Vereinigungsmenge von Eltern und Kindern werden dabei μ-mal stochastisch auf Basis einer Gleichverteilung ξ Individuen gezogen $(2 \leq \xi < \mu+\lambda)$ und das jeweils beste Individuum in die Nachfolgepopulation kopiert.[37] Die ξ Individuen werden jedesmal wieder zurückgelegt, so daß einzelne Individuen auch mehrfach gezogen werden können.

4.2.4 (1+1)-ES und deterministische Schrittweitensteuerung

In diesem Abschnitt soll ein historisch interessanter Vorläufer der heutigen ES betrachtet werden. In den frühen ES-Experimenten setzte Rechenberg eine vergleichsweise simple, sogenannte „zweigliedrige" (1+1)-ES ein, bei der die für alle Variablen einheitliche Mutationsschrittweite σ nicht selbstadaptiv-mutativ, sondern mittels einer deterministischen Regel eingestellt wurde [RECH73].

Jedes Individuum der (1+1)-ES ist ein Vektor reeller Zahlen. Jede Vektorkomponente entspricht der Ausprägung von einer der n Entscheidungsvariablen. Bei der zweigliedrigen ES besteht die „Population" aus nur einem Elter E, das nach folgendem Schema einen Nachkommen K erzeugt $(j = 1,2,\ldots,n)$:[38]

$$x_{K,j} = x_{E,j} + \sigma \cdot N_j(0,1)$$

Bei der Mutation wird also die gleiche Standardabweichung σ in jeder Problemdimension angewendet. Rekombination tritt nicht auf. Anschließend vergleicht man die Fitneßwerte von Elter und Nachkomme und das bessere Individuum überlebt, um dann als Elter für die nächste Generation zu dienen.

---

37 Individuen, deren Lebensspanne abgelaufen ist, sind in den Wettkämpfen immer Verlierer.

38 Generationsindex t wiederum vernachlässigt.

Rechenberg untersuchte die (1+1)-ES rechnerisch an zwei Modellfunktionen, Korridor- und Kugelmodell.[39] Das Kugelmodell, eine einfache nichtlineare Funktion, soll die Eigenschaften einer beliebigen Zielfunktion in der Nähe des globalen Optimums annähern. Dagegen bildet das Korridormodell, eine lineare Funktion mit Ungleichungs-Restriktionen, das Verhalten einer beliebigen Zielfunktion weit entfernt vom Optimum nach.

Für beide Funktionen bestimmte Rechenberg die Fortschrittsgeschwindigkeiten der (1+1)-ES sowie die optimalen Erfolgswahrscheinlichkeiten der Mutation. Rechenberg betrachtet hinsichtlich der Fortschrittsgeschwindigkeit grundsätzlich den *lokalen* Fortschritt. Dieser ist gegeben durch die Wegstrecke eines Nachkommen auf dem durch den Elternpunkt gehenden Gradienten [RECH94, S. 56].[40] Die Erfolgswahrscheinlichkeit der Mutation ist gegeben als Quotient der Anzahl erfolgreicher Mutationen zur Gesamtzahl aller Mutationen.

Aus diesen Größen leitete Rechenberg eine Empfehlung ab, die sogenannte *1/5-Regel*, wie die Schrittweite σ geändert werden muß, um möglichst schnell bei der Optimierung voranzukommen:

> *Die Rate erfolgreicher Mutationen zu allen Mutationen sollte bei 1/5 liegen. Ist sie niedriger, dann verkleinere man die Schrittweite. Ist sie hingegen größer, dann setze man die Schrittweite herauf.*

Die 1/5-Regel ist eine Heuristik. Schwefel hat sie weiter präzisiert, und schlägt vor, die Erfolgsrate nur in Abständen von n Mutationen (entsprechen bei der (1+1)-ES n Generationen) zu überprüfen und dann die jeweils letzten 10n Mutationen zu betrachten [SCHW95a, S. 112]. Ist die Anzahl erfolgreicher Mutationen kleiner als 2n, dann multipliziere man die Schrittweite mit dem Faktor 0,85. Ist die Anzahl größer als 2n, dann dividiere man die Schrittweite durch 0,85.

Man kann die (1+1)-ES als eine Art stochastische Gradientenstrategie bezeichnen. Der durch sie verkörperte Suchprozeß ist stärker pfadorientiert als bei der $(\mu+\lambda)$-ES bzw. (μ,λ)-ES. Die 1/5-Regel zeigt für die

---

[39] Nähere Einzelheiten in [RECH73, S. 104-123].

[40] Diese Definition ist etwas anders als die von Beyer stammende Definition der Fortschrittsgeschwindigkeit in Abschnitt 4.3.1. Für die dort untersuchte kugelsymmetrische Funktion (das „Kugelmodell“) mit nur einem Optimum ist das jedoch von untergeordneter Bedeutung.

(1+1)-ES häufig gute Ergebnisse.[41] Doch gibt es Fälle, in denen die Erfolgswahrscheinlichkeit der Mutation 1/5 grundsätzlich nicht überschreiten kann. Hier führt die Anpassungsregel dazu, daß die Schrittweite ständig reduziert wird und vorzeitige Konvergenz (dadurch dauerhafte Stagnation) der ES auftritt.[42]

4.2.5 Mehrzieloptimierung

Für die Optimierung bei mehrfacher Zielsetzung sind unterschiedliche Erweiterungen entwickelt worden. Sie zielen darauf ab, eine Menge effizienter, also pareto-optimaler Lösungen zu generieren, aus denen die Entscheidungsträger später auf Basis subjektiver Präferenzen nur eine zur Realisierung auswählen.[43]

Angenommen, es werden g Ziele verfolgt. Eine mögliche Vorgehensweise besteht dann darin, die Selektion der neuen Population in g Teilschritte zu gliedern. Während jedes Teilschrittes wendet man nur jeweils ein Zielkriterium an. Im einfachsten Fall werden dann μ/g Individuen nach Maßgabe eines bestimmten Zieles ausgewählt, was einer Gleichgewichtung der Zielkriterien entspricht. Üblich ist hier die Komma-Selektion.

Unterschiedliche Zielgewichte lassen sich durch verschieden große Anteile der nach dem jeweiligen Zielkriterium selektierten Individuen an der Gesamtpopulation realisieren. Kursawe beschreibt einen solchen Ansatz, wobei allerdings das Zielkriterium für jeden Teilschritt der Selektion stochastisch ausgewählt wird [KURS91,92][44]. Zielge-

---

[41] Auch für die (μ,λ)-ES haben Mitarbeiter von Rechenberg inzwischen Schrittweiten-Anpassungsmechanismen entwickelt, die zwar nicht deterministisch sind, jedoch auf die bei ES übliche direkte Mutation von Strategieparametern verzichten. Dabei ist die Intuition, daß grundsätzlich nur eine lose Kopplung zwischen der Änderung von Strategieparameterwerten und der unmittelbar selektionsrelevanten Änderung von Werten der Entscheidungsvariablen besteht. Ein mutatives Schrittweiten-Anpassungsschema operiert also quasi mit einer stochastisch beeinflussten Zielfunktion. Daher besteht die Gefahr, daß das mutative Anpassungsschema vor allem in kleinen Populationen nicht effektiv ist. Die unter dem Stichwort „Derandomisierung" gemachten Verbesserungsvorschläge wollen diesen Problembereich entschärfen. Ob sie sich durchsetzen können, bleibt abzuwarten. Zu näheren Einzelheiten siehe [RECH94, S. 195 f.] sowie [HANS95].

[42] Ein solcher Fall liegt z.B. am Rand des zulässigen Lösungsbereiches vor [SCHW95, S. 116].

[43] Siehe auch die Ausführungen zur Mehrzieloptimierung mit GA in Kapitel 2.

[44] Kursawes Ansatz ist auch deswegen interessant, weil er diploide Individuen verwendet. Damit kann die ES rascher auf veränderte Selektionsbedingungen reagieren.

wichtungen werden bei Kursawe in Form von Auswahlwahrscheinlichkeiten der einzelnen Zielkriterien ausgedrückt.

Anstatt die einzelnen Ziele sukzessiv zu berücksichtigen, werden sie bei der nachfolgend kurz erläuterten Form der Pareto-Selektion gleichzeitig betrachtet.[45] Die Populationsgröße μ ist hierbei variabel, weil eine Population immer alle bis zum aktuellen Zeitpunkt gefundenen nicht-dominierten Lösungen umfaßt (sogenannte Pareto-Menge). Die Anzahl der Nachkommen λ ist hingegen konstant.[46] Es wird Plus-Selektion angewendet, so daß Eltern und Nachkommen konkurrieren. Alle nicht-dominierten unterschiedlichen Lösungen überleben im Selektionsprozeß.

In großen Populationen bietet sich die weniger aufwendige Wettkampf-Pareto-Selektion an. Dabei werden aus der Vereinigungsmenge von Eltern und Nachkommen wiederholt ξ Individuen ($2 \leq \xi < \mu+\lambda$) gezogen, bei gleicher Selektionswahrscheinlichkeit für alle Individuen. Die nicht-dominierten unter den ξ Lösungen werden jeweils in die Folgepopulation kopiert. Alle ξ Individuen verbleiben gleichzeitig auch in der aktuellen Population. Diesen Vorgang wiederholt man, bis die Folgepopulation ihre vorgesehene Größe von μ erreicht hat.[47]

4.2.6 Diskrete bzw. kombinatorische Optimierung

ES sind traditionell vor allem für Optimierungsprobleme kontinuierlicher Variablen eingesetzt worden. Diesem Zweck entspricht der verwendete Mutationsoperator. Bei diskreten Variablen kann man im Rahmen der Mutation mit einer anderen Verteilung arbeiten, z.B. mit binomialverteilten Mutationen [SCHW95a, S. 108]. Es kann auch die herkömmliche ES benutzt werden, sofern die Werte der Entscheidungsvariablen bei jeder Fitneßermittlung und im Endergebnis des Optimierungsprozesses entsprechend gerundet bzw. in diskrete Werte

---

[45] Der hier beschriebene Ansatz wird in [NISS94b, S. 263 f.] vorgestellt. Vgl. auch [KRAU95]. Am Beispiel einer Standortplanungsaufgabe wurden Hinweise gefunden, daß Pareto-Selektion möglicherweise differenzierter den *trade-off* zwischen den verschiedenen Zielen verdeutlichen kann, als die sukzessive Berücksichtigung der einzelnen Zielkriterien. Diese Eigenschaft ist aus entscheidungstheoretischen Überlegungen heraus wünschenswert. Für eine sichere Beurteilung sind jedoch noch weitere Untersuchungen anzustellen.

[46] Man könnte λ bei der Pareto-Selektion ebenfalls variabel halten.

[47] Hierbei kann μ konstant gewählt werden. Im letzten Selektionsschritt muß man dann gewährleisten, daß μ nicht überschritten wird.

transformiert werden. Diese Vorgehensweise ist auch bei gemischt-ganzzahligen Optimierungsproblemen anwendbar.[48]

Alternativ ist ein geschachtelter Optimierungsprozeß bei gemischt-ganzzahligen Problemen vorgeschlagen worden [RECH94, S. 169 ff.]. Dabei werden in einer inneren Schleife nur die kontinuierlichen Variablen optimiert, während die nur diskret veränderbaren Variablen konstant gehalten sind. In einer äußeren Schleife modifiziert man hingegen die diskreten Variablen.

Die Idee besteht vor allem darin, hierarchisch vorzugehen. Eine Lösung in der äußeren Optimierungsschleife beinhaltet Werte für die diskreten Variablen. Um den zugehörigen Fitneßwert einer solchen Lösung zu bestimmen, wird zunächst die Optimierung der kontinuierlichen Variablen in der inneren Schleife angestoßen. Dabei sind die Werte der diskreten Variablen für diesen Teil der Optimierung fixiert, und zwar auf die in der äußeren Schleife gefundenen Werte. So wird die optimale Einstellung der kontinuierlichen Variablen in der inneren Schleife zu einem Teil der Fitneßermittlung für die Lösungen der äußeren Optimierungsschleife.[49]

Besonders im Bereich der Wirtschaftswissenschaften sind viele praktische Problemstellungen kombinatorischer Art, und auch hierfür sind ES-Varianten entwickelt worden.[50] Das folgende Beispiel aus [NISS94a] verdeutlicht eine mögliche Vorgehensweise, die in mehrfacher Hinsicht von den bisher geschilderten ES-Formen abweicht.

Beispiel: ES-Variante für kombinatorisches Optimierungsproblem

Der Anwendungshintergrund für die nachfolgend beschriebene ES-Implementierung ist das Quadratische Zuordnungsproblem (QZP). Es spielt z.B. im Rahmen der innerbetrieblichen Standortplanung eine Rolle. Dabei kann es darum gehen, n Maschinen und n Aufstellplätze einander eindeutig so zuzuordnen, daß die Sum-

---

[48] Bisher liegen erst wenige Erfahrungen mit den angesprochenen ES-Modifikationen vor. Siehe auch [SCHW95a, S. 247 und 412 f.].

[49] Für rein ganzzahlige Optimierungsprobleme hat Rudolph eine Variante der (μ,λ)-ES entwickelt, auf die hier nur hingewiesen wird [RUDO94a].

[50] Wohl als erster hat Ablay für kombinatorische Probleme eine ES-Variante entwickelt, die unabhängig von den Arbeiten Rechenbergs und Schwefels entstanden ist [ABLA90]. Rudolph hat dagegen das kombinatorische Travelling Salesman Problem mit einer (parallelisierten) Standard-ES bearbeitet [RUDO91].

me aus Installationskosten der Maschinen und materialflußbedingtem Transportaufwand zwischen den Maschinen in der Produktion minimal wird.[51]

Das QZP kann formal als Permutationsproblem betrachtet werden [BURK90]. Gegeben sei eine Menge N = {1,2,...,n} und reelle Zahlen c_{ik}, a_{ik}, b_{ik} für i,k = 1,2,...,n. Zu bestimmen ist eine Permutation ψ der Menge N, die folgenden Ausdruck minimiert:

$$Z = \sum_{i=1}^{n} c_{i\psi(i)} + \sum_{i=1}^{n} \sum_{k=1}^{n} a_{ik} b_{\psi(i)\psi(k)}$$

Dabei sind n die Gesamtanzahl von Maschinen bzw. Aufstellplätzen, c_{ij} sind die fixen Kosten der Installation von Maschine j am Platz i, b_{jm} ist der Materialfluß von Maschine j nach Maschine m und a_{ik} sind die Transportkosten einer Materialeinheit von Platz i nach Platz k. Der Lösungsraum hat eine Größe von n! .

Lösungen sind hier als Permutationen repräsentiert (Bild 4-7). Es wird ein (1,100)-Populationskonzept verwendet. In jeder Generation entstehen aus einem Elter 100 Nachkommen durch Kopieren und anschließende Mutation. Rekombination findet nicht statt. Die Mutation beruht auf dem Prinzip des Zweiertausches. Beim Zweiertausch wird die Zuordnung von zwei stochastisch bestimmten Maschinen auf ihre Standorte vertauscht. Die Anzahl der Zweiertausche während jeder Mutation beträgt mit gleicher Wahrscheinlichkeit entweder eins oder zwei. Im Rahmen der Selektion wird anschließend der Nachkomme mit dem niedrigsten Zielfunktionswert zum neuen Elter. Das vorige Elter nimmt am Selektionsprozeß nicht mehr teil (Komma-Selektion).

Bild 4-7: Lösungsrepräsentation für das QZP bei n = 7

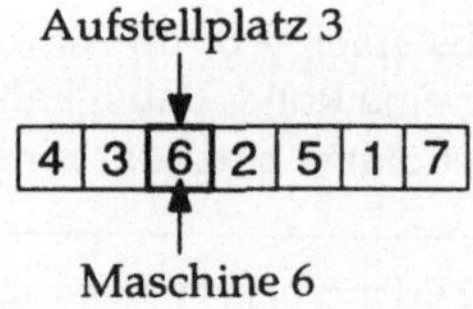

[51] Das QZP enthält verschiedene Vereinfachungen im Hinblick auf reale innerbetriebliche Standortentscheidungen und stellt hierfür lediglich ein Basismodell dar.

Ein Mißerfolgszähler hält fest, wie oft hintereinander das neue Elter keine Verbesserung gegenüber dem vorigen Elter darstellt.[52] Wird eine Verbesserung erzielt, setzt man den Zähler wieder auf Null. Hat der Mißerfolgszähler einen definierten Grenzwert erreicht, wird eine sogenannte Destabilisation eingeleitet.[53] Diese stimmt grundsätzlich mit dem Ablauf einer Generation überein, doch fällt die Mutation intensiver aus, um den aktuellen Bereich des Lösungsraumes zu verlassen.[54] Jede Mutation besteht nun mit gleicher Wahrscheinlichkeit aus drei bis acht Zweiertauschen. Wiederum wird der beste Nachkomme zum neuen Elter. Der Mißerfolgszähler wird auf Null gesetzt. Dann ist die Destabilisation beendet, und der Optimierungsprozeß geht weiter wie zuvor.

Das Verfahren terminiert, wenn eine maximale Generationszahl erreicht ist. Die beste während des Laufes gefundene Lösung gilt als das Ergebnis. Die Startlösung ist stochastisch erzeugt. In Tabelle 4-1 sind Ergebnisse mit diesem Verfahren für einige QZP-Beispielprobleme angegeben.[55] Die besten bekannten Lösungen haben folgende Zielfunktionswerte: 6124 (NUG30), 9526 (STE36a) und 48498 (SKO64). Die durchschnittlichen Zielfunktionswerte der ES-Ausgangslösung lauten (gemittelt über alle 10 Läufe) 8127 für NUG30, 22755 für STE36a und 58947 für SKO64.

Tabelle 4-1: ES-Ergebnisse für verschiedene QZP

Test-problem	Durchschnittl. ZF-Werte und Anz. Lsg.bewert. nach i Generat.					
	ZFW ($i = 10^2$)	LBW (Tsd.)	ZFW ($i = 10^3$)	LBW (Tsd.)	ZFW ($i = 10^4$)	LBW (Tsd.)
NUG30	6310	10,29	6166	104,70	6135	1050,2
STE36a	10650	10,17	9979	102,98	9701	1032,5
SKO64	50196	10,00	49380	100,78	48906	1009,2

(i = Anzahl Generationen, ZFW = Zielfunkionswert, LBW = Anzahl Lösungsbewertungen, Tsd. = Tausend; Durchschnittswerte von 10 Läufen)

[52] Ein gleicher Zielfunktionswert gilt als keine Verbesserung.

[53] Dieser Grenzwert liegt bei round (n/10)+2, ein empirisch bestimmter Wert.

[54] Es wäre auch denkbar, die ES wiederholt von verschiedenen Lösungen aus zu starten.

[55] Siehe auch die Tabelle 6-1.

4.2.7 Berücksichtigung von Nebenbedingungen

Bislang ist die Einbeziehung komplexer Nebenbedingungen ein in der ES-Forschung weitgehend vernachlässigtes Thema. Ganz besonders gilt dies für Gleichungsrestriktionen. Die grundsätzliche Vorgehensweise im Fall von *Un*gleichungen besteht darin, ungültige Lösungen sofort zu verwerfen und die Erzeugung des Nachkommen durch Rekombination und Mutation solange zu wiederholen, bis eine Lösung entsteht, die alle Nebenbedingungen erfüllt.

In hochbeschränkten Lösungsräumen kann diese Vorgehensweise besonders in der Initialisierungsphase zu zeitaufwendig sein. Unter Rückgriff auf einen Vorschlag von Box empfiehlt es sich dann, die ursprüngliche Zielfunktion vorübergehend durch eine Ersatz-Zielfunktion zu ersetzen. Diese bewertet, wie stark die Nebenbedingungen durch eine Lösung verletzt werden [BOX65]. Zunächst gilt es also, die Verletzung von Nebenbedingungen mittels der Ersatz-Zielfunktion zu minimieren. Mit der ES und dieser Ersatz-Zielfunktion können so gültige Ausgangslösungen für den anschließenden eigentlichen Optimierungsvorgang gefunden werden, bei dem dann wieder mit der ursprünglichen Zielfunktion gearbeitet wird.

Auch die im Kapitel 2 für GA vorgestellten Ansätze zur Behandlung von Nebenbedingungen durch Straffunktionen, Techniken der Mehrzieloptimierung sowie angepaßte Lösungsrepräsentation und Operatoren sind auf ES übertragbar.

4.3 Ausgewählte Ergebnisse der ES-Theorie

Im folgenden werden einige Ergebnisse der ES-Theorie vorgestellt. Sie betreffen die Fortschrittsgeschwindigkeit sowie die globale Konvergenz von ES.

4.3.1 Fortschrittsgeschwindigkeit

Die Basis der bestehenden ES-Theorie legte Rechenberg mit seinen Untersuchungen zur Fortschrittsgeschwindigkeit der (1+1)-ES, aus denen sich seine bereits erwähnte 1/5-Regel für die optimale Wahl der Mutationsschrittweite ableitete [RECH73, S. 100 ff.].[56]

---

[56] Rappl hat die Ergebnisse zur Fortschrittsgeschwindigkeit der (1+1)-ES später noch generalisiert. Siehe [RAPP84].

Die (1+1)-ES und auch die später von verschiedenen Autoren untersuchte (1+λ)-ES bzw. (1,λ)-ES entspricht nicht mehr dem heutigen Stand der ES-Methodik. Von größerem Interesse sind hier Ergebnisse zur Theorie der (μ,λ)-ES, wie sie in jüngster Zeit insbesondere von Beyer erarbeitet wurden.

Er hat die (μ/μ,λ)-ES sowohl für den Fall der intermediären Multirekombination als auch für diskrete Multirekombination analysiert [BEYE95]. Die (μ/μ,λ)-ES ist ein Spezialfall der (μ/ρ,λ)-ES, bei der alle μ Individuen einer Generation an der Bildung jedes Nachkommen beteiligt sind.[57] In Anlehnung an Beyer sei die Variante mit intermediärer Multirekombination hier als $(\mu/\mu_I,\lambda)$-ES bezeichnet.

Kennzeichnend für die ES mit intermediärer Multirekombination aller μ Eltern ist, daß sämtliche Nachkommen durch Mutation aus dem Schwerpunkt der Eltern hervorgehen, was die mathematische Analyse vereinfacht. Unterstellt wird außerdem, daß alle Entscheidungsvariablen unkorreliert und mit derselben Standardabweichung σ (Mutationsschrittweite) mutiert werden und das keine Selbstadaptation der Schrittweite stattfindet.

Angenommen wird eine Fitneßlandschaft, in der Punkte mit gleichem Zielfunktionswert kugelsymmetrisch im n-dimensionalen Raum der Entscheidungsvariablen verteilt sind. Bei unterstellter Minimierung, sinkt der Zielfunktionswert mit abnehmendem Radius monoton. Der global optimale Punkt im Zentrum wird mit $\vec{x}^*$ bezeichnet. Eine entsprechende Funktion wurde von Rechenberg schon 1973 untersucht und als „Kugelmodell" bezeichnet. Sie lautet in allgemeiner Form:

$$F(\vec{x}) = c_0 + c_1 \cdot \sum_{j=1}^{n} (x_j - x_j^*)^2 = c_0 + c_1 \cdot r^2$$

Dabei bezeichnet r die euklidische Distanz zwischen $\vec{x}$ und $\vec{x}^*$. c_0 und $c_1 \neq 0$ sind beliebige Konstanten. Es wird unterstellt $\vec{x}^* = \vec{0}$. Dann entspricht der Schwerpunkt $\langle\vec{x}\rangle(t)$ der μ Individuen einer Population zum Zeitpunkt t

$$\langle\vec{x}\rangle(t) = \frac{1}{\mu} \cdot \sum_{i=1}^{\mu} \vec{x}_i(t)$$

57 Zur (μ/ρ,λ)-ES vgl. die Ausführungen in Abschnitt 4.2.1.

dem Radiusvektor, der den Abstand vom Schwerpunkt zum Optimalpunkt $\vec{x}^* = \vec{0}$ angibt. Dieser Abstand ist gegeben durch die euklidische Distanz r. Der Fortschritt einer $(\mu/\mu_I, \lambda)$-ES bezeichnet die Änderung dieser Distanz:

$$\Delta r = r(t) - r(t+1)$$

von Generation t zu Generation t+1. Die Fortschrittsgeschwindigkeit φ ist bei Beyer definiert als der Erwartungswert dieser Änderung:

$$\varphi = E\{\Delta r\}$$

Wie schon erwähnt, gehen bei der ES mit intermediärer Multirekombination von μ Eltern alle Nachkommen aus einem einheitlichen Elternschwerpunkt durch normalverteilte Mutationen mit in diesem Fall einheitlicher Standardabweichung in jeder der n Dimensionen hervor. Bei der exakten Herleitung der Formel für die Fortschrittsgeschwindigkeit, die wir hier nicht wiedergeben[58], bedient sich Beyer eines „Tricks". Er spaltet nämlich die Wirkung der Mutation in zwei Teile auf: einen „guten" Teil in Richtung auf das Optimum, sowie einen darauf senkrecht stehenden „schlechten" Teil, der für sich allein einem Rückschritt entspricht. Die Fortschrittsgeschwindigkeit der $(\mu/\mu_I,\lambda)$-ES läßt sich nun zunächst in Abhängigkeit von diesen beiden Komponenten der Mutationswirkung angeben.

Lange Berechnungen ergeben schließlich folgende Formel für die Fortschrittsgeschwindigkeit einer $(\mu/\mu_I,\lambda)$-ES [BEYE95, S. 90]:

$$\breve{\varphi}_{\mu/\mu_I,\lambda}(\breve{\sigma}) = n \cdot \left(1 - \sqrt{1 + \frac{\breve{\sigma}^2}{\mu \cdot n}}\right) + \breve{\sigma} \cdot c_{\mu/\mu,\lambda} \cdot \frac{1 + \frac{\breve{\sigma}^2}{2 \cdot \mu \cdot n}}{\sqrt{1 + \frac{\breve{\sigma}^2}{2 \cdot n}} \cdot \sqrt{1 + \frac{\breve{\sigma}^2}{\mu \cdot n}}} \qquad (1)$$

Dabei sind

$$\breve{\varphi} = \frac{n}{r} \cdot \varphi \qquad \text{und} \qquad \breve{\sigma} = \frac{n}{r} \cdot \sigma$$

dimensionslose, normalisierte Größen. Man bezeichnet den Faktor $c_{\mu/\mu,\lambda}$ als den sogenannten Fortschrittskoeffizienten (Beyer) oder Fortschrittsbeiwert (Rechenberg). Er läßt sich durch numerische Integration aus einem komplexen Integral ermitteln, auf dessen Wiedergabe

58 Zu näheren Einzelheiten siehe [BEYE95, S. 84 ff.].

hier verzichtet wird.[59] Beyer gibt dazu eine Auswahl von Werten für den Fortschrittskoeffizienten in Abhängigkeit von μ und λ an. Diese sind in Tabelle 4-2 angegeben [BEYE95, S. 91].

Tabelle 4-2: Auswahl von Werten des Fortschrittskoeffizienten $c_{\mu/\mu,\lambda}$

$\mu \setminus \lambda$	10	20	30	40	50	100	150	200	300
1	1,539	1,867	2,043	2,161	2,249	2,508	2,649	2,746	2,878
2	1,270	1,638	1,829	1,957	2,052	2,328	2,478	2,580	2,718
3	1,065	1,469	1,674	1,810	1,911	2,201	2,357	2,463	2,607
4	0,893	1,332	1,550	1,694	1,799	2,101	2,263	2,372	2,520
5	0,739	1,214	1,446	1,596	1,705	2,018	2,185	2,297	2,449
10	0,000	0,768	1,061	1,242	1,372	1,730	1,916	2,040	2,206
20	---	0,000	0,530	0,782	0,950	1,386	1,601	1,742	1,928
30	---	---	0,000	0,414	0,634	1,149	1,390	1,545	1,746
40	---	---	---	0,000	0,343	0,958	1,225	1,393	1,608
50	---	---	---	---	0,000	0,792	1,085	1,265	1,494
100	---	---	---	---	---	0,000	0,542	0,795	1,088

Für $n \to \infty$ und kleine $\breve{\sigma}$ kann (1) durch folgende, von Rechenberg angegebene Formel approximiert werden [RECH94, S. 147]:[60]

$$\breve{\varphi}_{\mu/\mu_I,\lambda}(\breve{\sigma}) = \breve{\sigma} \cdot c_{\mu/\mu,\lambda} - \frac{1}{2 \cdot \mu} \cdot \breve{\sigma}^2 \qquad (2)$$

Vergleicht man die maximale Fortschrittsgeschwindigkeit einer $(\mu/\mu_I,\lambda)$-ES mit einer (μ,λ)-ES ohne Rekombination, zeigt sich, daß Rekombination die erreichbare Fortschrittsgeschwindigkeit deutlich erhöht. Dabei korrespondiert die optimale Performanz einer $(\mu/\mu_I,\lambda)$-ES zu einer größeren optimalen Mutationsschrittweite als bei der (μ,λ)-ES

---

59 Für nähere Einzelheiten siehe [BEYE95, S. 91 f.] und [BEYE96, S. 124].

60 Beyer findet eine gute Übereinstimmung der Rechenbergschen Formel mit seiner eigenen bei einer exemplarischen Untersuchung der $(8/8_I,30)$-ES für $n = 30$ und $\breve{\sigma} \leq 3$ sowie für $n = 200$ und $\breve{\sigma} \leq 6$ [BEYE95, S. 93]. Gemäß Rechenberg gilt seine Theorie zur $(\mu/\mu,\lambda)$-ES sogar erst für $n \geq 1000$ [RECH94, S. 146].

ohne Rekombination [BEYE95, S. 93 ff.]. Diese zwei Ergebnisse decken sich mit Aussagen bei Rechenberg.[61]

Rekombination bringt also Vorteile für die ES. Aber worin sind diese begründet? Wie bereits erwähnt, zerlegt Beyer die Auswirkung einer Mutation in zwei Bestandteile: einen „guten" Anteil in Richtung auf das Optimum und einen „schlechten" Anteil (Rückschritt). Es zeigt sich, daß intermediäre Multirekombination bei unkorrelierten Mutationen die Länge des Rückschrittes reduziert. Diesen Mechanismus, der die größeren optimalen Mutationsschrittweiten einer $(\mu/\mu_I,\lambda)$-ES erklärt, nennt Beyer *„genetic repair"*.[62]

Genetic repair funktioniert am besten, wenn alle μ Individuen einer Generation bei der Bildung jedes Nachkommen miteinander rekombiniert werden ($\rho = \mu$). Gleichzeitig stellt sich die Frage nach dem optimalen Verhältnis μ/λ, das die Fortschrittsgeschwindigkeit maximiert. Untersuchungen von Schwefel hatten für die $(1,\lambda)$-ES schon in den 70er-Jahren zur Empfehlung einer (1,5)- oder (1,6)-ES als näherungsweise optimal geführt.[63]

Das Verhältnis von

$$\frac{\mu}{\lambda} \approx \frac{1}{5} \text{ bis } \frac{1}{7}$$

ist später allgemein auch für die (μ,λ)-ES und $(\mu+\lambda)$-ES mit $\mu > 1$ beibehalten worden. Für die $(\mu/\mu_I,\lambda)$-ES hat Beyer optimale μ-Werte bei gegebenem λ ermittelt, die in Tabelle 4-3 ausschnittweise wiedergegeben sind [BEYE95, S. 97].[64] Dabei spielt die Anzahl der Entscheidungsvariablen n eine wichtige Rolle. Für $n < \infty$ gilt $\mu^* < 0{,}27 \cdot \lambda$.

Bemerkenswerterweise ergibt sich für $n \to \infty$, bei stets optimal gewähltem μ, eine fast lineare Erhöhung der Fortschrittsgeschwindigkeit zur Anzahl der Nachkommen λ.

---

61 Vgl. [RECH94, S. 148 ff.].

62 Rechenberg beschreibt den gleichen Effekt [RECH94, S. 23].

63 Zu näheren Einzelheiten siehe [SCHW95a, S. 127 ff.].

64 Auch Rechenberg gibt Empfehlungen für die Wahl von μ [RECH94, S. 149]. Seine Angaben stimmen mit den in der Tabelle 4-3 nicht wiedergegebenen Werten von Beyer für $n \to \infty$ überein.

Tabelle 4-3: Einige optimale Werte für μ bei gegebenem λ und n für die $(\mu/\mu_I,\lambda)$-ES

	μ^*			$\breve{\sigma}^*$			$\breve{\varphi}^*$		
λ \ n	30	100	1000	30	100	1000	30	100	1000
10	3	3	3	2,788	3,035	3,177	1,529	1,638	1,695
20	4	5	5	4,016	5,172	5,936	2,805	3,261	3,629
30	5	7	8	4,826	6,763	9,055	3,692	4,545	5,503
40	6	8	10	5,451	7,697	11,38	4,370	5,597	7,246
50	7	9	12	5,966	8,468	13,49	4,916	6,469	8,865
60	8	10	14	6,407	9,131	15,41	5,369	7,214	10,37
70	8	11	16	6,562	9,717	17,16	5,754	7,864	11,76
80	9	12	18	6,928	10,24	18,77	6,095	8,440	13,06
90	10	13	19	7,258	10,72	19,86	6,394	8,955	14,26
100	10	14	21	7,359	11,17	21,26	6,665	9,420	15,39

(μ^* ist der optimale Wert von μ bei gegebenem λ und n. $\breve{\varphi}^*$ ist die damit theoretisch erreichbare maximale Fortschrittsgeschwindigkeit bei optimaler Mutationsschrittweite $\breve{\sigma}^*$.)

Für den Fall einer $(1,\lambda)$-ES kann die Fortschrittsgeschwindigkeit im Bereich $(\breve{\sigma}^2/n) < 1$ durch folgende Näherungsformel angegeben werden:[65]

$$\breve{\varphi}_{1,\lambda}(\breve{\sigma}) = \breve{\sigma} \cdot c_{1,\lambda} - \frac{1}{2} \cdot \breve{\sigma}^2 \qquad (3)$$

Die maximale Fortschrittsgeschwindigkeit

$$\breve{\varphi}^* = \frac{1}{2} \cdot c_{1,\lambda}{}^2$$

wird mit einer optimalen Mutationsschrittweite $\breve{\sigma}^* = c_{1,\lambda}$ erreicht. Dabei ist der Fortschrittskoeffizient näherungsweise gegeben durch:

$$c_{1,\lambda} \approx \sqrt{2 \cdot \ln \lambda}$$

[65] Diese Formel wurde von verschiedenen Autoren veröffentlicht. Vgl. [BEYE93, S. 171], [BÄCK93b, S. 18] sowie [RECH94, S. 23]. Eine präzisere, aber auch komplexere Formel gibt Beyer an in [BEYE94, S. 385].

Die maximale Fortschrittsgeschwindigkeit steigt bei der (1,λ)-ES also nur mit dem Logarithmus von λ [BEYE93, S. 172].[66]

Beyer hat bei der (μ/μ,λ)-ES auch diskrete Multirekombination am Kugelmodell theoretisch untersucht. Dies ist wesentlich komplizierter, weil im Gegensatz zur intermediären Variante hier die Mutation nicht am Schwerpunkt der Eltern ansetzt, sondern an einer Eltern-Verteilung. Unter vereinfachenden Annahmen[67] gelangt Beyer zu einer approximativen Formel der Fortschrittsgeschwindigkeit für die als $(\mu/\mu_D,\lambda)$-ES bezeichnete Variante mit diskreter Multirekombination [BEYE95, S. 101]:

$$\breve{\varphi}_{\mu/\mu_D,\lambda}(\breve{\sigma}) = n \cdot \left(1 - \sqrt{1 + \frac{\breve{\sigma}^2}{n}}\right) + \breve{\sigma} \cdot c_{\mu/\mu,\lambda} \cdot \frac{\sqrt{\mu}}{\sqrt{1 + \frac{\breve{\sigma}^2}{n}}} \tag{4}$$

Diese komplexe Formel läßt sich für große n ($n \to \infty$) annähern durch folgende transparentere, von Rechenberg angegebene Formel [RECH94, S. 147]:

$$\breve{\varphi}_{\mu/\mu_D,\lambda}(\breve{\sigma}) = \breve{\sigma} \cdot c_{\mu/\mu,\lambda} \cdot \sqrt{\mu} - \frac{1}{2} \cdot \breve{\sigma}^2 \tag{5}$$

(2) und (5) können als Approximationen für den Fall $n < \infty$ verwendet werden, wenn die folgenden Bedingungen erfüllt sind [BEYE96, S. 125]: $\breve{\sigma}^2 \ll n$ und $\mu^2 \ll n$.

Interessanterweise ergibt sich aus (2) und (5) für intermediäre bzw. diskrete Multirekombination die gleiche maximale Fortschrittsgeschwindigkeit:

$$\breve{\varphi}^*_{\mu/\mu,\lambda} = \frac{\mu}{2} \cdot (c_{\mu/\mu,\lambda})^2 \tag{6}$$

für die optimale Mutationsschrittweite $\breve{\sigma}^* = \mu \cdot c_{\mu/\mu,\lambda}$ im Fall der intermediären Multirekombination und $\breve{\sigma}^* = \sqrt{\mu} \cdot c_{\mu/\mu,\lambda}$ im Fall der diskreten Multirekombination [RECH94, S. 150; SCHW95b, S. 904]. Bei der intermediären Form muß also mit der $\sqrt{\mu}$ -fachen Schrittweite gearbeitet werden.

[66] Für theoretische Ergebnisse zur (1+λ)-ES siehe [BEYE93, S. 172].
[67] Unter anderem wird der Selektionseinfluß vernachlässigt.

Für den *Grenzfall* $\lambda \rightarrow \infty$, $(\mu / \lambda) \rightarrow 0$ ist der Fortschrittskoeffizient von der Ordnung [BEYE96, S. 125 f.]:

$$c_{\mu/\mu,\lambda} = O\left(\sqrt{\ln \frac{\lambda}{\mu}}\right) \tag{7}$$

Aus (6) und (7) folgt dann für $n \rightarrow \infty$, $\lambda \rightarrow \infty$, daß die $(\mu/\mu,\lambda)$-ES, bei ungefährer Realisierung der optimalen Mutationsschrittweite $\breve{\sigma}^*$, bzgl. ihrer Fortschrittsgeschwindigkeit in folgender Ordnung von μ und λ abhängt [BEYE96, S. 126]:[68]

$$\breve{\varphi}^*{}_{\mu/\mu,\lambda} = O\left(\mu \cdot \ln \frac{\lambda}{\mu}\right)$$

Für diesen Grenzfall liegt das optimale Verhältnis von μ zu λ, bei dem die $(\mu/\mu,\lambda)$-ES mit maximaler Effizienz arbeitet, etwa bei einem Wert $\mu / \lambda \approx 0{,}270$. Eine solchermaßen optimal eingestellte $(\mu/\mu,\lambda)$-ES ist dabei genau λ-mal schneller in der Optimierung beim Kugelmodell, bezogen auf die Anzahl von Generationen, als eine optimal eingestellte (1+1)-ES [BEYE96, S. 128 ff.].

Beyer untersucht auch die Zeitkomplexität der $(\mu/\mu,\lambda)$-ES. Darunter ist hier die Anzahl der Generationen G zu verstehen, die eine optimal eingestellte ES benötigt, um eine bestimmte Verbesserung im Zielfunktionswert zu erzielen. Für das Kugelmodell ist dies die relative Verbesserung $r(t)/r(0)$, wobei $r(0)$ die Distanz des Elternschwerpunktes zum Optimalpunkt in Generation 0 und $r(t)$ eben diese Distanz in Generation t angibt. Für die Zeitkomplexität $G_{\mu/\mu,\lambda}$ der $(\mu/\mu,\lambda)$-ES ergibt sich für große n folgende Ordnung [BEYE96, S. 131]:

$$G_{\mu/\mu,\lambda} = O\left(\frac{n}{\lambda}\right)$$

Dagegen ist die Zeitkomplexität einer (μ,λ)-ES ohne Rekombination nur von der Ordnung [BEYE96, S. 132]:

$$G_{\mu,\lambda} = O\left(\frac{n}{\ln \lambda}\right)$$

Die geschilderten Ergebnisse der ES-Theorie beruhen auf Untersuchungen des idealisierten Kugelmodells. Inwieweit sie auf andere

[68] Diese Beziehung war bereits zuvor von Schwefel und Rudolph [SCHW95b, S. 905] vermutet aber nicht bewiesen worden.

Zielfunktionen und praktische Anwendungen übertragbar sind, ist noch nicht geklärt.[69] Eine allgemeine ES-Theorie müßte außerdem weitere praktisch relevante Aspekte wie individuelle Mutationsschrittweiten in den einzelnen Problemdimensionen, Selbstadaptivität, korrelierte Mutationen und gegebenenfalls stochastische Einflüsse auf den Zielfunktionswert einbeziehen.

4.3.2 Konvergenz auf das globale Optimum

Neben der Fortschrittsgeschwindigkeit ist bei jedem Optimierungsverfahren vor allem die Frage von Bedeutung, ob und unter welchen Voraussetzungen es auf ein globales Optimum konvergiert. Verschiedene Autoren haben unabhängig voneinander globale Konvergenzbeweise für ES gegeben.[70]

Der offenbar früheste stammt von Born und bezieht sich auf die (1+1)-ES [BORN78]. Er beweist für dieses Verfahren Konvergenz auf das globale Optimum mit Wahrscheinlichkeit 1,0 im Grenzfall unendlich vieler Mutationen (Generationen), wobei eine streng positive Mutationsschrittweite vorausgesetzt wird.

In jüngerer Zeit hat Rudolph ein Theorem zur Konvergenz der (1+1)-ES hergeleitet [RUDO92b].[71] Hierzu sind einige Vorbemerkungen notwendig:

Erinnern wir uns zunächst an die in Abschnitt 1.4.1 gegebene Definition der relaxierten Version eines globalen Optimierungsproblems, hier formuliert für die Minimierung einer Zielfunktion $F : \mathbf{L} \subseteq \mathbf{R}^n \to \mathbf{R}$ von n kontinuierlichen Variablen:

> Finde ein $\vec{x} \in \mathbf{L}$, so daß $F(\vec{x}) - F(x^*) \leq \varepsilon$ für einen festgelegten Wert $\varepsilon > 0$!

Dabei ist $F(x^*)$ der global optimale Zielfunktionswert, und $\mathbf{L}$ ist der zulässige Lösungsbereich. Optimierungsverfahren wie die (1+1)-ES sind nur computerimplementiert sinnvoll anwendbar. Computer rechnen aber bei Gleitkommazahlen nur mit begrenzter Genauigkeit. Daher kann ein globales Minimierungsproblem *Min!* $F : \mathbf{L} \subseteq \mathbf{R}^n \to \mathbf{R}$

[69] Beyer hebt hervor, daß die Übertragbarkeit davon abhängt, wie gut das Kugelmodell die lokalen Verhältnisse der betrachteten Fitneßfunktion approximiert [BEYE95, S. 102 ff.].
[70] Siehe hierzu auch den Überblick in [BÄCK93b, S. 14 ff.].
[71] Siehe auch [BÄCK96, S. 87 f.].

auf einem Computer als gelöst angesehen werden, wenn ein Element von $L_{F^*+\varepsilon}$ (ε hinreichend klein) vom Optimierungsverfahren gefunden worden ist. $L_{F^*+\varepsilon}$ bezeichnet eine sogenannte Niveaumenge:

$$L_{F^*+\varepsilon} = \{ \vec{x} \in \mathbf{L} \mid F(\vec{x}) \leq F^* + \varepsilon \}$$

Nun zum Theorem von Rudolph:[72]

Es sei $F^* > -\infty$ und $\forall \varepsilon > 0 : \sum_{t=0}^{\infty} p_t(\varepsilon) = \infty$.

Dabei ist $p_t(\varepsilon)$ die Wahrscheinlichkeit, daß die (1+1)-ES in Schritt t die Niveaumenge $L_{F^*+\varepsilon}$ erreicht: $p_t(\varepsilon) = \Pr\{ \vec{x}(t) \in L_{F^*+\varepsilon} \}$. Wenn $\nu(L_{F^*+\varepsilon}) > 0$ ist und die für Mutationen verwendete Dichtefunktion stückweise stetig ist, dann erreicht die (1+1)-ES bei steigendem t die Region $L_{F^*+\varepsilon}$ mit Wahrscheinlichkeit 1,0: [73]

$$\Pr\{ \lim_{t \to \infty} \vec{x}(t) \in L_{F^*+\varepsilon} \} = 1{,}0$$

Zu weiteren Einzelheiten siehe [RUDO92b].

Das Theorem besagt, daß unter den beschriebenen Bedingungen und der Voraussetzung unendlich vieler Zeitschritte die (1+1)-ES ein Element von $L_{F^*+\varepsilon}$ mit Wahrscheinlichkeit 1,0 findet und mithin global konvergiert. Hierbei ist der Elite-Charakter der Plus-Selektion zu beachten. Wird eine global optimale Lösung gefunden, kann sie nicht mehr verlorengehen. Dabei löst die computerimplementierte (1+1)-ES eigentlich die relaxierte Form des globalen Optimierungsproblems.

---

[72] Die Formulierung bezieht sich o.B.d.A. auf ein Minimierungsproblem.

[73] Es bezeichnet ν das Lebesguesche Maß, ein umfassendes Inhalts-Konzept für Punktmengen. Bäck [BÄCK96, S. 47] gibt die folgende Definition des Lebesgueschen Maßes:
Es sei $T_i \subset \mathbf{R}^n$ ein System von paarweise disjunkten Teilmengen von $\mathbf{R}^n$ ($T_i \cap T_j = \varnothing \;\; \forall i \neq j$).
Ein Maß ν charakterisiert die Lebesgue-meßbaren Mengen von $\mathbf{R}^n$, genau dann wenn:

$$\begin{aligned} \nu(T_i) &\geq 0 \\ \nu(T_i \cup T_j) &= \nu(T_i) + \nu(T_j) \\ \nu(\varnothing) &= 0 \\ \nu\left(\bigcup_{i=1}^{\infty} T_i \right) &= \sum_{i=1}^{\infty} \nu(T_i) \end{aligned}$$

Siehe zum Lebesgueschen Maß auch [LÖSC90, S. 110 ff.].

Das Theorem kann auf die ($\mu+\lambda$)-ES erweitert werden. Das gilt nicht für die (μ,λ)-ES, die keine Elite-Selektion betreibt.[74]

Für die praktische Optimierung ist dieser Konvergenzbeweis nur von begrenztem Nutzen. Das liegt unter anderem daran, daß man in der Praxis nicht über unbegrenzte Optimierungszeiten verfügt.

Das folgende Zitat charakterisiert in treffender Weise die Grundproblematik der vorhandenen Theorie, nicht nur ES sondern auch die übrigen EA-Hauptformen betreffend:

> „All theoretical results heavily rely upon simplifications of the situation investigated... The gap between practical results in very difficult situations - so far these happen to be the sole justification for EAs - and theoretically proven results in rather simple situations (...) remains huge." [SCHW95b, S. 902]

4.4 Literatur zum Kapitel 4

Zitierte Literatur

[ABLA90] Ablay, P.: Konstruktion kontrollierter Evolutionsstrategien zur Lösung schwieriger Optimierungsprobleme der Wirtschaft, in: [ALBE90], S. 73-106.

[ALBE90] Albertz, J. (Hrsg.): Evolution und Evolutionsstrategien in Biologie, Technik und Gesellschaft, 2. A., Wiesbaden: Freie Akademie 1990.

[BÄCK91] Bäck, T.; Hoffmeister, F.; Schwefel, H.-P.: A Survey of Evolution Strategies, in: [BELE91], S. 2-9.

[BÄCK92] Bäck, T; Hoffmeister, F.; Schwefel, H.-P. (Hrsg.): Applications of Evolutionary Algorithms, Technical Report SYS-2/92, Universität Dortmund, Fachbereich Informatik, Dortmund 1992.

[BÄCK93a] Bäck, T.; Schwefel, H.-P.: An Overview of Evolutionary Algorithms for Parameter Optimization, in: Evolutionary Computation 1 (1993) 1, S. 1-23.

[BÄCK93b] Bäck, T.; Rudolph, G.; Schwefel, H.-P.: Evolutionary Programming and Evolution Strategies: Similarities and Differences, in: Fogel, D.B.; Atmar, W. (Hrsg.): Proceedings of the Second Annual Conference on Evolutionary Programming, San Diego/CA: Evolutionary Programming Society 1993, S. 11-22.

[BÄCK96] Bäck, T.: Evolutionary Algorithms in Theory and Practice, New York: Oxford University Press 1996.

[BELE91] Belew, R.K.; Booker, L.B. (Hrsg.): Proceedings of the Fourth International Conference on Genetic Algorithms, San Mateo/CA: Morgan Kaufmann 1991.

---

[74] Für Konvergenzergebnisse zur ($1,\lambda$)-ES vgl. [RUDO94b].

[BEYE93] Beyer, H.-G.: Toward a Theory of Evolution Strategies: Some Asymptotical Results from the (1,+λ)-Theory, in: Evolutionary Computation 1 (1993) 2, S. 165-188.

[BEYE94] Beyer, H.-G.: Toward a Theory of Evolution Strategies: The (μ,λ)-Theory, in: Evolutionary Computation 2 (1994) 4, S. 381-407.

[BEYE95] Beyer, H.-G.: Toward a Theory of Evolution Strategies: On the Benefits of Sex - the (μ/μ,λ) Theory, in: Evolutionary Computation 3 (1995) 1, S. 81-111.

[BEYE96] Beyer, H.G.: On the Asymptotic Behavior of Multirecombinant Evolution Strategies, in: Voigt, H.-M.; Ebeling, W.; Rechenberg, I.; Schwefel, H.-P. (Hrsg.): Parallel Problem Solving from Nature - PPSN IV, LNCS 1141, Berlin: Springer 1996, S. 122-133.

[BORN78] Born, J.: Evolutionsstrategien zur numerischen Lösung von Adaptationsaufgaben, Dissertation, Humboldt-Universität, Berlin 1978.

[BOX58] Box, G.; Muller, M.: A Note on the Generation of Random Normal Deviates, in: Annals of Mathematical Statistics 29 (1958), S. 610-611.

[BURK90] Burkard, R.E.: Locations with Spatial Interactions: The Quadratic Assignment Problem, in: Mirchandani, P.B.; Francis, R.L. (Hrsg.): Discrete Location Theory, New York: Wiley&Sons, S. 387-437.

[ESHE95] Eshelman, L.J. (Hrsg.): Proceedings of the Sixth International Conference on Genetic Algorithms, San Francisco: Morgan Kaufmann 1995.

[FOGE95] Fogel, D.B.: Evolutionary Computation. Toward a New Philosophy of Machine Intelligence, New York: IEEE Press 1995.

[HANS95] Hansen, N.; Ostermeier, A.; Gawelczyk, A.: On the Adaptation of Arbitrary Normal Mutation Distributions in Evolution Strategies: The Generating Set Adaptation, in: [ESHE95], S. 57-64.

[HOFF92] Hoffmeister, F.; Bäck, T.: Genetic Algorithms and Evolution Strategies: Similarities and Differences, Technical Report SYS-1/92, Universität Dortmund, Fachbereich Informatik, Dortmund 1992.

[KRAU95] Krause, M.; Nissen, V.: On Using Penalty Functions and Multicriteria Optimisation Techniques in Facility Layout, in: Biethahn, J.; Nissen, V. (Hrsg.): Evolutionary Algorithms in Management Applications, Berlin: Springer, S. 153-166.

[KURS91] Kursawe, F.: A Variant of Evolution Strategies for Vector Optimization, in: [SCHW91], S. 193-197.

[KURS92] Kursawe, F.: Evolution Strategies for Vector Optimization, in: Tzeng, G.-H.; Yu, P.L. (Hrsg.): Proceedings of the Tenth International Conference on Multiple Criteria Decision Making, Taipei 1992, S. 187-193.

[KURS96] Kursawe, F.: Unveröffentlichte Unterlage zum Vortrag „Breeding ES - First Results", gehalten auf dem Seminar „Evolutionary Algorithms and Their Applications", Schloß Dagstuhl März 1996.

[LÖSC90] Lösch, F.: Höhere Mathematik (v. Mangoldt, Knopp), 4. Bd., 4. A., Stuttgart: Hirzel 1990

[MÄNN92] Männer, R.; Manderick, B. (Hrsg.): Parallel Problem Solving from Nature. Proceedings of the Second Conference on Parallel Problem Solving from Nature, Amsterdam: North-Holland 1992.

[NISS94a] Nissen, V.: Solving the Quadratic Assignment Problem with Clues from Nature, in: IEEE Transactions on Neural Networks 5 (1994) 1, S. 66-72.

[NISS94b] Nissen, V.: Evolutionäre Algorithmen. Darstellung, Beispiele, betriebswirtschaftliche Anwendungsmöglichkeiten, Wiesbaden: DUV 1994.

[NISS95] Nissen, V.: An Overview of Evolutionary Algorithms in Management Applications, in: Biethahn, J.; Nissen, V.: Evolutionary Algorithms in Management Applications, Berlin: Springer 1995, S. 44-97.

[RAPP84] Rappl, G.: Konvergenzraten von Random Search Verfahren zur globalen Optimierung, Dissertation, Universität der Bundeswehr, München 1984.

[RECH73] Rechenberg, I.: Evolutionsstrategie. Optimierung technischer Systeme nach Prinzipien der biologischen Evolution, Stuttgart: Frommann-Holzboog 1973.

[RECH90] Rechenberg, I.: Evolutionsstrategie - Optimierung nach Prinzipien der biologischen Evolution, in: [ALBE90], S. 25-72.

[RECH94] Rechenberg, I.: Evolutionsstrategie '94, Stuttgart: Frommann-Holzboog 1994.

[RUDO91] Rudolph, G.: Global Optimization by Means of Distributed Evolution Strategies, in [SCHW91], S. 209-213.

[RUDO92a] Rudolph, G.: On Correlated Mutations in Evolution Strategies, in: [MÄNN92], S. 105-114.

[RUDO92b] Rudolph, G.: Parallel Approaches to Stochastic Global Optimization, in: Joosen, W.; Milgrom, E. (Hrsg.): Parallel Computing: From Theory to Sound Practice, Amsterdam: IOS Press 1992.

[RUDO94a] Rudolph, G.: An Evolutionary Algorithm for Integer Programming, in: Davidor, Y.; Schwefel, H.-P.; Männer, R. (Hrsg.): Parallel Problem Solving from Nature - PPSN III, LNCS 866, Berlin: Springer 1994, S. 139-148.

[RUDO94b] Rudolph, G.: Convergence of Non-Elitist Strategies, in: Michalewicz, Z.; Schaffer, J.D.; Schwefel, H.-P.; Fogel, D.B. (Hrsg.): Proceedings of the First IEEE Conference on Evolutionary Computation, Vol. 1, Orlando/FL 1994, S. 63-66.

[RUDO96] Rudolph, G.: Unveröffentlichte Unterlage zum Vortrag „Theory of Evolutionary Algorithms - State of the Art" gehalten auf dem Seminar „Evolutionary Algorithms and Their Applications", Schloß Dagstuhl März 1996.

[SCHW75] Schwefel, H.-P.: Evolutionsstrategie und numerische Optimierung, Dissertation, TU Berlin 1975.

[SCHW87] Schwefel, H.-P.: Collective Phenomena in Evolutionary Systems, in: Preprints of the 31st Annual Meeting of the International Society for General System Research, Vol. 2, Budapest 1987, S. 1025-1033.

[SCHW91] Schwefel, H.-P.; Männer, R. (Hrsg.): Parallel Problem Solving from Nature, LNCS 496, Berlin: Springer 1991.

[SCHW95a] Schwefel, H.-P.: Evolution and Optimum Seeking, New York: Wiley&Sons 1995.

[SCHW95b] Schwefel, H.-P.; Rudolph, G.: Contemporary Evolution Strategies, in: Morán, F.; Moreno, A.; Merelo, J.J.; Chacón, P. (Hrsg.): Advances in Artificial Life, LNAI 929, Berlin: Springer 1995, S. 893-907.

Sonstige weiterführende Literatur

Ablay, P.: Optimieren mit Evolutionsstrategien, in: Spektrum der Wissenschaft (1987) 7, S. 104-115.

Beyer, H.-G.: Toward a Theory of Evolution Strategies: Self-Adaptation, in: Evolutionary Computation 3 (1995) 3, S. 311-347.

Fogel, D.B.; Beyer, H.-G.: A Note on the Empirical Evaluation of Intermediate Recombination, in: Evolutionary Computation 3 (1995) 4, S. 491-495.

Herdy, M.: Reproductive Isolation as Strategy Parameter in Hierarchically Organized Evolution Strategies, in: [MÄNN92], S. 207-217.

Sprave, J.: Linear Neighborhood Evolution Strategy, in: Sebald, A.V.; Fogel, L.J. (Hrsg.): Proceedings of the Third Annual Conference on Evolutionary Programming, Singapore: World Scientific Publishing, S. 42-51.

Voigt, H.-M.; Ebeling, W.; Rechenberg, I.; Schwefel, H.-P. (Hrsg.): Parallel Problem Solving from Nature - PPSN IV, LNCS 1141, Berlin: Springer 1996.

Yin, G.; Rudolph, G.; Schwefel, H.-P.: Analyzing the (1,λ) Evolution Strategy via Stochastic Approximation Methods, in: Evolutionary Computation 3 (1995) 4, S. 473-489.

4.5 Aufgaben zum Kapitel 4

Aufgabe 4-1: Wiederholung

a) Wo liegt der Unterschied zwischen der sogenannten Plus- und der Komma-Selektion in ES?

b) Sollte das Verhältnis μ/λ bei unimodalen Funktionen normalerweise größer oder kleiner sein als bei multimodalen Funktionen? Welche Werte sind üblich?

c) Welche Rekombinationsformen für ES kennen Sie? Wo liegt die Besonderheit bei den Multirekombinationsformen?

d) Wie wird begründet, daß die Mutation auf Basis normalverteilter Zufallsgrößen stattfindet?

e) Welchen Einfluß haben die Strategieparameter τ_1 und τ_2 auf den Anpassungsprozeß der Mutationsschrittweiten (= Standardabweichungen)? Welche Werte sind empfehlenswert?

f) Welche Arten der Schrittweitensteuerung in ES kennen Sie?

g) Beschreiben Sie ein Verfahren der Mehrzieloptimierung mit ES!

h) Erläutern sie die Grundidee korrelierter Mutationen! Wie muß das Zielfunktionsgebirge beschaffen sein, damit sich korrelierte Mutationen besonders günstig auswirken können?

i) Schildern Sie eine Möglichkeit, wie aus [0,1[-gleichverteilten Zufallszahlen normalverteilte Zufallszahlen mit Erwartungswert 0 und Standardabweichung σ gebildet werden können!

Aufgabe 4-2: Fragen zum Nachdenken

a) Wo sehen Sie Unterschiede und Ähnlichkeiten zwischen ES einerseits sowie GA und GP andererseits?

b) Sowohl GA also auch ES benötigen Zufallszahlen. Wo liegt diesbezüglich dennoch ein Unterschied zwischen beiden EA-Formen, und können sich daraus Laufzeitnachteile für ES ergeben?

c) Warum ist Rekombination wichtig für die Selbstanpassung der Mutationsschrittweiten?

d) Was spricht für und gegen die selbstadaptive Anpassung von Mutationsschrittweiten und Rotationswinkeln? Könnte man auch andere Strategieparameter von ES selbstadaptiv halten? Entwickeln Sie hierzu Ideen!

e) Wie kann man anwendungsspezifisches Vorwissen in ES einbringen?

Aufgabe 4-3: Praktische Übung

a) Implementieren Sie die ES-Standardform in einer Programmiersprache Ihrer Wahl und experimentieren Sie anhand der in Anhang B aufgeführten Optimierungsprobleme kontinuierlicher Variablen mit folgenden Optionen: Komma- oder Plus-Selektion; unterschiedliche Mengenverhältnisse μ/λ; verschiedene Populationsgrößen; 1 oder n selbstadaptive Mutationsschrittweiten; gleichmäßige bzw. stochastische Initialisierung versus Initialisierung mit einander sehr ähnlichen Startindividuen!

   Machen Sie dabei für jede Einstellung mindestens 10 unabhängige Testläufe mit unterschiedlichen Startpunkten, und betrachten Sie die besten, schlechtesten und Mittelwert-Ergebnisse zu jeder Einstellung. Tun sie dies für eine unimodale Funktion, wie die Rosenbrock-Funktion, und für eine multimodale Funktion (z.B. Griewank oder Schaffer1)! Unterscheiden sich gute Strategieeparameter-Einstellungen in den beiden Fällen?

b) Realisieren Sie eine (1+1)-ES mit Schrittweitensteuerung nach der Rechenberg'schen 1/5-Regel, und experimentieren Sie damit im Vergleich zur Standard-ES!

c) Implementieren Sie eine ES-Variante für kombinatorische Problemstellungen und testen Sie diese anhand der Claus-Hotz-Funktion in Anhang B! Können Sie eine adaptive Schrittweitensteuerung für Ihre ES-Variante finden?

d) Sehen Sie die Möglichkeit, Selektionsformen und Suchoperatoren von GA auf ES zu übertragen und umgekehrt? Implementieren Sie solche Hybridsysteme und experimentieren Sie damit!

5 Evolutionäre Programmierung

Evolutionäre Programmierung (EP) geht zurück auf Arbeiten von L.J. Fogel, A.J. Owens und M.J. Walsh Mitte der 60er-Jahre [FOGE66]. Das damalige Ziel bestand darin, mittels simulierter Evolution künstlich-intelligente Automaten, heute eher als „Agenten" bezeichnet, zu generieren. Diese sollten in der Lage sein, Probleme auf innovative Weise zu lösen. Gleichzeitig erhoffte man sich von den Experimenten ein besseres Verständnis des Phänomens „Intelligenz" und der Organisation des menschlichen Verstandes.

Fogel, Owens und Walsh standen mit ihrer Zielrichtung dem heutigen Artificial Life näher als der Bearbeitung von Optimierungsfragen, auch wenn sie in der Evolution einen Optimierungsprozeß sahen. Intelligente Organismen waren bei ihnen durch finite Automaten (*finite state machines*) repräsentiert. Diese Repräsentationsform verwendet man, besonders im Kontext von KI-Anwendungen, auch heute noch manchmal. Daher wird auch auf diesen Ansatz später näher eingegangen.

D.B. Fogel [FOGE92a,95] führte die lange Zeit weitgehend ignorierten oder sogar bekämpften Arbeiten seines Vaters fort. Er entwickelte maßgeblich die heutigen Formen von EP zur Optimierung insbesondere kontinuierlicher Entscheidungsgrößen, wie sie in diesem Kapitel dargestellt sind.

5.1 Grundkonzept

Bevor die methodischen Einzelheiten von EP erläutert werden, ist es wichtig, einige prinzipielle Aspekte des EP-Ansatzes zu verstehen, die ihn vor allem von GA deutlich unterscheiden.[1]

Unter Berufung insbesondere auf Mayr [MAYR88] werden in der EP-Gemeinde Populationen bzw. Arten als die zentralen Objekte der Evolution betrachtet. EP beruht desweiteren auf der Annahme, daß die biologische Evolution in erster Linie als Anpassungsprozeß auf der Verhaltensebene anzusehen ist und nicht die zugrundeliegenden ge-

[1] Siehe hierzu z.B. [ATMA92] sowie [FOGE90,93b,95].

netischen Strukturen betont werden sollten. Diese Haltung ist anders als jene der GA-Gemeinde, die Evolution als einen Prozeß begreift, der sich auf der Ebene von Chromosomen abspielt.

EP-Individuen repräsentieren daher Populationen oder Arten und deren abstrakte Verhaltenseigenschaften. Da es auf dieser Abstraktionsebene in der Natur keine Rekombination gibt, existiert ein solcher Operator in EP folgerichtig auch nicht, ebensowenig wie andere Operatoren, die der genetischen Ebene zuzurechnen sind (z.B. Inversion).[2] Stattdessen verwendet man in EP die Mutation als einzigen Suchoperator. Mutationen werden dabei als phänotypische und nicht, wie in GA, als genotypische Erscheinungen begriffen.

Die Ähnlichkeiten zwischen EP und ES sind weit größer als zwischen EP und GA. EP und ES betonen beide den Mutationsoperator und ähneln sich auch in der Selbstanpassung der „Mutationsschrittweiten". Beide EA-Formen entstanden jedoch unabhängig voneinander.[3]

Der Ablauf von EP weist Ähnlichkeiten zu einer rein mutationsbasierten $(\mu+\lambda)$-ES mit $\lambda = \mu$ auf. Als Optimierungsproblem sei die Minimierung einer Funktion F von n kontinuierlichen Variablen unterstellt:

$$F : \mathbf{R}^n \rightarrow \mathbf{R}$$

EP kennt grundsätzlich keine Restriktionen hinsichtlich der Lösungsrepräsentation. Sie soll auf „möglichst natürliche Weise" aus der gegebenen Aufgabenstellung folgen. Für die Optimierung kontinuierlicher Variablen eignet sich als Lösungsrepräsentation am besten ein Vektor reeller Zahlen, wobei jedes Vektorelement die Ausprägung einer der insgesamt n Entscheidungsvariablen darstellt. Ein EP-Individuum entspricht also im folgenden einem solchen Vektor: $\vec{x} = (x_1, x_2, \ldots, x_n)$.

Im einzelnen können für das sogenannte „Standard-EP"[4] folgende konzeptionelle Teilschritte unterschieden werden:

---

[2] Interessanterweise war das nicht immer so. So erwähnen Fogel, Owens und Walsh die Möglichkeit einer Rekombination von sogar mehr als zwei Eltern [FOGE66, S. 21].

[3] Auf Gemeinsamkeiten und Unterschiede der einzelnen EA-Hauptformen wird in Kapitel 7 noch einmal eingegangen.

[4] Diese Namensgebung erfolgt in Anlehnung an D.B. Fogel, obwohl inzwischen wohl Meta-EP die gebräuchlichste Form von EP ist. Zu Meta-EP siehe den Abschnitt 5.2.1.

Schritt 1: Initialisierung

In der Initialisierungsphase wird eine Ausgangspopulation P(0) von μ Individuen $\vec{x}_i$ $(i = 1,2,...,\mu)$ stochastisch erzeugt.[5] Häufig wird die Populationsgröße $\mu \geq 200$ gewählt. Die Ausprägung jedes Vektorelementes x_j $(j = 1,2,...,n)$ eines Individuums wird dabei auf Basis einer Gleichverteilung stochastisch zwischen einer unteren und oberen Schranke $[u_j, o_j] \subset \mathbf{R}$, $u_j < o_j$, festgelegt. Diese Schranken sind nur in der Initialisierungsphase von Bedeutung. Im späteren Verlauf ist der Suchraum im Prinzip unbegrenzt. Fogel verwendet bei Minimierungsproblemen mit optimalem Zielfunktionswert von Null die Einstellungen $u_j = -50$, $o_j = 50$, doch sollten sich diese Werte an den Erfordernissen der Anwendung ausrichten [FOGE92a, Kap. 4.4].

Schritt 2: Bewerten der Ausgangslösungen

Jedem Individuum $\vec{x}_i$ wird nun ein Fitneßwert $\Phi(\vec{x}_i)$ zugeordnet. Häufig verwendet man den unmodifizierten Zielfunktionswert als Fitneß, so daß $\Phi = F$. Der Fitneßwert kann jedoch vom Zielfunktionswert abweichen und z.B. durch eine Zufallsgröße ν_i modifiziert sein. Gegebenenfalls kann das Ergebnis mittels einer Skalierungsfunktion Ω: $\mathbf{R} \times \varpi_\Omega \rightarrow \mathbf{R}_+$ in den positiven Bereich $\mathbf{R}_+$ transformiert werden. ϖ_Ω sind zusätzliche Parameter der Skalierung. Positive Fitneßwerte sind im späteren Selektionsprozeß jedoch nicht unbedingt erforderlich. So gilt im allgemeinsten Fall $(i = 1,2,...,\mu)$:

$$\Phi(\vec{x}_i) = \Omega(F(\vec{x}_i), \nu_i)$$

Diese μ Individuen bilden nun die Menge der Eltern für den nächsten Schritt. Man beachte also, daß die Population vom Umfang μ bei EP, wie schon bei ES, einer Population von zur Reproduktion ausgewählten *Eltern* entspricht.

Schritt 3: Erzeugen von Nachkommen

Die folgenden Teilschritte werden insgesamt μ-mal durchlaufen. Dabei läuft der Zähler i von 1 bis μ.

Teilschritt 3-1: Replikation

Von Elter i wird eine Kopie erzeugt.

---

[5] Der Generationsindex t wird vernachlässigt.

Teilschritt 3-2: Mutation

Die gerade erzeugt Kopie wird anschließend durch Addition einer normalverteilten Zufallsgröße mit Erwartungwert Null und dynamisch veränderter Standardabweichung mutiert. So entsteht aus dem Elter $\vec{x}_i$ ein Nachkomme $\vec{x}_i'$. Die Standardabweichung („Mutationsschrittweite") dieser Zufallsgröße hängt vom elterlichen Fitneßwert ab. Dabei wird ein global optimaler Fitneßwert von Null unterstellt.[6] Die Idee besteht darin, daß der Optimierungsprozeß effektiver werden soll, indem man die Mutationsschrittweite bei Annäherung an das Optimum verkleinert. Für den Nachkommen gilt also (j = 1,2,...,n):

$$x_j' = x_j + \sqrt{k_j \cdot \Phi(\vec{x}) + z_j} \cdot N_j(0,1)$$

Dabei sind k_j eine exogene Skalierungskonstante, $\Phi(\vec{x})$ der elterliche Fitneßwert, z_j eine exogene Grundvarianz und $N_j(0,1)$ eine standardnormalverteilte Zufallsgröße, deren Ausprägung bei jedem Wert von j neu zu bestimmen ist. Es ergeben sich in den k_j und z_j $(k_j, z_j \in \mathbf{R}_+)$ insgesamt $2 \cdot n$ vom Benutzer festzulegende Strategieparameter. Um die Anzahl der Strategieparameter zu reduzieren, wählt man häufig $k_j = 1$ und $z_j = 0$ für alle j, so daß sich der Ausdruck vereinfacht zu:

$$x_j' = x_j + \sqrt{\Phi(\vec{x})} \cdot N_j(0,1)$$

Teilschritt 3-3: Bewerten des Nachkommen und Ergänzen der Population

Dem Nachkommen wird nun auf gleiche Weise wie beim Elter ein Fitneßwert zugeordnet, wobei gegebenenfalls die Ausprägung der Zufallsgröße v für den Nachkommen neu zu bestimmen ist (v_i'):

$$\Phi(\vec{x}_i') = \Omega(F(\vec{x}_i'), v_i')$$

Anschließend ergänzt man den Nachkommen zur Population, wobei:

$$\vec{x}_{\mu+i} \leftarrow \vec{x}_i'$$

Der Populationsumfang erweitert sich dadurch schrittweise auf $2 \cdot \mu$.[7]

---

[6] Sollte das Optimum nicht von vornherein einen Zielfunktionswert von Null haben, so kann dies eventuell durch eine entsprechende Transformation der Zielfunktion erreicht werden.
[7] Im Pseudocode von Bild 5-1 wird diese Tatsache durch das Hilfskonstrukt einer „Zwischenpopulation" berücksichtigt.

Schritt 4: Stochastische Selektion

Nun findet ein „Wettkampf" statt, bei dem jedes der Eltern und Nachkommen paarweise gegen h Gegner antreten muß, wobei $h \in \mathbf{N}$ $(h \geq 1)$ ein benutzerdefinierter Parameter ist. Ein häufig gewählter Wert für diesen Parameter ist $h \approx 0{,}05 \cdot \mu$, z.B. für die Standardeinstellung von $\mu = 200$ dann $h = 10$. Nicht unüblich ist auch $h \approx 0{,}1 \cdot \mu$.

Die Gegner werden auf Basis einer Gleichverteilung stochastisch aus der Vereinigungsmenge von Eltern und Nachkommen gezogen. Sieger und Verlierer im Wettkampf bestimmen sich durch paarweises Vergleichen der Fitneßwerte. Ein Individuum erzielt einen Sieg, wenn sein Fitneßwert mindestens so gut ist wie der des Gegners. Für den hier unterstellten Fall der Minimierung ergibt sich die Anzahl der Siege w_i des i-ten Individuums $(i = 1,2,\ldots,2\mu)$ also wie folgt:

$$w_i = \sum_{z=1}^{h} \begin{cases} 1 & \text{falls } \Phi(\vec{x}_i) \leq \Phi(\vec{x}_{\vartheta_z}) \\ 0 & \text{sonst} \end{cases}$$

Hierbei ist ϑ_z $(\vartheta_z \neq i)$ eine gleichverteilte ganzzahlige Zufallsgröße im Intervall $[1, 2\mu]$, die für jeden Wert von z (also jeden Vergleich) neu bestimmt wird.

Anschließend werden alle Individuen nach der Anzahl ihrer Siege sortiert und die μ besten auf Basis *dieser* Rangfolge, also *nicht* anhand der ursprünglichen Fitneßwerte, als neue Population von Eltern ausgewählt. Bei gleicher Anzahl von Siegen haben aber jene Individuen Vorrang, die einen besseren Fitneßwert aufweisen.

Es handelt sich um eine Form der Elite-Selektion, die sicherstellt, daß das beste Individuum immer überlebt. Im Gegensatz zum deterministischen Selektionsschema bei ES haben auch schlechte Individuen hier in EP eine positive Reproduktionswahrscheinlichkeit. Dennoch liegt eine Form der *diskriminierenden Selektion* vor, da Individuen mit wenigen Siegen keine Chance erhalten, Nachkommen zu haben. Je höher die Anzahl von Wettkämpfen h jedes Individuums ist, umso mehr nähert man sich einer deterministischen $(\mu+\lambda)$-Selektion nach Vorbild der ES an.[8]

[8] Den entsprechenden Beweis findet man in [BÄCK96, S. 97 f.].

Schritt 5: Weiter bei Schritt 3, bis ein Abbruchkriterium greift

Abbruchkriterien können ressourcenabhängig gewählt sein (z.B. Überschreiten einer maximalen Anzahl von Generationen t_{max}) oder am erreichten Niveau der besten gefundenen Lösung ansetzen bzw. eine Stagnation des Optimierungsprozesses zum Anlaß für den Abbruch des Verfahrens nehmen. Als EP-Ergebnis gilt im allgemeinen die beste während des gesamten Laufes gefundene Lösung. Bild 5-1 gibt einen Überblick zum Ablauf von Standard-EP.

5.2 Erweiterungen

In diesem Abschnitt werden wesentliche Ergänzungen bzw. Erweiterungen von Standard-EP vorgestellt.[9] EP ist als Methode noch deutlich weniger diversifiziert als z.B. GA, was auch auf die vergleichsweise geringe Anzahl von Forschern im Bereich EP zurückzuführen ist.

5.2.1 Meta-EP

Es ist in praktischen Anwendungsfällen häufig problematisch, die Mutationsschrittweite als Quadratwurzel des (gegebenenfalls linear transformierten) elterlichen Fitneßwertes festzulegen, wie dies in Standard-EP erforderlich ist. Folgende Probleme können entstehen:[10]

- Wenn der global optimale Fitneßwert nicht Null beträgt, kann das Optimum nicht systematisch und präzise erreicht werden.
- Wenn die Fitneßwerte sehr groß sind, ergibt sich quasi ein Random Search.
- Wenn der Anwender keine Vorstellung vom global optimalen Zielfunktionswert hat, ist es kaum möglich, die Skalierungsfunktion Ω oder die Transformation des elterlichen Fitneßwertes im Rahmen der Mutation sinnvoll an die Problemstellung anzupassen.

Außerdem stellen die $2 \cdot n$ Strategieparameter k_j und z_j den Anwender vor ein zusätzliches Optimierungsproblem, auch wenn hierfür Standardeinstellungen (s.o.) vorgeschlagen wurden. Diese Nachteile von Standard-EP haben dazu geführt, daß inzwischen eine als Meta-EP bezeichnete selbstadaptive Variante als die gebräuchlichste Form von EP anzusehen ist.

---

[9] Sie gehen überwiegend auf D.B. Fogel [FOGE95] zurück.
[10] In Anlehnung an [BÄCK93b,96].

Bild 5-1: Grober Ablauf von Standard-EP in Pseudocode

```
 1 Wähle Strategieparameter μ,h,u_j,o_j,k_j,z_j
 2 t ← 0
 3 P(t) ← Initialisiere x⃗_i  (i = 1,2,...,μ)
 4 Bestimme Fitneßwert Φ(x⃗_i) für alle x⃗_i ∈ P(t)
 5 Wiederhole
 6   P_zwi ← P(t)      (*Zwischenpopulation*)
 7   t ← t + 1
 8   P(t) ← Ø
Replikation: 9-11
 9   Für i = 1 bis μ wiederhole
10   Beginn
11    Kopiere x⃗_i aus P(t-1)
Variation: 12
12    Mutation ergibt Nachkommen x⃗'_i
Ergänzen der Population: 13,14
13    Bestimme Fitneßwert Φ(x⃗'_i)
14    P_zwi ← P_zwi ∪ {x⃗'_i}          (* x⃗_(i+μ) ← x⃗'_i *)
15   Ende
Stochastische Selektion: 16-20
16   Für i ← 1 bis 2μ wiederhole
17    Für z ← 1 bis h
18       Paarweise Fitneßvergleiche zwischen x⃗_i
         und zufälligen Kontrahenten aus P_zwi
19   Sortiere Individuen in P_zwi absteigend nach
     Anzahl ihrer Siege bei den Fitneßvergleichen
20   P(t) ← die ersten μ Individuen aus P_zwi
21 bis eine Abbruchbedingung erfüllt ist
22 Ausgabe der Ergebnisse
23 Stop
```

In Meta-EP setzt sich jedes Individuum $\vec{a}_i$ $(i = 1,2,...,\mu)$ aus einem Vektor der ursprünglichen n problembezogenen Variablen $x_j \in \mathbf{R}$ sowie einem Vektor von n Standardabweichungen („Mutationsschrittweiten")[11] $\sigma_j \in \mathbf{R}_+$ $(j = 1,2,...,n)$ zusammen: $\vec{a}_i = (\vec{x}_i, \vec{\sigma}_i)$.

[11] Anstelle der Standardabweichungen sind in einigen Meta-EP Anwendungen die Varianzen als Mutationsschrittweiten verwendet worden, was vor allem Auswirkungen auf die Wahl des unten erläuterten Faktors α mit sich bringt.

Gegenüber dem Ablauf von Standard-EP ergeben sich außerdem noch folgende Unterschiede:

Schritt 1: Initialisierung

Das Vorgehen ist zunächst wie bei Standard-EP. Zusätzlich zum Vektor der problembezogenen Variablen, werden dann die Standardabweichungen für jede Startlösung individuell als Vektor von Zufallszahlen auf Basis einer Gleichverteilung im Intervall $[0, \beta]$ $(\beta > 0)$ festgelegt. Dabei ist β ein benutzerdefinierter Strategieparameter, den Fogel auf den Wert 25 setzt [FOGE92a, S. 173]. Dieser Parameter sollte jedoch anwendungsabhängig gewählt werden.

Schritt 2: Bewerten der Ausgangslösungen

Wie bei Standard-EP.

Schritt 3: Erzeugen von Nachkommen

Die Teilschritte 3-1 (Replikation) und 3-3 (Bewerten des Nachkommen und Ergänzen der Population) erfolgen wie in Standard-EP. Ein Unterschied von Meta-EP zu Standard-EP liegt im Teilschritt 3-2, der Mutation. Sie hängt nicht mehr vom elterlichen Fitneßwert ab, sondern vom Vektor der Standardabweichungen. Man verwendet heute das folgende Schema zur Mutation $(j = 1,2,\ldots,n)$:[12]

$$\sigma_j' = \sigma_j + \alpha \cdot \sigma_j \cdot N_j(0,1)$$

$$x_j' = x_j + \sigma_j' \cdot N_j(0,1)$$

Zusätzlich wird folgende Anpassungsregel festgelegt:

Falls $\sigma_j' \leq 0$, dann setze $\sigma_j' = \varepsilon \quad (\varepsilon > 0)$.

Der Faktor α hat wesentlichen Einfluß auf das Verhalten von Meta-EP. Wird er zu groß gewählt, so mutieren die Standardabweichungen leicht in den negativen Bereich und werden dann auf den kleinen Wert ε gesetzt. Das widerspricht dem Zweck der Selbstanpassung. Ist α hingegen zu klein, so ergeben sich tendenziell nur kleine Änderungen der Standardabweichungen. Dies führt zu langsamer Selbstanpassung.

---

[12] Dieses Schema hat in jüngster Zeit die frühere, noch in [FOGE95, S. 175] beschriebene umgekehrte Vorgehensweise ersetzt, bei der zunächst die x_j auf Basis der σ_j mutiert werden, und erst dann die σ_j verändert werden [pers. Komm. mit D.B. Fogel, Aug. 1996]. Siehe auch [GEHL96].

Für den Faktor α empfiehlt sich ein Wert von ungefähr 1/6. [13] So bleiben die Standardabweichungen im allgemeinen von allein im positiven Bereich. Für die konstante Grundvariabilität ε wählt man einen kleinen Wert, der aber nicht *zu* klein sein sollte, um eine allzu niedrige Fortschrittsgeschwindigkeit des Verfahrens zu vermeiden.

Gegenüber der selbstadaptiven Standard-ES, bei der positive Standardabweichungen durch die bei der Mutation verwendete Log-Normalverteilung automatisch sichergestellt werden, erscheint der Anpassungsmechanismus von Meta-EP weniger effizient. Daher ist man verschiedentlich auch bei Meta-EP zum Anpassungsmechanismus der ES übergegangen. Dann ergibt sich das folgende Mutationsschema bei der Generierung eines Nachkommen (j = 1,2,...,n):[14]

$$\sigma_j' = \sigma_j \cdot \exp(\tau_1 \cdot N(0,1) + \tau_2 \cdot N_j(0,1))$$

$$x_j' = x_j + \sigma_j' \cdot N_j(0,1)$$

Es bezeichnet N(0,1) die einmalige Realisierung einer standard-normalverteilten Zufallsvariable bei dem Nachkommen. Dagegen verdeutlicht $N_j(0,1)$, daß die Ausprägung einer standard-normalverteilten Zufallsvariable für jeden Wert des Zählers j neu zu bestimmen ist. Wie schon bei ES, beeinflußt der globale Faktor $\tau_1 \cdot N(0,1)$ die Veränderung aller Schrittweiten des Individuums einheitlich, während der lokale Faktor $\tau_2 \cdot N_j(0,1)$ eine individuelle Anpassung der Schrittweite in jeder Dimension ermöglicht. Empfohlen wird $\tau_1 = \tau_2 \approx 0{,}15$ als Standardeinstellung.

Schritt 4: Stochastische Selektion

Wie bei Standard-EP.

Schritt 5: Weiter bei Schritt 3, bis ein Abbruchkriterium greift

Wie bei Standard-EP.

[13] Für diesen Hinweis danke ich D.B. Fogel, der damit gleichzeitig einen Druckfehler in seiner Dissertation [FOGE92a] korrigiert hat.
[14] Gemäß pers. Komm. mit D.B. Fogel, Sep. 1996. Siehe auch [GEHL96].

Erweiterung RMeta-EP

In einer als RMeta-EP bezeichneten Erweiterung von Meta-EP werden außer den Standardabweichungen auch Kovarianzen (repräsentiert durch Korrelationskoeffizienten) selbstadaptiv eingestellt, so daß sich *korrelierte* Mutationen, ähnlich wie bei ES, ergeben. RMeta-EP ist bislang noch nicht voll ausgearbeitet und hat eher den Charakter eines Vorschlags. Auf eine nähere Darstellung kann an dieser Stelle verzichtet werden.[15]

5.2.2 Continuous-EP

Diese EP-Variante weicht vom bisherigen *generational replacement* Konzept in Standard-EP und Meta-EP ab und stellt praktisch eine *steady-state* Form von EP dar, bei der in jeder Iteration nur ein Nachkomme erzeugt wird. Continuous-EP kann sowohl mit dem Mutationsschema von Standard-EP als auch mit dem von Meta-EP betrieben werden. Im einzelnen ist der Ablauf wie folgt:

Schritt 1: Initialisierung

Wie bei Standard-EP oder alternativ wie bei Meta-EP.

Schritt 2: Bewerten der Ausgangslösungen

Wie bei Standard-EP.

Schritt 3: Erzeugen eines Nachkommen

Aus der Population wird auf Basis einer Gleichverteilung im Intervall $[1, \mu]$ ein Individuum stochastisch als Elter bestimmt und kopiert. Anschließend mutiert man diese Kopie nach dem Schema von Standard-EP oder alternativ wie bei Meta-EP und erhält so einen Nachkommen. Das neue Individuum wird bewertet und zur Population ergänzt, die dadurch nun $\mu+1$ Individuen umfaßt.

Schritt 4: Deterministische Selektion

Die besten μ Individuen überleben, während das bezogen auf seine Fitneß schlechteste Individuum gestrichen wird. Anders als bei Stan-

---

[15] Zu näheren Informationen über RMeta-EP s. [FOGE92a, S. 287 ff.] und [FOGE92c, S. 177 f.].

dard-EP oder Meta-EP, handelt es sich hierbei um ein deterministisches Selektionsverfahren unmittelbar auf Basis der Fitneßwerte. [16]

Schritt 5: Weiter bei Schritt 3, bis ein Abbruchkriterium greift

Wie bei Standard-EP.

5.2.3 Sonstige Erweiterungen für Operations Research-Anwendungen

Bisher war die Annahme, daß in einer Generation aus μ Eltern höchstens μ Nachkommen erzeugt werden. Es ist jedoch naheliegend, wie bei der ES, aus μ Eltern $\lambda > \mu$ Nachkommen zu bilden. Dadurch wird die Selektion härter, was vor allem bei unimodalen Funktionen vorteilhaft für die Fortschrittsgeschwindigkeit ist. In [NISS94, Kap. 4] wird diese Vorgehensweise mit Erfolg angewendet.[17] Dabei hat jedes Individuum genau λ/μ Nachkommen.[18]

Viele praktische Optimierungsprobleme sind diskreter bzw. kombinatorischer Natur. Die oben dargestellten EP-Formen zur Optimierung bei Funktionen kontinuierlicher Variablen sind für diese Art von Problemstellungen nicht direkt anwendbar, weil z.B. der auf normalverteilten Zufallsgrößen beruhende Mutationsoperator zu ungültigen Lösungen führen würde. Dennoch lassen sich die Grundprinzipien von EP auch auf solche Anwendungen übertragen. Es existiert jedoch keine standardisierte Vorgehensweise. Ein Beispiel (100-Städte TSP) soll verdeutlichen, wie EP auf ein kombinatorisches Problem angewendet werden kann [FOGE88].

Beispiel: EP für eine kombinatorische Problemstellung (TSP)

Gesucht ist eine Rundreise durch 100 Städte, so daß jede Stadt nur einmal besucht wird, die Tour wieder zum Ausgangspunkt zurückführt und ihre Gesamtlänge *minimal* wird. Lösungen für dieses Problem lassen sich als Permutationen der natürlichen Zahlen von 1 bis 100 repräsentieren. Der Suchraum umfaßt 100! verschiedene Lösungsmöglichkeiten.

Die Ausgangspopulation besteht aus $\mu = 50$ zufälligen Permutationen. Ihr jeweiliger Fitneßwert bestimmt sich als die Gesamtlän-

---

[16] Es entspricht der $(\mu+\lambda)$-Selektion bei ES.
[17] Hier sind die Werte gewählt als $\mu = 5$, $\lambda = 25$, analog zu Empfehlungen für ES.
[18] Alternativ ist die Nachkommenzahl eines Individuums eine Funktion seiner Fitneß.

ge der durch die Permutation beschriebenen Tour. Jedes Elter wird zunächst kopiert und diese Kopie dann folgenderweise mutiert: Eine Zahl aus der Permutation wird stochastisch herausgegriffen und an einer anderen, wiederum stochastisch gewählten Stelle in die Permutation eingefügt. Die so erzeugten Nachkommen werden anhand ihrer Tourlänge bewertet.

Der dann folgende stochastische Selektions-Wettkampf läuft wie folgt ab: Jedes der 50 Eltern und 50 Nachkommen wird mit fünf stochastisch festgelegten „Gegnern" aus der Vereinigungsmenge von Eltern und Nachkommen paarweise hinsichtlich seiner Tourlänge verglichen. Ein Individuum kann in diesem Wettkampf also maximal fünf Siege erzielen. Dabei siegt aber nicht einfach das Individuum mit der geringeren Tourlänge. Stattdessen ergibt sich die Wahrscheinlichkeit zu gewinnen, als die Tourlänge des Gegners dividiert durch die Summe beider Tourlängen. Hat das betrachtete Individuum also eine Tourlänge von 1000 und sein Gegner eine Tourlänge von 2000, so ergibt sich die Gewinnwahrscheinlichkeit für das betrachtete Individuum zu 2/3. Das bedeutet, auch das schlechtere Individuum kann gewinnen.

Anschließend werden aus der Population von 100 Individuen die 50 mit den meisten Siegen ausgewählt und der Zyklus beginnt von vorn. Um das Phänomen abnehmender Ressourcen in der Natur zu simulieren, wird außerdem nach jeweils 5000 erzeugten Nachkommen die Populationsgröße μ um eins reduziert.

Ein direkter Vergleich mit einem GA auf Basis des PMX-Operators ergab deutliche Vorteile für den rein mutationsbasierten EP-Ansatz [FOGE88].[19]

Abschließend sei angemerkt, daß viele Erweiterungen, die für GA oder ES in den vorigen Kapiteln diskutiert wurden, sich ohne großen Anpassungsaufwand auf EP übertragen lassen. Dies gilt z.B. für Techniken der Mehrzieloptimierung oder die Berücksichtigung von Nebenbedingungen.

5.2.4 EP und KI: Experimente mit finiten Automaten

Schon in den frühen Experimenten von Fogel, Owens und Walsh in den 60er-Jahren wurden sogenannte *finite state machines* (finite Auto-

[19] Meine eigenen Untersuchungen beim quadratischen Zuordnungsproblem, ebenfalls einer kombinatorischen Problemstellung, führten zu ähnlichen Ergebnissen [NISS94, Kap. 4].

maten, abgekürzt FA) eingesetzt, um die Evolution intelligenten Verhaltens zu simulieren.

Das Verhalten eines FA ist vollständig determiniert durch seine möglichen Zustände, den Ausgangszustand, die definierten Übergänge zwischen den Zuständen in Abhängigkeit von Eingabesignalen sowie die dabei produzierten Ausgabesignale. In Bild 5-2 ist ein FA dargestellt mit drei möglichen Zuständen A, B, C sowie Zustandsübergängen in Abhängigkeit von den Eingabesignalen 0 und 1. Die Ausgabesignale sind α, β und γ.[20] Der angenommene Ausgangszustand sei A. Der Automat reagiert nur, wenn ein Eingabesignal empfangen wird. Weiterhin sei angenommen, daß jede Operation abgeschlossen ist, bevor das nächste Eingabesignal eintrifft. Befindet sich der FA z.B. aktuell im Zustand A und empfängt das Eingabesignal 0, so geht er in den Zustand B über und produziert das Ausgabesignal β.

Ein FA kann als abstrakte Repräsentation eines Organismus mit intelligentem Verhalten verstanden werden. Die dabei zugrundegelegte verhaltensorientierte Auffassung von Intelligenz verdeutlicht folgendes Zitat:

> „Intelligent behavior may be viewed as a composite of ability to predict one's environment coupled with a translation of each prediction into a suitable response in the light of the given goal." [FOGE66, S. 11]

Bild 5-2: Zustandsdiagramm eines finiten Automaten mit drei Zuständen (A, B, C)

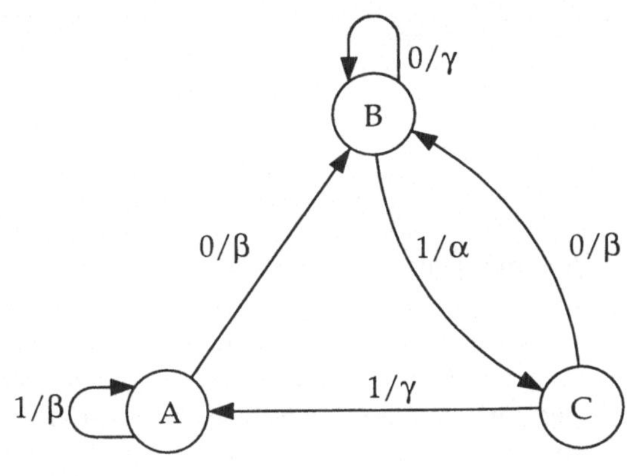

[20] Darstellung in Anlehnung an [FOGE66, S. 12].

Der Ablauf im folgenden Beispiel aus [FOGE93c] ist typisch für die Evolution intelligenter Verhaltensstrategien mit EP bei einer FA-Repräsentation.

Beispiel: Gefangenen-Dilemma

Die Aufgabe besteht darin, für das bekannte Gefangenen-Dilemma erfolgreiche Verhaltensstrategien zu erzeugen. Das Gefangenen-Dilemma ist ein klassisches spieltheoretisches Entscheidungsproblem. Zwei Spieler, die sich nicht absprechen können, müssen jeder für sich zwischen den zwei Verhaltensalternativen Kooperation (K) und Egoismus (E) wählen. Kooperation zielt auf eine Verbesserung der Situation beider Spieler, während Egoismus die eigene Situation auf Kosten des Gegenspielers verbessert. Die optimale Entscheidung hängt vom Verhalten des Gegenspielers ab.

Diese Entscheidungssituation läßt sich als Auszahlungsmatrix abbilden. Bild 5-3 zeigt die hier verwendete Auszahlungsmatrix. Wenn beide Spieler kooperieren, erhält jeder 3 Geldeinheiten (GE). Kooperiert nur ein Spieler, während der andere sich egoistisch verhält, so bekommt der kooperierende 0 GE, während der egoistische 5 GE erhält. Sind beide Spieler egoistisch, so erhalten sie jeweils 1 GE.

Bild 5-3: Auszahlungsmatrix für das Gefangenen-Dilemma

		Spieler B	
		K	E
Spieler A	K	(3, 3)	(0, 5)
	E	(5, 0)	(1, 1)

Im vorliegenden Fall besteht ein Spiel aus einer Serie von abwechselnden Zügen beider Spieler. Bei jedem Zug muß der Spieler sich erneut zwischen K und E entscheiden. Er kann jedoch das Verhalten seines Gegners aus den vorigen Spielzügen berücksichtigen, also hinzulernen, um eine gute Entscheidung zu treffen, die seine Gewinnerwartung maximiert.

Aufgabe für EP ist es, eine Spielstrategie zu finden, die einen möglichst hohen erwarteten Gewinn gegen beliebige Gegenspieler bei einer Spiellänge von jeweils 151 Zügen erzeugt. Jede Spielstrategie wird hierbei durch einen FA repräsentiert.

Schritt 1: Initialisierung

Eine Ausgangspopulation von $\mu = 50$ FA, mit jeweils zwischen einem und fünf möglichen Zuständen, wird stochastisch erzeugt. Im späteren Evolutionsverlauf sind jedoch bis zu acht Zustände je FA zugelassen. Die Menge der möglichen Eingabesignale ist gegeben durch {(K,K), (K,E), (E,K), (E,E)}, wobei das erste Symbol den letzten Zug des betrachteten Spielers und das zweite Symbol den letzten Zug des Gegenspielers bezeichnet. Die möglichen Ausgabesignale sind dementsprechend K und E. Die Anzahl der Zustände und alle Zustandsübergänge sowie die Strategie für den ersten Zug (K oder E) werden bei jedem Individuum stochastisch festgelegt, ebenso wie die Ausgabesignale auf jede der vier möglichen Eingaben bei jedem Zustand.[21]

Schritt 2: Erzeugen von Nachkommen (Replikation und Mutation)

Jedes FA wird kopiert und die Kopie anschließend mutiert. Verschiedene Arten der Mutation können auftreten, bei denen sich Elter und Nachkomme unterscheiden entweder durch den Wechsel eines Ausgabesignals, die Änderung eines Zustandsüberganges, den angenommenen Startzustand, das Hinzufügen oder Entfernen eines Zustandes, oder hinsichtlich der Strategie für den ersten Zug. Die Mutationsart wird auf Basis einer Gleichverteilung über alle Mutationsarten stochastisch festgelegt.[22]

Schritt 3: Bewerten der FA

Im vorliegenden Beispiel kann erst an dieser Stelle eine Fitneßermittlung vorgenommen werden, da jedes Populationsmitglied paarweise gegen jedes der 99 anderen für ein Spiel über 151 Züge antritt. Als Fitneß wird die durchschnittliche Gewinnerwartung für den nächsten

[21] Obwohl dies in der Quelle nicht explizit erwähnt wird, ist davon auszugehen, daß die Start-FA, ebenso wie alle später erzeugten FA widerspruchsfrei und vollständig sind, also auf jede Situation reagieren können.

[22] In der Regel tritt bei jedem FA nur eine Mutation auf, doch kann die Anzahl der Mutationen auch stochastisch, z.B. auf Basis einer Poisson-Verteilung bestimmt werden [FOGE93c, S. 81].

Zug festgelegt, die sich bei jedem FA durch Mittelwertbildung nach dem Ende der gesamten Konkurrenz ergibt.

Schritt 4: Deterministische Selektion

Die 50 FA mit den besten Fitneßwerten überleben.[23]

Schritt 5: Weiter bei Schritt 2 bis ein Abbruchkriterium greift

Der evolutionäre Prozeß wird in diesem Beispiel nach 200 Generationen abgebrochen. Bild 5-4 verdeutlicht, wie ein FA in dieser EP-Anwendung auf das Gefangenen-Dilemma aussehen kann.[24]

Bild 5-4: Beispiel für FA beim Gefangenen-Dilemma

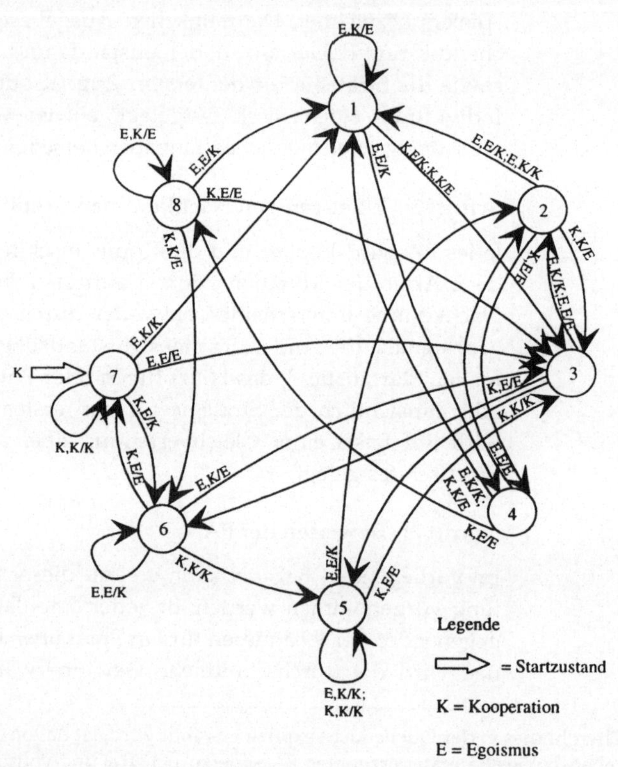

[23] Stochastische Selektion wäre grundsätzlich auch möglich.
[24] In Anlehnung an [FOGE95, S. 219].

Bei den von Fogel durchgeführten 20 unabhängigen EP-Läufen zum Gefangenen-Dilemma herrschen zunächst egoistische Strategien in der Population vor. Bereits nach 5-10 Generationen treten jedoch Strategien auf, die sich kooperativ verhalten, wenn sie auf eine andere kooperative Strategie treffen. Sie nehmen im Durchschnitt ungefähr 3 GE pro Zug ein, behalten aber ihre Fähigkeit, gegenüber nicht-kooperativen Strategien egoistisch zu sein. Im weiteren Verlauf dominieren schließlich die kooperativen Strategien in der Population deutlich.

5.3 Ausgewählte Ergebnisse der EP-Theorie

Im Bereich der EP-Theorie liegen bisher nur wenige Ergebnisse vor. Erwähnt werden soll ein für Standard-EP formulierter Beweis asymptotischer Konvergenz auf ein globales Optimum, dem die Markovketten-Theorie zugrundeliegt [FOGE95, S. 137 ff.].[25]

Der Beweis ist formuliert für Standard-EP mit den Strategieparameterwerten $k_j = 1$ und $z_j = 0$ $(j = 1,2,\ldots,n)$. Fitneß- und Zielfunktionswert stimmen überein, es ist also $\Phi(\vec{x}_i) = F(\vec{x}_i) > 0$.[26] Desweiteren gelte bei der Selektion $1 \le h \le 2 \cdot \mu$, wobei μ ein endlich großer Wert ist. Weiterhin wird unterstellt, daß nur mit den auf digitalen Computern darstellbaren Zahlen gerechnet wird. Es ist $[u_j, o_j]$ daher ein endliches diskretisiertes Intervall in $\mathbf{R}$. Alle normalverteilten Zufallsgrößen sind so diskretisiert, daß jede auf dem Computer darstellbare Zahl eine Wahrscheinlichkeit größer als Null hat.

EP kann nun als homogene Markovkette modelliert und analysiert werden. Eine Markovkette ist, wie bereits in Abschnitt 2.3 erläutert wurde, eine spezielle Form von stochastischem Prozeß. Bei einer homogenen Markovkette sind die Übergangswahrscheinlichkeiten zwischen den möglichen Zuständen der Kette unabhängig von t und werden als quadratische Matrix P der Übergangswahrscheinlichkeiten dargestellt. Die Anzahl der Zeilen und Spalten dieser Matrix entspricht der Anzahl möglicher Zustände der Markovkette. Die Zeilensumme ist gleich Eins für alle Zeilen.

---

[25] Die hier verwendeten Grundlagen der Markovketten-Theorie können in jedem umfassenderen Lehrbuch zu Operations Research nachgelesen werden, z.B. in [WINS87, Kap. 17]. Siehe auch [IOSI80, Kap. 3].

[26] Die Beschränkung auf positive Fitneßwerte erfolgt nur aus Gründen der bequemeren Handhabung, vgl. [FOGE95, S. 138].

Zustände, die nicht wieder verlassen werden können, nennt man *absorbierend*. Markovketten mit einem oder mehreren absorbierenden Zuständen bezeichnet man als absorbierende Markovketten. Ihre Matrix der Übergangswahrscheinlichkeiten kann zu folgender Form umgeordnet werden:

$$P = \begin{pmatrix} I & 0 \\ R & Q \end{pmatrix}$$

Es bezeichne s die Anzahl der absorbierenden und u die Anzahl der nicht absorbierenden Zustände der Markovkette. I ist eine $s \times s$ Einheitsmatrix, welche die Wahrscheinlichkeiten für Übergänge zwischen absorbierenden Zustände enthält. 0 ist eine $s \times u$ Nullmatrix, da es definitionsgemäß keine Übergänge aus den absorbierenden in die nicht absorbierende Zustände gibt. Bei R handelt es sich um eine $u \times s$ Matrix der Übergangswahrscheinlichkeiten von nicht absorbierenden in absorbierende Zustände, und Q ist eine $u \times u$ Matrix der Übergangswahrscheinlichkeiten zwischen nicht absorbierenden Zuständen.

Von Interesse bei Markovketten ist die Frage, mit welcher Wahrscheinlichkeit die Kette sich nach t Zeitschritten in einem beliebigen Zustand b befindet, wenn sie sich zum gegenwärtigen Zeitpunkt im Zustand a befindet. Diese Wahrscheinlichkeiten ergeben sich aus:

$$P^t = \begin{pmatrix} I & 0 \\ N_t R & Q^t \end{pmatrix}$$

Dabei ist $N_t = I_u + Q^1 + Q^2 + ... + Q^{t-1}$ eine Matrix, die bezogen auf t Zeitschritte Antwort gibt auf folgende Frage: Wie oft befindet sich der Prozeß im Mittel in jedem nicht absorbierenden Zustand, bevor ein absorbierender Zustand erreicht wird, falls in einem bestimmten nicht absorbierenden Zustand gestartet wurde? Dabei ist I_u die $u \times u$ Einheitsmatrix. Entsprechend beantwortet $N_t R$ bezogen auf t Zeitschritte die Frage, mit welcher Wahrscheinlichkeit der Prozeß in einem bestimmten absorbierenden Zustand endet, falls in einem bestimmten nicht absorbierenden Zustand gestartet wurde. In einer Grenzbetrachtung gilt:

$$\lim_{t \to \infty} P^t = \begin{pmatrix} I & 0 \\ (I - Q)^{-1} R & 0 \end{pmatrix}$$

Die Inverse $(I\text{-}Q)^{-1}$ existiert immer. Daher befindet sich die Markovkette, bei unendlicher Zeit, schließlich mit Wahrscheinlichkeit 1,0 in einem der absorbierenden Zustände.

Diese allgemeinen Ergebnisse der Markovketten-Theorie werden jetzt auf EP angewendet. Die Zustände der EP-Markovkette sind definiert mit Bezug auf die Gesamtheit aller Vektoren $\vec{x}_i$ $(i = 1,2,...,\mu)$ in der Population. Jeder möglichen Konfiguration der Population von Vektoren entspricht grundsätzlich ein Zustand der Markovkette. Ausnahme sind alle Populationen, die eine global optimale Lösung enthalten. Sie sind in einer Äquivalenzklasse zusammengefaßt, die durch einen einzigen Zustand beschrieben wird. Dieser Zustand ist wegen des Elite-Charakters der Selektion in EP absorbierend. Er kann also nicht wieder verlassen werden. Die Matrix P der Übergangswahrscheinlichkeiten kann damit zu folgender Form umgeordnet werden:

$$P = \begin{pmatrix} 1 & 0 \\ R & Q \end{pmatrix}$$

Auch für EP gilt in einer Grenzbetrachtung also:

$$\lim_{t \to \infty} P^t = \begin{pmatrix} 1 & 0 \\ (I - Q)^{-1} R & 0 \end{pmatrix}, \text{ wobei}$$

$$\lim_{t \to \infty} N_t R = (I - Q)^{-1} R = \begin{pmatrix} 1 \\ \cdot \\ \cdot \\ 1 \end{pmatrix}$$

Damit konvergiert für EP unter den geschilderten Annahmen die Wahrscheinlichkeit, eine global optimale Lösung zu finden, bei jedem beliebigen Ausgangszustand der Population gegen 1,0 , wenn die Anzahl der Iterationen gegen unendlich geht.

Dieser Konvergenzbeweis ist zwar von theoretischem Interesse, jedoch für die Optimierungspraxis nicht besonders hilfreich, da von unbegrenzten Optimierungszeiten ausgegangen wird und nichts über die

Fortschrittsgeschwindigkeit von EP gesagt ist.[27] Bäck überträgt Ergebnisse der ES-Theorie zur Fortschrittsgeschwindigkeit der (1+1)-ES auf Standard-EP mit $\mu = 1$ [BÄCK96, S. 102 f.]. Da eine solche Populationsgröße unter praktischen Gesichtspunkten jedoch kaum relevant ist, soll darauf hier nur hingewiesen werden.

5.4 Literatur zum Kapitel 5

Zitierte Literatur

[ATMA92] Atmar, W.: On the Rules and Nature of Simulated Evolutionary Programming, in: [FOGE92b], S. 17-26.

[BÄCK93a] Bäck, T.; Schwefel, H.-P.: An Overview of Evolutionary Algorithms for Parameter Optimization, in: Evolutionary Computation 1 (1993) 1, S. 1-23.

[BÄCK93b] Bäck, T.; Rudolph, G.; Schwefel, H.-P.: Evolutionary Programming and Evolution Strategies: Similarities and Differences, in: [FOGE93a], S. 11-22.

[BÄCK96] Bäck, T.: Evolutionary Algorithms in Theory and Practice, New York: Oxford University Press 1996.

[FOGE66] Fogel, L.J.; Owens, A.J.; Walsh, M.J.: Artificial Intelligence through Simulated Evolution, New York: John Wiley & Sons 1966.

[FOGE88] Fogel, D.B.: An Evolutionary Approach to the Traveling Salesman Problem, in: Biological Cybernetics 60 (1988), S. 139-144.

[FOGE90] Fogel, D.B.; Atmar, W.: Comparing Genetic Operators with Gaussian Mutations in Simulated Evolutionary Processes Using Linear Systems, in: Biological Cybernetics 63 (1990), S. 111-114.

[FOGE92a] Fogel, D.B.: Evolving Artificial Intelligence, Dissertation, University of California, San Diego 1992.

[FOGE92b] Fogel, D.B.; Atmar, W. (Hrsg.): Proceedings of the First Annual Conference on Evolutionary Programming, San Diego/CA: Evolutionary Programming Society 1992.

[FOGE92c] Fogel, D.B.; Fogel, L.J.; Atmar, W.; Fogel, G.B.: Hierarchic Methods of Evolutionary Programming, in: [FOGE92b], S. 175-182.

[FOGE93a] Fogel, D.B.; Atmar, W. (Hrsg.): Proceedings of the Second Annual Conference on Evolutionary Programming, San Diego/CA: Evolutionary Programming Society 1993.

[FOGE93b] Fogel, D.B.: On the Philosophical Differences between Evolutionary Algorithms and Genetic Algorithms, in: [FOGE93a], S. 23-29.

[FOGE93c] Fogel, D.B.: Evolving Behaviors in the Iterated Prisoner's Dilemma, in: Evolutionary Computation 1 (1993) 1, S. 77-97.

---

[27] Bedingt durch die angenommene Diskretisierung von **R** auf die Menge der im Computer darstellbaren Zahlen, untersucht Fogel eigentlich ein Gittersuchverfahren. Bäck kritisiert daher zu Recht, daß das wahre globale Optimum sich von dem unterscheiden kann, welches der geschilderte Algorithmus findet. Vgl. [BÄCK96, S. 106].

[FOGE95] Fogel, D.B.: Evolutionary Computation. Toward a New Philosophy of Machine Intelligence, New York: IEEE Press 1995.

[GEHL96] Gehlhaar, D.K.; Fogel, D.B.: Tuning Evolutionary Programming for Conformationally Flexible Molecular Docking, in: Fogel, L.J.; Angeline, P.J.; Bäck, T. (Hrsg.): Proceedings of the Fifth Annual Conference on Evolutionary Programming, Cambridge/MA: MIT Press 1996.

[IOSI80] Iosifescu, M.: Finite Markov Processes and Their Applications, Chichester: Wiley&Sons 1980.

[MAYR88] Mayr, E.: Toward a New Philosophy of Biology: Observations of an Evolutionist, Cambridge/MA: Belknap Press 1988.

[NISS94] Nissen, V.: Evolutionäre Algorithmen. Darstellung, Beispiele, betriebswirtschaftliche Anwendungsmöglichkeiten, Wiesbaden: DUV 1994.

[SEBA94] Sebald, A.V.; Fogel, L.J. (Hrsg.): Proceedings of the Third Annual Conference on Evolutionary Programming, Singapore: World Scientific 1994.

[WINS87] Winston, W.L.: Operations Research: Applications and Algorithms, Boston: Duxbury Press 1987.

Sonstige weiterführende Literatur

Fogel, D.B.; Angeline, P.J.; Fogel, L.J.: An Evolutionary Programming Approach to Self-Adaptation in Finite State Machines, in: McDonnell, J.R., Reynolds, R.G.; Fogel, D.B. (Hrsg.): Proceedings of the Fourth Annual Conference on Evolutionary Programming, Cambridge/MA: MIT Press 1995.

Fogel, L.J.; Angeline, P.J.; Bäck, T. (Hrsg.): Proceedings of the Fifth Annual Conference on Evolutionary Programming, Cambridge/MA: MIT Press 1996.

Nelson, K.M.: Function Optimization and Parallel Evolutionary Programming, in: [SEBA94], S. 324-334.

Saravanan, N.: Reinforcement Learning Using Evolutionary Programming, in: [SEBA94], S. 175-184.

Sebald, A.V.: On Exploiting the Global Information Generated by Evolutionary Programs, in: [FOGE92b], S. 169-174.

Sebald, A.V.: Issues in Autonomous System Identification Using Evolutionary Programming, in: [FOGE93a], S. 164-169.

5.5 Aufgaben zum Kapitel 5

Aufgabe 5-1: Wiederholung

a) Warum verzichten Anhänger von EP auf die Rekombination?

b) Schildern Sie zwei Möglichkeiten der Schrittweitensteuerung bei EP! Wo liegen die Vorteile einer selbstadaptiven Schrittweitensteuerung?

c) Wo liegen Vorteile einer selbstadaptiven Schrittweitensteuerung nach dem Vorbild der ES, also auf Basis der Log-Normalverteilung, gegenüber einer selbstadaptive Steuerung auf Basis der Normalverteilung, wie sie für Meta-EP ursprünglich vorgeschlagen wurde?

d) Was ist ein finiter Automat (*finite state machine*)? Wie läßt sich EP auf eine Lösungsrepräsentation in Form eines finiten Automaten anwenden? Wo sehen Sie Einsatzmöglichkeiten für einen solchen Ansatz?

Aufgabe 5-2: Fragen zum Nachdenken

a) Wie beurteilen Sie den Verzicht auf Rekombination in EP? Welche Vor- und Nachteile davon sehen Sie?

b) Erläutern Sie Unterschiede und Gemeinsamkeiten zwischen EP und ES!

c) Erläutern Sie Unterschiede und Gemeinsamkeiten zwischen EP und GA!

d) Wie beurteilen Sie den stochastischen Selektionsprozeß (Zufallszahlen!) in EP, einerseits vor dem Hintergrund des Vorbildes der Evolution und andererseits unter praktischen Gesichtspunkten der Optimierung?

Aufgabe 5-3: Praktische Übung

a) Implementieren Sie EP und Meta-EP zur Optimierung kontinuierlicher Variablen in einer selbstgewählten Programmiersprache! Überprüfen und evaluieren Sie die Verfahren an einigen der in Anhang B wiedergegebenen Funktionen kontinuierlicher Variablen!

b) Variieren Sie nun gezielt die Selektionshärte und beobachten Sie die Auswirkungen auf das Optimierungsergebnis (Zielfunktionswert)! Machen Sie dabei für jede Einstellung der Strategieparameter mindestens zehn unabhängige Läufe von unterschiedlichen Startpunkten und betrachten Sie die besten, schlechtesten und Mittelwert-Ergebnisse zu jeder Einstellung. Tun Sie dies für eine unimodale Funktion (Rosenbrock) sowie für eine multimodale Funktion (z.B. Griewank oder Schaffer1). Unterscheiden sich günstige Einstellungen in den beiden Fällen?

(Hinweis: Beachten Sie, daß EP zwei Möglichkeiten bietet, um die Selektionshärte zu beeinflussen: zum einen die Anzahl der Wettkämpfe im stochastischen Selektionsprozeß und, zum anderen, das Verhältnis von μ und λ. Ändern Sie zunächst nur einen dieser Strategieparameter auf einmal.)

c) Programmieren Sie nun noch eine EP-Variante für kombinatorische Optimierungsprobleme wie die im Anhang B wiedergegebene Claus-Hotz-Funktion!

(Hinweis: Hierbei ist es erforderlich, eine angemessene Repräsentation und angepaßte Suchoperatoren zu entwickeln. Für die Claus-Hotz-Funktion könnten Sie mit einer Permutationsrepräsentation arbeiten und ihren Mutationsoperator auf einem Zweier- oder Dreiertausch von Permutationselementen aufbauen. Was Ihnen dann noch fehlt, ist eine vernünftige Schrittweitensteuerung. Bedenken Sie, daß Ihnen keine Angaben zum globalen Optimum der Funktion vorliegen!)

d) Lassen sich die unter b) gefundenen guten Einstellungen zur Härte der Selektion auf die kombinatorische EP-Variante für die Claus-Hotz-Funktion übertragen?

e) Können Sie für Ihr unter c) entwickeltes Verfahren eine *selbstadaptive* Form der Schrittweitensteuerung finden?

6 EA nah verwandte Optimierungsmethoden

In diesem Kapitel werden in kurzer Form einige heuristische Optimierungsmethoden vorgestellt, die deutliche Ähnlichkeiten zu EA aufweisen und gleichzeitig wichtige Konkurrenten von EA in der praktischen Optimierung sind. Im einzelnen handelt es sich um: Simulated Annealing (SA), Threshold Accepting (TA), Sintflut-Algorithmus (SI) und Record-to-Record Travel (RR).[1]

Unter den genannten Methoden ist SA, genau wie EA, als naturanalog zu bezeichnen. SA beruht allerdings nicht auf dem Prozeß der Evolution. Hier dient stattdessen das Abkühlen und Auskristallisieren einer Schmelze als natürliches Vorbild. TA, SI und RR sind Vereinfachungen von SA hinsichtlich der Kontrollstrukturen. Alle vier Methoden gehorchen auf abstrakter Ebene einem gemeinsamen Ablaufschema:

Zunächst bestimmt man, meistens stochastisch, eine Ausgangslösung. Aus ihr wird eine neue Lösung generiert, die sich von der vorigen nur geringfügig unterscheidet. Anders ausgedrückt, liegt die neue Lösung in einer vorab definierten *Nachbarschaft* der alten Lösung. Beide werden nun hinsichtlich ihrer Zielfunktionswerte verglichen und eine Entscheidung getroffen, ob die neue Lösung „akzeptabel" ist. In diesem Fall ersetzt sie die alte Lösung und der Vorgang wird von der neuen Lösung aus wiederholt. Andernfalls verwirft man die neue Lösung und sucht von der alten Lösung aus weiter. Das Akzeptanzkriterium (Selektion) ist so formuliert, daß grundsätzlich auch begrenzte Lösungsverschlechterungen toleriert werden. Mit Fortschreiten des Optimierungsprozesses werden jedoch die Qualitätsanforderungen sukzessiv erhöht. Abbruchkriterien sichern eine endliche Laufzeit .

6.1 Simulated Annealing

Simulated Annealing (SA) wurde unabhängig voneinander durch Kirkpatrick et al. [KIRK83] sowie von Cerny [CERN85] als Optimie-

---

[1] Es existieren weitere Methoden, die Ähnlichkeiten zu EA aufweisen, jedoch in dieser Einführung nicht näher behandelt werden. Dazu gehören z.B. F. Glovers Scatter Search sowie S. Balujas Population-Based Incremental Learning und, in geringerem Maße, Tabu Search. Die Übersicht weiterführender Literatur am Ende dieses Kapitels enthält hierzu Quellen.

rungsverfahren für kombinatorische Problemstellungen vorgeschlagen. SA beruht auf dem Vorbild des physischen Abkühlungsprozesses (*annealing*) einer Schmelze zum Festkörper. Ein Beispiel wäre die Bildung eines gleichmäßigen Kristalls aus der geschmolzenen Substanz. In der Schmelze können sich die Moleküle praktisch frei bewegen. Je weiter die Temperatur abnimmt, umso mehr wird ihre Bewegungsfreiheit eingeschränkt. Erfolgt das Abkühlen hinreichend langsam, so wird auf jeder Temperaturstufe ein thermisches Gleichgewicht erreicht. Die Substanz gelangt so schließlich in eine Grundstruktur mit minimalem Energieniveau, wie etwa ein Kristall. Bei zu raschem Abkühlen verfestigt sich die Substanz zwar ebenfalls, jedoch in einer Struktur mit höherem Energieniveau. Wichtig ist hier, daß ein System niedriger Temperatur durchaus in einem energetisch hohen Zustand sein kann.

Es bezeichne S die Menge aller möglichen Zustände des Systems und T die aktuelle Temperatur. Das System befinde sich außerdem im *thermischen Gleichgewicht*. Dann ist die Wahrscheinlichkeit $p_T(a)$, daß sich das System bei Temperatur T in Zustand a befindet, abhängig vom Energieniveau E_a dieses Zustandes und gegeben durch die Boltzmann-Verteilung [AART89, S. 14]:

$$p_T(a) = \frac{1}{\sum_{b \in S} \exp\left(\frac{-E_b}{k \cdot T}\right)} \cdot \exp\left(\frac{-E_a}{k \cdot T}\right)$$

Dabei ist k die Boltzmann-Konstante.

Bereits 1953 hatten Metropolis et al. [METR53] ein stochastisches Simulationsverfahren vorgeschlagen, um die Strukturentwicklung einer Schmelze bei gegebener Temperatur darzustellen:

Angenommen, das System befindet sich zu einem Zeitpunkt t im Zustand a mit dem Energieniveau E_a. Durch eine geringfügige zufällige Veränderung von a erhält man einen neuen Vorschlag b für den Zustand des Systems zum Zeitpunkt t+1. Ob der neue Zustand akzeptiert wird oder nicht, hängt von der Differenz $\Delta E = E_b - E_a$ der Energieniveaus von a und b ab. Ist $\Delta E \leq 0$, so wird der neue Zustand akzeptiert. Gilt $\Delta E > 0$, so wird b *nicht* automatisch verworfen, sondern akzeptiert mit der Wahrscheinlichkeit:

$$\exp\left(\frac{E_a - E_b}{k \cdot T}\right)$$

Wenn jeweils eine hinreichend große Anzahl von Iterationen durchgeführt wird, so stellt diese Akzeptanzregel sicher, daß sich das System auf jedem Temperaturniveau zum thermischen Gleichgewicht hinbewegt.

Dieses sogenannte Metropolis-Verfahren dient im Simulated Annealing dazu, eine Sequenz von Lösungen für kombinatorische Optimierungsprobleme zu generieren. Dabei werden folgende Analogien zum physischen Abkühlen benutzt:

- Lösungen des Optimierungsproblems korrespondieren zu Systemzuständen (Konfigurationen) beim physischen Abkühlen.
- Die Zielfunktion F entspricht dem Energieniveau.
- Man vergleicht die Suche nach möglichst guten Lösungen mit der Suche nach einem Systemzustand mit minimaler Energie.
- Die Temperatur T wird zu einem Kontrollparameter der Optimierungsmethode.

SA kann aufgefaßt werden als eine iterative Anwendung des Metropolis-Verfahrens auf sinkenden Werten des Kontrollparameters T. Bild 6-1 gibt den SA-Ablauf in Pseudocode wieder.

Wesentlichen Einfluß auf die Performance von SA hat der gewählte Abkühlungsplan (*annealing schedule*). Er legt fest, in welchen Schritten der Kontrollparameter T abgesenkt werden soll und wieviele Iterationen dabei auf den einzelnen Stufen durchzuführen sind. Der früheste Vorschlag für einen Abkühlungsplan stammt von Kirkpatrick et al. Sie setzen den Anfangswert T_0 so hoch, daß praktisch jede Lösung akzeptiert wird. Dadurch wird vermieden, daß sich der Optimierungsprozeß schon frühzeitig auf einen bestimmten Bereich des Suchraumes beschränkt. Im weiteren Optimierungsverlauf senken Kirkpatrick et al. dann T ab mittels einer proportionalen Abkühlungsfunktion der Form $T_{t+1} = \alpha \cdot T_t$ mit α als Konstante. Typische Werte für α liegen zwischen 0,8 und 0,99. So erhält man eine asymptotische Annäherung an den Minimalwert $T_{min} = 0$. Viele weitere Abkühlungspläne sind vorgeschlagen worden.[2]

---

[2] Hier wird auf die Überblicke in [COLL88,EGLE90,RUDO93] verwiesen.

Bild 6-1: Grober Ablauf von Simulated Annealing zur Minimierung (Pseudocode)

```
1 Wähle Anfangstemperatur T0 > 0
2 Wähle Anfangsanzahl von Iterationen I0
3 t ← 0
4 Wähle Startlösung x⃗
5 Bestimme Zielfunktionswert F(x⃗)
6 Wiederhole
7   Für i=1 bis It wiederhole
8   Beginn
Replikation: 9
9     Kopiere x⃗
Variation: 10
10    Mutation der Kopie ergibt x⃗' aus der
      Nachbarschaft von x⃗
Lösungsbewertung und Selektion: 11-13
11    Bestimme Zielfunktionswert F(x⃗')
12    ΔE ← F(x⃗') - F(x⃗)
13    Wenn ΔE ≤ 0, dann x⃗ ← x⃗'
      sonst wenn exp(-ΔE/Tt) > random(0,1), dann x⃗ ← x⃗'
14  Ende
15  t ← t + 1
16  Ermittle Tt
17  Ermittle It
18 bis eine Abbruchbedingung erfüllt ist
19 Ausgabe der Ergebnisse
20 Stop
```

Die Akzeptanzregel nach Metropolis et al. bewirkt, daß SA auch Lösungsverschlechterungen toleriert. Die Annahmewahrscheinlichkeit ist dabei umso höher, je größer der Wert von T ist und je geringer die Lösungsverschlechterung ausfällt. So können lokale Optima wieder verlassen werden, um möglichst noch bessere Lösungen zu finden. Gegen Ende des Optimierungsprozesses, wenn T kleine Werte annimmt, ist die Akzeptanzwahrscheinlichkeit für Verschlechterungen nur noch sehr gering. Bei T=0 werden nur noch Verbesserungen zugelassen.

Langsames Abkühlen führt zu sehr guten Ergebnissen, aber auch zu langen Rechenzeiten. Schnelles Abkühlen verkürzt demgegenüber die

Rechenzeit, führt aber im allgemeinen auch zu schlechteren Ergebnissen. Hier wird ein *trade-off* zwischen Konvergenzgeschwindigkeit und Ergebnisqualität sichtbar.[3]

SA läßt sich als Markovkette modellieren. Unter bestimmten Annahmen hinsichtlich des verwendeten Abkühlungsplans kann die Konvergenz auf ein globales Optimum bewiesen werden [LAAR87, AART89,ROME91]. Hierfür sind jedoch exponentielle Laufzeiten erforderlich. Unter praktischen Gesichtspunkten, bei beschränkten Optimierungszeiten, ist SA daher als Heuristik anzusehen. Die in praktischen Anwendungen verwendeten Abkühlungspläne führen entsprechend zu Konvergenz in vertretbarer Zeit, verfehlen dafür aber eventuell das globale Optimum der Zielfunktion.

Als weitere wichtige Implementierungsentscheidung muß eine Nachbarschaftsstruktur festgelegt werden sowie ein Mechanismus, mit dem jeweils eine neue Lösung aus der Nachbarschaft der alten Lösung generiert wird. Eine adäquate Nachbarschaftsstruktur zu definieren, ist eine problemabhängige Aufgabe. Im allgemeinen gibt es mehrere Alternativen, die unterschiedlich effizient sind. Die Auswahl einer neuen Lösung aus dieser Nachbarschaft geschieht dann meistens zufällig.

Verschiedene Autoren haben Modifikationsvorschläge gemacht, die SA zwar z.T. weiter vom physikalischen Vorbild abbringen, andererseits aber die Rechenzeiten verkürzen helfen oder zu besseren Ergebnissen führen.[4]

Besonders hinzuweisen ist auf die steigende Zahl von Hybridsystemen, die SA mit anderen Lösungsverfahren kombinieren. Rudolph [RUDO93], Mahfoud und Goldberg [MAHF95] sowie Varanelli und Cohoon [VARA95] übertragen beispielsweise die Idee einer populationsbasierten Optimierung sowie weitere Konzepte aus dem EA-Bereich auf SA.

Zum Abschluß nun noch ein Anwendungsbeispiel für SA:

Beispiel: Simulated Annealing

Jørgensen et al. [JØRG92] beschreiben folgendes Problem: In Dänemark sollen in großem Umfang Flächen aufgeforstet werden.

---

[3] Siehe das Beispiel zu Threshold Accepting im nächsten Abschnitt.

[4] Der Beitrag von Eglese [EGLE90] enthält hierzu eine Übersicht.

Dabei ist unter anderem zu berücksichtigen, daß Landschaftsflächen für Wald unterschiedlich geeignet sind. Außerdem gelten Beschränkungen hinsichtlich der zulässigen Größe und Form der neu zu planenden Waldstücke. Eine entsprechende Größenschranke gilt auch für die gesamte bewaldete Fläche. Gesucht sind möglichst günstige Flächen für zukünftige Aufforstungen. Der Sachverhalt kann als Minimierungsproblem modelliert werden.

Der Lösungsansatz von Jørgensen et al. beruht auf einer zweistufigen Vorgehensweise. Im ersten Teil bestimmen sie mit SA die günstigsten Aufforstungsgebiete, ohne Größen- und Formrestriktionen der Einzelflächen zu beachten. Das Ergebnis dient dann als Eingabe für ein ergänzendes Konstruktionsverfahren, das die detaillierte Gestaltung der neuen Aufforstungsflächen unterstützt.

Der SA-Ablauf entspricht Bild 6-1. Jørgensen et al. verwenden die bereits beschriebene proportionale Abkühlungsfunktion von Kirkpatrick et al. Dabei ist der Startwert T_0 heuristisch festgelegt. Die Zahl der Iterationen I_t auf jeder Temperaturstufe ist konstant. Als Startlösung werden eine bestimmte Anzahl gleichgroßer potentieller Aufforstungsgebiete zufällig über das infrage kommende Gebiet verteilt. Dabei ist die gesamte betrachtete Fläche in kleine Rastereinheiten definierter Größe strukturiert worden. Zu jedem Rasterelement enthält eine Datenbank die notwendigen Informationen, um Aufforstungsvorschläge hinsichtlich der Zielkriterien bewerten zu können. Aus jeder Lösung entsteht eine neue Lösung mit Hilfe einer stochastischen Suche in der Nachbarschaft der bisher vorgeschlagenen Aufforstungsgebiete.

SA findet gute Aufforstungsvorschläge innerhalb von etwa 10 Minuten auf einer Workstation. Jørgensen et al. untersuchen auch die Stabilität der Lösungen. Dazu werden unterschiedliche Startwerte für den Zufallszahlengenerator gewählt. Die anderen Parameter bleiben konstant. Es zeigt sich, daß die neun besten Aufforstungsgebiete immer an den gleichen Orten ausgewiesen werden.

SA ist inzwischen eine weit verbreitete Optimierungsmethode mit Anwendungen in unterschiedlichsten Gebieten. Beispiele sind Job Shop Scheduling, Rundreiseprobleme, Entwerfen flexibler Fertigungszellen, Graphenpartitions- und Graphenfärbeprobleme sowie Chipdesign.

6.2 Threshold Accepting

Threshold Accepting (TA), Sintflut-Algorithmus (SI) und Record-to-Record Travel (RR) basieren auf SA, enthalten jedoch einige Vereinfachungen. Damit werden die folgenden Ziele verfolgt:

- einfache Implementierung,
- einfache Parameterisierung,
- geringe Rechenzeiten,
- möglichst vergleichbare oder bessere Lösungsqualität als bei SA.

TA, SI und RR wurden am IBM Forschungszentrum in Heidelberg unter Leitung von Gunter Dueck entwickelt. Der Hauptunterschied zu SA liegt darin, wie die Entscheidungsregel ausgestaltet wird, die festlegt, ob eine neu generierte Lösung „akzeptabel" ist. Diese Akzeptanzregel macht es, wie wir gesehen hatten, bei SA erforderlich, einen Abkühlungsplan festzulegen, der die Performance entscheidend beeinflußt. Soweit die neue Lösung gegenüber der alten den Zielfunktionswert verschlechtert, muß eine Annahmewahrscheinlichkeit berechnet und schließlich, mittels einer Zufallszahl, die Akzeptanzentscheidung getroffen werden. Diese Vorgehensweise ist rechenzeitaufwendig und bildet den Ansatzpunkt für Vereinfachungen in TA, SI und RR.

TA akzeptiert jede neue Lösung, soweit sie „nicht viel schlechter" ist als die alte Lösung. Das Ausmaß der erlaubten Verschlechterung hängt von einem Schwellenwert (*threshold*) T ab, der im Verlauf des Optimierungsprozesses sukzessive bis auf Null verringert wird. Dadurch reduziert sich die jeweils in einem Schritt zulässige Verschlechterung allmählich, bis schließlich nur noch Verbesserungen akzeptiert werden. Bild 6-2 gibt den TA-Ablauf für ein beliebiges *Maximierungsproblem* wieder. Die teilweise etwas unscharfen Formulierungen entsprechen den Angaben der Originalpublikationen [DUEC90,93a,b].

Die Originaldarstellungen von TA bei Dueck et al. gewähren einige Freiheitsgrade hinsichtlich der konkreten Umsetzung der Methode. Erstens ist es zweckmäßig, die beste während eines TA-Laufes bisher gefundene Lösung separat festzuhalten und immer zu aktualisieren, wenn eine noch bessere Lösung gefunden wird. So geht die beste bislang gefundene Lösung des TA-Laufes nicht wieder verloren. Sie bildet auch das Endergebnis. Diese Maßnahme ist bei allen Heuristiken dieses Kapitels, genau wie bei EA, zweckmäßig und gängige Praxis.

Bild 6-2: Grober Ablauf von Threshold Accepting für Maximierung als Pseudocode

```
1 Wähle Anfangs-Schwellenwert T0 > 0
2 Wähle End-Schwellenwert Tmin ≥ 0
3 Wähle Anfangsanzahl von Iterationen I0
4 t ← 0, i ← 0
5 Wähle Startlösung x⃗
6 Bestimme Zielfunktionswert F(x⃗)
7 Solange Tt ≥ Tmin wiederhole
8   i ← i + 1
Replikation: 9
9   Kopiere x⃗
Variation: 10
11  Mutation der Kopie ergibt x⃗' aus der Nachbar-
    schaft von x⃗
Lösungsbewertung und Selektion: 11-13
11  Bestimme Zielfunktionswert F(x⃗')
12  ΔF ← F(x⃗') - F(x⃗)
13  Wenn ΔF > -Tt, dann x⃗ ← x⃗'
14  Wenn lange keine Verbesserung eintritt oder i = It,
    dann i ← 0, t ← t + 1, ermittle Tt, ermittle It
15 Ausgabe der Ergebnisse
16 Stop
```

Zweitens kann die Wahl einer neuen Lösung aus der Nachbarschaft der alten Lösung einerseits stochastisch, also zufällig, erfolgen. Sie kann andererseits aber auch deterministisch vorgenommen werden, also nach Maßgabe eines festgelegten Plans ohne Zufallseinflüsse.[5] Wichtig ist, daß ein permanentes Zirkulieren zwischen einzelnen Lösungen möglichst vermieden wird. Dueck und Scheuer machten bei TSP-Problemen die Erfahrung, daß die deterministische TA-Version praktisch gleichgute Lösungen wie die stochastische Variante fand. Eine deterministische Form benötigte jedoch deutlich weniger Zeit, weil keine Zufallszahlen erzeugt werden mußten [DUEC90].

---

[5] Komplexe Optimierungsanwendungen können es übrigens erfordern, eine ganze Reihe unterschiedlicher möglicher lokaler Veränderungen zur Erzeugung von Lösungen zu spezifizieren. Wie häufig letztlich jede lokale Veränderung aufgerufen wird, läßt sich über Kontrollvariablen steuern.

Drittens stellt sich die Frage nach den zu wählenden Schwellenwerten auf jeder Stufe von TA. Dueck und Scheuer verwenden in ihrer TA-Implementierung für das TSP-Problem einen Vektor diskreter Schwellenwerte. Diese Vorgehensweise erscheint unflexibel und erfordert Vorexperimente, wenn die Heuristik auf andere Optimierungsprobleme angewendet werden soll. Im folgenden Beispiel von Nissen und Paul [NISS95] wird stattdessen mit einer Schwellenwertfunktion gearbeitet, die Anleihen beim Abkühlungsplan von SA macht. Außerdem steuert eine Iterationsfunktion wie oft ein Schwellenwert angewendet wird.

Beispiel: Threshold Accepting

Der Anwendungshintergrund für die nachfolgend beschriebene TA-Implementierung ist das schon aus Kapitel 4 bekannte Quadratische Zuordnungsproblem (QZP). Dieses Problem wird hier mit einem modifizierten TA gelöst, wobei die Lösungsrepräsentation wieder als Permutation erfolgt. Eine neue Lösung wird dadurch erzeugt, daß zwei stochastisch bestimmte Elemente (Zahlen) vertauscht werden. Mit einer Problemgröße $n = 4$ und einer bisherigen Lösung (2,1,3,4) wären (1,2,3,4) und (2,4,3,1) also Beispiele für mögliche neue Lösungen. Zur Bestimmung des Schwellenwertes wird die folgende Threshold-Funktion verwendet:

$$T_t = \begin{cases} T_0 & t = 1 \\ \alpha \cdot T_{t-1} & t = 2, \ldots \end{cases}$$

wobei: T_0 : Anfangs-Schwellenwert
T_t : Schwellenwert auf Ebene t
α : Absenkungsfaktor mit $\alpha \in \,]0,1[$

Der Absenkungsfaktor α ist ein Strategieparameter, der auf Werte im Interval [0,8; 0,995] gesetzt werden sollte. Der Anfangs-Schwellenwert kann aus einer Vorabstichprobe von m Lösungen berechnet werden als:

$$T_0 = \beta \cdot \frac{1}{m} \sum_{i=1}^{m} F_i$$

wobei: F_i : Zielfunktionswert von Lösung i
β : konstanter Faktor
($\beta = 0{,}05$ und $m = 3$ bei allen Experimenten einheitlich gewählt)

Auf jeder Ebene t des TA-Optimierungsprozesses muß die Anzahl der Iterationen I_t, also der zu evaluierenden Lösungen, festgelegt werden. Über die Zeit wird es immer schwieriger für das TA-Verfahren, bessere Lösungen zu finden und lokale Suboptima wieder zu verlassen. Daher sollte I_t in späteren Phasen des Optimierungsprozesses höher sein als zu Beginn. Hierzu wird folgende Iterationsfunktion benutzt:

$$I_t = \begin{cases} \dfrac{c \cdot T_0 \cdot I_{max}}{T_t} & c \cdot T_0 \le T_t \le T_0 \\ I_{max} & \text{sonst} \end{cases}$$

wobei: I_t : Anzahl der Iterationen auf Ebene t

I_{max}: maximale Anzahl Iterationen

c : konstanter Faktor

(c = 0,1 bei allen Experimenten einheitlich gewählt)

Eine maximale Anzahl von Iterationen I_{max} soll übermäßige Rechenzeitanforderungen des Verfahrens verhindern. TA terminiert, wenn entweder T_t unter einen Minimalwert von $T_{min} = 1$ gefallen ist, die komplette Nachbarschaft einer Lösung erfolglos abgesucht wurde, oder auf 10 Ebenen hintereinander keine Verbesserung mehr zu verzeichnen war. Bild 6-3 gibt einen Überblick der modifizierten TA-Implementierung.

Dieses Verfahren wurde auf QZP unterschiedlicher Größe und Struktur angewendet. Dabei wurden alle Parameter bis auf den Absenkungsfaktor α und die maximal erlaubte Anzahl Iterationen I_{max} konstant gehalten. Für α sind drei verschiedene Einstellungen getestet worden: 0,8 und 0,975 sowie 0,995 (Strategie TA-3, TA-2 und TA-1). Je größer der Wert für α, umso langsamer wird der Schwellenwert gesenkt, und umso intensiver sucht dann TA nach guten Lösungen. I_{max} war der einzige Strategieparameter, der individuell für jedes Testproblem festzulegen war.

Tabelle 6-1 enthält repräsentative Ergebnisse für drei bekannte QZP.[6] Die besten bekannten Zielfunktionswerte lauten für NUG30 6124, für STE36a 9526 und für SKO64 48498. Es ist deutlich zu erkennen, daß über den Absenkungsfaktor α die Lösungsgüte und Konvergenzgeschwindigkeit maßgeblich beeinflußt werden.

---

[6] Siehe auch Tabelle 4-1.

Der hier vorgestellte modifizierte TA hat sich als sehr effizient im Vergleich zu anderen QZP-Heuristiken herausgestellt. Das Verfahren kann leicht auf andere Optimierungsprobleme übertragen werden, indem I_{max} neu festgelegt und gegebenenfalls die Nachbarschaftsstruktur anders definiert wird.

Bild 6-3: Modifizierter TA für QZP (Minimierung) in Pseudocode

1 Initialisiere Strategieparameter $\alpha, \beta, c, m, I_{max}, T_{min}$
2 Bestimme T_0
3 $t \leftarrow 0$
4 Wähle Startlösung $\vec{x}$, speichere als $\tilde{\vec{x}}$
  *(*Speicherung als vorläufig beste Lösung*)*
5 Bestimme Zielfunktionswert $F(\vec{x})$, speichere als $\tilde{F}$
  *(*Speicherung des vorl. besten Zielfunktionswertes*)*
6 Wiederhole
7   $t \leftarrow t + 1$
8   Berechne T_t und I_t
9   $i \leftarrow 0$
10   Wiederhole
11     $i \leftarrow i + 1$
Replikation: 12
12   Kopiere $\vec{x}$
Variation: 13
13   Zweiertausch ergibt $\vec{x}'$
Lösungsbewertung und Selektion: 14-16
14   Bestimme Zielfunktionswert $F(\vec{x}')$
15     $\Delta F \leftarrow F(\vec{x}') - F(\vec{x})$
16   Wenn $\Delta F < T_t$, dann $\vec{x} \leftarrow \vec{x}'$
17   Wenn $F(\vec{x}') < \tilde{F}$, dann
       $\tilde{F} \leftarrow F(\vec{x}'), \tilde{\vec{x}} \leftarrow \vec{x}'$
18   bis $i = I_t$ oder Nachbarschaft erfolglos abgesucht
19 bis $T_t < T_{min}$ oder Nachbarschaft erfolglos abgesucht oder seit 10 Ebenen t keine Verbesserung mehr
20 Ausgabe von $\tilde{\vec{x}}$ und $\tilde{F}$
21 Stop

Tabelle 6-1: Auswirkungen von α am Beispiel von drei QZP.

Test-problem	Durchschnittliche ZF-Werte und Anzahl Lösungsbewertungen					
	ZFW (TA-1)	LBW (Tsd.)	ZFW (TA-2)	LBW (Tsd.)	ZFW (TA-3)	LBW (Tsd.)
NUG30	6148	225,16	6179	36,00	6330	3,46
STE36a	9615	516,42	9834	97,36	10245	8,85
SKO64	48747	764,80	48919	121,26	49754	9,21

(ZFW = Zielfunktionswert, LBW = Anzahl Lösungsbewertungen, Tsd. = Tausend. Angegeben sind Durchschnitte aus 10 Läufen. Es gilt α=0,995 für TA-1, α=0,975 für TA-2 und α=0,8 für TA-3.)

6.3 Sintflut-Algorithmus und Record-to-Record-Travel

Der Sintflut-Algorithmus (SI) und der Record-to-Record-Travel (RR) sind aus dem Bemühen entstanden, die TA-Methodik weiter zu vereinfachen [DUEC93a].

Sintflut-Algorithmus

SI läßt sich am besten anhand der Metapher eines Wanderes erläutern, der ohne Wanderkarte einen möglichst hohen Gipfel in einer gebirgigen Landschaft sucht. Der Wanderer ist kurzsichtig, kann also nur Höhenunterschiede in seiner unmittelbaren Umgebung wahrnehmen, und wandert daher ohne globale Orientierung umher.

Nun regnet es ohne Unterlaß, und das Land wird langsam überflutet. Da unser Wanderer nicht schwimmen kann, muß er bei seinem Umherirren auf trockenem Boden bleiben. Mit steigendem Wasserstand wird er so gezwungen, immer höher hinaufzusteigen, bis er schließlich auf allen Seiten von Wasser umschlossen ist. Die Hoffnung ist, daß der Wanderer sich am Schluß an einer der höchsten Stellen unserer imaginären Gebirgslandschaft befindet.

Den Ablauf von SI gibt Bild 6-4 als Pseudocode wieder. Gegenüber TA wird eine abweichende Akzeptanzregel verwendet. Ob eine neue Lösung akzeptabel ist oder nicht wird nun durch einen Vergleich des Zielfunktionswertes mit einer Variable „Wasserstand" W getroffen, wobei der Wasserstand langsam ansteigt.

In Anlehnung an die beim modifizierten TA vorgestellte Threshold-Funktion liegt es nahe, auch bei SI den Wasserstand nicht um jeweils einen konstanten Wert („Regengeschwindigkeit" UP) zu erhöhen. Stattdessen sollte W zunächst stark und später immer geringfügiger heraufgesetzt werden. Dadurch erhöht sich die Chance, in der Endphase der Optimierung noch bessere Lösungen zu finden.

Dueck schlägt für die Regengeschwindigkeit einen Wert vor, der etwas kleiner ist als 1 % des durchschnittlichen Abstandes zwischen dem Wasserstand und dem aktuellen Zielfunktionswert der Lösung.

Bild 6-4: Ablauf des Sintflut-Algorithmus für Maximierung in Pseudocode

```
 1 Wähle Wasserstand W > 0
 2 Wähle Regengeschwindigkeit UP > 0
 3 Wähle t_max
 4 t ← 0
 5 Wähle Startlösung x⃗
 6 Bestimme Zielfunktionswert F(x⃗)
 7 Wiederhole
 8   t ← t + 1
Replikation: 9
 9   Kopiere x⃗
Variation: 10
10   Mutation der Kopie ergibt x⃗' aus der Nachbar-
     schaft von x⃗
Lösungsbewertung und Selektion: 11,12
11   Bestimme Zielfunktionswert F(x⃗')
12   Wenn F(x⃗') > W, dann x⃗ ← x⃗', W ← W + UP
13 bis lange keine Verbesserung eintritt
   oder t_max erreicht ist
14 Ausgabe der Ergebnisse
15 Stop
```

Nach Ansicht der Entwickler ist SI fast genauso gut wie TA, nicht ganz so stabil in der Qualität seiner Lösungen, dafür aber schneller [DUEC93b]. Man kann sich fragen, wie eine derart simple Methode bei komplexen Anwendungen zu guten Ergebnissen führen kann. Dueck et al. erklären den Erfolg vor allem daraus, daß es bei praktischen Optimierungsproblemen häufig viele verschiedene gute Lösungen gibt.

Ein anderer Erklärungsansatz besteht darin, daß es mit steigender Dimension des Suchraumes, also mit einer Zunahme der Anzahl der zu optimierenden Variablen, tendenziell einfacher wird, ein lokales Optimum wieder zu verlassen. Das scheint der Intuition zu widersprechen. Bild 6-5 verdeutlicht, was gemeint ist.

Im oberen Bildteil ist der eindimensionale Fall dargestellt. Unser Wanderer - er befindet sich dort wo das Kästchen eingezeichnet ist - hat keine Möglichkeit, auf den weiter links gelegenen größeren Hügel zu gelangen, weil dazwischen bereits Wasser ist. Im unteren Bildteil ist eine ähnliche Ausgangssituation dargestellt, doch nun für den Fall von zwei Entscheidungsvariablen. Die Pfeile deuten an, daß es hier sehr wohl verschiedene Möglichkeiten geben kann, das Hindernis zu umgehen und doch auf den höheren Gipfel zu gelangen.

Bild 6-5: Mit steigender Dimension des Suchraumes wird es tendenziell leichter, ein lokales Optimum zu verlassen.

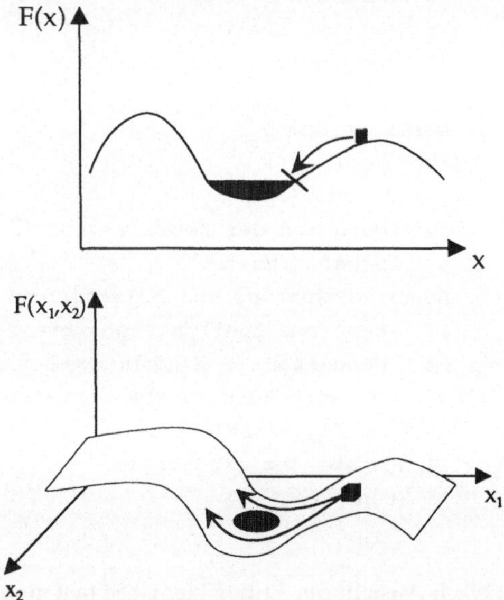

Iterative Methoden, wie TA, SA oder SI, bei denen die Möglichkeit begrenzter Lösungsverschlechterungen im Optimierungsverlauf zugelassen wird, sind demnach gerade bei komplexen, vieldimensionalen Optimierungsproblemen sinnvoll.

Record-to-Record-Travel

Die Vorgehensweise bei RR ist ganz ähnlich wie bei SI und in Bild 6-6 in Pseudocode wiedergegeben. Der Unterschied liegt wiederum in der Akzeptanzregel. Jede neue Lösung, die nicht viel schlechter ist als die beste bisher gefundene Lösung, wird akzeptiert.

Bild 6-6: Ablauf von Record-to-Record Travel für Maximierung in Pseudocode

```
 1 Wähle erlaubte Abweichung AW > 0
 2 Wähle t_max
 3 t ← 0
 4 Wähle Startlösung x⃗
 5 Bestimme Zielfunktionswert F(x⃗)
 6 RECORD ← F(x⃗)
 7 Wiederhole
 8    t ← t + 1
Replikation: 9
 9    Kopiere x⃗
Variation: 10
10    Mutation der Kopie ergibt x⃗' aus der Nachbar-
      schaft von x⃗
Lösungsbewertung und Selektion: 11-13
11    Bestimme Fitneßwert F(x⃗')
12    Wenn F(x⃗') > RECORD - AW, dann x⃗ ← x⃗'
13    Wenn F(x⃗') > RECORD, dann RECORD ← F(x⃗')
14 bis lange keine Verbesserung eintritt
   oder t_max erreicht ist
15 Ausgabe der Ergebnisse
16 Stop
```

SI und RR existieren, analog zu TA, sowohl mit stochastischer als auch mit deterministischer Suche in der Nachbarschaft. Angenehm an beiden Heuristiken ist, daß sie im wesentlichen von nur einem Parameter abhängen. Dies ist bei SI die Regengeschwindigkeit und bei RR die zulässige Abweichung. Wählt man die Regengeschwindigkeit sehr klein bzw. die zuläsige Abweichung groß, so liefert das jeweilige Verfahren sehr gute Ergebnisse nach relativ langer Rechenzeit. Die umgekehrte Parametereinstellung führt entsprechend zu kurzen Rechenzeiten aber auch schlechteren Ergebnissen.

In [DUEC93a] sind z.B. folgende praktische Anwendungen von TA, SI und RR genannt: Produktionsplanung, Transport- und Verteilprobleme, Chip Placement und ganzzahlige Programmierung.

6.4 Bezüge der hier dargestellten Methoden zu EA

An dieser Stelle sollen kurz die Gemeinsamkeiten aber auch die Unterschiede zwischen EA und den im vorliegenden Kapitel dargestellten Methoden angesprochen werden.[7] Sie gehören gemeinsam zur größeren Gruppe der iterativen Methoden, sind grundsätzlich breit anwendbar und stellen keine restriktiven Anforderungen an die Zielfunktion. In praktischen Anwendungen sind sie, trotz verschiedener Konvergenzbeweise, als Heuristiken anzusehen. Bei EA sowie SA spielen zufallsbeeinflußte Komponenten eine wesentliche Rolle.

EA und SA haben, wenn auch verschiedene, natürliche Vorbilder, so daß man sie als *naturanalog* bezeichnen kann. Wie die Pseudocode-Darstellungen verdeutlicht haben, lassen sich die hier beschriebenen Methoden auch als Instanzen des in Kapitel 1 formulierten EA-Ablaufschemas mit besonderer Nähe zu ES und EP ansehen, allerdings mit folgenden Abweichungen:

- Die „Populationsgröße" alterniert zwischen Eins und Zwei. Es liegt dabei kein echter Populationsansatz vor, sondern eine Punkt-für-Punkt-Suche.
- Im Rahmen des Variationsschrittes sind problemabhängige Mutationen die einzigen Suchoperatoren. Diese weichen in der Gestaltung von denen in Standard-EA ab.
- Bei der Selektion werden spezielle Akzeptanzregeln angewendet.

Besonders hinzuweisen ist auf den fehlenden Populationsansatz der Methoden dieses Kapitels. Er führt bei EA zumindest in der Anfangsphase zu einem globalen Suchprozeß im Gegensatz zur auf die lokale Nachbarschaft ausgerichteten Punkt-für-Punkt-Suche bei allen hier angesprochenen Heuristiken. Die Population dient bei EA als eine Art von Gedächtnis, in dem sich gelerntes Wissen über die Struktur des Suchraumes manifestiert. Bei SA, TA und SI steckt alles Gelernte letztlich in der aktuellen Lösung. Bei RR hat außerdem die Aktzeptanzre-

[7] Vielleicht am ausführlichsten hat diese Beziehungen Rudolph für SA im Verhältnis zur (1+1)-ES untersucht [RUDO93].

gel eine gewisse Gedächtnisfunktion, weil hier die beste bis dahin gefundene Lösung einfließt.

Andererseits läßt sich mittels eines Abkühlungsplanes oder vergleichbarer Konzepte bei SA, TA, SI und RR die Konvergenzgeschwindigkeit recht gut steuern. Bei allen EA-Formen ist die Konvergenz dagegen mangels vergleichbarer Konzepte schwieriger zu steuern.

Wie die Ausführungen in Abschnitt 7.4 verdeutlichen, sind EA als populationsbasierte, inhärent parallele Methoden gut zu parallelisieren. Die hier diskutierten Methoden sind dagegen punktbasiert, was eine effiziente Parallelisierung erschweren kann.

Hinzuweisen ist schließlich noch darauf, daß die Heuristiken dieses Kapitels fast ausschließlich für Zwecke der kombinatorischen Optimierung eingesetzt werden. Die verschiedenen Hauptströmungen von EA haben sich insgesamt dagegen ein deutlich breiteres Anwendungsspektrum eröffnet.

6.5 Literatur zum Kapitel 6

Zitierte Literatur

[AART89] Aarts, E.H.L.; Korst, J.: Simulated Annealing and Boltzmann Machines, Chichester: John Wiley & Sons 1989.

[CERN85] Cerny, V.: Thermodynamical Approach to the Traveling Salesman Problem: An Efficient Simulation Algorithm, in: Journal of Optimisation Theory and Applications 45 (1985), S. 41-51.

[COLL88] Collins, N.E.; Eglese, R.W.; Golden, B.L.: Simulated Annealing - An Annotated Bibliography, in: American Journal of Mathematical and Management Sciences 8 (1988), S. 209-307.

[DUEC90] Dueck, G.; Scheuer, T.: Threshold Accepting: A General Purpose Optimization Algorithm Appearing Superior to Simulated Annealing, in: Journal of Computational Physics 90 (1990), S. 161-175.

[DUEC93a] Dueck, G.: New Optimization Heuristics. The Great Deluge Algorithm and the Record-to-Record Travel, in: Journal of Computational Physics 104 (1993), S. 86-92.

[DUEC93b] Dueck, G.; Scheuer, T.; Wallmeier, H.-M.: Toleranzschwelle und Sintflut: neue Ideen zur Optimierung, in: Spektrum der Wissenschaft (1993) 3, S. 42-51.

[EGLE90] Eglese, R.W.: Simulated Annealing: A Tool for Operational Research, in: European Journal of Operational Research 46 (1990), S. 271-281.

[JØRG92] Jørgensen, R.M.; Thomsen, H.; Valqui Vidal, R.V.: The Afforestation Problem: A Heuristic Method Based on Simulated Annealing, in: European Journal of Operational Research 56 (1992), S. 184-191.

[KIRK83] Kirkpatrick, S.; Gelatt Jr., C.D.; Vecchi, M.P.: Optimization by Simulated Annealing, in: Science 220 (1983), S. 671-680.

[LAAR87] van Laarhoven, P.J.M.; Aarts, E.H.L.: Simulated Annealing: Theory and Applications, Dordrecht: Reidel 1987.

[MAHF95] Mahfoud, S.W.; Goldberg, D.E.: Parallel Recombinative Simulated Annealing: A Genetic Algorithm, in: Parallel Computing 21 (1995), S. 1-28.

[METR53] Metropolis, N.; Rosenbluth, A.; Rosenbluth, M.; Teller, A.; Teller, E.: Equation of State Calculations by Fast Computing Machines, in: Journal of Chemical Physics 21 (1953), S. 1087-1092.

[NISS95] Nissen, V.; Paul, H.: A Modification of Threshold Accepting and its Application to the Quadratic Assignment Problem, in: OR Spektrum 17 (1995), S. 205-210.

[ROME91] Romeo, F.; Sangiovelli-Vincentelli, A.: A Theoretical Framework for Simulated Annealing, in: Algorithmica 6 (1991), S. 302-345.

[RUDO93] Rudolph, G.: Massively Parallel Simulated Annealing and Its Relation to Evolutionary Algorithms, in: Evolutionary Computation 1 (1993), S. 361-383.

[VARA95] Varanelli, J.M.; Cohoon, J.P.: Population-Oriented Simulated Annealing: A Genetic/Thermodynamic Hybrid Approach to Optimization, in: Eshelman, L.J. (Hrsg.): Proceedings of the Sixth International Conference on Genetic Algorithms, San Francisco/CA: Morgan Kaufmann 1995, S. 174-181.

Sonstige weiterführende Literatur

Alander, J.T.: An Indexed Bibliography of Genetic Algorithms and Simulated Annealing: Hybrids and Comparisons, Technical Report, University of Vaasa, Vaasa/Finland 1995 (Internet-Adresse siehe Anhang A).

Baluja, S.: Population-Based Incremental Learning: A Method for Integrating Genetic Search Based Function Optimization and Competitve Learning, Technical Report CMU-CS-94-163, Carnegie Mellon University, School of Computer Science, Pittsburgh/PA 1994.

Baluja, S.; Caruana, R.: Removing the Genetics from the Standard Genetic Algorithm, Technical Report CMU-CS-95-141, Carnegie Mellon University, School of Computer Science, Pittsburgh/PA 1995.

Davis, L. (Hrsg.): Genetic Algorithms and Simulated Annealing, London: Pitman 1987.

Glover, F.; Greenberg, H.J.: New Approaches for Heuristic Search: A Bilateral Link with Artificial Intelligence, in: European Journal of Operational Research 39 (1989), S. 119-130.

Glover, F.: Tabu Search: A Tutorial, in: Interfaces 20 (1990) 4, S. 74-94.

Glover, F.: Scatter Search and Star-Paths: Beyond the Genetic Metaphor, in: OR Spektrum 17 (1995), S. 125-137.

Greenberg, D.R.: Parallel Simulated Annealing Techniques, in: Physica D 42 (1990), S. 293-306.

Johnson, D.S.; Aragon, C.R.; McGeoch, L.A.; Schevon, C.: Optimization by Simulated Annealing: An Experimental Evaluation. Part I, Graph Partitioning, in: Operations Research 37 (1989), S. 865-892, Part II, Graph Coloring and Number Partitioning, in: Operations Research 39 (1991), S. 378-406.

Reeves, C. (Hrsg.): Modern Heuristic Techniques for Combinatorial Problems, Oxford: Blackwell Scientific Publications 1993.

Sinclair, M.: Comparison of the Performance of Modern Heuristics for Combinatorial Optimization on Real Data, in: Computers & Operations Research 20 (1993), S. 687-695.

Voigt, H.-M.; Ebeling, W.; Rechenberg, I.; Schwefel, H.-P. (Hrsg.): Parallel Problem Solving from Nature - PPSN IV, LNCS 1141, Berlin: Springer 1996.

Voß, S.: Intelligent Search, Berlin: Springer (im Druck).

6.6 Aufgaben zum Kapitel 6

Aufgabe 6-1: Simulated Annealing

a) Im Text ist für SA der proportionale Abkühlungsplan der Form $T_{t+1} = \alpha \cdot T_t$ angegeben. Überprüfen Sie an einem selbstgewählten kombinatorischen Problem (z.B. TSP; Quellen s. Anhang B), wie sich unterschiedliche Werte für die Konstante α auf das Konvergenzverhalten auswirken! Dabei soll gelten $0{,}8 \leq \alpha \leq 0{,}99$.

b) Halten Sie nun α fest und variieren Sie zunächst den Ausgangswert T_0 und dann die Nachbarschaftsstruktur. Wie wirken sich diese Änderungen auf die Lösungsqualität und Konvergenzgeschwindigkeit ihres Verfahrens aus? Welche Nachbarschaftsstruktur erweist sich unter den von Ihnen getesteten als die beste?

c) Verwenden Sie alternativ die folgenden Abkühlungspläne:

lineare Abkühlung: $T_t = \frac{T_0}{t+1}$

geometrische Abkühlung: $T_t = c^t \cdot T_0$ mit $c \in \,]0,1[$

logarithmische Abkühlung: $T_t = \frac{T_0}{\log(t+2)}$

d) Im Text wurde SA als Minimierungsverfahren beschrieben. Sie wollen aber ein Maximierungsproblem bearbeiten. Wie können Sie vorgehen, um SA anwenden zu können?

Hinweis: Sie können bei der Zielfunktion oder bei der Akzeptanzregel ansetzen.

Aufgabe 6-2: Threshold Accepting, Sintflut-Algorithmus, Record-to-Record Travel

a) Implementieren Sie für das unter Aufgabe 6-1 ausgewählte Beispielproblem nun auch die von SA abgeleiteten Heuristiken TA, SI und RR. Testen Sie auch hier die wesentlichen Strategieparameter der Verfahren im Hinblick auf ihren Einfluß auf Lösungsqualität und Konvergenzgeschwindigkeit!

b) Vergleichen Sie nun SA, TA, SI, und RR anhand des ausgewählten Testproblems. Wählen Sie dabei für jede Heuristik eine möglichst gute Einstellung der jeweiligen Strategieparameter, um innerhalb einer von Ihnen festgelegten maximalen Rechenzeit zu möglichst guten Lösungen zu kommen. Basis für Ihre Vergleiche ist die beste während eines Laufes gefundene Lösung. Achten Sie darauf, daß alle Verfahren mit dergleichen Startlösung beginnen, und führen Sie 10 Läufe mit jeweils unterschiedlichen Startlösungen durch. Vergleichen Sie die Heuristiken anhand der erzielten Lösungsqualität (bester und schlechtester Lauf sowie Durchschnitt aller Läufe) sowie des durchschnittlichen Rechenzeitbedarfs!

c) Testen Sie die Verfahren nun mit den gleichen Parametereinstellungen an anderen Beispielen der gewählten Klasse von Testproblemen, insbesondere deutlich größeren und kleineren Probleminstanzen! Ergibt sich das gleiche Leistungsbild wie zuvor?

d) Übertragen Sie die implementierten Heuristiken nun mit möglichst wenigen Änderungen auf ein gänzlich anderes Testproblem! Ergibt sich dasgleiche Leistungsbild wie zuvor? Können Sie die Performance der einzelnen Verfahren wesentlich verbessern, indem Sie die Einstellungen von Strategieparametern ändern?

e) Entwickeln Sie für die ausgewählten Testprobleme nun auch Lösungsverfahren auf Basis von GA, ES und EP, und beziehen Sie diese Heuristiken in den Verfahrensvergleich mit ein! Haben Sie den Eindruck, daß es so etwas wie eine universell beste Lösungsmethode gibt?

7 Vergleich und Beurteilung von EA

In diesem Kapitel wird in kurzer Form die interessante Frage aufgegriffen, wie gut die Mechanismen der Evolution in EA abgebildet sind bzw. wie genau man sie abbilden sollte.[1] Eine Auflistung der methodischen Unterschiede zwischen GA, GP, ES und EP ergänzt die Darstellungen (s. Tabelle 7-1).

Wer mit einem praktischen Optimierungsproblem konfrontiert ist, sucht nach Empfehlungen, welche Methode für sein Problem am besten geeignet ist. Diese Frage ist nur schwer befriedigend zu beantworten. Einige vorsichtige Rückschlüsse auf das Anwendungspotential von EA werden im vorliegenden Kapitel jedoch gezogen.

7.1 Gegenüberstellung der EA-Hauptströmungen

7.1.1 EA als Modelle der Evolution

GA/GP, ES und EP imitieren das Evolutionsgeschehen auf unterschiedlichen Abstraktionsebenen. GA und GP betonen genetische Mechnismen auf der Abstraktionsebene des Chromosoms. ES bilden hingegen das Evolutionsgeschehen auf der phänotypischen Ebene ab. EP betrachtet schließlich die Evolution auf der Ebene ganzer Populationen bzw. Arten. Der Abstraktionsgrad nimmt somit von GA über ES zu EP hin zu. Dabei behandeln wir GP im weiteren nicht mehr explizit, da GP im Kern eine Form von GA mit spezifischer Lösungsrepräsentation ist.

Im folgenden werden einige ausgewählte Aspekte zur Modellierung biologischer Strukturen und evolutionärer Mechanismen in den verschiedenen EA-Hauptformen untersucht.

Genotyp-Modellierung bei GA

Ein GA-Individuum enthält in der Regel die Ausprägungen der Entscheidungsvariablen in codierter Form, so daß im Rahmen der Lösungsbewertung eine Decodierung erforderlich ist. Hierbei besteht ei-

[1] Ausführlicher wird dieser Aspekt diskutiert in Abschnitt 3.3 von [NISS94]. Teile der Ausführungen dieses Kapitels lehnen sich an die dortigen Darstellungen an.

ne recht grobe Korrespondenz zur biologischen Genotyp-Phänotyp Relation. Jeweils *ein* Stringsegment codiert die Ausprägung für *eine* Variable. Es besteht also eine 1:1-Relation zwischen Geno- und Phänotyp. Phänomene wie Polygenie und Pleiotropie bleiben unberücksichtigt. Eine weitere Vereinfachung liegt darin, daß jedes GA-Individuum in der Regel nur aus einem String (Chromosom) besteht, im biologischen Sinne also haploid ist. Ebenso gibt es nur eine grobe Korrespondenz zwischen dem quartären Alphabet des genetischen Codes in den natürlichen Erbanlagen und der überwiegend binären Lösungscodierung bei GA. Neuere Entwicklungen der Genetik, wie z.B. die Entdekkung, daß die Mehrzahl der Gene höherer Lebewesen Sequenzen ohne genetische Information (sogenannte Introns) enthält, bleiben im allgemeinen unberücksichtigt.

Mutation und Rekombination

Mutation und Rekombination sind die zentralen Variationsoperatoren der Evolution, die zur Entstehung neuer Phänotypen führen können. ES und EP verwenden normalverteilte Mutationen. Das ist auf der gewählten Abstraktionsebene angemessen, da phänotypisch stark wirksame Mutationen in der Natur viel seltener sind als weniger wirksame Kleinmutationen. In beiden EA-Formen wird jedoch jedes Merkmal aller Individuen in jeder Iteration mutiert, während Mutationen in der Natur relativ seltene Ereignisse sind, die sich zudem häufig phänotypisch gar nicht zeigen. ES und EP modellieren evolutionäre Prozesse somit zeitlich gerafft.

Bei GA wird demgegenüber ungefähr mit der natürlichen genbezogenen Mutationsrate gearbeitet. GA ahmen dabei jedoch im allgemeinen nur Genmutationen (durch Bitinversion) nach. Seltener verwendet man Chromosomenmutationen (z.B. Inversion von Stringabschnitten), weil sie sich in Optimierungsaufgaben kaum bewährt haben. Genommutationen sind in GA praktisch nicht implementiert worden.

Vertreter von EP verwenden nur die Mutation als Suchoperator und lehnen Rekombination ab. Das ist insofern konsequent, als die konkurrierenden Lösungsstrukturen in EP sich auf der Abstraktionsebene von Arten bewegen, zwischen denen per Definition keine Rekombination auftritt [FOGE93]. Unter Optimierungsgesichtspunkten machen jedoch Ergebnisse von Manderick und anderen deutlich, daß es von den Charakteristika der Fitneßlandschaft abhängt, welche Suchoperatoren am erfolgreichsten sind [MAND91]. Außerdem zeigen z.B. Erfahrungen mit GA, daß sich die relative Vorteilhaftigkeit von Suchoperatoren während eines Optimierungslaufes durchaus verändern kann. Ein pauschaler Verzicht auf Rekombination, wie in EP, erscheint daher aus der Optimierungsperspektive nicht empfehlenswert.

ES und GA verwenden Rekombinationsoperatoren. Diskrete Rekombination bei ES entspricht dem natürlichen Phänomen der Dominanz eines elterlichen Allels. Intermediäre Rekombination in ES kann dagegen mit intermediärer Vererbung in der Natur verglichen werden. Dabei wird zwischen den elterlichen Allelen im Nachkommen ein Kompromiß geschlossen.

GA beruhen auf einer genetischen Evolutionssicht, wobei dem Crossover besonders große Bedeutung beigemessen wird:

> „Evolution is a process that operates on chromosomes rather than on the living beings they encode. (...) Processes of natural selection cause those chromosomes that encode successful structures to reproduce more often (...) Crossover is an extremely important component of a genetic algorithm." [DAVI91, S. 2 und 17]

Diese Sichtweise der Evolution ist umstritten:

> „It is inappropriate to model evolution as a simple process of genetic mechanisms because these mechanisms are unimportant except for the behaviors that they portend. (...) Evolution is primarily a process of adaptive behavior, rather than adaptive genetics." [FOGE95, S. 254 f.]

Fitneß und Selektion

Individuen mit besonders günstigen Merkmalskombinationen sind in darwinistischer Sicht im Zuge der natürlichen Auslese eher in der Lage, ihre Erbanlagen an die Nachkommengeneration weiterzugeben als weniger „fitte" Individuen. Die Reproduktionsleistung wird hier zum *definierenden Element* der Fitneß. Im Rahmen von EA definiert sich Fitneß in der Regel als der eventuell transformierte Zielfunktionswert der jeweiligen Lösung. Ein guter Fitneßwert ist dann die *Voraussetzung*, um eine hohe Selektions- bzw. Reproduktionswahrscheinlichkeit zu haben.

Für das natürliche Evolutionsgeschehen sind dynamische Umweltbedingungen und wechselseitige Abhängigkeiten (Koevolution) verschiedener Arten eines Lebensraumes charakteristisch. Dagegen werden in EA-Anwendungen meistens statische Fitneßfunktionen verwendet. Koevolutionsphänomene sind bisher selten, meistens im Kontext von Artificial Life, nachgeahmt worden.

In der Natur ist die natürliche Auslese ein stochastischer Prozeß. Selbst schlecht angepaßte Individuen haben eine, wenn auch geringe Chance zur Reproduktion. Dies ist in der Wettkampf-Selektion bei GA sowie im Selektionsmechanismus von EP wohl am adäquatesten modelliert worden. Selektion ist in der Natur weder deterministisch wie bei ES, noch stehen globale Informationen über die Population zur Verfügung, wie sie zur Durchführung fitneßproportionaler oder rangbasierter Selektion bei GA erforderlich sind.

Populationsstruktur

Typischerweise findet man in natürlichen Populationen eine Untergliederung in verschiedene mehr oder weniger isolierte Lokalpopulationen mit gelegentlicher Migration einzelner Individuen. In der Mehrzahl von EA-Implementierungen auf seriellen Rechnern sind diese natürlichen Populationsstrukturen ignoriert worden. Stattdessen wird mit einer großen unstrukturierten Gesamtpopulation gearbeitet. Dagegen werden bei der Implementierung von EA auf paralleler Hardware meistens realistischere Populationsstrukturen verwirklicht.[2]

Auswirkungen auf die praktische Anwendung von EA

Zusammenfassend läßt sich feststellen, daß evolutionäre Mechanismen in allen EA-Varianten oft nur unvollkommen nachgeahmt werden. Ausschlaggebend für die praktische Beurteilung von EA ist jedoch vor allem der Optimierungserfolg, beschrieben durch Eigenschaften wie Lösungsqualität, Rechenaufwand und Zuverlässigkeit.

Die Ansichten, inwieweit eine möglichst umfassende Nachahmung des Evolutionsgeschehens den praktischen Anwendungserfolg von EA verbessert, gehen auseinander. Eine relativ genaue Nachahmung des natürlichen Evolutionsprozesses ist m.E. nur gerechtfertigt, wenn die Systembedingungen der natürlichen und der rechnersimulierten Evolution hinreichend genau übereinstimmen.

[2] Vgl. das Migrations- bzw. das Diffusionsmodell in Abschnitt 7.4.

Die Systembedingungen der Evolution kommen z.B. in der Frage der Zielsetzung des Evolutionsprozesses zum Ausdruck, sowie in der Dynamik von Umweltbedingungen, Struktur der Fitneßlandschaft und den Interdependenzen koevolvierender Arten. Es darf bezweifelt werden, daß z.B. bei einer kombinatorischen Optimierungsfragestellung hinreichende Übereinstimmungen mit den Bedingungen der natürlichen Evolution bestehen, um eine besonders naturgetreue Nachahmung evolutionärer Prozesse zu rechtfertigen. Hinzu kommt, daß über manche Aspekte der Evolution heute keine einheitliche Meinung herrrscht, was die Modellierung entsprechender Aspekte in EA zur Glaubensfrage macht.

EA-basierte Lösungsverfahren, die Vorwissen zur aktuellen Applikation ausnutzen und eventuell sogar nichtevolutionäre Lösungsmethoden integrieren, waren in praktischen Anwendungen vielfach äußerst erfolgreich. Diese Erfolge und die genannten Kritikpunke legen m.E. den Schluß nahe, daß es im Rahmen der Anwendung von EA keinen systematischen Zusammenhang gibt zwischen dem praktischen Erfolg und der Frage, wie umfassend und exakt die natürlichen Prozesse der Evolution nachgeahmt werden, soweit sichergestellt ist, daß die wesentlichen Grundmechanismen der Evolution (Populationsansatz, Replikation, Variation, Selektion) beherzigt werden. Wie weit man bei der abstrakten Implementierung evolutionärer Strukturen und Mechanismen gehen sollte, hängt auch von der gegebenen Hardware ab. So lassen sich z.B. natürliche Populationsstrukturen auf Parallelrechnern direkter und mit größerem Nutzen simulieren als auf seriellen Computern.

7.1.2 Methodische Unterschiede bei GA, GP, ES und EP

GA, GP, ES und EP sind Instanzen des in Bild 1-4 dargestellten abstrakten EA. Trotz dieser grundsätzlichen Übereinstimmung bestehen zwischen den verschiedenen EA-Hauptströmungen methodische Unterschiede, die Tabelle 7-1 noch einmal im Überblick wiedergibt.[3]

Hervorzuheben ist noch, daß, im Gegensatz zu GA und GP, die Populationsgröße bei ES und EP alterniert, und zwar zwischen μ und λ bei ES (bzw. zwischen μ und $\mu+\lambda$ bei Plus-Selektion) und zwischen μ und 2μ bei EP.

[3] Angelehnt an eine Darstellung in [BÄCK93]. Siehe auch [BÄCK96, S. 132].

Tabelle 7-1: Methodische Unterschiede der vier EA-Hauptformen

Kriterium	GA	GP	ES	EP
Lösungsrepräsentation	oft binär, auch reell	Programm	reell	reell
Fitneßmaß	skalierter Zielfkt.wert	wie GA	Zielfkt.wert	(evt. skalierter) Zielfunkt.wert
Selektion	stochastisch, nicht diskriminierend	wie GA	deterministisch, diskriminierend	stochastisch, diskriminierend
Mutation	Hintergrund-operator	uneinheitlich verwendet	Hauptsuch-operator	einziger Such-operator
Rekombination	Hauptsuch-operator	wie GA	wichtig v.a. für Selbstadaptivität	nicht verwendet
Selbstadaptivität	noch wenig Erfahrungen	wie GA	Standardabweich., Rotationswinkel	Standardabweichungen (in Meta-EP)

Eine vereinheitlichende Sicht auf EA erleichtert es jedoch, Teilaspekte zu erkennen, in denen sich die verschiedenen EA-Formen wechselseitig anregen können. Geht man noch einen Schritt weiter, so gelangt man zu einer baukastenorientierten Perspektive auf EA. Ausgehend von den charakteristischen Eigenschaften eines bearbeiteten Anwendungsproblems, läßt sich ein spezifischer EA aus Entwurfselementen konstruieren, die möglicherweise verschiedenen EA-Formen entstammen. Elemente eines solchen Baukastensystems sind vor allem:

- Populationsmodelle,
- Codierungen,
- Konzepte zur Behandlung von Nebenbedingungen,
- Suchoperatoren,
- Selektionsschemata,
- Module für statistische Auswertungen.

Dabei ist zu berücksichtigen, daß viele Konstruktionselemente interdependent sind und in ihrer Gesamtheit über die Effizienz eines Verfahrens im praktischen Einsatz entscheiden. Im Rahmen eines solchen Baukasten-Systems sollten auch nicht-evolutionäre Komponenten einbezogen werden.

7.2 EA als Optimierungsmethode

7.2.1 Zur Problematik praktischer Leistungsvergleiche

In den folgenden Abschnitten sollen kurz Stärken und Schwächen von EA in der praktischen Optimierung diskutiert werden.[4] Hinweise auf die relative Vorteilhaftigkeit von EA können empirische Leistungsvergleiche mit Konkurrenzmethoden bringen. Die Ergebnisse in der Literatur sind allerdings uneinheitlich [NISS97]. So zeigen manche Untersuchungen keine Vorteile für EA oder sehen sie sogar im Nachteil gegenüber Konkurrenzverfahren wie Simulated Annealing, Threshold Accepting oder Tabu Search. Man findet aber auch zahlreiche Beispiele, wo EA die besten bisherigen Lösungsansätze hinsichtlich der erreichten Lösungsqualität übertreffen.

In dieser uneindeutigen Situation spiegeln sich einerseits die enormen Schwierigkeiten, die mit empirischen Leistungsvergleichen von Heuristiken generell verbunden sind. Sie betreffen erstens die Gestaltung und Auswahl der Testprobleme sowie, zweitens, die Auswahl und Gestaltung der verglichenen Lösungsverfahren. Andererseits verdeutlichen jüngste Theorieergebnisse, daß es schwierig ist, zu generellen Aussagen über die relative Vorteilhaftigkeit von EA zu kommen. Auf diese Aspekte wird im folgenden eingegangen.

Auswahl und Gestaltung der Testprobleme

Erste Voraussetzung für aussagefähige Ergebnisse in empirischen Leistungsvergleichen ist, daß eine repräsentative Menge von Instanzen (Beispielen) des Optimierungsproblems verfügbar ist, das untersucht werden soll. Das erfordert, die relevanten Merkmale exakt und umfassend zu kennen, um das Problem präzisieren zu können.

Es kann eine erhebliche Anzahl von Probleminstanzen erforderlich sein, um eine Problemklasse repräsentativ abzudecken. So haben Brandeau und Chiu 33 Charakteristika identifiziert, nach denen Standortprobleme unterschieden werden können [BRAN89]. Gegenwärtig ist man leider weit davon entfernt, auf breiter Ebene umfassen-

---

[4] Die Ausführungen gelten für GP nur eingeschränkt, weil GP wegen seiner speziellen Form der Lösungsrepräsentation nicht schwerpunktmäßig eine Optimierungsmethode ist. Zu spezifischen Stärken und Schwächen von GP siehe Abschnitt 7.3.

de Beschreibungen von Problemklassen oder frei verfügbare Bibliotheken wirklich repräsentativer Testprobleme zu haben.

Auswahl und Gestaltung der Lösungsverfahren

Für einen aussagefähigen empirischen Leistungsvergleich werden vergleichbare Daten relevanter Konkurrenzverfahren benötigt. Dies ist alles andere als trivial. Verschiedene Entscheidungen sind zu treffen:

- *Auswahl der richtigen Konkurrenten:* Es sind oft erhebliche Anstrengungen notwendig, um herauszufinden, welche die potentiell leistungsfähigsten Konkurrenzverfahren sind.
- *Eigenimplementierung oder Literaturergebnisse?* Es ist sehr aufwendig und z.T. aufgrund ungenauer Angaben in der Literatur kaum möglich, alle in den Vergleich einzubeziehenden Konkurrenzverfahren selbst zu implementieren. Andererseits liefern publizierte Ergebnisse in der Literatur häufig nicht die nötigen statistischen Daten für umfassende Leistungsvergleiche. Unterschiede in Hard- und Software schränken die Vergleichbarkeit weiter ein.
- *Verfahrensentwurf und Strategieparameterwahl:* Die zahlreichen Freiheitsgrade bei der Gestaltung von EA und Konkurrenzmethoden mindern die Aussagefähigkeit empirischer Leistungsvergleiche, da aus Aufwandsgründen immer nur ein Ausschnitt aller möglichen Verfahrensvarianten verglichen werden kann.
- *Indikatoren der Qualität einer Heuristik:* Hier stehen sich zum einen die invers verknüpften Newellschen Kriterien Allgemeinheit (*generality*) und Leistungsfähigkeit (*power*) gegenüber. Differenzierter sind die Kriterien: *Wirksamkeit* (Fähigkeit, eine gute Lösung zu finden), *Effizienz* (Rechen- und Speicheraufwand), *Einfachheit der Implementierung* sowie *Stabilität bei Änderung von Strategieparametern* [BATT95, S. 67]. Diese Indikatoren sind weiter zu konkretisieren.
- *Allgemeine Rahmenbedingungen des Versuches:* Hierunter fallen z.B. die gewählte Initialisierungsmethode und das Abbruchkriterium sowie die Anzahl der Läufe je Testproblem.

Neben den Schwierigkeiten im empirischen Bereich sind in jüngster Zeit durch das sogenannte No-Free-Lunch (NFL) Theorem von Wolpert und Macready auch aus theoretischen Überlegungen heraus Zweifel laut geworden, inwieweit allgemeine Aussagen zur relativen Vorteilhaftigkeit von EA überhaupt sinnvoll sind [WOLP95].

Im Rahmen des NFL-Theorems werden deterministische Suchalgorithmen betrachtet, die kein problemspezifisches Wissen beinhalten, sondern breit anwendbar sind. Jeder Suchalgorithmus A benutzt zu jedem Zeitpunkt die bis dahin bereits evaluierten m unterschiedlichen Lösungen des Lösungsraumes, oder eine Teilmenge davon, und ihre zugeordneten Zielfunktionswerte, um die nächste, hoffentlich verbesserte Lösung zu generieren.[5]

Angenommen wird außerdem, daß der Lösungsraum und der Wertebereich der nicht näher spezifizierten Zielfunktion F endlich sind. Es wird vereinfachend unterstellt, daß der neue Lösungspunkt bisher nicht besucht wurde.[6]

Betrachtet wird nun das Histogramm (die Häufigkeitsverteilung) h von Zielfunktionswerten, das ein Suchverfahren A auf einer Zielfunktion F nach Evaluierung einer Population von m unterschiedlichen Lösungspunkten erzeugt hat. Das Histogramm dient anschließend zur Beurteilung der Güte des betrachteten Suchverfahrens, indem z.B. der minimale bzw. maximale oder der durchschnittliche gefundene Zielfunktionswert als Maßstab gewählt wird. Die Wahrscheinlichkeit, daß für ein Suchverfahren A ein bestimmtes Histogramm h nach m evaluierten unterschiedlichen Lösungen auf F erzeugt worden ist, wird mit $Pr(h \mid F,m,A)$ bezeichnet.

Wolpert und Macready zeigen, daß im Durchschnitt über alle möglichen Zielfunktionen gilt: $Pr(h \mid F,m,A)$ ist unabhängig von A. Damit haben alle Suchverfahren in dieser Durchschnittsbetrachtung also die gleiche Wahrscheinlichkeit, nach Evaluierung von m unterschiedlichen Lösungspunkten eine Verteilung der Zielfunktionswerte gemäß einem bestimmten Histogramm h zu erzeugen.

Ihr *No-Free-Lunch-Theorem* wird so formuliert [WOLP95, S. 4]:

Für jedes beliebige Paar von Suchverfahren A_1 und A_2 gilt:[7]

$$\sum_F Pr(h \mid F, m, A_1) = \sum_F Pr(h \mid F, m, A_2)$$

[5] Wolpert und Macready betonen aber, daß ihre Ergebnisse auch für stochastische Algorithmen gelten sowie Verfahren, die sich nicht alle bislang erzeugten Lösungspunkte merken.

[6] Diese Annahme ist nur aus formalen Gründen von Bedeutung. Läßt man sie fallen, ändern sich die Ergebnisse nicht.

[7] Für den Beweis vgl. [WOLP95, S. 5 ff.].

Die zentrale Aussage dieses Theorems lautet:

> Alle Verfahren, die nach dem Optimum einer Zielfunktion suchen, haben exakt die gleiche Performanz, wenn man ihre Performanz über alle möglichen Zielfunktionen mittelt.

Dabei wird eine Gleichverteilung im Auftreten der Zielfunktionen unterstellt. Informell ausgedrückt besagt dies: Wenn ein Verfahren A_1 bei bestimmten Zielfunktionen bessere Ergebnisse liefert als ein Verfahren A_2, dann muß es andere Funktionen geben, bei denen A_2 die besseren Ergebnisse liefert.

Aus dem NFL-Theorem ergeben sich praxisrelevante Konsequenzen, die allerdings überwiegend nicht völlig neu sind:

- Die Suche nach einem allen Konkurrenten überlegenen Optimierungsverfahren ist nicht sinnvoll, soweit der Anwendungsbereich des Verfahrens nicht präzise eingegrenzt und beschrieben wird. Man kann nicht hoffen, ein Verfahren zu finden, das ohne problemspezifische Modifikationen bei allen denkbaren Zielfunktionen eine solche Überlegenheit zeigt.
- Man kann aus der guten Performanz eines Optimierungsverfahrens in einer Problemklasse nicht darauf schließen kann, daß es sich ebensogut für Probleme einer anderen Klasse eignet.
- Um gute Lösungen für ein gegebenes Anwendungsproblem zu finden, ist es zunächst erforderlich, charakteristische Merkmale der Problemstellung zu identifizieren, um dann auf dieser Basis ein erfolgversprechendes Lösungsverfahren zu entwickeln.[8]

Unterschiedliche Kritik am NFL-Theorem ist geäußert worden:[9]

- Das NFL-Theorem sagt nichts über Laufzeitunterschiede (CPU-Zeiten) verschiedener Optimierungsverfahren aus.
- Die im NFL-Theorem implizierte Anforderung, daß Suchverfahren bzgl. Lösungsrepräsentation und Operatoren die Eigenheiten der zugrundeliegenden Problemstellung berücksichtigen und ausnutzen sollten, wird in praktischen Anwendungen von EA und anderen heuristischen Methoden im allgemeinen schon berücksichtigt.

---

[8] Beispielhaft für eine solche Vorgehensweise ist die Entwicklung der Simplex-Methode für Probleme der Linearen Optimierung.

[9] Diskussionen zum NFL-Theorem 1995 im GA-Digest (s. Anhang A).

- Die im NFL-Theorem unterstellte Gleichverteilung hinsichtlich der Wahrscheinlichkeit von Suchproblemen ist mit Blick auf praktische Optimierungsanwendungen unrealistisch.

Trotz der geäußerten Kritik bietet das NFL-Theorem wichtige Anhaltspunkte, um die gängige Praxis bei algorithmischen Leistungsvergleichen kritisch zu überdenken. Bisher tragen diese Vergleiche häufig ad hoc Charakter, indem bestehende Verfahren im wesentlichen durch *trial and error* an die gegebene Problemstellung angepaßt werden, anstatt zunächst systematisch und umfassend die Charakteristika der untersuchten Problemklasse herauszuarbeiten. Zu schnell wird von Ergebnissen begrenzter empirischer Untersuchungen auf die generelle Überlegenheit eines bestimmten Verfahrens geschlossen.

Die nachfolgenden *Tendenzaussagen* zu den Vorteilen und Nachteilen von EA sollten im Lichte dieser kritischen Anmerkungen gelesen und nicht überinterpretiert werden.

Die wesentliche Einsicht sei vorweggenommen: *Keine der modernen heuristischen Methoden im Bereich der Optimierung ist den anderen eindeutig überlegen.* Viel des Erfolges hängt von den Eigenschaften der Anwendung und vom Geschick des Entwicklers beim Anpassen der Methode an die Problemstellung ab. Auf eigene Vergleichsuntersuchungen kann in der konkreten Anwendung also nicht verzichtet werden. Ihnen sollte eine genaue Problemanalyse vorweggehen, die wesentliche Strukturmerkmale der Anwendung identifiziert, mit denen das Lösungsverfahren arbeiten kann.

7.2.2 Stärken von EA

Breite Anwendbarkeit der EA-Basisformen und flexible Anpassungsmöglichkeiten

In den Kapiteln 2 bis 5 wurden zu den EA-Hauptströmungen zunächst die jeweiligen Basisformen vorgestellt. Sie stellen breit anwendbare „schwache" Methoden im Sinne Newells[10] dar, weil diese Basisformen ohne anwendungsspezifisches Vorwissen arbeiten und mit sehr geringen Anforderungen an die Struktur des gegebenen Problems auskommen. Bekanntermaßen besteht jedoch ein *trade-off* zwischen der Anwendungsbreite und der Leistungsfähigkeit eines Optimierungs-

[10] Vgl. zu starken und schwachen Methoden die Ausführungen in Kapitel 1.

verfahrens. In vielen Anwendungen bilden die EA-Basisformen daher nur den Ausgangspunkt bei der Entwicklung eines leistungsfähigen Lösungsverfahrens durch:

- problemspezifische Lösungscodierung, angepaßte Suchoperatoren, intelligente Decodierung und Lösungsreparatur,
- Gestaltung der Fitneßfunktion,
- gezielte Initialisierung der Ausgangspopulation,
- Maßnahmen zur Berücksichtigung von Nebenbedingungen,
- Hybridisierung mit nichtevolutionären Lösungsverfahren.

Unter Flexibilitätsgesichtspunkten ist an EA vorteilhaft, daß der Optimierungsprozeß prinzipiell solange fortgesetzt werden kann, wie die benötigten Ressourcen verfügbar sind.

Eignung für komplexe Suchräume

Praktische Erfahrungen zeigen, daß EA, soweit sie an die Struktur der Problemstellung angepaßt wurden, zuverlässige Lösungsverfahren für komplexe Optimierungsprobleme sind.[11] Durch den Populationsansatz und die stochastischen Komponenten verringert sich bei EA die von vielen anderen Optimierungsverfahren bekannte Abhängigkeit vom Startpunkt der Optimierung. Weil EA tolerant sind gegenüber vorübergehenden Verschlechterungen des Zielfunktionswertes, können außerdem lokale Suboptima oft wieder verlassen werden, solange die Population noch hinreichend heterogen ist.

Keine restriktiven Anforderungen an die Zielfunktion

Viele klassische Optimierungsverfahren sind auf eine gegebene Problemstellung nur anwendbar, soweit die Zielfunktion stetig und einbzw. zweimal differenzierbar ist. EA kommen ohne diese restriktiven Anforderungen aus, wodurch sich ihr potentieller Einsatzbereich verbreitert. Vieles deutet daraufhin, daß EA sogar robust sind gegenüber stochastischen Einflüssen bei der Fitneßbestimmung. So gibt es in der Literatur Beispiele für Lösungsbewertungen durch stochastische Simulation, z.B. [NISS95b], praktische Experimente, z.B. [RECH73], interaktiven Dialog mit dem Benutzer, z.B. [CALD91] und stichprobenbasierte Schätzung der Fitneß, z.B. [GREF85].

[11] Siehe z.B. die Anwendungsübersichten in [NISS95a,97].

Basisprinzipien gut verständlich

Es ist ohne weiteres möglich, einem Laien die grundsätzlichen Prinzipien von EA in einfachen Worten verständlich und plausibel zu machen. Dieser Aspekt ist günstig im Hinblick auf die Akzeptanz und damit den praktischen Einsatz evolutionärer Lösungsverfahren.

Anwendbarkeit auch bei geringer Einsicht in die Struktur des Anwendungsproblems

Die EA-Basisformen können bei Problemstellungen eingesetzt werden, wo Vorwissen bezüglich der Anwendung nicht gegeben ist. Sie werden zwar in solchen Fällen keine überragenden Ergebnisse liefern, aber die bisherige Situation sollte sich mit ihnen verbessern lassen.

Gute Kombinationsmöglichkeiten

GA, ES und EP lassen sich sehr gut mit lokalen Verbesserungsverfahren kombinieren oder heuristisch initialisieren. Im Rahmen der Decodierungsfunktion können ebenfalls nichtevolutionäre Komponenten in EA integriert werden. Weitere vielfältige Kombinationsmöglichkeiten bestehen mit künstlichen Neuronalen Netzen, regelbasierten Systemen und Fuzzy-Systemen.

Gute Parallelisierbarkeit

Auf diesen wichtigen Aspekt geht der Abschnitt 7.4 gesondert ein.

7.2.3 Schwächen von EA

Fehlende Optimalitätsgarantie - heuristischer Charakter

Man kann nicht garantieren, daß EA in begrenzter Zeit für ein beliebiges Optimierungsproblem ein globales Optimum finden. Diese Einschränkung ist indessen nicht allzu schwerwiegend. In der Praxis ist es im allgemeinen viel wichtiger, in akzeptabler Zeit eine oder mehrere gute Lösungsalternativen zu finden, als den Nachweis globaler Optimalität zu erbringen. Schon allein die Unsicherheit vieler Daten, die durch Meßungenauigkeiten oder subjektive Einflüsse begründet sein kann, führt dazu, daß das theoretische Optimum letztlich nur ein Optimum im Modell, jedoch nicht in der Realität ist.

Hoher Rechenaufwand

Als populationsbasierte Methoden sind EA oft rechenintensiv. Viele der in einem Optimierungslauf erzeugten Lösungen führen nicht unmittelbar zu einer Verbesserung, obwohl sie unter anderem dazu beitragen können, das Verfahren robust zu machen. Alle EA-Formen benötigen außerdem eine große Anzahl von Zufallszahlen. Auch das erfordert Rechenzeit. Die Erfahrung lehrt jedoch, daß der Rechenaufwand von EA in komplexen Anwendungen im Mittel *nicht* signifikant höher ist als bei vergleichbaren Konkurrenzmethoden.

Ineffektivität in der Schlußphase

Die Suchoperatoren von EA sind nicht speziell auf schnelle lokale Optimierung ausgelegt, weshalb EA in der Schlußphase eines Optimierungslaufes oft nicht effizient sind. Das gilt ganz besonders für GA, da hier die Wirksamkeit des Crossovers von der Heterogenität der Population abhängt. Diese Heterogenität ist in der Schlußphase aber meistens deutlich herabgesetzt. Verbesserungen hängen nun vor allem vom seltenen Ereignis der Mutation ab. Bei den mutationsbasierten Methoden ES und EP ist das Problem der Ineffektivität weniger stark ausgeprägt, vor allem, wenn adaptive Schrittweitensteuerung vorliegt.

Schwierige Anpassung an die Problemstellung

Besonders GA, ES und EP bieten sehr flexible Gestaltungmöglichkeiten, um die Leistungsfähigkeit im konkreten Einzelfall zu verbessern. Diese vielen Freiheitsgrade bei der Verfahrensgestaltung können aber gerade für unerfahrene Entwickler zum Problem werden. Gestaltungselemente, wie die Lösungsrepräsentation, Suchoperatoren und Fitneßfunktion sind nicht isoliert voneinander zu betrachten. Viele Strategieparameter, wie z.B. die Populationsgröße oder die Crossoverwahrscheinlichkeit, müssen festgelegt werden. Teilweise kann man sich dabei an Empfehlungen in der Literatur orientieren oder erprobte Konzepte der Selbstadaptierung verwenden. Viele Fragen sind aber heute noch offen.

7.3 Einige spezifische Stärken und Schwächen von GP

Der Erfolg von GP wird in erheblichem Maße beeinflußt durch die geschickte Auswahl der GP-Grundbausteine, also der Elemente von *function set* und *terminal set*. Gleichzeitig besteht hier eine bequeme Möglichkeit, anwendungsbezogenes Vorwissen einzubringen. Damit ist allerdings auch die Gefahr verbunden, den Suchraum a priori in ungünstiger Weise zu beschränken.

Auch die gewählte Programmarchitektur (Anzahl ADFs, Anzahl der Argumente je ADF) wirkt sich auf die Qualität der erzeugten Lösungen und die Effizienz des Lösungsprozesses aus. Bei komplexen Anwendungen zu guten Architekturentscheidungen zu kommen, erfordert Vorüberlegungen und Erfahrung. Prinzipiell kann zwar auch die Architektur eines GP-Programmes parallel zur Lösung des eigentlichen Anwendungsproblems miterzeugt werden, doch ist damit im allgemeinen beträchtlicher zusätzlicher Rechenaufwand verbunden.

Ein weiterer Erfolgsfaktor für GP sind die gewählten *fitness cases*, also das zur Evaluierung benutzte Datenmaterial. Die richtige Zusammenstellung der Trainingsdaten ist besonders dann eine Kunst, wenn die eigentliche Anforderung darin besteht, gelernte Konzepte auf nicht gesehenes Datenmaterial zu generalisieren. Wie bei anderen maschinellen Lernverfahren, besteht hier die Gefahr des *overfitting*, also des zu genauen Lernens der Beispieldaten mit der Folge schlechter Generalisierungsfähigkeit.

Von besonders großer Bedeutung für den Erfolg von GP ist die gewählte Fitneßfunktion, da sie den Charakter der Fitneßlandschaft über dem Suchraum mitbestimmt. Leider fehlt es hier an allgemeinen Gestaltungsempfehlungen.

Problematisch sind die hohen Anforderungen von GP hinsichtlich CPU-Leistung und Arbeitsspeicher, die teilweise aus den häufig sehr großen Populationen (bei Koza bis zu 16000 Individuen) resultieren. Um dieses Problem zu entschärfen, sind zwei unterschiedliche Wege beschritten worden. Einige arbeiten mit Individuen in Maschinensprache (binäre Repräsentation), die nicht, wie sonst bei GP üblich, zeitaufwendig zur Laufzeit interpretiert werden müssen, sondern direkt ausführbar sind. Damit sind Geschwindigkeitsvorteile bis zum Faktor 2000 gegenüber herkömmlichen GP-Implementierungen erzielt worden [NORD95]. Eine andere Alternative, um GP zu beschleunigen, sind parallele Implementierungen.

GP liefert häufig vergleichsweise lange und unüberschaubare Programme, die funktionslose Code-Abschnitte enthalten können. Es ist daher fast immer eine Analyse und Vereinfachung des GP-Ergebnisses notwendig. Je größer und komplexer das Programm, umso schwieriger ist diese Aufgabe.

Andererseits kann man sich auf den Standpunkt stellen, daß es primär darum geht, praktische Probleme zu lösen und daß die Frage, wie gut sich die erzeugten Lösungen interpretieren lassen, nachrangig ist. Im Gegensatz z.B. zu künstlichen Neuronalen Netzen sind GP-Ergebnisse noch relativ oft nachvollziehbar.

Für symbolische Regressionsaufgaben, zu denen algebraisch-korrekte Lösungen bekannt sind, findet GP diese nur selten. Man erhält im allgemeinen lediglich eine gute Näherungslösung für die gegebenen Problemdaten [KOZA94, S. 67]. Dieser Nachteil ist nicht besonders schwerwiegend, denn die praktisch interessanten Fälle sind ja wohl jene, zu denen eine algebraische Lösung bisher nicht bekannt ist.

Zwei Aspekte sind unter Anwendungsgesichtspunkten an GP besonders faszinierend:

- *Verbindung von Anwendungsbreite und Lösungsgüte:* Das zugrundeliegende Prinzip der Programm-Induktion ist hinreichend allgemein, um erfolgreich Aufgaben aus ganz unterschiedlichen Bereichen zu bearbeiten. Gleichzeitig sind m.E. keine so spezifischen Anpassungen der Methode erforderlich, um gute Ergebnisse zu erzielen, wie im Falle vieler spezialisierter Lösungsverfahren.
- *Anwendbarkeit auch in neuartigen Fragestellungen:* GP kann, gute Rechnerressourcen vorausgesetzt, in unbekanntes Gebiet vordringen und auch bei Fragestellungen eingesetzt werden, für die bislang keine erfolgreichen Lösungsansätze bekannt sind. GP ist selbstverständlich kein Allheilmittel und der Erfolg nicht garantiert, aber die große Breite der bislang erfolgreich bearbeiteten Problemstellungen, wenn auch teilweise erst im akademischen Maßstab, rechtfertigt einen gewissen Optimismus.

7.4 Parallelisierbarkeit von EA

Parallelrechner sind in den letzten Jahren immer breiter verfügbar geworden. Weil die in EA nachgeahmten Evolutionsphänomene hochgradig parallele Prozesse sind, können EA dementsprechend von paralleler Hardware in verschiedener Weise profitieren:

- Parallele EA ermöglichen eine realistischere Abbildung des Evolutionsgeschehens als serielle EA.
- EA sind aufgrund ihres inhärent parallelen Charakters relativ leicht und effizient zu parallelisieren.
- Auf Parallelrechnern kann mit zum Teil wesentlich größeren Gesamtpopulationen gearbeitet werden als auf seriellen Maschinen. Dadurch und aufgrund der zu erreichenden Beschleunigung können komplexere Anwendungen bearbeitet werden.

Inzwischen liegen von allen EA-Hauptströmungen parallele Implementierungen vor, wobei parallele GA dominieren. Folgende grundsätzliche Möglichkeiten der Parallelisierung von EA werden üblicherweise unterschieden:[12]

- globale Parallelisierung,
- Migrationsmodell,
- Diffusionsmodell.

Bei der *globalen Parallelisierung* werden gegenüber seriellen Implementierungen die Fitneßbestimmung sowie teilweise auch die Ausführung evolutionärer Operatoren parallelisiert, ohne inhaltliche Änderungen am Verfahrensablauf vorzunehmen. Es existiert nur eine Population, und jedes Individuum der Population kann mit jedem anderen gekreuzt werden (Panmixie).

Die Fitneßermittlung eines Individuums ist im Normalfall unabhängig von anderen Mitgliedern der Population und daher leicht zu parallelisieren. Auf Multiprozessor-Maschinen mit gemeinsamem Speicher kann die Population im gemeinsamen Speicher abgelegt sein. Jeder Prozessor liest die ihm zugewiesenen Individuen und schreibt das Ergebnis der Fitneßbewertung zurück. Eine Synchronisation ist hier nur zwischen den Generationszyklen nötig. Bei Parallelrechnern mit verteiltem Speicher kann die Population auf einem „Master"-Prozessor gespeichert sein, der die Individuen zur Evaluierung an die übrigen „Slave"-Prozessoren verteilt, die Ergebnisse einsammelt und dann die evolutionären Operatoren zur Erzeugung der nächsten Generation anwendet. Hierbei kann allerdings der „Master"-Prozessor zum Engpaß werden.

---

[12] Gute Übersichten zu parallelen GA findet man in [MACF90,GORD93,CANT95].

Schwieriger parallelisierbar ist die Selektion. Hier haben Selektionsformen, die ohne globale Populationsstatistiken arbeiten, Vorteile, wie z.B. Wettkampfselektion.

Leicht zu parallelisieren sind die Operatoren Mutation und Crossover. Die Mutationen der Individuen erfolgen unabhängig voneinander und können daher parallel durchgeführt werden. Beim traditionellen Crossover sind jeweils Paare von Individuen unabhängig voneinander zu betrachten.[13]

Das *Migrationsmodell,* häufig auf MIMD-Architekturen[14] implementiert, unterteilt die Gesamtpopulation in Teilpopulationen, sogenannte Deme, die einzelnen Prozessoren zugeordnet werden. Zwischen den Teilpopulationen sind Migrationspfade definiert (Bild 7-1). In jeder dieser Teilpopulationen wird ein herkömmlicher EA ausgeführt. Die Teilpopulationen entwickeln sich weitgehend unabhängig voneinander und tauschen nur gelegentlich Individuen aus.

Bild 7-1: Einfaches Migrationsmodell

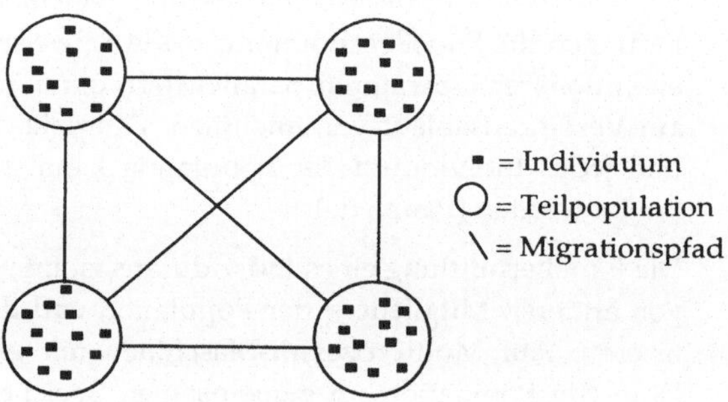

Verschiedene Entscheidungen sind hierbei zu treffen, welche die Performanz des Systems beeinflussen:

- Anzahl und Größe der Deme,
- Verbindungstopologie zwischen den Demen,
- Migrationsrate,

---

13 Ein Beispiel für globale Parallelisierung enthält [HAUS94].
14 Multiple Instruction Multiple Data Flow

- Migrationsintervall,
- Emigration oder Immigration,
- Deletionsstrategie.

Die Anzahl und Größe der Deme wird sich unter anderem nach der Art und Anzahl der verfügbaren Prozessoren richten, sowie nach dem Komplexitätsgrad der Aufgabenstellung und der tolerierbaren Rechenzeit. Dagegen definiert die Verbindungstopologie die Kommunikationsstruktur zwischen den Demen. Es lassen sich zwei wesentliche Varianten unterscheiden. Beim *island model* können Individuen zwischen beliebigen Teilpopulationen ausgetauscht werden, während dieser Austausch beim *stepping stone model* auf benachbarte Deme beschränkt ist.[15] Eine weitergehende Unterscheidung hinsichtlich der Nachbarschaftsstruktur orientiert sich häufig an den Architekturmodellen der verfügbaren Parallelrechner, wie Ring oder Netz.

Je dichter die Verbindungen zwischen den Demen geknüpft sind, je weniger Teilpopulationen existieren und je größer die Anzahl ausgetauschter Individuen ist, umso rascher können gute Lösungen sich in der Gesamtpopulation durchsetzen, was die Gefahr eines vorzeitigen Verlustes von Heterogenität in der Population mit sich bringt. Sind die Deme dagegen nur schwach verknüpft, die Anzahl der Teilpopulationen hoch und die Anzahl ausgetauschter Individuen niedrig, so wird die Entstehung unterschiedlicher guter Lösungen tendenziell begünstigt, ihre Kreuzung zu potentiell noch besseren Lösungen jedoch verzögert [CANT95]. Für eindeutige Gestaltungsempfehlungen fehlt gegenwärtig die empirische Grundlage.

Das Migrationsintervall ist die Anzahl von Generationen zwischen zwei (synchronen) Migrationen, während die Migrationsrate den Anteil von migrierenden Individuen einer Teilpopulation angibt [TANE89]. Die meisten Autoren führen Migrationen in konstanten Intervallen (z.B. alle 15-20 Generationen) durch. Einige tauschen Individuen hingegen dann aus, wenn die Teilpopulationen weitgehend konvergiert sind. Asynchrone Kommunikation nutzt die Möglichkeiten der Parallelisierung besser als synchrone [HOFF91].

---

[15] In der Literatur wird der Begriff *island model* uneinheitlich verwendet.

Bei der Emigration gehen die migrierenden Individuen ihrer alten Population verloren. Dagegen bleiben sie bei der Immigrationsvariante weiterhin auch Bestandteil ihrer Ursprungs-Teilpopulation; es werden also nur Kopien von Individuen ausgetauscht. Die Auswahl von Lösungen zur Migration erfolgt in den Teilpopulationen entweder stochastisch, oder es werden die besten Individuen ausgewählt. In der Ziel-Teilpopulation ersetzen die neuen Lösungen im allgemeinen die schlechtesten Individuen, jedoch kann auch diese Auswahl stochastisch erfolgen.[16]

Beim *Diffusionsmodell*, das in der Literatur auch als *fine-grained*-Parallelisierung (im Gegensatz zum *coarse-grained* Ansatz des Migrationsmodells) bezeichnet und häufig auf SIMD-Architekturen[17] implementiert wird, ist der Grundgedanke folgender: Der im allgemeinen sehr großen Gesamtpopulation wird eine bestimmte Struktur zugrundegelegt, z.B. ein zweidimensionales Gitter (Bild 7-2). Jedes Individuum ist dabei einem Gitterpunkt zugeordnet. Außerdem wird die Population in viele kleine lokale Nachbarschaftsstrukturen zergliedert. Die Nachbarschaft eines Individuums bilden alle jene Individuen, die innerhalb einer bestimmten Entfernung liegen.

Bild 7-2: Einfaches Diffusionsmodell

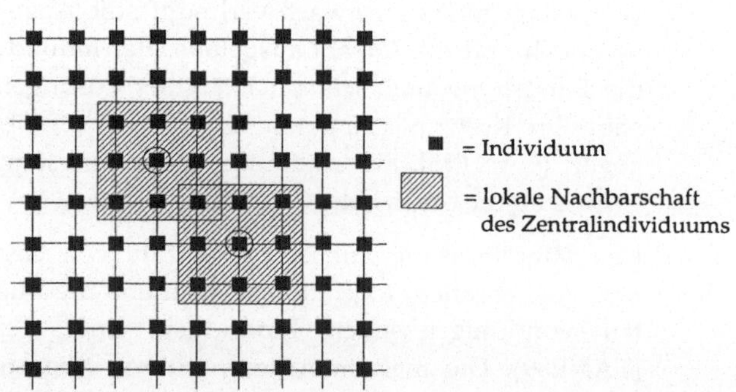

Selektion und Crossover sind auf Individuen in der definierten Nachbarschaft beschränkt. Die Nachbarschaften verschiedener Individuen

[16] Beispiele von Migrationsmodell-Implementierungen verschiedener EA-Formen sind enthalten in [TANE89,RUDO91,DUNC93,KOZA95].
[17] Single Instruction Multiple Data Flow

überlappen sich, so daß Elemente guter Lösungen sich langsam über die ganze Population ausbreiten können. Dieser Diffusionsprozeß reduziert die Heterogenität von Individuen in der Gesamtpopulation viel langsamer als es bei Panmixie der Fall wäre.

Ein Vorteil des Diffusionsmodells ist, daß keine globale Kontrolle benötigt wird. Dies ermöglicht eine effiziente Implementierung auf massiv parallelen Computern. Dabei kommt der zugrundegelegten Populationsstruktur und dem Grad an Überlappung der Nachbarschaften besondere Bedeutung zu. Verschiedene Populationsstrukturen sind in der Literatur zu finden, z.B. Gitter, Ring und Torus.[18] Die gewählte Struktur scheint in praktischen Beispielen im wesentlichen von Intuition und der zugrundeliegenden Parallelrechnerarchitektur beeinflußt zu sein.[19]

Empirische Untersuchungen, in denen die grundsätzlichen Parallelisierungskonzepte für EA verglichen werden, sind in der Literatur selten.[20] Eine effiziente Parallelisierungsstrategie muß letztlich auf die Architektur des benutzten Rechnersystems abgestimmt werden. Insgesamt scheint das Migrationsmodell die meisten Anhänger zu haben.

7.5 Rückschlüsse für praktische Optimierungsanwendungen

Ungeeignete Anwendungsbereiche

Aus den Eigenschaften von EA ergibt sich, daß Optimierungsprobleme, die eine oder mehrere der folgenden Charakteristika aufweisen, keine sinnvollen Anwendungsbereiche für EA sind:

- *Global optimale Lösung erforderlich:* Der Beweis, daß eine global optimale Lösung gefunden wurde, ist bei EA wie auch anderen heuristischen Verfahren im allgemeinen nicht möglich.
- *Effiziente Spezialverfahren sind anwendbar:* Die Problemstellung weist eine spezielle Struktur auf, die den Einsatz effizienter Spezialverfahren, wie etwa der Linearen Programmierung, nahelegt.

---

[18] In [SARM96] wird für eine zugrundeliegende Gitterstruktur gezeigt, daß das Verhältnis des Nachbarschaftsradius zum Radius der Gitterstruktur ausschlaggebend für die Selektionshärte und damit für die Balance zwischen *exploration* und *exploitation* des parallelen GA ist.
[19] Beispiele für das Diffusionsmodell sind zu finden in [MÜHL89,BALU93,SPRA94].
[20] Beispiele enthalten [MACF90,GORD93].

- *Volle Dekomponierbarkeit des Problems:* Wenn die einzelnen Entscheidungsvariablen des Problems unabhängig voneinander optimierbar sind, sollte man auf weniger ressourcenaufwendige traditionelle Hillclimbing-Verfahren zurückgreifen.
- *Hohe Epistasie:* Die einzelnen Entscheidungsvariablen sind hochnichtlinear voneinander abhängig. Das bedeutet, wenn der Wert einer Entscheidungsvariablen geändert wird, verändert sich der Fitneßwert in einer Weise, bei der Richtung und Ausmaß der Änderung von den Werten vieler anderer Entscheidungsvariablen nichtlinear abhängen. Zu beachten ist hierbei, daß sich durch geschickte Wahl von Lösungsrepräsentation, Suchoperatoren und Fitneßfunktion der Grad der Epistasie beeinflussen läßt.
- *Nadel-im-Heuhaufen-Probleme:* Die Fitneßfunktion weist allen Lösungspunkten den gleichen Wert zu, mit Ausnahme der Optima, die abweichende Werte haben. Hier fehlt es jedem Optimierungsverfahren an nutzbaren lokalen Informationen, um den Suchprozeß zielorientiert zu gestalten.[21]
- *Aufwendige Lösungsbewertung:* Bei Problemstellungen, die durch sehr aufwendige Lösungsbewertung gekennzeichnet sind, verursacht der Populationsansatz von EA zu großen Aufwand. Allerdings werden EA mit steigender Verfügbarkeit paralleler Rechner auch für solche Anwendungen immer attraktiver.

Ergänzend läßt sich feststellen, daß GP durch die Art der Lösungsrepräsentation für numerische Optimierungsaufgaben wenig geeignet erscheint. Außerdem weisen ES und EP gegenüber GA einen Entwicklungsrückstand bei diskreten Optimierungsproblemen einschließlich der kombinatorischen Optimierung auf. Die Lösungsrepräsentation und Operatoren von ES und EP sind dagegen gut auf Problemstellungen mit kontinuierlichen Variablen abgestimmt.

Geeignete Anwendungsbereiche

Optimierungsanwendungen mit einer oder mehreren der folgenden Eigenschaften sind als prinzipiell geeignet für EA anzusehen:

---

[21] Es gibt aber Beispiele, wo auch bei solchen Problemstellungen GA erfolgreich eingesetzt wurden, indem Individuen zusätzlich die Möglichkeit erhielten zu lernen [HINT87].

- *Hohe Komplexität:* Der Suchraum ist hochdimensional und das Fitneßgebirge multimodal. Zwischen den einzelnen Entscheidungsvariablen bestehen mäßig hohe Wechselwirkungen. Effiziente Spezialverfahren stehen für die gegebene Problemstruktur nicht zur Verfügung. Viele praktische Problemstellungen fallen in diese Kategorie.
- *Stochastische Einflüsse:* Vieles deutet darauf hin, daß EA aufgrund ihres Populationsansatzes relativ robust sind gegenüber stochastischen Einflüssen bei der Lösungsbewertung. Daher sind sie ein interessanter Ansatz für stochastische Optimierungsprobleme.
- *Dynamische Umgebungen mit wandernden Optima:* Hier sind EA deswegen vielversprechend, weil sie, ausgehend vom alten Optimum innerhalb weniger Generationen das neue Optimum lokalisieren können, soweit sich die Zielfunktionstopologie nicht allzu sprunghaft verändert. Dazu initialisiert man den EA mit Individuen der Schlußpopulation des vorigen Laufes.
- *Kombinatorische Optimierungsprobleme:* Man findet man bei kombinatorischen Problemstellungen schon eine ganze Reihe praktischer Anwendungen und viele anwendungsorientierte Forschungsprojekte auf Basis von EA. Dabei werden GA, verglichen mit den anderen EA-Strömungen, am häufigsten verwendet [NISS95a,97].

  Der Spezialfall eines kombinatorischen {0,1}-Problems liegt vor, wenn für die Entscheidungsvariablen nur die Werte Null oder Eins zugelassen sind. Von Ausnahmen abgesehen, sind {0,1}-Probleme ab einer gewissen Größe bzw. bei Vorliegen von Nichtlinearitäten bislang mit exakten Verfahren, wie der Linearen Programmierung, schwer zu bearbeiten. Binäre GA weisen eine besonders adäquate Lösungsrepräsentation für {0,1}-Probleme auf. Dabei ist es kein Hindernis, wenn z.B. eine nichtlineare Zielfunktion vorliegt.

Hinzuweisen ist abschließend noch auch auf die vielfältigen Anwendungsmöglichkeiten von EA als maschinelle Lernmethoden in verschiedenen Teildisziplinen der KI-Forschung, z.B. im Rahmen lernender Classifier-Systeme (Kapitel 8.1), sowie im Bereich von Artificial Life. Beträchtliches Anwendungspotential wird außerdem für GP in den Bereichen Datenmustererkennung und Prognose gesehen.

7.6 Literatur zum Kapitel 7

Zitierte Literatur

[BÄCK93] Bäck, T.; Schwefel, H.-P.: An Overview of Evolutionary Algorithms for Parameter Optimization, in: Evolutionary Computation 1 (1993) 1, S. 1-23.

[BALU93] Baluja, S.: Structure and Performance of Fine-Grain Parallelism in Genetic Search, in: [FORR93], S. 155-162.

[BATT95] Battiti, R; Tecchiolli, G.: Local Search with Memory: Benchmarking RTS, in: OR Spektrum 17 (1995) 2/3, S. 67-86.

[BELE91] Belew, R.D.; Booker, L.B.: Proceedings of the Fourth International Conference on Genetic Algorithms, San Mateo: Morgan Kaufmann 1991.

[BIET95] Biethahn, J.; Nissen, V. (Hrsg.): Evolutionary Algorithms in Management Applications, Berlin: Springer 1995.

[BRAN89] Brandeau, M.L.; Chiu, S.S.: An Overview of Representative Problems in Location Research, in: Management Science (1989), S. 645-674.

[CALD91] Caldwell, C.; Johnston, V. S.: Tracking a Criminal Suspect Through „Face-Space" with a Genetic Algorithm, in: [BELE91], S. 416-421.

[CANT95] Cantú-Paz, E.: A Summary of Research on Parallel Genetic Algorithms, IlliGAL Report 95007, Illinois Genetic Algorithms Laboratory, University of Illinois, Urbana-Champaign 1995.

[DAVI91] Davis, L.: A Genetic Algorithms Tutorial, in: Davis, L.(Hrsg.): Handbook of Genetic Algorithms. New York: Van Nostrand Reinhold 1991, S. 1-101.

[DAVI94] Davidor, Y.; Schwefel, H.-P.; Männer, R. (Hrsg.): Parallel Problem Solving from Nature - PPSN III, Berlin: Springer 1994.

[DUNC93] Duncan, B. S.: Parallel Evolutionary Programming, in: Fogel, D. B.; Atmar, W. (Hrsg.): Proceedings of the Second Annual Conference on Evolutionary Programming, San Diego/CA: Evolutionary Programming Society 1993, S. 202-208.

[ESHE95] Eshelman, L.J.: Proceedings of the Sixth International Conference on Genetic Algorithms, San Francisco: Morgan Kaufmann 1995.

[FOGE93] Fogel, D.B.: On the Philosophical Differences between Evolutionary Algorithms and Genetic Algorithms, in: Fogel, D.B.; Atmar, W. (Hrsg.): Proceedings of the Second Annual Conference on Evolutionary Programming, San Diego/CA: Evolutionary Programming Society 1993, S. 23-29.

[FOGE95] Fogel, D.B.: Evolutionary Computation. Toward a New Philosophy of Machine Intelligence, New York: IEEE Press 1995.

[FORR93] Forrest, S. (Hrsg.): Proceedings of the Fifth International Conference on Genetic Algorithms, San Mateo/CA: Morgan Kaufmann 1993.

[GORD93] Gordon, V.S.; Whitley, D.: Serial and Parallel Genetic Algorithms as Function Optimizers, in: [FORR93], S. 177-183.

[GREF85] Grefenstette, J.J.; Fitzpatrick, J.M.: Genetic Search with Approximate Function Evaluations, in: Grefenstette, J.J. (Hrsg.): Proceedings of an International Conference on Genetic Algorithms and Their Applications, Hillsdale/NJ: Lawrence Erlbaum 1985, S. 112-120.

[HAUS94] Hauser, R.; Männer, R.: Implementation of Standard Genetic Algorithm on MIMD Machines, in: [DAVI94], S. 503-513.

[HINT87] Hinton, G.E.; Nowlan, S.J.: How Learning can Guide Evolution, in: Complex Systems (1987) 1, S. 495-502.

[HOFF91] Hoffmeister, F.: Scalable Parallelism by Evolutionary Algorithms, in: Grauer, M.; Pressmar, D. B. (Hrsg.): Parallel Computing and Mathematical Optimization, Berlin: Springer 1991, S. 177-198.

[KOZA94] Koza, J.R.: Genetic Programming II, Cambridge/MA: MIT Press 1994.

[KOZA95] Koza, J.R.; Andre, D.: Parallel Genetic Programming on a Network of Transputers, Technical Report, Stanford University, Computer Science Department, Stanford 1995.

[MACF90] Macfarlane, D.; East, I.: An Investigation of Several Parallel Genetic Algorithms, in: Turner, S.J. (Hrsg.): Proceedings of the OCCAM User Group Technical Meeting 12, Tools and Techniques for Transputer Applications, Amsterdam: IOS Press 1990, S. 60-67.

[MAND91] Manderick, B.; de Weger, M.; Spiessens, P.: The Genetic Algorithm and the Structure of the Fitness Landscape, in: [BELE91], S. 143-150.

[MÜHL89] Mühlenbein, H.: Parallel Genetic Algorithms, Population Genetics and Combinatorial Optimization, in: [SCHA89], S. 416-421.

[NISS94] Nissen, V.: Evolutionäre Algorithmen. Darstellung, Beispiele, betriebswirtschaftliche Anwendungsmöglichkeiten, Wiesbaden: DUV 1994.

[NISS95a] Nissen, V.: An Overview of Evolutionary Algorithms in Management Applications, in [BIET95], S. 44-97.

[NISS95b] Nissen, V.; Biethahn, J.: Determining a Good Inventory Policy with a Genetic Algorithm, in [BIET95], S. 240-249.

[NISS97] Nissen, V.: Management Applications and Other Classical Optimization Problems, in: Bäck, T.; Fogel, D.; Michalewicz, Z. (Hrsg.): Handbook of Evolutionary Computation, New York: Oxford University Press (erscheint 1997).

[NORD95] Nordin, P.; Banzhaf, W.: Evolving Turing-Complete Programs for a Register Machine with Self-modifying Code, in: [ESHE95], S. 318-325.

[RECH73] Rechenberg, I.: Evolutionsstrategie. Optimierung technischer Systeme nach Prinzipien der biologischen Evolution, Stuttgart: Frommann-Holzboog 1973.

[RUDO91] Rudolph, G.: Global Optimization by Means of Distributed Evolution Strategies, in: [SCHW91], S. 209-213.

[SARM96] Sarma, J.; De Jong, K.: An Analysis of the Effects of Neighborhood Size and Shape on Local Selection Algorithms, in: Voigt, H.-M.; Ebeling, W.; Rechenberg, I.; Schwefel, H.-P. (Hrsg.): Parallel Problem Solving from Nature - PPSN IV, LNCS 1141, Berlin: Springer 1996, S. 236-244.

[SCHA89] Schaffer, J. D. (Hrsg.): Proceedings of the Third International Conference on Genetic Algorithms, San Mateo/CA: Morgan Kaufmann 1989.

[SCHW91] Schwefel, H.-P.; Männer, R. (Hrsg.): Parallel Problem Solving from Nature, Berlin: Springer 1991.

[SPRA94] Sprave, J.: Linear Neighborhood Evolution Strategy, in: Sebald, A.V., Fogel, L.J. (Hrsg.): Proceedings of the Third Annual Conference on Evolutionary Programming, Singapur: World Scientific 1994, S. 42-51.

[TANE89] Tanese, R.: Distributed Genetic Algorithms, in: [SCHA89], S. 434-439.

[WOLP95] Wolpert, D.H.; Macready, W.G.: No Free Lunch Theorems for Search, Arbeitsbericht SFI-TR-95-02-010 (eingereicht beim Journal of Operations Research), Santa Fe Institute 1995 (FTP://ftp.santafe.edu im Verzeichnis: /pub/wgm/nfl.ps).

Sonstige weiterführende Literatur

Csányi, V.: Evolutionary Systems and Society. A General Theory of Life, Mind, and Culture, Durham: Duke University Press 1989.

De Jong, K.; Sarma, J.: On Decentralizing Selection Algorithms, in: [ESHE95], S. 17-23.

Hoffmeister, F.: Scalable Parallelism by Evolutionary Algorithms, in: Grauer, M.; Pressmar, D.B. (Hrsg.): Parallel Computing and Mathematical Optimization, Berlin: Springer 1991, S. 177-198.

McIlhagga, M.; Husbands, P.; Ives, R.: A Comparison of Search Techniques on a Wing-Box Optimisation Problem, in: Voigt, H.-M.; Ebeling, W.; Rechenberg, I.; Schwefel, H.-P. (Hrsg.): Parallel Problem Solving from Nature - PPSN IV, LNCS 1141, Berlin: Springer 1996, S. 614-623.

Radcliffe, N.J.; Surry, P.D.: Fundamental Limitations on Search Algorithms: Evolutionary Computing in Perspective, in: Leeuwen, J.v. (Hrsg.): Computer Science Today , LNCS 1000, Berlin: Springer 1995, S. 275-291.

Schwehm, M.: Implementation of Genetic Algorithms on Various Interconnection Networks, in: Valero, M.; Onate, E.; Jane, M.; Larriba, J.L.; Suarez, B. (Hrsg.): Parallel Computing and Transputer Applications 5, Amsterdam: IOS Press 1992.

7.7 Aufgaben zum Kapitel 7

Aufgabe 7-1: Wiederholung

a) Wo liegen Gemeinsamkeiten und Unterschiede von GA, GP, ES und EP?
b) Wo sehen Sie Defizite von EA im Hinblick auf ihren Charakter als Modelle des Evolutionsgeschehens? Wie beurteilen Sie die Relevanz dieser Defizite in der praktischen Anwendung?
c) Nennen Sie die erforderlichen Rahmenbedingungen für faire Leistungsvergleiche von Optimierungsverfahren! Werden diese Bedingungen heute im allgemeinen eingehalten?
d) Was besagt das No-Free-Lunch-Theorem? Von welchen Voraussetzungen wird dabei ausgegangen?
e) Nennen Sie die wesentlichen Vorzüge und Nachteile von GP im Hinblick auf e1) andere EA bzw. e2) andere Suchverfahren allgemein!
f) Was sind die aus Ihrer Sicht wichtigsten Vor- und Nachteile des evolutionären Optimierungsansatzes?
g) Charakterisieren Sie in allgemeiner Weise Problemstellungen, bei denen es sinnvoll erscheint, die Entwicklung eines EA-basierten Lösungsverfahrens zu erwägen!

h) Warum eignen sich EA besonders für Implementierungen auf Parallelrechnern? Welche Parallelisierungskonzepte sind Ihnen bekannt?

Aufgabe 7-2: Fragen zum Nachdenken

a) Sollte man bei empirischen Vergleichen verschiedener Heuristiken den Schwerpunkt auf Anwendungsbreite oder auf Leistungsfähigkeit in einzelnen Anwendungen legen? (Beachten Sie das No-Free-Lunch Theorem!)

b) Wie beurteilen Sie die praktische Relevanz des No-Free-Lunch Theorems?

c) Wie beurteilen Sie die einzelnen EA-Hauptströmungen hinsichtlich der Möglichkeit, anwendungsspezifisches Vorwissen zu berücksichtigen?

d) Ist es sinnvoll, EA-Ansätze zur Lösung von linearen Optimierungsproblemen zu entwickeln? Begründen Sie Ihre Antwort!

e) Inwieweit könnten umfassende und präzise Beschreibungen der charakteristischen Merkmale von Problemklassen (im Sinne von Anwendungen) dabei helfen, die potentiellen Einsatzfelder von EA abzugrenzen?

8 Hybridsysteme

EA sind in den unterschiedlichsten Problemräumen anwendbar. In den letzten zehn Jahren sind daher viele Anstrengungen unternommen worden, EA mit anderen Optimierungsmethoden oder maschinellen Lernstrategien (ML-Strategien) zu kombinieren. Daraus entstanden sogenannte Hybridsysteme, die darauf abzielen, Vorteile verschiedener Ansätze zu kombinieren. Besonders aus der Kombination von Technologien des Soft Computing können für Unternehmen strategisch bedeutsame Innovationen entstehen.

In diesem Kapitel sollen ausgewählte erfolgreiche oder erfolgversprechende Kombinationsmöglichkeiten in ihren Grundlagen vorgestellt werden. Dabei geht es um die Integration mit regelbasierten Systemen, künstlichen Neuronalen Netzen und mit Fuzzy-Systemen. Es ist an dieser Stelle unmöglich, auf alle interessanten Integrationsansätze einzugehen. Die angegebene Ergänzungsliteratur bietet aber weitere Informationen.

8.1 Lernende Classifier Systeme

Lernende Classifier Systeme (LCS) sind regelbasierte maschinelle Lernsysteme[1]. Sie sind eingebettet in eine Lernumgebung, mit der sie über Schnittstellen interagieren. LCS sind in der Lage, Regelmäßigkeiten ihrer Umgebung anhand von Feedback-Informationen induktiv zu lernen und können so konkrete Lernaufgaben, z.B. im Bereich der Mustererkennung bewältigen. Sie basieren auf einem Nachrichtensystem und einer Wissensbasis aus einfachen Regeln der Form „Wenn {*Bedingungen*}, dann {*action*}". Diese Regeln werden als Classifier bezeichnet und ändern sich unter dem Einfluß eines GA dynamisch.

LCS gehen auf Holland und Reitman zurück [HOLL78,86]. Es ging zunächst darum, ein ausführbares kognitives Modell von Lernprozessen zu implementieren. Später sind LCS jedoch für diverse praktische Zwecke eingesetzt worden, so etwa im Bereich Artificial Life.[2] In vielen Anwendungen wird eine elementare *Stimulus-Response* Form von

[1] Zum maschinellen Lernen vgl. Kapitel 1.4.
[2] Siehe z.B. [WILS87]. Siehe auch die Anwendungsübersicht in [GOLD89, Kap. 7].

LCS verwendet.[3] Dabei bildet das LCS jeden Umgebungszustand auf eine passende LCS-Ausgabe (*action*) ab. Den Basistyp eines solchen einfachen LCS hat Wilson mit seinem „Zeroth Level LCS“ beschrieben, das im folgenden zugrundegelegt wird [WILS94].

8.1.1 Elementares Stimulus-Response LCS

Kernelement des LCS ist seine Wissensbasis in Form einer Menge von (bis zu einigen hundert) Regeln, den sogenannten Classifiern, die im Ausgangsstadium i.d.R. stochastisch initialisiert werden. Ihre Struktur und Repräsentationssprache ist im allgemeinen einfach. Alle Classifier haben einheitliche Länge. Zur Codierung von Bedingungen wird das um ein Platzhaltersymbol (#) ergänzte binäre Alphabet benutzt, also die Menge {0, 1, #}. Das Platzhaltersymbol # bedeutet: entweder 1 oder 0 können an dieser Stelle stehen. Bedingungen können auch negiert werden. Die aus den Bedingungen abgeleitete Folge (*action*) ist rein binär codiert. Damit wird es später möglich, Regeln auf einfache Weise mit einem GA zu manipulieren.

Beispiel: Classifier

Angenommen sei, das LCS bewege sich in einer imaginären Umgebung auf der Suche nach Futter. Um das Futter zu finden, nimmt es die Werte von drei Sensoren (Detektoren) begrenzter Reichweite in den Orientierungen links, mitte und rechts auf. Bemerken die Sensoren Futterquellen, so geben sie den Wert 1 weiter, sonst 0. Die möglichen Reaktionen des LCS auf Sensoreingaben bestehen in einer Bewegung nach vorn (1) oder einer Drehung nach links (0). Dann könnte ein Classifier z.B. folgendermaßen aussehen:

Bedingung		action
0 1 #	:	1

Das würde folgende Anweisung codieren: „Wenn links kein Futter ist und in der Mitte Futter ist, egal was rechts ist, dann bewege dich nach vorn.“ Dabei trennt hier der Doppelpunkt den Bedingungsteil von der *action*. Platzhaltersymbole (#) sind nur im Bedingungsteil zulässig.

[3] Stimulus-Response Systeme sind dadurch gekennzeichnet, daß auf einen Reiz (Stimulus) sofort die Systemreaktion (Response) erfolgt. Der Begriff entstammt der Kognitionspsychologie.

Das Platzhaltersymbol gestattet die Gleichbehandlung ähnlicher Situationen und ermöglicht daher dem LCS zu generalisieren. Im Beispiel von eben ist es z.B. unerheblich, ob rechts in der Umgebung Futter liegt. Die Fähigkeit zu generalisieren ist nützlich, da bei Anwendungen mit vielen möglichen Umgebungskonstellationen nicht für jede eine spezifische Regel vorhanden sein kann ohne die Regelmenge übermäßig aufzublähen.

Beispiel: Unterschiedlich spezifische Classifier

Betrachten wir in anderem Kontext die folgenden zwei Classifier mit jeweils zwei Bedingungen und einer *action*:

Bedingung 1	Bedingung 2		action	
0 0 # #	# # # 1	:	1 1	(Classifier 1)
0 0 0 #	0 0 0 1	:	0 1	(Classifier 2)

Der zweite Classifier ist *spezifischer* als der erste, denn er enthält weniger Platzhalter. Wenn nun z.B. von den Detektoren die externen Nachrichten 0 0 0 0 und 0 0 0 1 vorliegen, sind die Bedingungen beider Classifier erfüllt. In einer anderen Situation lauten die externen Nachrichten der Detektoren 0 0 1 1 und 0 1 0 1. In diesem Fall paßt nur die erste Regel, nicht jedoch die zweite Regel. Classifier 1 stellt praktisch eine Basisregel (*default rule*) und Classifier 2 eine Spezialregel (*specific rule*) dar. Zusammen bilden sie eine elementare Regelhierarchie. Diese Art der Wissensrepräsentation, die sich noch über weitere Stufen sukzessiv spezifischerer Regeln erstrecken kann, ist ökonomisch, weil sie auf viele mögliche Eingaben paßt, ohne für jeden Einzelfall eine Spezialregel zu haben, was zu aufwendig wäre. Ist jedoch eine Spezialregel vorhanden, so wird sie normalerweise die allgemeineren Regeln überstimmen bzw. korrigieren. Holland spricht i.d.Z. von *default hierarchies* [HOLL86,92]. Sie erleichtern eine angemessene Reaktion des LCS auf neue Situationen, ermöglichen es dem LCS also, Gelerntes zu generalisieren.

Der operationale Ablauf bei einem Stimulus-Response LCS (siehe auch Bild 8-1) kann in zwei Phasen untergliedert werden: *performance* und *reinforcement*.

***performance*-Phase**

Detektoren nehmen relevante Umgebungsinformationen auf und codieren sie als einen Bitstring. Anschließend werden die Bedingungsteile aller Classifer der Regelmenge mit den Detektorinformationen verglichen. Die Classifier, deren Bedingungsteil erfüllt ist, werden in das *match set* kopiert. Sie verbleiben aber auch in der Regelmenge. Die vorgeschlagenen *actions* von Classifiern des *match set* können sich widersprechen. Daher muß nun *eine action* aus den im *match set* vertretenen ausgewählt werden. In Wilsons Zeroth Level LCS geschieht dies durch *roulette wheel selection*, wobei die Sektoren des „Glücksrades" den *actions* entsprechen und die Breite jedes Sektorelementes proportional zur Summe der Nützlichkeitswerte seiner Vertreter im *match set* ist. Der Nützlichkeitswert (*strength*) eines Classifiers gibt allgemein gesagt an, wie nützlich der Classifier für die bisherige LCS-Performanz war.[4] Im nächsten Schritt bilden alle Classifier, welche die ausgewählte *action* befürwortet haben, das *action set*. Die gewählte *action* wird dann an die Effektoren gesandt und von diesen in eine Systemausgabe umgesetzt. Effektoren sind die Ausgabeschnittstelle eines LCS und werden durch Nachrichten aktiviert.

***reinforcement*-Phase**

Ausgangspunkt dieser Phase ist die Rückmeldung (*feedback*) der Umgebung an das LCS auf die erfolgte Ausgabe. Sie kann in einer Belohnung an das LCS bestehen. Die Credit-Assignment-Komponente nimmt diese Rückmeldung auf und aktualisiert daraufhin in der Regelmenge die *strength*-Werte jener Classifier, die im aktuellen *action set* A(t) sind. Verschiedene Mechanismen sind dafür vorgeschlagen worden. Der als *implicit bucket brigade* bezeichnete Credit-Assignment-Mechanismus in Wilsons Zeroth Level LCS funktioniert wie folgt: Zunächst wird vom *strength*-Wert jedes Mitglieds von A(t) ein Bruchteil α ($0 < \alpha \leq 1$) abgezogen und in einem gemeinsamen Topf T deponiert. Soweit die gewählte *action* zu einer Belohnung B aus der Umgebung an das LCS geführt hat, wird anschließend der *strength*-Wert jedes Mitglieds von A(t) um den Betrag $\alpha \cdot B / n_{A(t)}$ erhöht, wobei $n_{A(t)}$ die Anzahl der Classifier in A(t) ist. In einem weiteren Schritt erhalten nun

[4] Wie die *strength*-Werte berechnet werden, ist später dargestellt. In der Ausgangssituation haben alle Classifier typischerweise einheitliche *strength*-Werte.

die Mitglieder des *vorigen action sets* A(t-1), soweit es nicht leer war, eine Erhöhung ihrer *strength*-Werte um den Betrag $\beta \cdot T / n_{A(t-1)}$, wobei β $(0 < \beta \leq 1)$ ein Abzinsungsfaktor[5] und T der Gesamtbetrag im erwähnten Topf ist. Abschließend ersetzt man A(t-1) durch A(t) und der Inhalt von Topf T wird gelöscht.

Durch diesen Mechanismus ändert sich die Summe $S_{[A(t)]}$ aller *strength*-Werte der Classifier eines *action set* A(t) folgendermaßen:

$$S_{[A(t)]} \leftarrow S_{[A(t)]} - \alpha \cdot S_{[A(t)]} + \alpha \cdot B + \alpha \cdot \beta \cdot S_{[A(t+1)]}$$

Dabei ist A(t+1) das *nachfolgende action set*. Praktisch bedeutet diese Vorgehensweise eine Aufteilung der Belohnung unter den ausgewählten Classifiern und das Weiterreichen eines Teils dieser Belohnung an die Mitglieder des vorigen *action set.*[6]

Im letzten Schritt der *reinforcement*-Phase werden die *strength*-Werte all jener Classifier, die zwar Mitglieder des *match set*, jedoch nicht des *action set* sind, um einen Bruchteil δ $(\delta \cong \alpha)$ reduziert. Man bestraft sie, weil sie eine andere als die schließlich ausgewählte *action* unterstützt haben. In vielen Systemen wird außerdem in jedem Zyklus von allen Classifiern eine „Steuer" in Form eines Bruchteils ihres *strength*-Wertes erhoben. Dadurch werden unproduktive Classifer benachteiligt.

Aufgrund des Prinzips von Belohnung und Bestrafung soll sich in den Classifiern und ihren *strength*-Werten eine Art Modell der LCS-Umgebung entwickeln. Nach einigen Stimulus-Response Lernzyklen werden sich die auf die Eingaben am besten passenden Regeln immer mehr durchsetzen, was die Leistung des LCS sukzessiv verbessert.

GA als weitere Lernkomponente

Neben der Credit-Assignment-Komponente als erster Lernkomponente stellt der GA die zweite Lernkomponente eines LCS dar. Er dient dazu, die Regelmenge dynamisch zu verändern und dabei schlechte Classifier zu eleminieren und durch potentiell bessere zu ersetzen. Ohne den GA wäre die LCS-Leistung vollkommen von der Ausgangs-Regelmenge abhängig.

---

[5] Wilson empfiehlt für β einen Wert deutlich kleiner als 1,0 [WILS94, S. 4].

[6] Wilson sieht darin eine heterogenitätserhaltende Maßnahme im Hinblick auf die Anwendung des GA zur Modifikation der Regelmenge [WILS87].

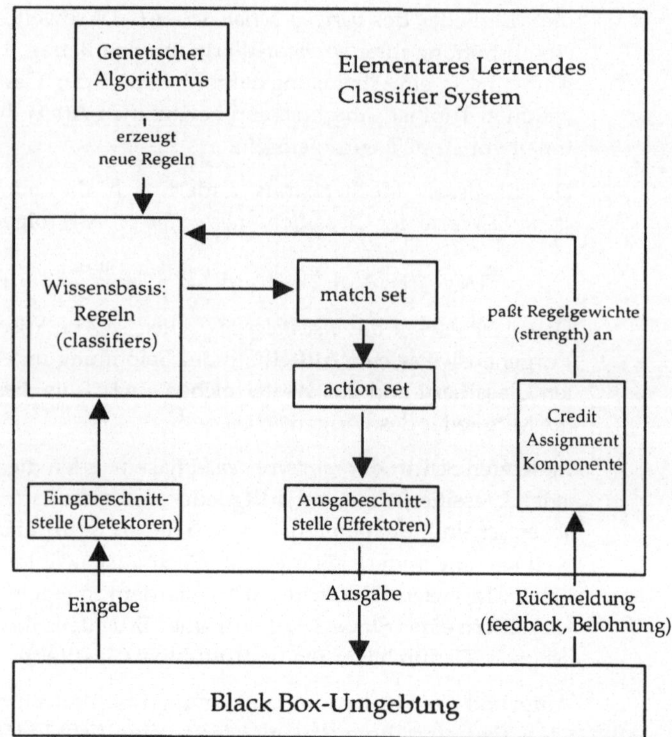

Bild 8-1: Elementares Stimulus-Response LCS

Nach dem Ende der *reinforcement*-Phase geht das LCS entweder in die *performance*-Phase über, oder der GA wird aufgerufen. Dabei geschieht der Aufruf des GA entweder periodisch (nach einer bestimmten Anzahl von LCS-Zyklen), stochastisch in jedem Zyklus mit einer definierten Wahrscheinlichkeit, oder er wird durch regelbezogene Kennzahlen getriggert[7].

Der in LCS verwendete GA entspricht im Prinzip dem Standard-GA. Dabei dienen im allgemeinen die *strength*-Werte der Classifier im Rahmen des Selektionsschrittes als Fitneß-Information.[8] Üblich sind allerdings noch mindestens folgende Modifikationen:

---

[7] Booker beschreibt Beispiele solcher Trigger [BOOK89].

[8] Wilson beschreibt in [WILS95] einen alternativen Ansatz.

- Repräsentationsalphabet {1, 0, #} im Bedingungsteil und {1, 0} im *action*-Teil von Classifiern,[9]
- Nischentechniken, um die Heterogenität der Regelmenge zu wahren,[10]
- Maßnahmen, um neue, bislang nicht aufgetretene Eingaben aus der Umgebung des LCS behandeln zu können, für die bislang keine passenden Classifier in der Regelmenge existieren,
- Austauschen nur eines kleinen Teils (bis ca. 5 %) der Regelmenge bei jedem GA-Aufruf.

In Wilsons Zeroth Level LCS wird der GA in jedem Zyklus mit einer benutzerdefinierten Wahrscheinlichkeit aufgerufen. Diese darf nicht zu hoch gewählt werden, damit Classifier nicht zu schnell ersetzt werden und sich die *strength*-Werte stabilisieren können, um dann ein zutreffendes Abbild der Nützlichkeit des betreffenden Classifiers zu sein.

Die GA-Wahrscheinlichkeit darf andererseits nicht zu niedrig sein, damit die Optimierung der Regelmenge nicht behindert wird. Wilsons GA selektiert zunächst zwei Classifier auf Basis ihrer Fitneß. Daraus werden zwei neue Classifier generiert durch Kopieren und anschließendes Crossover bzw. Mutation mit definierten Wahrscheinlichkeiten. Sie ersetzen dann zwei Classifier der aktuellen Regelmenge, die proportional zu ihrer *Un*fitneß ausgewählt werden. Dadurch bleibt die Anzahl der Regeln insgesamt gleich. Eltern-Classifier geben jeweils die Hälfte ihrer *strength*-Werte an die Nachkommen ab, um deren *strength*-Wert zu initialisieren. Findet Crossover statt, werden die *strength*-Werte der Nachkommen auf ihren Mittelwert gesetzt.

Wilson verwendet außerdem noch einen *covering*-Operator. Er wird angewendet, wenn das *match set* leer ist, also kein Classifier der aktuellen Regelmenge auf die Eingabe paßt, oder, wenn die Summe der *strength*-Werte im *match set* weniger als ein definierter Bruchteil der durchschnittlichen *strength* in der Regelmenge ist. Der *covering*-

---

[9] Im Bedingungsteil müssen Mutationen jedes der drei Allele erzeugen können, im *action*-Teil invertiert man, wie gehabt, nur zwischen 1 und 0.

[10] Siehe die Beispiele in [HORN94,WILS95]. Man beachte, daß es, anders als bei Optimierungsanwendungen von GA, hier nicht darum geht, ein möglichst gutes Individuum zu finden, sondern eine Regelmenge, welche es dem LCS erlaubt, auf alle möglichen Umgebungskonstellationen adäquat zu reagieren.

Operator kreiert einen neuen Classifier auf folgende Weise: Der Bedingungsteil entspricht dem neuen Input, enthält aber eine stochastisch festgelegte Anzahl von Platzhaltersymbolen (#). Der *action*-Part wird stochastisch festgelegt und als *strength*-Wert der durchschnittliche Wert in der aktuellen Regelmenge festgesetzt. Anschließend fügt man den neuen Classifier der Regelmenge hinzu, nachdem man zuvor, analog dem Vorgehen beim GA, einen Classifier gelöscht hatte. Danach bildet man ein neues *match set* und verfährt wie bisher.

Praktische Einsatzmöglichkeiten für Stimulus-Response LCS bestehen z.B. in der Regelungstechnik oder in Klassifikationsaufgaben, wo eine begrenzte Anzahl von Umweltzuständen erkannt werden muß.

8.1.2 Erweitertes LCS

Das eben beschriebene LCS ist ein stark vereinfachtes Modell von Lernprozessen. Im Stimulus-Response LCS ist eine Simulation von Denkzyklen auf Basis gespeicherter Informationen unmöglich, so daß keine wirklich komplexen Verhaltensmuster generiert werden können. Hierfür müssen weitere Komponenten ergänzt werden (Bild 8-2).

In dem erweiterten LCS wird eine primitive Form von *Gedächtnis* als Nachrichtenliste (*message list*) von begrenzter Länge realisiert. Informationen werden aus einem Zyklus auf den folgenden übertragen, indem Classifier nicht unmittelbar zu Ausgaben führen, sondern ihre *actions* als *interne* Nachrichten auf die Nachrichtenliste schreiben.[11]

***performance*-Phase:**

Detektoren nehmen Informationen aus der Umwelt des LCS auf und codieren sie als binäre *externe* Nachrichten. Diese werden auf die Nachrichtenliste geschrieben. Die Classifier der aktuellen Regelmenge werden mit allen Nachrichten auf der Liste verglichen. Stimmt der Bedingungsteil eines Classifiers mit Nachrichten auf der Liste überein, so ist dieser Classifier aktiviert. Aktivierte Classifier (*match set*) konkurrieren darum, „feuern" zu dürfen, also ihre *actions* als *interne* Nachrichten auf die Nachrichtenliste zu schreiben bzw. als *Effektor-bezogene* Nachrichten an die Effektoren zu senden.

---

[11] Es existiert im LCS-Bereich kein eindeutiger Standard. Die nachfolgenden Darstellungen lehnen sich an [SMIT91,94a] und [HOLL92] an.

Bild 8-2: Erweitertes LCS

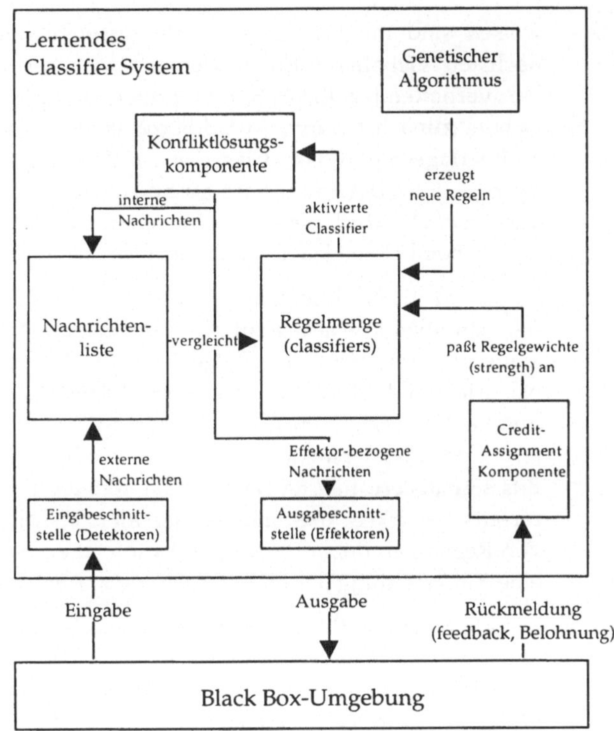

An dieser Stelle ist wegen der begrenzten Länge der Nachrichtenliste ein Konfliktlösungsmechanismus erforderlich. Die übliche Vorgehensweise ähnelt dem Ablauf einer Auktion. Aktivierte Classifier geben ein berechnetes „Gebot" ab, um feuern zu dürfen. Die Höhe ihres Gebotes hängt von ihrem *strength*-Wert und ihrer Spezifität ab. Ein Classifier ist umso spezifischer, je weniger Platzhaltersymbole er im Bedingungsteil aufweist. Je spezifischer ein Classifier und je größer sein *strength*-Wert, umso höher ist sein Gebot. Eine mögliche Berechnungsweise des Gebotes für einen bestimmten Classifier i ist [HOLL92, S. 176]:

$$\text{Gebot}(i) \leftarrow \eta \cdot \mathit{strength}(i) \cdot \log_2[\text{Spezifität}(i)]$$
$$0 < \eta < 1\ ,\ \text{Gebot}(i) < \mathit{strength}(i)$$

Dabei ist η ein benutzerdefinierter Parameter, z.B. 1/10. Auf Basis der Gebote werden nun Classifier ausgewählt. Verschiedene Vorgehensweisen sind möglich. Eine simple Auswahl der Classifier mit den höchsten Geboten führt tendenziell zu übermäßig konservativem Lernverhalten [GOLD89, S. 226]. Daher ist vorgeschlagen worden, die Gebote zunächst durch Aufaddieren einer Zufallsgröße stochastisch zu überlagern und dann Classifier auf Basis dieses sogenannten effektiven Gebotes deterministisch auszuwählen. Als Alternative kann z.B. auch *roulette wheel selection* betrieben werden, wobei die Selektionswahrscheinlichkeit jedes Classifiers proportional zu seinem Gebot ist.

Nun wird die Nachrichtenliste gelöscht, und die ausgewählten Classifier schreiben ihre *action* auf die Liste. Der *action*-Teil eines Classifiers kann untergliedert sein. Einige Bits sprechen als Effektor-bezogene Nachrichten direkt einen Effektor an. Andere Bits der *action* landen als interne Nachrichten auf der Nachrichtenliste. Ob eine Nachricht extern, intern oder Effektor-bezogen ist, wird z.B. über zusätzliche Flag-Bits signalisiert. Interne Nachrichten können im folgenden Zyklus ihrerseits bewirken, daß andere Classifier feuern. So entstehen Ketten von Regeln, an deren Ende irgendwann eine Systemausgabe steht, die eine Rückmeldung der LCS-Umgebung zur Folge hat.

Es ist möglich, daß Effektor-bezogene Nachrichten von verschiedenen aktivierten und in der Auktion ausgewählten Classifiern sich widersprechen bzw. miteinander konkurrieren. Deshalb muß jeder Effektor über einen Konfliktlösungsmechanismus verfügen. Dazu schlägt Riolo folgendes vor: Jeder Nachricht wird eine Intensität zugeordnet, die von der Instanz festzulegen ist, welche die Nachricht produziert hat [RIOL88, S. 22]. Wir beschränken uns hier auf die Intensität Effektor-bezogener Nachrichten.[12] Sie ist gleich dem Gebot des Classifiers, der diese Nachricht erzeugt hat.

Auch Effektoren enthalten, wie Classifier, einen Bedingungsteil, der definiert, welche Nachrichten den betreffenden Effektor aktivieren. Wenn der Bedingungsteil eines Effektors von einer Nachricht erfüllt wird, addiert er die Intensität der Nachricht zum *support* der durch diese Nachricht geforderten Effektor-*action*. Aus den möglichen Effektor-*actions* wird schließlich *eine* auf Basis der *support*-Werte ausgewählt. Dies kann stochastisch geschehen.[13] Es kann jedoch auch de-

---

[12] Riolo verwendet das Konzept der Nachrichten-Intensität umfassender. So geht bei ihm die Intensität beispielsweise auch in die Berechung von Classifier-Geboten ein.

[13] Riolos Implementierung ist dafür ein Beispiel [RIOL88].

terministisch die *action* mit dem höchsten *support* ausgewählt werden. In Riolos LCS werden anschließend jene Nachrichten von der Nachrichtenliste gelöscht, die mit der gewählten Effektor-*action* nicht konsistent sind.

***reinforcement*-Phase:**

Anders als bei Stimulus-Response LCS muß hier dafür gesorgt werden, daß eine Belohnung auch den Classifiern zuteil wird, die in den der LCS-Ausgabe vorangegangenen Zyklen für die richtige Ausgabe „den Boden bereitet haben". Sonst könnten sich keine stabilen Regelketten bilden, die zu gewünschten LCS-Ausgaben führen. Daher sind spezielle Credit-Assignment-Verfahren entwickelt worden. Zwei bekannte sind der *bucket brigade*-Algorithmus von Holland [HOLL86,92] und der *profit sharing plan* von Grefenstette [GREF88].

Das Prinzip der *bucket brigade* besteht darin, eine Classifier-Kette dadurch zu stabilisieren, daß *strength* von den Nachfolgern an die für ihre Aktivierung verantwortlichen Vorgänger innerhalb der Kette weitergereicht wird. Der *strength*-Wert wird dabei als eine Art von Kapital eines Classifiers angesehen. Konkret muß jeder aktivierte Classifier, der sich im Rahmen der Auktion durchgesetzt hat, einen Teil seiner *strength* in Höhe seines Gebotes an seine(n) Vorgänger (*supplier*) bezahlen.[14] Dadurch erhöht sich der *strength*-Wert der Vorgänger, und die *strength* des aktuellen Classifiers nimmt ab. Vorgänger eines Classifiers ist, wer eine interne Nachricht auf die Liste geschrieben hat, die eine Bedingung des aktuellen Classifiers erfüllt hat, d.h. zu dessen Aktivierung beigetragen hat. Aktivierte Classifer, die zwar geboten haben, aber nicht ausgewählt wurden, bleiben in ihrer *strength* unverändert und „zahlen" auch nicht an ihre Vorgänger.

Wenn das LCS eine Belohnung erhält, wird sie unter den verantwortlichen Classifern des aktuellen Zyklus aufgeteilt. Über das *bucket brigade* Verfahren reichen sie jedoch einen Teil dieser Belohnung in den folgenden Zyklen an ihre Vorgänger und diese wiederum an deren Vorgänger usw. weiter. Idealerweise entsteht daraus, bei wiederholter Präsentation der Eingabe, eine Kette von Classifiern mit deutlich er-

[14] Hat ein Classifier mehrere Vorgänger, so wird die Bezahlung unter ihnen aufgeteilt [GOLD89, S. 225 f.]. Zur Berechnung des Gebotes siehe auch die Ausführungen beim Stimulus-Response LCS.

höhten *strength*-Werten. Dadurch wird das LCS dann auf ein bestimmtes Eingabesignal nach Ablauf einiger interner „Denkzyklen" mit der korrekten Ausgabe des letzten Classifiers in dieser Kette reagieren.

Der *strength*-Wert eines Classifiers ändert sich in diesem Modell durch vier verschiedene Einflüsse: Er erhöht sich, wenn das LCS im gegenwärtigen Zyklus eine Belohnung erhält und der betrachtete Classifier für die korrespondierende LCS-Ausgabe direkt mitverantwortlich ist. Er erhöht sich außerdem im Rahmen der Auktion des nachfolgenden Zyklus, wenn die Nachfolger des Classifiers ausgewählt werden und ihr Gebot an Vorgänger bezahlen.[15] Dagegen erniedrigt sich der *strength*-Wert eines Classifiers durch die in jedem Zyklus verlangte „Steuer" (fester Bruchteil der *strength*) sowie aufgrund seiner Zahlungen an den oder die Vorgänger, wenn der Classifier in der Auktion ausgewählt wird.

Ein Nachteil des *bucket brigade* besteht darin, daß immer nur die unmittelbaren Vorgänger bezahlt werden. Dadurch wird viel Zeit benötigt, bis sich dauerhafte lange Ketten von Classifiern etablieren. Wenn ein Classifier Bestandteil von zwei verschiedenen Ketten mit unterschiedlich hoher Belohung am Ende der Kette ist, kann außerdem die schlechtere Kette unerwünscht verstärkt werden (parasitärer Effekt).[16]

Grefenstettes *profit sharing plan* stellt ein alternatives Credit-Assignment-Verfahren dar, das diese Nachteile vermeidet, aber dafür mit rechentechnischem Overhead belastet ist.[17] Im Gegensatz zur *bukket brigade* wird hier eine Belohnung nicht nach und nach an Vorgänger innerhalb von Classifier-Ketten weitergereicht, sondern man verteilt sie gleichmäßig an alle für den Erfolg mitverantwortlichen Classifier.

Grefenstette gliedert einen Problemlösungsprozeß in *Episoden*. Am Ende jeder Episode steht ein externes *feedback* der Umgebung an das LCS. Ein Classifier wird als in einer Periode *aktiv* bezeichnet, wenn er sich während der Episode zu irgendeinem Zeitpunkt mit seinem Gebot im Rahmen der Auktion durchsetzen konnte. Erst am Ende einer Episode werden die *strength*-Werte aller aktiven Classifier aktualisiert.

---

[15] Nachfolger sind jene Classifier des nächsten Zyklus, bei denen eine Bedingung durch die interne Nachricht des betrachteten Classifiers erfüllt wird.

[16] Für eine ausführliche Diskussion des *bucket brigade* siehe [WEST89] sowie [WILS89].

[17] Für einen ausführlichen Vergleich der beiden Credit-Assignment-Verfahren siehe [GREF88].

Dabei wird zu ihrem aktuellen *strength*-Wert ein benutzerdefinierter Bruchteil der externen Belohnung aufaddiert und der Betrag ihres jeweiligen Gebotes abgezogen. Von einer Steuer wird an dieser Stelle abstrahiert. Während die *bucket brigade* ein inkrementeller Credit-Assignment-Algorithmus ist, wartet der *profit sharing plan* mit den Änderungen der *strenght*-Werte, bis ein externes *feedback* vorliegt.

Sowohl *bucket brigade* als auch *profit sharing plan* zielen darauf ab, stabile Ketten von Regeln zu schaffen, die letztendlich eine korrekte LCS-Ausgabe bewirken. In den Classifiern und ihren *strength*-Werten baut das LCS dabei ein Modell seiner Umgebung auf. Ein praktischer Anwendungsbereich, wo der Aufbau von Regelketten im Sinne interner Denkzyklen oft notwendig ist, liegt in Diagnoseaufgaben.

Auch im erweiterten LCS wird ein GA als zusätzliche Lernkomponente verwendet. Dies geschieht analog zum Abschnitt 8.1.1. Das folgende Beispiel dokumentiert kurz eigene Erfahrungen mit LCS.

Beispiel: Lernfähigkeit von LCS

An unserem Lehrstuhl wurde ein LCS mit Nachrichtenliste und *bucket brigade* implementiert, das im wesentlichen der gerade beschriebenen Form entsprach. Es wurde an folgenden zwei Aufgabenstellungen getestet:

(1) Prognose von Käuferverhalten: Bei dieser reinen Stimulus-Response-Aufgabe sollte das LCS lernen, für verschiedene Produktvarianten auf Basis von drei Produkteigenschaften die Kundenakzeptanz vorauszusagen.

(2) Lernen einer optimalen Handlungsfolge, die von einem Startzustand der LCS-Umgebung über Zwischenzustände unter mehreren möglichen Endzuständen denjenigen erreicht, welcher mit der höchsten Belohnung verbunden ist. Dabei werden zwei mögliche Startzustände und vier Endzustände unterschieden.

Im Beispiel (1) wurde eine kleine Lernstichprobe von 20 Datensätzen verwendet, die vom LCS nach 6000 Iterationen mit 91% Treffergenauigkeit gelernt war. Über Änderungen der *strength*-Werte hatte das LCS dabei die ursprünglich 45 stochastisch initialisierte Classifier umfassende Regelmenge auf nur noch 9 wirksame Classifier (strength > 0) reduziert. Dabei betrug die Aufruf-Wahrscheinlichkeit des GA in jeder Iteration 0,04.

Die Lernsituation (2) wurde als *finite state world* modelliert. Das LCS konnte mit seinen Effektoren drei verschiedene Handlungen bewirken, die zu Übergängen in andere Umgebungszustände führten. Für das geschilderte Problem existierten bei jedem der Startzustände verschiedene optimale Handlungsfolgen. Die Regelmenge bestand aus 50 stochastisch initialisierten Classifiern. Es wurden 5000 Iterationen durchgeführt. Bei insgesamt fünf Testläufen gelang es dem LCS zweimal, für beide Ausgangssituationen optimale Handlungsfolgen zu finden, weitere zweimal gelang dies zumindest für eine der Startsituationen.

Insgesamt bestätigten die Versuche, daß Lernen in LCS kein selbstverständlicher Prozeß ist. Dafür gibt es verschiedene Gründe:

- Die zwei in LCS verwendeten Lernstrategien, Credit Assignment und GA arbeiten nicht problemlos zusammen. Um die Regelmenge optimieren zu können, benötigt der GA objektive Informationen über die Nützlichkeit einzelner Classifer bei der Bewältigung der gestellten Lernaufgabe. Es dauert jedoch einige Zeit, bis sich die stochastisch initialisierten *strength*-Werte stabilisieren können. Problematisch ist dabei auch, daß Classifier in mehrere Regelketten mit unterschiedlicher Endbelohung eingebunden sein können.
- Negative Auswirkungen auf das Lernverhalten können sich ergeben, wenn der GA doppelte oder äquivalente Classifier erzeugt [YATE93]. Dieser Gefahr kann man durch einen, allerdings mit Rechenaufwand verbundenen Abgleich mit der bestehenden Regelmenge begegnen.
- Lange Regelketten bauen sich besonders unter inkrementellen Lernstrategien wie dem *bucket brigade*-Algorithmus nur schwer auf und sind häufig instabil. Besonders anfällig sind die ersten Regeln einer Kette, solange sie noch nicht ausreichend von der Belohnung am Ende der Kette profitiert haben.
- Neu erzeugte Regeln haben eventuell einen zu hohen *strength*-Wert und können deshalb günstige, aber selten aktivierte Classifier verdrängen [WILS89].
- LCS sind durch eine Vielzahl einzustellender Parameter gekennzeichnet. Hierfür günstige Werte zu finden, ist eine nicht-triviale Optimierungsaufgabe und erschwert den praktischen Einsatz.

Der LCS-Ansatz ist zum gegenwärtigen Zeitpunkt noch nicht voll ausgereift. Systematische Vergleiche zu anderen Formen maschinellen

Lernens sind in der Literatur relativ selten.[18] Im folgenden soll noch in kurzer Form auf einige aktuelle Entwicklungen und Erweiterungen von LCS eingegangen werden.[19]

8.1.3 Ausgewählte sonstige Erweiterungen im Überblick

Bisher war unterstellt worden, daß die elementaren Wissenseinheiten in Form einfacher Wenn-dann-Regeln vorliegen. Diese Form eines LCS wird auch als der *Michigan-Ansatz* bezeichnet. Auf Smith geht eine verwandte Konzeption zurück, bei dem die elementaren Wissensstrukturen aus *Mengen* von Regeln bestehen [SMIT80]. Diese Variante bezeichnet man als den *Pitt(sburgh)-Ansatz.* Auch hier verwendet man einen GA, um gute Wissensstrukturen zu finden. Er modifiziert dabei jedoch keine einzelnen Classifier sondern Regelmengen. Im Zuge der Fitneßbestimmung wird jeweils eine Regelmenge auf einige Beispielprobleme angewendet. Auf Basis der Performanz erhält die Regelmenge als Ganzes einen Fitneßwert zugeordnet. Sind alle Regelmengen der aktuellen Population bewertet, erzeugen Selektion, Inversion und eine hierarchische Form des Crossover daraus eine neue Population von Regelmengen.[20]

Verschiedentlich sind anstelle der binären Repräsentation ausdrucksstärkere symbolische Wissensrepräsentationssprachen vorgeschlagen worden, um die Leistung von LCS in komplexen Anwendungen zu steigern. Grefenstettes bekanntes SAMUEL-System ist dafür ein Beispiel [GREF91]. Hochsprachliche Ansätze zur Wissensrepräsentation erleichtern die Integration von Vorwissen in das LCS und erhöhen die Systemtransparenz. Sie ermöglichen darüber hinaus die Integration weiterer maschineller Lernstrategien.

Mit dem Vordringen der Fuzzy Set Theorie bei regelungstechnischen Anwendungen ist das Interesse an einer Kombination von LCS und der Fuzzy Set Theorie besonders in diesem Anwendungsbereich gestiegen.[21] Für LCS ergibt sich dadurch die Möglichkeit, auch kontinuierliche Eingabe- und Ausgabegrößen in angemessener Weise behan-

---

[18] Einen Überblick über Ergebnisse von Leistungsvergleichen enthält [NISS94, S 389 ff.]. Weiteres Material enthalten z.B. [PIPE94] und [GEYE95].
[19] Wilson diskutiert einige andere Erweiterungen in [WILS94].
[20] Für einen kurzen Überblick zu diesem Ansatz siehe auch [GREF88].
[21] Zur Fuzzy Set Theorie siehe den Abschnitt 8.3.

deln zu können. Es sind sowohl Fuzzy-Systeme auf Basis des Michigan-Ansatzes, als auch des Pittsburgh-Ansatzes entwickelt worden.[22]

Regelverarbeitung in LCS ist ein inhärent paralleler Prozeß. Daher bieten sich Implementierungen auf paralleler Hardware an. Dazu sind sowohl SIMD- als auch MIMD-Architekturen verwendet worden.[23]

8.1.4 Bezüge zu künstlichen Neuronalen Netzen

LCS weisen große Ähnlichkeiten zu künstlichen Neuronalen Netzen (KNN) auf.[24] So wird in beiden Fällen Wissen über viele Elementarteilchen verteilt gespeichert. Einzelne Classifier können dabei, wie die Neuronen eines KNN, an der Repräsentation verschiedener Wissenselemente beteiligt sein. Beide Formen maschinellen Lernens sind durch Parallelverarbeitung gekennzeichnet. In beiden Fällen liegt Wissen in numerischen Parametern subsymbolisch gespeichert vor (*strength*-Werte bei LCS, Verbindungsgewichte bei KNN).

Gegenüber KNN als konkurrierenden maschinellen Lernsystemen haben LCS verschiedene Vorteile: Die Wissensrepräsentation in LCS geschieht einerseits zwar subsymbolisch (numerische *strength*-Werte), andererseits aber auch symbolisch (allerdings *low-level*) in Form einfacher Wenn-dann-Regeln (Classifier). Regeln kommen dem Benutzer wegen ihrer oft einfacheren Interpretierbarkeit entgegen. Die Systemtransparenz ist dadurch gegenüber Standardansätzen im KNN-Bereich erhöht. Außerdem erleichtern Regeln die Integration von Vorwissen in das Lernsystem.

Bedeutsam wird die Analogie zwischen LCS und KNN vor allem im Hinblick auf mögliche praktische Anwendungen von LCS. KNN werden seit einiger Zeit erfolgreich z.B. in den Bereichen Datenmustererkennung, Klassifikation und Prognose eingesetzt. Dort könnten auch zukünftige Anwendungsfelder von LCS liegen.

---

[22] Siehe für den Michigan-Ansatz [VALE91,PARO93], für den Pittsburgh-Ansatz [CARS94].

[23] SIMD = *S*ingle *I*nstruction *M*ultiple *D*ata Flow, MIMD = *M*ultiple *I*nstruction *M*ultiple *D*ata Flow. Beispiel für eine SIMD LCS-Implementierung ist [ROBE87], Beispiel für eine MIMD LCS-Implementierung ist [DORI93].

[24] Zu KNN siehe auch den Abschnitt 8.2. Verschiedene Autoren haben auf Analogien zwischen LCS und KNN hingewiesen. Darauf kann hier nicht näher eingegangen werden. Siehe dazu z.B. die Arbeiten von Smith und Cribbs [SMIT94b] sowie Davis [DAVI89a,b]. Einen überblickartigen Vergleich zwischen LCS, KNN und regelbasierten Expertensystemen enthält [NISS94, S. 383].

8.2 Neuroevolutionäre Systeme

8.2.1 Einige Grundlagen künstlicher Neuronaler Netze

Künstliche Neuronale Netze (KNN) erfreuen sich seit Jahren steigender Popularität und sind inzwischen in vielen praktischen Anwendungen im Dienstleistungsbereich und in der Industrie zu finden. Zu den oft genannten Vorteilen von KNN zählen die in ihnen realisierte Parallelverarbeitung, ihre Fehlertoleranz, und die Fähigkeit, komplexe Relationen aus Beispielen zu lernen.[25]

Wie EA, sind auch KNN biologisch motivierte, im weiteren Sinne naturanaloge Systeme. Sie modellieren, auf stark vereinfachte Weise, Organisationsprinzipien und Abläufe in natürlichen Neuronalen Netzen. Jedes KNN besteht aus einer Anzahl künstlicher Neuronen als elementaren Informationsverarbeitungseinheiten, die in bestimmter Weise angeordnet und untereinander verbunden sind (Netzarchitektur). Die Verbindungen dienen zum Austauschen von Nachrichten und sind *gewichtet*, was die Intensität des Informationsflusses entlang dieser Verbindung zum Ausdruck bringen soll. Über Lernregeln können die Verbindungsgewichte variiert werden. Dabei besteht das Ziel darin, in der Trainingsphase, anhand von Beispielen und mit Hilfe einer Lernregel, Abbildungen von Eingaben auf erwünschte Ausgaben des Netzes zu lernen. Das so Gelernte soll dann im praktischen Einsatz auf zuvor nicht gesehenes ähnliches Datenmaterial generalisiert werden können.

Die Neuronen eines KNN verarbeiten Eingabesignale, aus denen sie, unter Berücksichtigung ihres aktuellen Zustandes (ihrer Aktivierung, gegeben durch eine reelle Zahl), ihren neuen Zustand berechnen und eine Ausgabe generieren. Die Neuronen verarbeiten dabei ihre Eingaben vollständig parallel und unabhängig voneinander. Dabei dienen die Eingabe- bzw. Ausgabeneuronen zur Kommunikation mit der Umwelt, während Zustand und Ausgabe der inneren (oder verdeckten) Neuronen von außen nicht zu erkennen sind [NAUC94, S. 20].

Eine beliebte Klasse von KNN, auf die wir uns im folgenden konzentrieren, sind die Mehrschichten-Perceptrons (Bild8-3).[26] Sie bestehen aus einer Eingabe- und einer Ausgabeschicht sowie einer oder mehre-

---

[25] Ausführliche Informationen zu KNN enthalten [NAUC94,ZELL94].

[26] Zu den Details dieser Klasse von KNN siehe [NAUC94, Kap. 5].

ren verdeckten Schichten. Nur die Einheiten zweier aufeinanderfolgender Schichten sind miteinander verbunden. Es bestehen keine Verbindungen zwischen Neuronen innerhalb derselben Schicht oder über mehrere Schichten hinweg. Die Verbindungen durch das Netz laufen gerichtet von der Eingabe- zur Ausgabeschicht. Mehrschichten-Perceptrons gehören damit zur Klasse der vorwärtsbetriebenen (*feedforward*) KNN.

Bild 8-3: Architektur eines einfachen Mehrschichten-Perceptrons

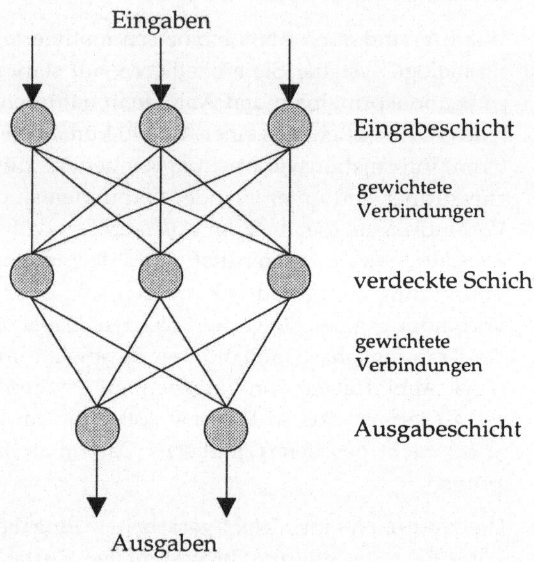

Als Lernregel verwendet man für Mehrschichten-Perceptrons im allgemeinen das sogenannte (Error)-Backpropagation-Verfahren [RUME86b]. Hierbei wird dem Netzwerk während der Trainingsphase außer den Eingaben zu jedem Beispiel auch der gesuchte Ausgabevektor geboten. Die Summe der quadrierten Abweichungen zwischen der tatsächlichen und der gewünschten Ausgabe des KNN bildet ein Fehlermaß, welches nun rückwärts von der Ausgabeschicht in Richtung der Eingabeschicht durch das Netz propagiert wird. Es bildet die Grundlage für die Aktualisierung der Verbindungsgewichte im Netz. Backpropagation (BP) ist eine Art von heuristischem Gradientenabstiegsverfahren in der komplexen Fitneßlandschaft der Fehlerwerte. BP hat einige Nachteile.[27] So ist nicht gewährleistet, daß ein globales Minimum der Fehlerlandschaft gefunden wird. Das Verfahren ist sensitiv gegenüber den gewählten Ausgangsgewichten und bestimmten Parametern. BP ist außerdem rechenaufwendig für große Netze und umfangreiche Mengen an Trainingsdaten.

Ein allgemeines Problem von Mehrschichten-Perceptrons besteht in der richtigen Wahl von Anzahl und Größe (gemessen in der Zahl der Neuronen) der verdeckten Schichten. Wählt man eine zu geringe Anzahl innerer Neuronen, so ist das Netz nicht in der Lage, die Lernaufgabe zu lösen. Bei zu vielen inneren Neuronen kann das Problem der Übergeneralisierung auftreten. Das Netz lernt dann zwar die Trainingsbeipiele, erzeugt bei neuen Eingabemustern aber unerwünschte Ausgaben [NAUC94, S. 79]. Auf die weiteren Einzelheiten sowie andere existierende Netztypen kann hier nicht näher eingegangen werden.

Hervorzuheben ist, daß KNN eine Vielzahl von Parametern aufweisen, deren Einstellung sich wesentlich auf die Performanz auswirkt. Hierzu gehören Anzahl und Anordnung der künstlichen Neuronen, Anzahl und Struktur der Verbindungen zwischen ihnen, die verwendete Lernregel und deren Parameter. Gleichzeitig fehlt es im Regelfall an generellen Empfehlungen, wie diese Parameter günstig zu wählen sind. Daraus ergibt sich ein Potential für EA-Anwendungen.

8.2.2 Überblick zu Kombinationen von EA und KNN

Im folgenden soll beispielhaft verdeutlicht werden, wie man KNN mit EA kombinieren kann. Dabei stehen drei Aspekte im Mittelpunkt, die an bekannten Problembereichen von KNN anknüpfen und besonders häufig verfolgt worden sind:

- Optimieren der Verbindungsgewichte von KNN mit EA,
- Optimieren der Netzarchitektur mit EA,
- simultane Optimierung von Architektur und Gewichten mit EA.

Daneben bestehen aber noch andere Möglichkeiten, KNN und EA zusammenzuführen, die hier ausgeklammert werden müssen:[28]

---

[27] Siehe z.B. [NAUC94, S. 79 f.].
[28] Siehe z.B. [NISS94, S. 352 ff.]. Weitere Überblicke enthalten z.B. [SCHA92,BRAN95,YAO95].

Anwendungen von EA auf KNN:

- Auswahl bzw. Generierung von KNN-Trainingsdaten durch EA,[29]
- Optimieren von Parametern des KNN-Lernverfahrens mit EA,[30]
- Analyse von KNN mit Hilfe von EA.[31]

Anwendungen von KNN auf EA:

- heuristische Initialisierung von EA durch KNN,[32]
- KNN zur Prognose der Fitneß für EA.[33]

8.2.3 EA als Lernverfahren für KNN

Während des Lernprozesses werden die Verbindungsgewichte eines KNN mit Hilfe der gewählten Lernregel modifiziert. Es liegt nahe, die Verbindungsgewichte in binärer Form hintereinander auf einem String darzustellen oder als Vektor reeller Zahlen zu repräsentieren und in dieser Form mittels EA zu optimieren. Dabei wird die Netzarchitektur als fixiert betrachtet. Jedes Individuum enthält dann einen kompletten Satz von Verbindungsgewichten für das KNN. Bei der Fitneßbestimmung wird diese Information in ein vollständiges KNN transformiert, das anschließend mit Hilfe repräsentativer Testdaten überprüft und bewertet wird. Man beachte, daß, anders als beim BP-Verfahren, die Gewichte hier nicht nach jedem präsentierten Eingabemuster angepaßt werden.

Diese Art, KNN und EA zu kombinieren, ist häufig praktiziert worden, wobei Ansätze mit GA überwiegen. Die Hoffnung ist, dank der globalen Sucheigenschaften von GA, bessere Konfigurationen der Verbindungsgewichte zu finden als mit dem lediglich lokal optimierenden BP-Lernverfahren. Außerdem setzen EA im Gegensatz zu BP keine Gradienteninformationen voraus und sind daher als Lernverfahren für KNN breiter anwendbar.[34] So sind EA auch bei anderen Netz-

---

[29] Siehe als Beispiele [CAUD92,GUO92].
[30] Ein Beispiel enthält [SCHA90].
[31] Siehe z.B. [SUZU91,EBER92].
[32] Siehe das Beispiel in [KADA91].
[33] Ein Beispiel ist enthalten in [YIP95].
[34] Schaffer et al. haben i.d.Z. auf die Vorzüge evolutionärer Lernverfahren bei KNN für regelungstechnische Anwendungen hingewiesen [SCHA92]. Hier fällt es nämlich schwer, für die

typen als Mehrschichten-Perceptrons, wie etwa bei rückgekoppelten KNN, erfolgreich eingesetzt worden.[35]

In Abhängigkeit vom gewählten Rekombinationsoperator kann es empfehlenswert sein, funktionell zusammengehörende Einheiten, wie etwa alle Eingangs- und Ausgangsgewichte eines verdeckten Neurons, nebeneinander auf dem String zu plazieren. So werden sie z.B. vom klassischen 1-Punkt-Crossover in GA seltener getrennt.[36] Genauso kann man Ausgangs- bzw. Eingangsgewichte eines verdeckten Neurons zu „Genen" zusammenfassen und nur noch gemeinsam vererben.

Die binäre (oder Gray-) Codierung von Verbindungsgewichten bringt Nachteile. Einerseits hat sie für reelle Werte nur eine begrenzte Genauigkeit. Andererseits führt sie bei großen KNN mit vielen Verbindungen zu langen Strings. In Anwendungen realistischer Größe empfiehlt sich daher die Repräsentation der Gewichte als Vektor reeller Zahlen.

Eine solche Anwendung beschreiben Montana und Davis [MONT89]. Sie verwenden einen Steady-State GA mit einer Lösungsrepräsentation als Vektor reller Zahlen, einer hohen Mutationsrate und domänenspezifischen Suchoperatoren. Es geht darum, in einer Klassifikationsaufgabe die etwa 500 Verbindungsgewichte und weitere Parameter ihres KNN einzustellen. Im direkten Vergleich war der evolutionäre Ansatz schneller als das BP-Verfahren. Dieses Ergebnis steht allerdings im Gegensatz z.B. zu einem Vergleich von Kitano zwischen GA und BP bei dreischichtigen Perceptrons, wo der GA ineffizienter war [KITA90b]. Grundsätzlich ist vor allem dann zu erwägen, Gewichte und *biases*[37] mit EA einzustellen, wenn Gradienteninformationen, wie sie das BP-Verfahren benötigt, schwer zu bekommen sind.

Eine besondere Problematik der evolutionären Optimierung von KNN, die wegen des Crossover vor allem bei GA eine Rolle spielt, ist unter dem Begriff *competing conventions* bekannt. Bild 8-4 illustriert das Problem anhand von zwei Mehrschichten-Perceptrons.[38] Sie sind funktional äquivalent, doch sind ihre verdeckten Neuronen ver-

---

Trainingsphase zu beliebigen Eingabedaten korrekte Ausgaben zu konstruieren bzw. Gradienteninformationen für das BP-Verfahren zu gewinnen.

[35] Siehe. z.B. [WHIT93].

[36] Siehe hierzu z.B. [THIE93].

[37] *bias*: Schwellenwert eines Neurons - ein weiterer einzustellender Parameter.

[38] Angelehnt an [SCHA92, S. 5].

tauscht. Dementsprechend sind die Netz-Repräsentationen in Form ihrer Verbindungsgewichte grundverschieden.[39] Es liegt also eine *many-to-one* Abbildung verschiedener Strings bzw. Vektoren von Verbindungsgewichten auf funktional äquivalente KNN vor. Man spricht von verschiedenen Darstellungskonventionen (*competing conventions*).

Bild 8-4: Illustration zum *competing conventions*-Problem

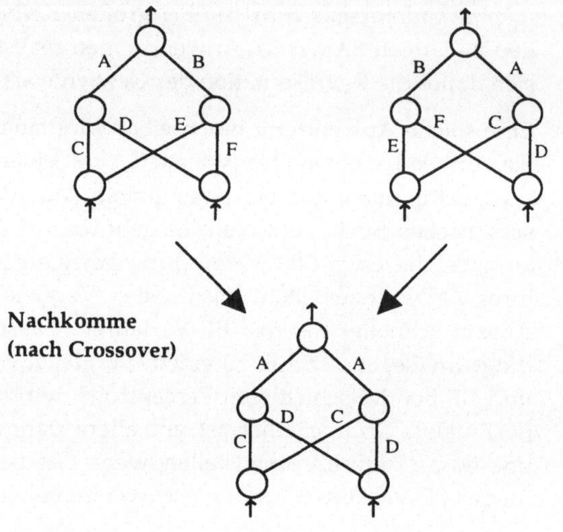

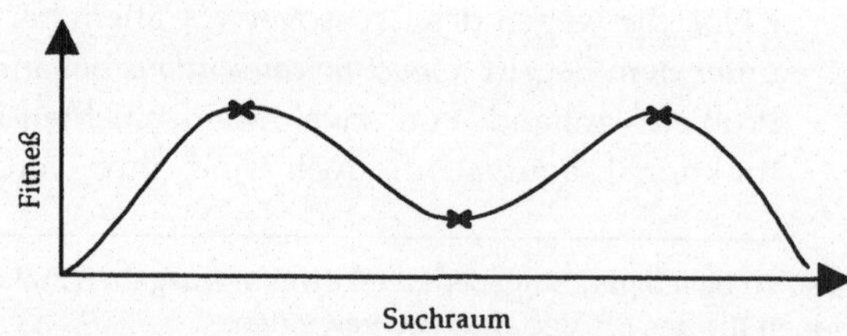

---

[39] Tatsächlich können noch weitere Gründe zu funktioneller Gleichheit strukturell verschiedener KNN führen. Siehe [BRAN95, S. 13 ff.].

Ein EA arbeitet mit den Repräsentationen der KNN in Form der Gewichte und weiß nichts über die funktionelle Gleichheit der korrespondierenden Netze. Verschiedene *competing conventions* entsprechen unterschiedlichen Spitzen der Fitneßlandschaft. Bei ihrer Kreuzung im Zuge des Crossover entstehen daher selten gute Nachkommen. In Bild 8-4 ist z.B. ein KNN gebildet worden, dem die Funktionalität eines verdeckten Neurons der Eltern (ausgedrückt in den Gewichten E und F) fehlt und das deswegen eine niedrige Fitneß besitzt.

Mit der Anzahl verdeckter Neuronen steigt die Zahl der *competing conventions* exponentiell an, so daß der Crossover-Operator ineffizient werden kann. Dieses Problem läßt sich vermeiden, wenn kein Crossover verwendet wird, wie das mit EP und ES möglich ist.[40] Alternativ sind angepaßte Crossoverformen für GA vorgeschlagen worden.[41]

8.2.4 Evolution der Netzarchitektur

Im vorigen Abschnitt ist unterstellt worden, daß die Netzarchitektur, also die Anzahl der verdeckten Schichten, Anzahl der Neuronen und ihre Verbindungen feststehen, während die Verbindungsgewichte zu optimieren sind. Gerade die Architekturentscheidungen stellen heute aber mehr eine Kunst als eine Wissenschaft dar. Deshalb sucht man nach Möglichkeiten, die Wahl einer optimalen Netzarchitektur zu unterstützen. Die Optimierung der Netzarchitektur ist schwierig, weil der Suchraum alternativer Architekturen sehr groß und komplex ist und eine nicht differenzierbare, stochastisch beeinflußte Zielfunktion vorliegt. Diese Problemcharakteristika lassen EA als geeignete Optimierungsmethoden erscheinen.

Zunächst sei unterstellt, daß die Verbindungsgewichte,[42] ausgehend von einer stochastischen Initialisierung, mit herkömmlichen Lernregeln (z.B. BP) eingestellt werden. Die Fitneßermittlung für eine Netzarchitektur erfordert daher, das Netz zuerst mit Trainingsbeispielen und der gewählten Lernregel zu trainieren und dann anhand der Performanz bei zusätzlichen Testdaten zu bewerten. Daraus ergibt sich

---

[40] Entsprechende Ansätze sind in der Literatur bekannt, z.B. [SCHO91] für ES und [FOGE90] für EP.

[41] Siehe z.B. [HANC92].

[42] und gegebenenfalls weitere, nicht unmittelbar architekturbezogene Parameter

ein Schätzer für die Qualität der Netzarchitektur.[43] EA haben den Vorteil, daß weitere Kritierien, wie etwa die Netzkomplexität, bei der Fitneßbestimmung berücksichtigt werden können.[44] Man steht jedoch vor der Schwierigkeit, Architekturentscheidungen angemessen zu repräsentieren, so daß sie mit EA optimiert werden können.

Idealerweise sollte eine Repräsentation alle potentiell interessanten Netze einschließen, während unsinnige Architekturen in ihr gar nicht erst generierbar sein sollten. Hier besteht ein schwieriger *trade-off* zwischen der Ausdrucksstärke (*expressive power*) einer Repräsentation und der Gefahr, nutzlose Architekturen zu erzeugen.[45]

Bei den Ansätzen zur Optimierung der Netzarchitektur mit EA kann man unterscheiden zwischen direkter (*strong, low level*) und indirekter (*weak, high-level*) Lösungscodierung. Während direkte Codierung das Ergebnis, die Netzarchitektur, unmittelbar spezifiziert, enthält eine indirekte Codierung Informationen auf höherem Abstraktionsniveau.

Direkte Codierung

In der direkten Codierung wird unmittelbar angegeben, zwischen welchen Neuronen des Netzes eine Verbindung besteht oder nicht besteht. Diese Verbindungsinformation kann bei einem KNN mit N Neuronen anhand einer N×N-Matrix (Konnektionsmatrix) repräsentiert werden. Die Matrixeinträge bestehen aus Einsen und Nullen. Sie signalisieren, ob zwischen Neuronen eine Verbindung besteht (1) oder nicht besteht (0) (Bild 8-5).

Die Hintereinandersetzung von Zeilen oder Spalten der Konnektionsmatrix liefert die korrespondierende Repräsentation der Architekturinformation als String. Beschränkungen können hinzutreten, z.B. das Verbot von Verbindungen zwischen Neuronen innerhalb einer Schicht oder zu vorgelagerten Schichten bei vorwärtsbetriebenen Netzen.

---

[43] Hierbei ist allerdings zu berücksichtigen, daß noch weitere Faktoren, z.B. die Parameterisierung des Lernverfahrens, die Initialisierung der Verbindungsgewichte und die Reihenfolge der Trainingsbeispiele das Lernergebnis beeinflussen.

[44] Siehe hierzu auch [BRAN95, S. 8]. Bei Whitley wird angegeben, daß kleine Netze mit potentiell besserer Generalisierungsleistung z.B. dadurch bevorzugt werden können, daß man die Trainingszeit invers von der Netzgröße abhängig macht [WHIT90]. Das gleiche Ziel kann erreicht werden, indem man große Architekturkomplexität bei der Fitneßbewertung bestraft.

[45] Siehe auch [BRAN95, S

Bild 8-5: Prinzip direkter Codierung der KNN-Architektur[46]

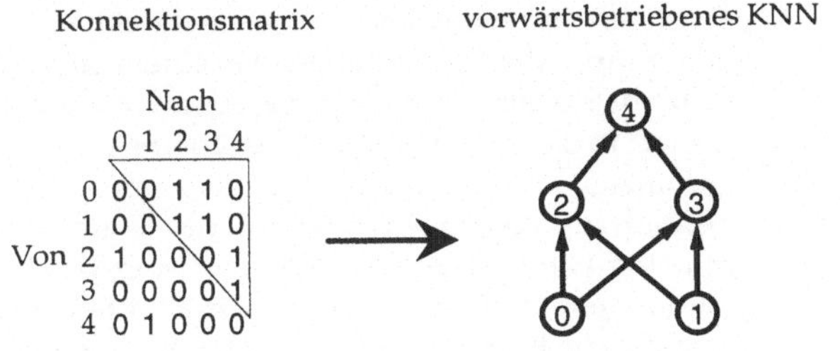

Stringrepräsentation des
vorwärtsbetriebenen KNN: **0110 110 01 1**

Zwei Nachteile sind mit einer direkten Codierung der Architekturinformation verbunden. Zum einen muß der Benutzer die maximale Netzgröße anhand der Anzahl von Neuronen vorab definieren. Das beschränkt zwar den Suchraum für EA, kann aber auch dazu führen, daß gute Architekturen unabsichtlich ausgeschlossen werden. Zweitens, wächst die Stringlänge mit der Netzgröße überproportional. Nach allgemeinem Verständnis eignet sich direkte Codierung daher vor allem für kleine KNN.[47]

Indirekte Codierung

Indirekte Codierungen vermeiden diese Probleme durch ihren höheren Abstraktionsgrad. Unterschiedliche, meist GA-basierte Ansätze indirekter Codierung sind in der Literatur bekannt, wovon hier zwei Beispiele wiedergegeben werden:

Beispiel: Indirekte Codierung I (*structural encoding*)

Harp und Samad codieren Architekturcharakteristika ihres Mehrschichten-Perceptrons in Gray-Code auf einem String, der aus mehreren Segmenten besteht, die grob zu Netzschichten korrespondieren [HARP91]. Jedes Segment beginnt und endet mit Markierungen, die es bei der Decodierung erleichtern, aus den Infor-

46 Bei vorwärtsbetriebenen Netzen genügt es, das obere Dreieck rechts der Hauptdiagonalen der Konnektionsmatrix zu codieren. Andere Neuronenverbindungen sind unzulässig.

47 In einem empirischen Vergleich verschiedener Codierungsformen kommen Roberts und Turega zu dem gleichen Ergebnis [ROBE95].

mationen eine vollständige Netzarchitektur zu erzeugen. Außerdem führen die Markierungen bei einem spezialisierten Crossover dazu, daß unsinnige Strings vermieden werden. Jedes Segment ist weiter in zwei Teile untergliedert: Segment- bzw. Projektions-Parameter. Die Segment-Parameter definieren Anzahl und Organisation der Neuronen innerhalb des Segments sowie weitere Parameter. Die Projektions-Parameter spezifizieren Details der Verbindungen zu anderen Segmenten. Bild 8-6 verdeutlicht diese parametrische Form der indirekten Codierung im Überblick.[48]

Bild 8-6: Überblick der indirekten Codierung von Harp und Samad

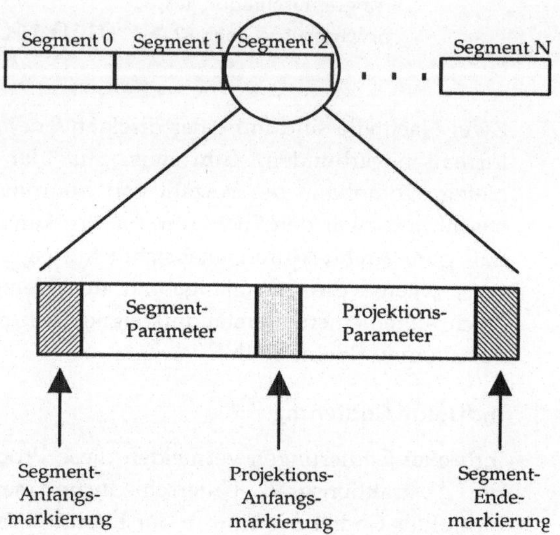

Harp und Samad verwenden das BP-Verfahren, um die generierten KNN im Rahmen der Fitneßbestimmung zu trainieren. Dabei gehen in den Fitneßwert unterschiedliche Faktoren ein, wie Lerngeschwindigkeit, Leistung in der Anwendung, Netzgröße und Netzkomplexität.

Ein bekanntes anderes Beispiel indirekter Codierung stammt von Kitano [KITA90a].

48 In Anlehnung an [HARP91, S. 209].

Beispiel: Indirekte Codierung II (grammatische Codierung)

Kitano entwickelte eine grammatische Codierung (*graph generation encoding*) für Mehrschichten-Perceptrons. Er generiert die Konnektionsmatrix eines KNN, indem er auf ein vordefiniertes Anfangselement (sogenanntes Axiom) rekursiv die Regeln einer deterministischen, kontextfreien Grammatik anwendet. Die Regeln der Grammatik optimiert Kitano mittels eines GA.

Anstatt die Verbindungen des Netzes direkt zu manipulieren, optimiert er die Konstruktionsregeln, also gewissermaßen das „Wie" und nicht das „Was". Das hat verschiedene Vorteile. So ist die Skalierbarkeit der Methode besser als bei den vorigen Beispielen. Die entstehenden KNN sind im allgemeinen regelmäßiger strukturiert und zeigen bessere Generalisierungsfähigkeiten als bei direkter Codierung.

Die Regeln der Grammatik in Kitanos System können als Wenn-dann-Regeln aufgefaßt werden. Ihre linke Seite besteht in dieser Hinsicht aus einem *non-terminal* und ihre rechte Seite aus einer 2×2-Matrix von entweder *terminals* oder *non-terminals. Terminals* sind nicht weiter zu transformierende Endelemente, die das Bestehen oder Fehlen einer Neuronenverbindung anzeigen. Auf *non-terminals* werden dagegen die grammatischen Regeln rekursiv erneut angewendet, sie werden also weiter transformiert.

Eine Grammatik ist repräsentiert als String variabler Länge, auf dem eine Regelmenge codiert ist. Der GA optimiert dann diese grammatischen Regeln. Strings müssen bei der Fitneßermittlung interpretiert und jeweils in ein KNN transformiert werden. Dabei entsteht aus dem vordefinierten Anfangselement im Zuge mehrerer Entwicklungszyklen eine Konnektionsmatrix, die dann in eine korrespondierende Netzarchitektur umgesetzt wird (Bild 8-7, Mitte).[49] Die Anzahl der Zyklen des Transformationsprozesses ist begrenzt, um die Konnektionsmatrix in ihrer Größe zu beschränken. Eventuell verbliebene *non-terminals* werden als 0 interpretiert. Bild 8-7 veranschaulicht Details der Vorgehensweise Kitanos.[50]

---

[49] Dieser Vorgang erinnert grob an einen biologischen Entwicklungsprozeß mit Zellteilung und Differenzierung. Daher bezeichnet man die grammatischen Regeln auch als *developmental rules*.

[50] Nach [KITA90a, S. 466 f.], mit Korrekturen.

Bild 8-7: Kitanos indirekte grammatische Codierung

Beipiele für Regeln in Kitanos Grammatik

$$S \rightarrow \begin{bmatrix} A & B \\ C & D \end{bmatrix} \quad A \rightarrow \begin{bmatrix} c & p \\ a & c \end{bmatrix} \quad B \rightarrow \begin{bmatrix} a & a \\ a & e \end{bmatrix} \quad C \rightarrow \begin{bmatrix} a & a \\ a & a \end{bmatrix} \quad D \rightarrow \begin{bmatrix} a & a \\ a & b \end{bmatrix}$$

$$a \rightarrow \begin{bmatrix} 0 & 0 \\ 0 & 0 \end{bmatrix} \quad b \rightarrow \begin{bmatrix} 0 & 0 \\ 0 & 1 \end{bmatrix} \quad c \rightarrow \begin{bmatrix} 1 & 0 \\ 0 & 1 \end{bmatrix} \quad \cdots \quad p \rightarrow \begin{bmatrix} 1 & 1 \\ 1 & 1 \end{bmatrix}$$

Rekursiver Netzwerk-Generierungsprozeß

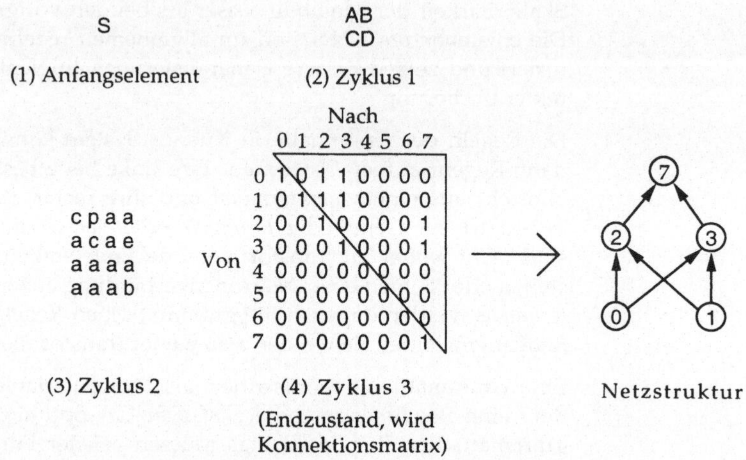

Prinzip der Grammatik-Codierung

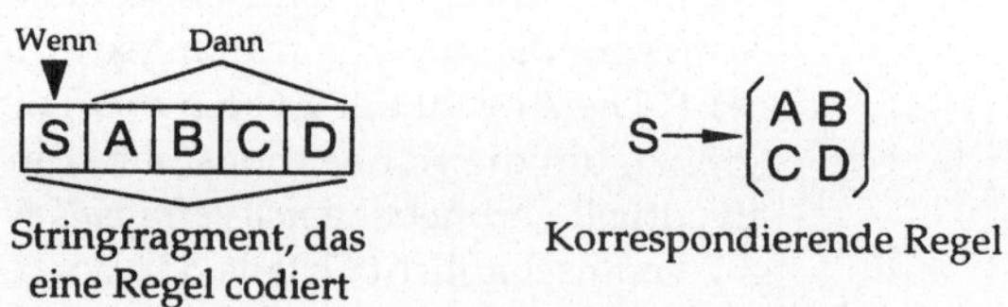

Das Ziel besteht darin, über die GA-basierte Optimierung der grammatischen Regeln gute Netzarchitekturen zu identifizieren. Die Populationsgröße beträgt 10 Individuen (Grammatiken). Der GA benutzt fitneßproportionale und Elite-Selektion sowie eine adaptive Form der Mutation, wo die Mutationswahrscheinlichkeit zwischen 0,02 und 0,3 variiert. 1-Punkt-, 2-Punkt und N-Punkt-Crossover werden alternativ verwendet. Die Crossoverwahrscheinlichkeit liegt bei 0,5. Jeder String enthält einen konstanten sowie einen variablen Teil. Nicht alle Regeln sind also Gegenstand der Evolution, da der konstante Part unverändert bleibt. Er enthält 16 fixierte Regeln (a bis p in Bild 8-7, oben). Ebenso festgelegt ist das Anfangselement „S". Nur der variable Teil wird durch Crossover und Mutation verändert. Kitano codiert eine grammatische Regel dabei jeweils als Fünftupel (Bild 8-7, unten).

Im Rahmen der Fitneßermittlung wird jeder String zunächst in ein KNN transformiert. Dabei verwendet man nur die obere rechte Dreiecksmatrix des Endzustands als Konnektionsmatrix, um reine vorwärtsbetriebene Netze zu erzeugen. Verbindungsgewichte und *biases* werden stochastisch initialisiert im Intervall -1,0 bis +1,0 und anschließend mit BP trainiert. Über eine Reihe von Testdaten ermittelt Kitano dann die Summe der quadrierten Fehler E. Als Fitneßmaß verwendet er 1/E, so daß sichergestellt ist, daß bessere Netzleistung mit höherer Fitneß korrespondiert.

Nachteilig an indirekten Codierungsschemata ist, daß sie weniger geeignet sind, um Einzelheiten der Netzarchitektur zu optimieren, so daß sich eine Kombination mit lokal optimierenden Verfahren anbieten würde.

8.2.5 Optimieren von Netzarchitektur *und* Netzparametern

Es ist naheliegend, zu versuchen, simultan mit der Netzarchitektur auch die wesentlichen Netzparameter, insbesondere die Verbindungsgewichte, mittels EA festzulegen, anstatt die EA-erzeugten KNN anschließend mit lokalen Lernverfahren wie BP zu trainieren.[51] Hier existieren wieder Vorschläge sowohl auf Basis direkter als auch indirekter Codierung. Beispielhaft soll der auf direkter Codierung beruhende Ansatz von Dasgupta und McGregor vorgestellt werden [DASG92].

[51] Im folgenden werden nur die Verbindungsgewichte betrachtet. Andere Parameter, die parallel zur Netzarchitektur mit EA optimiert werden können, sind z.B. Lernrate und Momentum des BP-Verfahrens sowie die Bandbreite der Initialisierungsgewichte für das Netz. Branke nennt hierzu Quellen [BRAN95, S. 9].

Beispiel: Direkte Codierung (hierarchisch)

Dasgupta und McGregor verwenden bei ihrer GA-basierten Vorgehensweise eine hierarchische Lösungsrepräsentation. Jeder String besteht aus zwei Teilen (Bild 8-8). Im ersten Stringabschnitt (*high level*) ist die Konnektionsmatrix, wie bekannt, zeilenweise binär repräsentiert. Der zweite Stringabschnitt (*low level*) codiert, gleichfalls binär, Verbindungsgewichte und weitere Parameter des KNN.

Interessant ist die sich ergebende Differenzierung in aktive und passive Gene. Sind Verbindungen zwischen Neuronen deaktiviert (Wert 0 in der Konnektionsmatrix), so bleiben die korrespondierenden Gewichte Bestandteil des Strings und werden im Rahmen des GA auch weitervererbt. Sie sind jedoch nicht aktiv und beeinflussen die decodierte Netzkonfiguration nicht. Durch eine entsprechende Änderung im *high level* Abschnitt des Strings können sie jedoch wieder aktiviert werden. Änderungen auf der höheren Ebene ziehen daher entsprechende Konsequenzen auf der niedrigeren Ebene nach sich.

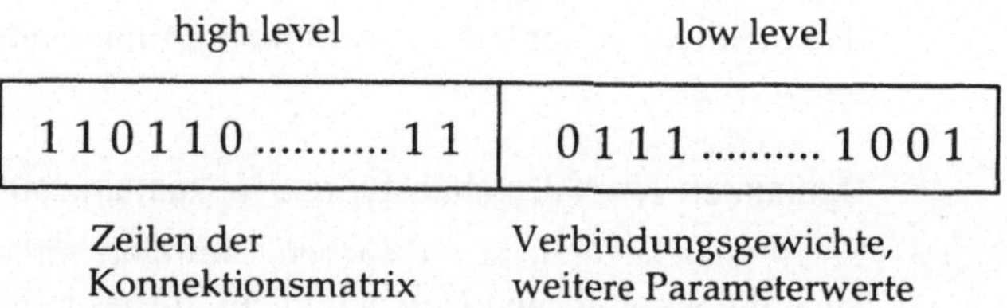

Bild 8-8: Prinzip der direkten Codierung bei Dasgupta und McGregor

Bei der Fitneßbestimmung während der GA-Optimierung muß jedes Individuum anhand beider Stringabschnitte zu einem KNN decodiert werden. In die Fitneßberechnung gehen auch die Gültigkeit und Komplexität der gefundenen Netzarchitektur ein. Ungültige Architekturen werden außerdem mit höherer Wahrscheinlichkeit als gültige im *high level* Bereich mutiert. Dasgupta und McGregor verwenden 2-Punkt Crossover, verschiedene Mutationsformen und rangbasierte Selektion. Die Startpopulation ist, wie üblich, stochastisch initialisiert.

Problematisch an diesem Ansatz mit direkter Codierung ist die begrenzte Skalierbarkeit. Eine besser skalierende, jedoch sehr komplexe

Vorgehensweise auf Basis indirekter Codierung stammt von Gruau [GRUA92,93]. Sie ähnelt Kitanos Grammatik-Ansatz und wird als *cellular encoding* bezeichnet.

Abschließend sei bemerkt, daß Anstrengungen zur evolutionären Optimierung von Netzarchitektur und -parametern sich nicht nur auf vorwärtsbetriebene Netze und GA beschränken, sondern auch andere Netztypen und EA-Formen umfassen.[52]

8.3 Fuzzyevolutionäre Systeme

8.3.1 Einige Grundlagen zu Fuzzy-Systemen unter Betonung von Fuzzy-Reglern

Eine in den Wissenschaften typische Vorgehensweise bei der Untersuchung komplexer Realsysteme besteht darin, das System in einem mathematischen Modell abzubilden, um sein Verhalten zu analysieren oder quantitative Verfahren anwenden zu können. Das reale System soll im Modell möglichst gut dargestellt sein. Gleichzeitig muß die Modellkomplexität beschränkt werden, damit sich z.B. Entscheidungsmethoden des Operations Research einsetzen lassen. Hieraus können sich Probleme bei der Modellierung ergeben, die erhebliche Idealisierungen und Vereinfachungen im Modell erforderlich machen. Dies wiederum kann die Übertragbarkeit der am Modell gewonnenen Erkenntnisse auf die Realität erschweren.

Hinzu kommt, daß häufig nicht alle Aspekte eines Anwendungsproblems zum gegenwärtigen Zeitpunkt vollständig verstanden sind. Vorhandene Informationen können unvollständig, unsicher oder widersprüchlich sein.

Mit Hilfe der auf L. Zadeh zurückgehenden Fuzzy Set Theorie (Theorie unscharfer Mengen)[53] ist es möglich geworden, vage, unpräzise oder unsichere Informationen in die Modellierung einzubeziehen. Dadurch ergibt sich im allgemeinen auch eine deutliche Komplexitätsreduktion gegenüber herkömmlichen (scharfen) Modellierungsansätzen.

---

[52] Siehe z.B. [ANGE94] für einen Ansatz mit EP bei rückgekoppelten Netzen, [KOZA91] für ein Beispiel mit GP und [PIPE94] für eine ES-basierte Vorgehensweise.

[53] Eine lesenswerte kurze Einführung in Fuzzy-Systeme enthält z.B. [KRUS96]. Ausführlicher sind die Texte [ZIMM93,ALTR95,KRUS95].

Zahlreiche praktische Anwendungen der Fuzzy Set Theorie, vor allem in Japan, belegen die Nützlichkeit dieses Prinzips der „gewollten Unvollkommenheit" bei der Modellierung vieler Realsituationen. Besonders intensiv genutzt wird die Fuzzy-Technologie zur Zeit in der Regelungstechnik. Vor dem Hintergrund dieses Anwendungsfeldes sollen im folgenden einige für das Verständnis wesentliche Grundlagen der Fuzzy Set Theorie erläutert werden.

In der Regelungstechnik geht es darum, komplexe technische Prozesse unter Kontrolle zu haben. Menschliche Experten erreichen hierin oft erstaunliche Leistungen, wobei sie unscharfe Informationen mühelos berücksichtigen und von heuristischem Wissen (Erfahrungen) Gebrauch machen. Dieses Expertenwissen läßt sich in Form von Wenn-dann-Regeln beispielsweise wie folgt ausdrücken: „Wenn der Druck im Behälter *mittel* und die Temperatur *hoch* ist, dann öffne das Ventil *geringfügig*." (Expertenregel).

Eine solche Regel enthält unscharf (*fuzzy*) formulierte linguistische Terme (kursiv gesetzt). Es ist daher nicht verwunderlich, daß Fuzzy-Ansätze schon frühzeitig in der automatisierten Regelungstechnik (Fuzzy Control) eingesetzt wurden und bis heute einen Anwendungsschwerpunkt bilden.[54] Das Grundprinzip der Regelung eines Prozesses ist in Bild 8-9 wiedergegeben. Ihr liegt das Prinzip der Rückkopplung zugrunde. Die *Eingangsgrößen* des Reglers sind meist Werte von Meßgrößen, aber auch Sollwerte bzw. Abweichungen zwischen Meß- und Sollwerten. Mit Hilfe der *Ausgangsgröße(n)* des Reglers erfolgt die Regelung des technischen Prozesses (Regelstrecke).

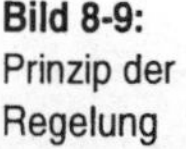
Bild 8-9: Prinzip der Regelung

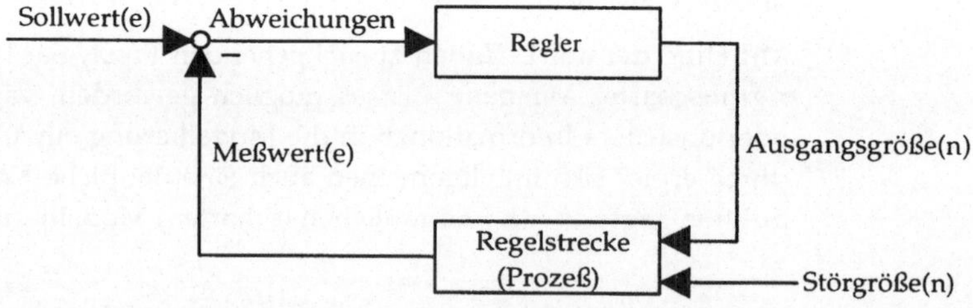

54 Für eine ausführliche Darstellung von Fuzzy Control siehe z.B. [KRUS95].

Regelungstechnische Anwendungen des Fuzzy Control basieren auf Wenn-dann-Regeln, ähnlich der vorher genannten Expertenregel. Deren Prämissen enthalten unscharfe Beschreibungen von Werten der Eingangsgröße(n), und deren Konklusionen enthalten einen, oft ebenfalls unscharfen Wert der Ausgangsgröße(n). Diese Regeln sollten nicht als logische Implikationen, sondern mehr im Sinne der Angabe einer Funktion durch Fallunterscheidungen verstanden werden [NAUC94, S. 5]. Kern des Systems ist eine Menge von linguistischen Regeln (Regelbasis), mit denen aus den Werten der Eingangsgröße(n) Informationen über die Ausgangsgröße(n) gewonnen werden. Vorteile von Fuzzy-Reglern gegenüber anderen Ansätzen automatischer Regelung[55] liegen in der einfachen Möglichkeit, vorhandenes Expertenwissen zu integrieren, sowie in der Interpretierbarkeit der Regelbasis.

Von zentraler Bedeutung für die unscharfe Modellierung ist das Konzept der unscharfen Menge (*fuzzy set*). Nach der klassischen Mengenlehre gehört ein Element eindeutig entweder zu der betrachteten Menge oder nicht. Bei einer unscharfen Menge werden demgegenüber graduelle Zugehörigkeiten zwischen 0 (keine Zugehörigkeit) und 1 (volle Zugehörigkeit) zugelassen.[56] Der Zugehörigkeitsgrad eines Elementes x aus einer Grundmenge X zu einer unscharfen Menge $\tilde{A}$ wird dabei mittels einer reellwertigen Funktion $\mu_{\tilde{A}}$ beschrieben:[57]

$$\mu_{\tilde{A}} : X \rightarrow [0,1]$$

Diese Funktion wird als Zugehörigkeitsfunktion bezeichnet. Im Rahmen von Fuzzy-Reglern beziehen sich die Grundmengen auf Eingangsgrößen, wie etwa die Temperatur eines Gases, und auf Ausgangsgrößen.[58] Die „Temperatur" stellt eine sogenannte *linguistische Variable* dar, von der hier angenommen wird, daß man sie in Grad Celsius mißt und nur der Wertebereich 100-200°C von Interesse ist. Um die linguistische Variable Temperatur zu charakterisieren, *partitioniert* man die Grundmenge (Intervall [100, 200] reeller Zahlen) mit

---

[55] Z.B. gegenüber Ansätzen mit KNN oder Regressionsverfahren.

[56] Die klassische Vorstellung einer scharf definierten Menge ist hiervon ein Spezialfall, der nur die Zugehörigkeitswerte 0 und 1 kennt.

[57] Im folgenden kurz: μ. Die Bezeichnung μ wird in Übereinstimmung mit gängiger Praxis in der Fuzzy-Literatur gewählt. In diesem Kapitel steht μ also <u>nicht</u> für die EA-Populationsgröße.

[58] Im folgenden wird aus Gründen der Vereinfachung nur noch eine Ausgangsgröße unterstellt.

Hilfe mehrerer unscharfer Mengen. Diese Partitionierung kann, je nach Anwendung, unterschiedlich fein ausfallen. In Bild 8-10 ist eine mittelfeine Partitionierung dargestellt. Den fünf unscharfen Mengen, die durch Dreiecksfunktionen beschrieben sind, wurden *linguistische Terme* zugeordnet, wie sie menschliche Regelungsexperten zur Charakterisierung der Temperatur verwenden (niedrig, mittel usw.).

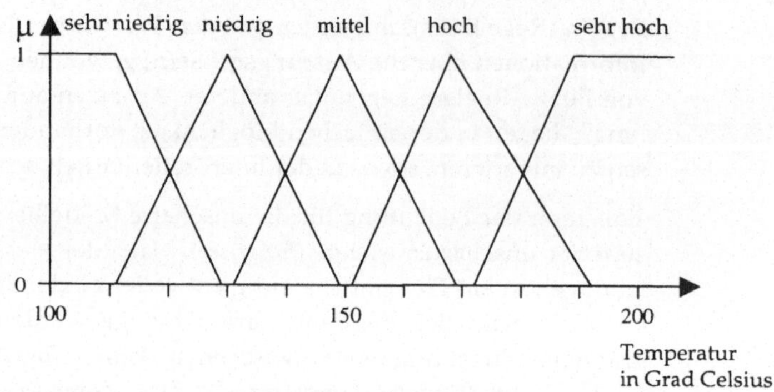

Bild 8-10: Partitionierung der linguistischen Variable Temperatur in linguistische Terme (unscharfe Mengen)

Um linguistische Wenn-dann-Regeln, die Eingangs- und Ausgangsgrößen miteinander verknüpfen, im Fuzzy-Regler modellieren zu können, muß man zunächst die Partitionierung der Wertebereiche aller Eingangs- und Ausgangsgrößen durch unscharfe Mengen festlegen.[59] Die Regelbasis eines Reglers mit k Eingangsgrößen läßt sich dann als eine $n_1 \times ... \times n_k$ Matrix darstellen. Dabei gibt n_i die Anzahl der unscharfen Mengen der Eingangsgröße i an. Jedes Matrixelement enthält die Angabe einer unscharfen Menge der Ausgangsgröße.

Bild 8-11 zeigt eine Regelbasis für den Fall von zwei Eingangsgrößen und einer Ausgangsgröße. Alle Größen sind mit Hilfe von fünf unscharfen Mengen charakterisiert, denen hier die linguistischen Terme negativ hoch (nh), negativ niedrig (nn), null (n), positiv niedrig (pn) und positiv hoch (ph) zugeordnet sind.[60] Es ergibt sich eine 5×5-Matrix für die Regelbasis des Reglers. Der Matrixeintrag (nn, n) in Bild 8-11 codiert dann beispielsweise folgende Regel:

[59] Hier wird ein Mamdani-Regler unterstellt.
[60] Die Terme bezeichnen Abweichungen von einem Referenzpunkt.

„Wenn Eingangsgröße 1 ist *negativ niedrig* und Eingangsgröße 2 ist *null*, dann ist die Ausgangsgröße *null.*"

Bild 8-11: Beispiel einer einfachen Fuzzy-Regelbasis bei zwei Eingangsgrößen und einer Ausgangsgröße

Eingangsgröße 1 \ Eingangsgröße 2	nh	nn	n	pn	ph
nh	nn	nh	nh	nh	pn
nn	nh	nh	n	nh	pn
n	nn	pn	n	pn	pn
pn	nn	ph	pn	pn	ph
ph	nn	nh	ph	ph	pn

Ebenso wie konventionelle Regler müssen Fuzzy-Regler scharfe Eingaben verarbeiten und als Ausgabe ebenfalls scharfe Werte für die Ausgangsgröße liefern. Das bedeutet, nur die interne Verarbeitung beruht auf dem Konzept der unscharfen Mengen. Hierzu sind die Eingaben auf geeignete Weise in unscharfe Form zu überführen (Fuzzifizierung). Dann wird für jede Regel der Erfüllungsgrad ihrer einzelnen Prämissen ermittelt und durch einen Aggregationsoperator zum Gesamterfüllungsgrad der Prämissen zusammengefaßt. Nun werden die Erfüllungsgrade der Konklusionen berechnet. Wenn das Ergebnis für die einzelnen Regeln feststeht, liefert ein Akkumulationsoperator das Gesamtergebnis. Anschließend muß das Resultat der regelbasierten Entscheidungslogik in einen scharfen Ausgangswert transformiert werden (Defuzzifizierung). Die Details sind im gegebenen Kontext von geringer Bedeutung und können der Fuzzy Control Literatur entnommen werden.[61]

8.3.2 Überblick zu Kombinationen von EA und Fuzzy-Systemen

Bestrebungen, EA mit Fuzzy-Systemen zu kombinieren, bestehen erst seit wenigen Jahren. Man kann die vorliegenden Ansätze grob in zwei Gruppen aufteilen: Anwendungen der Fuzzy Set Theorie auf EA und

---

61 Siehe z.B. [KRUS95].

Anwendungen von EA auf Fuzzy-Systeme. Der folgende stichpunktartige Überblick nennt hierzu auch exemplarische Literaturstellen.

Anwendungen der Fuzzy Set Theorie auf EA:

- Optimieren von GA-Strategieparametern mit Fuzzy-Regeln. Die Grundidee ist, auf Basis von Populationsstatistiken, Performanz-Maßen und Expertenwissen mittels unscharf formulierter Regeln die GA- Strategieparameterwerte zu variieren.[62]
- Unscharfe Crossover-Varianten für GA. So wird in [SANC93] die herkömmliche Vorgehensweise beim Crossover durch mengentheoretische Operationen auf Basis unscharfer Mengen ersetzt.

Beides ist nur in Einzelarbeiten verfolgt worden und bislang auf wenig Echo gestoßen. Die Vorteilhaftigkeit erscheint zweifelhaft.

Anwendungen von EA auf Fuzzy-Systeme:

- GA zur Optimierung der Entscheidungsvariablen bei Anwendungen mit unscharf definierten Bestandteilen in der Fitneßfunktion (unscharfe Fitneßfunktion), auch im Kontext von Fuzzy-Mehrzieloptimierung,[63]
- Einsatz von GA bei Problemen der Fuzzy Linearen Programmierung unter mehrfacher Zielsetzung,[64]
- Architekturoptimierung bei Fuzzy-KNN,[65]
- Fuzzy-LCS,[66]
- EA zur Optimierung von Fuzzy-Reglern,
- Optimierung der Struktur und Parameter von Fuzzy-Systemen mit EA in weiteren Gebieten wie Klassifikation, automatische Wissensakquisition und hierarchische Inferenz.[67] Überwiegend geht es hierbei um die Optimierung von Fuzzy-Partitionen oder um die Generierung von Fuzzy-Regeln. Insofern bestehen starke Ähnlichkeiten zu den unten dargestellten Anwendungen von EA auf Fuzzy-Regler.

---

[62] Beispiele sind in [LEE93,XU94] enthalten.
[63] Siehe als Beispiele [ISHI94a,PAL94], für Mehrzieloptimierung [SAKA93].
[64] Ein Beispiel bringt [IDA95].
[65] Siehe z.B. den Ansatz in [MACH92].
[66] Siehe auch die Literaturhinweise am Schluß von Abschnitt 8.1.
[67] Weiterführende Literaturbeispiele hierzu sind [FUKU94,ISHI94b,SAKU94,JANI95].

Am populärsten unter den angesprochenen Kombinationen zwischen EA und Fuzzy-Systemen ist die Optimierung von Fuzzy-Reglern mit GA. Darauf wird im folgenden näher eingegangen.[68]

8.3.3 Evolutionär optimierte Fuzzy-Regler

Damit Fuzzy-Regler das gewünschte Verhalten zeigen, kommt es vor allem auf folgende Faktoren an: die richtige Wahl der Regelbasis und das *finetuning* der Fuzzy-Partitionen durch Veränderung von Zugehörigkeitsgraden.[69] Mit der Anzahl der Eingangs- und Ausgangsgrößen des Reglers steigt die Zahl der möglichen Regeln und damit die Komplexität dieser Gestaltungsaufgabe exponentiell an. Ebenso ist die Spezifikation geeigneter unscharfer Mengen eine langwierige Aufgabe. Vergleichbare Probleme treten auch bei anderen Formen von Fuzzy-Systemen auf und haben, hier wie dort, den Einsatz von EA zur Unterstützung des Entwurfsprozesses motiviert.

Die Zahl der Veröffentlichungen zu evolutionär optimierten Fuzzy-Reglern ist seit den ersten Pionierarbeiten von Karr [KARR91a,b] und Thrift [THRI91] rasant gestiegen. Man kann die Ansätze methodisch in vier Gruppen teilen:

- Optimieren der Regelbasis bei fixierten Fuzzy-Partitionen,
- Optimieren der Fuzzy-Partitionen bei fixierter Regelbasis,
- Sequentielle Optimierung der Regelbasis und Fuzzy-Partitionen,
- Simultane Optimierung von Regelbasis und Fuzzy-Partitionen.

Für jeden dieser Ansätze wird nun ein Beispiel gegeben. Obwohl darin immer GA verwendet werden, sind auch andere EA-Formen geeignet und gelegentlich bereits eingesetzt worden.[70] Bisher konnte sich kein Ansatz eindeutig gegenüber den anderen durchsetzen. In der prakti-

---

[68] Ebenfalls für Fuzzy Control Aufgaben einsetzbar, aber im folgenden nicht näher behandelt, sind z.B. Fuzzy LCS. Auch hierarchisch strukturierte Fuzzy-Regler, welche nicht direkt von den Eingangswerten auf die Ausgangswerte schließen, werden hier ausgeklammert. Siehe dazu die weiterführende Literatur.

[69] Weitere Parameter von Fuzzy-Reglern sind z.B. die Form der Zugehörigkeitsfunktionen, die Anzahl der Fuzzy-Mengen zur Charakterisierung der Eingangs- und Ausgangsgrößen, die Gewichtung von Regeln sowie die Defuzzifizierungsmethode.

[70] So setzen z.B. Haffner und Sebald EP ein, um Fuzzy-Partitionen für die unscharfe Regelung einer Klimaanlage zu optimieren [HAFF93]. Kuhl optimiert mittels einer ES die Regelgewichte und Fuzzy-Partitionen eines Fuzzy-Reglers für Lagerhaltungsprobleme [KUHL96].

schen Anwendung wird es bei der Auswahl immer auch darauf ankommen, wieviel Vorwissen über den zu regelnden Prozeß bereits vorhanden ist und wieviel Zeit und Rechnerleistung zur Optimierung verfügbar sind.

Optimieren der Regelbasis bei fixierten Fuzzy-Partitionen

Die linguistischen Regeln sind Grundlage der Entscheidungslogik eines Fuzzy-Reglers. Mit ihnen werden aus den Werten der Eingangsgrößen adäqate Werte für die Ausgangsgröße ermittelt. Wie oben erläutert, läßt sich die Regelbasis als mehrdimensionale Matrix darstellen. Ihre Dimension wächst mit der Anzahl der Eingangsgrößen des Reglers. Damit wird die Spezifikation einer geeigneten Regelbasis auch für Experten schnell zu einem komplexen Problem. Verfahren der automatischen Regelbasisoptimierung sind ein Ausweg aus diesem Dilemma.

Die Erfahrung von Fachleuten für den zu regelnden Prozeß, soweit verfügbar, sollte als Vorwissen in die Gestaltung der Ausgangs-Regelbasen während der EA-Initialisierung einfließen. Dadurch reduziert sich der Aufwand für die anschließende Optimierung. Insbesondere ist es oft gar nicht erforderlich, Regeln für alle Kombinationen von unscharfen Mengen der Eingangsgrößen des Reglers mit Hilfe eines Optimierungsverfahrens zu finden. Gerade für Extremkonstellationen können häufig Experten die richtigen Regelkonklusionen bestimmen. Dadurch, daß diese Konstellationen dann ausgeklammert werden können, läßt sich die Komplexität der Aufgabenstellung für das Optimierungsverfahren beträchtlich reduzieren.[71] Auch gewollte Symmetrien der Regelbasis verkleinern den Suchraum.

Zur Bewertung alternativer Regelmengen (Lösungen) im Verlauf des Optimierungsvorganges kann meistens nicht auf das reale System zurückgegriffen werden, sondern dies erfordert im Normalfall ein Simulationsmodell des zu regelnden Prozesses. Anhand der Simulation kann dann die Reglerperformanz für unterschiedliche Ausgangsbedingungen des Systems ermittelt und mit geeigneten Kriterien bewertet werden. Solche Kriterien beziehen sich häufig auf die Minimierung eines Fehlerterms bzw. die Zeit, bis der zu regelnde Prozeß einen de-

---

71 Zum Beispiel optimiert Karr in einem Anwendungsfall GA-basiert nur die Konklusion zu 16 von 81 möglichen Kombinationen der Prämissen [KARR91b].

finierten Sollzustand erreicht hat. Aber auch andere Faktoren, wie die Komplexität der Regelbasis, können in die Fitneßermittlung eingehen.

Die Partitionierungen der Eingangs- und Ausgangsgrößen des Fuzzy-Reglers mittels unscharfer Mengen sind durch Experten vorab fixiert worden sind und brauchen daher bei der Optimierung nicht betrachtet werden. Ebenso sind die übrigen Parameter des Reglers, wie Aggregations- und Akkumulationsoperatoren sowie die Defuzzifizierungsstrategie festgelegt.

Beispiel: Ansatz von Thrift

Thrift betrachtet das Problem, einen beweglichen Wagen bestimmter Masse auf einer eindimensionalen Strecke in möglichst kurzer Zeit zu zentrieren [THRI91].[72] Eingangsgrößen des Reglers sind Position und Geschwindigkeit des Wagens. Die Ausgangsgröße ist eine Kraft, um den Wagen zu bewegen. Alle drei Größen sind in identischer Weise mittels fünf unscharfer Mengen partitioniert, denen folgende linguistische Terme zugeordnet sind: negativ mittel (nm), negativ niedrig (nn), null (n), positiv niedrig (pn) und positiv mittel (pm). Die Zugehörigkeitsgrade sind, ähnlich Bild 8-10, durch Dreiecksfunktionen bestimmt. Daraus ergibt sich die Regelbasis in Form einer 5×5-Matrix, ähnlich wie in Bild 8-11. Ein GA optimiert die Matrixeinträge, also die Angabe einer unscharfen Menge der Ausgangsgröße für jede mögliche Kombination von unscharfen Mengen der Eingangsgrößen. Jedes GA-Individuum entspricht einer Regelbasis, korrespondiert also zu einem vollständig spezifizierten Regler und damit einer Lösung des gestellten Problems.

Anstelle einer binären Codierung werden die Symbole {0, 1, 2, 3, 4, 5} verwendet. Sie korrespondieren zu den fünf unscharfen Mengen nm, nn, n, pn, und pm sowie der zusätzlichen Situation, daß ein Matrixeintrag keine unscharfe Menge für die Ausgangsgröße angibt, sondern die Matrix an dieser Stelle leer ist. Durch Hintereinandersetzen der so codierten Matrixzeilen wird eine Regelbasis in Stringform repräsentiert.

Die Fitneß des korrespondierenden Reglers ermittelt Thrift durch mehrfache Simulation von 500 Zeitschritten des zu regelnden Systems. Dabei beginnt man in unterschiedlichen Ausgangsbedin-

[72] Damit ist gemeint, daß der Wagen eine Nullposition erreicht und seine Geschwindigkeit dort null beträgt.

gungen hinsichtlich Geschwindigkeit und Position des Wagens. Der Fitneßwert ist durch $500 - t_{zent}$ gegeben, wobei t_{zent} die durchschnittlich benötigte Anzahl von Zeitschritten bis zur Zentrierung des Wagens unter der betrachteten Regelbasis ist. Kann bei einer bestimmten Anfangskonstellation der Wagen in der gegebenen Zeit nicht zentriert werden, so werden 500 Zeitschritte als Ergebnis dieses Laufes festgehalten.

Die Population des GA besteht aus 31 Individuen (Regelbasen), die für 100 Generationen evolvieren. Dabei wird die beste Lösung jeder Generation unverändert in die Folgepopulation kopiert (Elite-Selektion). Suchoperatoren sind 2-Punkt-Crossover und eine spezielle Form der Mutation, die im Prinzip ein Allel jeweils um eine Stufe nach oben oder unten verändert.[73] Die beste auf diese Weise gefundene Regelbasis liefert im Vergleich zur bekannten Optimallösung recht gute Ergebnisse.

Optimieren der Fuzzy-Partitionen bei fixierter Regelbasis

Die eben geschilderte Vorgehensweise ist nur dann sinnvoll, wenn ein Experte verfügbar ist, der günstige Partitionierungen der Ein- und Ausgangsgrößen des Fuzzy-Reglers angeben kann. Regelungsfachleute sind aber oft kaum in der Lage, ihr heuristisches Wissen in dieser abstrakten Form zu dokumentieren.

In manchen Ansätzen geht man deshalb davon aus, daß es eher möglich ist, eine plausible Regelbasis zu formulieren, während das schwierige *finetuning* des Reglers durch Anpassungen der Fuzzy-Mengen automatisiert werden sollte. Daher fixiert man die Regelbasis, und die Partitionen der Eingangs- bzw. Ausgangsgrößen werden evolutionär optimiert.

In diesem Fall stehen die Anzahl der Fuzzy-Mengen zur Charakterisierung von Eingangs- und Ausgangsgrößen sowie die Art der verwendeten Zugehörigkeitsfunktionen fest. Aufgabe des Optimierungsverfahrens ist es, günstige Einstellungen von Lage- bzw. Formparametern der Zugehörigkeitsfunktionen zu bestimmen. Besonders geläufig sind Dreiecks- und Trapezfunktionen. Sie können anhand verschiedener Parameter beschrieben werden (Bild 8-12). Lösungsalternativen lassen sich, wie im vorigen Beispiel, dadurch bewerten, daß die Para-

---

[73] So kann „4" beispielsweise zu „3" oder „5" mutieren.

meterwerte, verbunden mit der fixierten Regelbasis, in einen Fuzzy-Regler überführt werden. Dieser kann dann z.B. anhand von Simulationen des zu regelnden Systems beurteilt werden.

Bild 8-12: Dreiecks- und Trapezfunktion (mit Parametern)

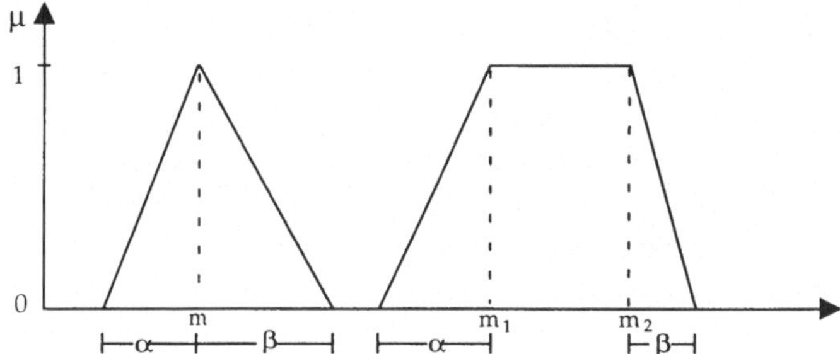

Beispiel: Ansatz von Karr

Karr befaßte sich als einer der ersten mit Anwendungen von GA auf Fuzzy-Systeme. Er hatte festgestellt, daß in praktischen Anwendungen die Gestaltung der Fuzzy-Mengen sehr viel Entwicklungszeit beansprucht und wollte diesen Aufwand reduzieren. In [KARR91a] verwendet er einen GA, um die Fuzzy-Partitionen der Ein- und Ausgangsgrößen eines Fuzzy-Reglers zu optimieren. Die Fuzzy-Mengen werden dabei durch dreieckige Zugehörigkeitsfunktionen wie in Bild 8-13 beschrieben.[74] Insbesondere sind die Fuzzy-Mengen an den oberen und unteren Rändern der Wertebereiche durch rechtwinklige Dreiecke charakterisiert. Sie können jeweils durch einen Parameter (p_1 bzw p_4 in Bild 8-13) repräsentiert werden. Die dazwischen liegenden Fuzzy-Mengen sind durch gleichschenklige Dreiecke beschrieben, die sich jeweils mit zwei Parametern (hier p_2 und p_3 genannt) repräsentieren lassen.

Karr codiert diese reellen Parameter sequentiell auf einem Bitstring, wobei jeweils sieben Bits pro Parameter benötigt werden, um die geforderte Präzision zu gewährleisten. Ein Standard-GA optimiert dann die Fuzzy-Partitionen. Dabei darf sich sowohl die Breite der Fuzzy-Mengen als auch (bei inneren unscharfen Mengen) ihre Lage auf der x-Achse verändern.

---

[74] Nach [KARR91a].

Bild 8-13: Dreiecksfunktionen und Parameter bei Karr

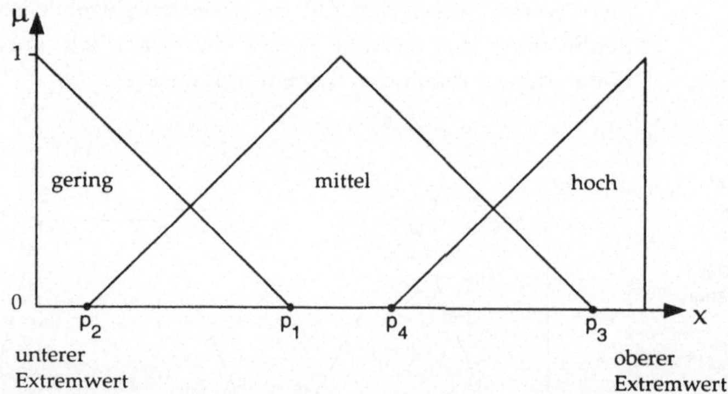

Obwohl bei Karr nicht explizit angesprochen, sind zusätzliche Maßnahmen zu ergreifen, wenn bei den Parameterwerten gleichschenkliger Dreiecksfunktionen der linke Basispunkt (p_2) den rechten (p_3) überholt. Hier könnte man bei der Decodierung z.B. den kleineren Wert grundsätzlich als den linken und den größeren als den rechten Basispunkt interpretieren. Auf vergleichbare Weise läßt sich prinzipiell auch der Fall behandeln, daß ganze Fuzzy-Mengen einander überholen. Hierbei würde dann die mit ihrem Zentrum weiter links liegende unscharfe Menge mit dem „kleineren" linguistischen Term assoziiert. Es besteht auch die Möglichkeit, Restriktionen bzgl. der Parameterwerte einzuführen oder andere Parameter zu codieren[75], um so ein Überholen von vornherein zu vermeiden.

Sequentielle Optimierung von Regelbasis und Fuzzy-Partitionen

Nachdem die Performanz eines Fuzzy-Reglers wesentlich sowohl von der Regelbasis als auch den Fuzzy-Partitionen abhängt, liegt es nahe, *beide* Aspekte automatisch zu optimieren. Dieses kann sequentiell oder simultan geschehen. Bei einer sequentiellen Optimierung ist der Suchraum kleiner, was den Rechenaufwand günstig beeinflußt. Kinzel et al. argumentieren außerdem, daß die Feineinstellung eines Fuzzy-Reglers nur durch Anpassungen der Fuzzy-Mengen erfolgen kann [KINZ94]. Sie schlagen daher vor, zuerst eine passende Regelbasis an-

[75] Vgl. Bild 8-17.

hand einfacher fixierter, möglichst homogener Fuzzy-Partitionen[76] zu erlernen und erst in einem zweiten Schritt die Fuzzy-Mengen an diese Regelbasis anzupassen. Das folgende Beispiel erläutert ihre Vorgehensweise, die einige Besonderheiten aufweist. Es geht um das Regelungsproblem, einen Stab zu balancieren.[77]

Beispiel: Ansatz von Kinzel et al.

Betrachtet wird ein Regler, der als Eingangsgrößen den Fehler und die Fehleränderung verwendet. Kinzel et al. nehmen zur Optimierung der Regelbasis einen GA mit nicht-binärer Codierung der Fuzzy-Mengen. Sie gehen in diesem Punkt also ähnlich vor wie Thrift. Bei der Initialisierung der Ausgangspopulation werden die beiden folgenden Grundsätze berücksichtigt:

- Wenn bei einer Regel die Werte der Prämissen nahe Null liegen, sollte der Wert der Konklusion ebenfalls nahe bei Null sein, weil der einzustellende Wert erreicht wurde.
- Sind die Prämissen zweier Regeln ähnlich, sollten auch die Konklusionen ähnlich sein, da ähnliche Situationen auch ähnliche Maßnahmen erfordern.

So entstehen Regelbasen, die ein besseres Reglerverhalten erwarten lassen als rein stochastisch initialisierte.

Die zu einer Regelbasis korrespondierende Matrix ist auch hier im Prinzip so aufgebaut wie in Bild 8-11. Sie wird hier allerdings nicht als String repräsentiert (wie im Beispiel von Thrift), sondern die Individuen haben selbst Matrixform. Daher müssen spezielle Crossover- und Mutationsoperatoren definiert werden.

Crossover führt zum Austausch eines stochastisch gewählten Matrixelementes und seiner unmittelbaren Nachbarn (in den Hauptrichtungen) zwischen zwei Individuen (Bild 8-14). Dabei werden Nachbarschaftsstrukturen der Regelbasis besser bewahrt als im Beispiel von Thrift. Die Mutation erfolgt durch stochastisches Verändern eines Matrixelementes, indem es durch den linguistischen Term einer ähnlichen Fuzzy-Menge ersetzt wird. So kann der Eintrag „pn" beispielsweise zu „ph" oder „n" mutieren.

---

[76] Alternativ könnte man die Partitionen durch einen Experten für den zu regelnden Prozeß festlegen lassen.

[77] Für ergänzende Informationen zu diesem Beispiel danke ich Herrn Dr. Frank Klawonn, Braunschweig.

Bild 8-14: Prinzip des Matrix-Crossover bei Kinzel et al. am Beispiel des zweidimensionalen Falles

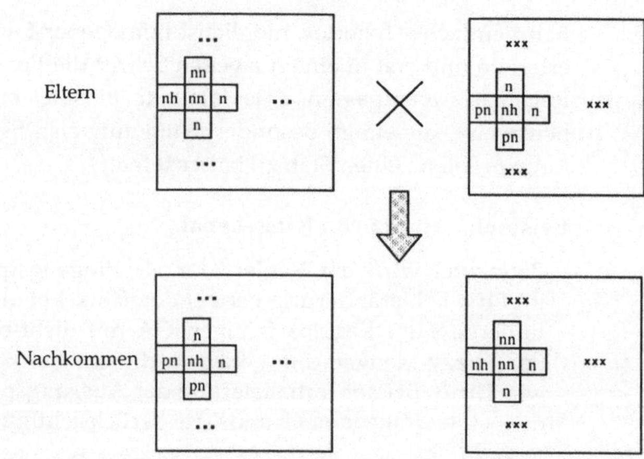

Die Fitneßbewertung erfolgt im Prinzip wie in den vorigen Beispielen, allerdings mit folgender Besonderheit: Um Random Search in frühen Phasen der Optimierung zu vermeiden, wird zunächst mit einer Fitneßfunktion gearbeitet, die relativ tolerant gegenüber großen Abweichungen vom gewünschten Reglerverhalten ist. Hat mindestens ein Regler der Population alle Testläufe erfolgreich beendet, werden die Anforderungen verschärft. Das heißt, man verringert die zulässigen Abweichungen des Systems.[78] So kann sich die Population schrittweise an die gewünschte hohe Regelungsqualität anpassen.

Nachdem auf diese Weise eine praktisch optimale Regelbasis gefunden worden ist, erfolgt im nächsten Schritt das *finetuning* der Fuzzy-Partitionen, ausgehend von den zuvor verwendeten Partitionen. Dabei beschränken sich Kinzel et al. auf die Optimierung bei den Eingangsgrößen, optimieren also nicht die Partitionierung der Ausgangsgröße.[79] Außerdem bleibt die Anzahl der Fuzzy-Mengen zu jeder Eingangsgröße fixiert. Wieder wird eine nichtbinäre Codierung eingesetzt, wobei die Fuzzy-Mengen anhand vergleichsweise vieler Parameter repräsentiert sind. Dies ermöglicht zwar eine differenzierte Darstellung, bedeutet aber auch einen entsprechend großen Suchraum für den GA.

[78] Erfolgreich ist ein Regler, wenn er definierte Randbedingungen einhält und sich die Eingangsgrößen gegen Simulationsende in einen bestimmten Bereich eingependelt haben.

[79] Dies geschieht aus Gründen der Interpretierbarkeit des optimierten Reglers.

Die Partitionen der Eingangsgrößen werden jeweils auf einem eigenen String als Folge von Genen codiert, so daß sich eine Lösung aus mehreren solcher Strings zusammensetzt. Auf den Strings hat jedes Gen die Form eines Vektors und gibt die Zugehörigkeitsgrade jeweils eines bestimmten Wertes der Eingangsgröße zu jeder der verschiedenen Fuzzy-Mengen an. Die betrachteten Werte dekken in diskreten Schritten den gesamten relevanten Bereich der jeweiligen Eingangsgröße ab. Ihre Anzahl bestimmt die Länge des Strings, während die Anzahl der Fuzzy-Mengen die Dimension jedes Gens (Vektors) auf dem String festlegt. Bild 8-15 stellt beispielhaft dar, wie die Partitionierung einer Eingangsgröße X codiert ist.[80] Es wird unterstellt, daß der Wertebereich von X durch einen linken Randwert *l* sowie einen rechten Randwert *r* begrenzt ist und daß X in n_X Fuzzy-Mengen partitioniert wird.

Bild 8-15: Codierung der Partitionierung von Eingangsgröße X bei Kinzel et al.

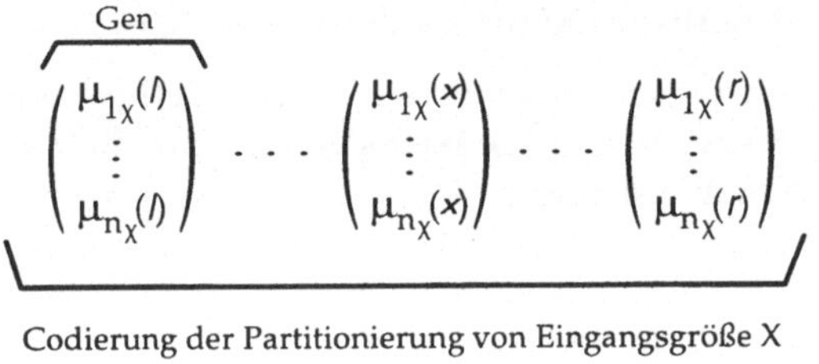

Gen

$$\begin{pmatrix} \mu_{1_X}(l) \\ \vdots \\ \mu_{n_X}(l) \end{pmatrix} \cdots \begin{pmatrix} \mu_{1_X}(x) \\ \vdots \\ \mu_{n_X}(x) \end{pmatrix} \cdots \begin{pmatrix} \mu_{1_X}(r) \\ \vdots \\ \mu_{n_X}(r) \end{pmatrix}$$

Codierung der Partitionierung von Eingangsgröße X

2-Punkt Crossover findet jeweils zwischen den Strings jeder Eingangsgröße der ausgewählten Eltern-Lösungen statt. Die Mutation ist als stochastische Änderung eines Zugehörigkeitsgrades auf jedem String des betrachteten Individuums realisiert.[81]

Beide Operatoren können unzulässige nicht-konvexe Fuzzy-Mengen erzeugen. Daher wird ein Reparaturmechanismus verwendet, der diese in konvexe Mengen überführt (Bild 8-16).[82]

---

[80] Nach [KINZ94, S. 107].

[81] Es kann durchaus geschehen, daß für bestimmte Partitionen an keiner Stelle ein Zugehörigkeitswert von 1,0 erreicht wird, was unter dem Gesichtspunkt der Interpretierbarkeit des Reglers nachteilig ist.

[82] Wegen der angenommenen Optimalität der Regelbasis, kann das Problem sich überholender unscharfer Mengen übrigens ausgeklammert bleiben.

Bild 8-16: Reparaturmechanismus bei Kinzel et al.

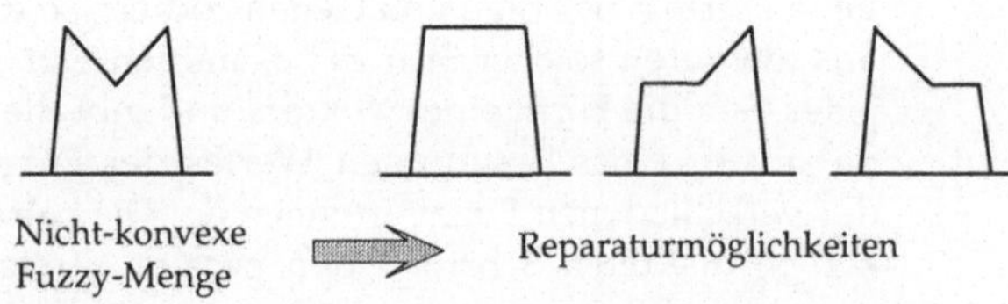

Bei der Fitneßermittlung wird jedes Individuum decodiert und der jeweils korrespondierende Regler mit unterschiedlichen Startsitutationen konfrontiert. Man simuliert den zu regelnden Prozeß über einen gewissen Zeitraum und bestimmt den quadratischen Fehler zu den vorgegebenen Sollwerten, wobei der Regler zusätzlich Randbedingungen des Prozesses einhalten muß.

Simultane Optimierung von Regelbasis und Fuzzy-Partitionen

Im vorigen Beispiel war es erforderlich, die Anzahl der unscharfen Mengen zur Charakterisierung jeder Eingangs- und Ausgangsgröße vorab festzulegen. Da diese Entscheidung nicht trivial ist, könnte man auch diese Parameter mit Hilfe eines computergestützten Optimierungsverfahrens einstellen. Die Anzahl der Regeln in der Regelbasis ergibt sich daraus indirekt, denn die Anzahl der Fuzzy-Mengen beeinflußt die Dimension der zur Regelbasis korrespondierenden Matrix (siehe Bild 8-11).

Im folgenden Beispiel nach Takagi [TAKA93] werden gleichzeitig die Fuzzy-Partitionen, die Anzahl der Regeln sowie die Regelkonklusionen optimiert.

Beispiel: Ansatz von Takagi

Takagi betrachtet eine spezielle Form von Regler, die insofern von den bisherigen Beispielen abweicht, als hier für die Ausgangsgröße keine Partitionierung mehr benötigt wird. In den Regelkonklusionen findet sich also keine Angabe einer unscharfen Menge für die Ausgangsgröße, sondern der Konklusionsteil einer Regel ist eine lineare Kombination seiner Prämissenwerte. Die Regeln haben also diese Form (X_i sind die Eingangsgrößen, Y ist die Ausgangsgröße):[83]

[83] Ein solcher Regler wird nach den Entwicklern als Takagi-Sugeno-Regler bezeichnet.

Wenn X_1 ist *klein* und X_2 ist *groß*, dann ist $Y = w_0 + w_1 \cdot X_1 + w_2 \cdot X_2$

Um den Konklusionsteil einer Regel zu spezifizieren, müssen die Koeffizienten w_i festgelegt werden.

Jede der beiden Eingangsgrößen ist bei Takagi in zehn Fuzzy-Mengen partitioniert. Die Fuzzy-Partitionen verwenden dreieckige Zugehörigkeitsfunktionen, deren Parameter α und β diegleiche Bedeutung wie in Bild 8-12 haben. Anstelle des Parameters m in Bild 8-12 wird jedoch die Distanz d vom Zentrum der Fuzzy-Menge zum Zentrum der links gelegenen Fuzzy-Menge betrachtet. Diese Parameterisierung ist vorteilhafter, weil sich das unerwünschte Überholen von unscharfen Mengen leicht vermeiden läßt. Die Parameter der Zugehörigkeitsfunktionen bei Takagi sind in Bild 8-17 verdeutlicht.

Aus den Partitionen der Eingangsgrößen ergibt sich zunächst eine Dimension von 10×10 für die Matrix der Regelbasis. Im Zuge der Optimierung kann es jedoch geschehen, daß das Zentrum einer unscharfen Menge sich außerhalb eines durch die Randbedingungen der betrachteten Anwendung[84] bestimmten Wertebereiches der jeweiligen Eingangsgröße befindet. In diesem Fall werden alle Regeln, welche diese Fuzzy-Menge enthalten, aus der Regelbasis eliminiert. So ergibt sich die effektive Anzahl der Regeln erst implizit aus den Fuzzy-Partitionen.

Bild 8-17: Zugehörigkeitsfunktionen bei Takagi

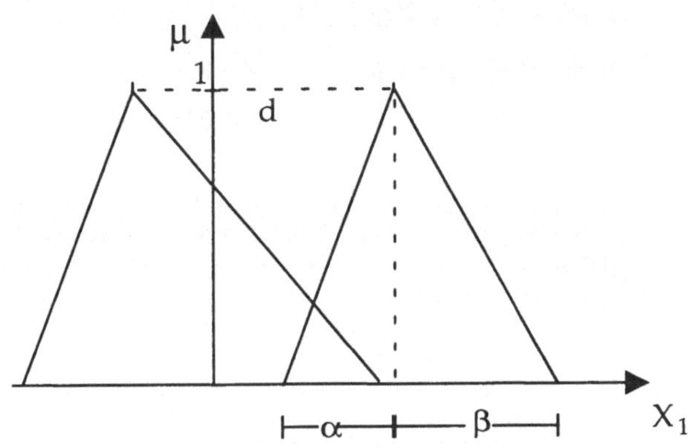

[84] Hier wieder das Stabbalance-Problem wie im vorigen Beispiel.

Jede Lösung setzt sich zusammen aus den Parameterwerten der Fuzzy-Partitionen beider Eingangsgrößen sowie den Koeffizienten der Regelkonklusionen (Bild 8-18). Lösungen sind in binärer Form auf einem String codiert und werden mittels eines GA optimiert. Die Fitneßbewertung des decodierten Fuzzy-Reglers erfolgt wiederum durch zeitbeschränkte Simulation des realen Systems, beginnend in unterschiedlichen Ausgangszuständen.

Bild 8-18: Binäre Repräsentation bei Takagi

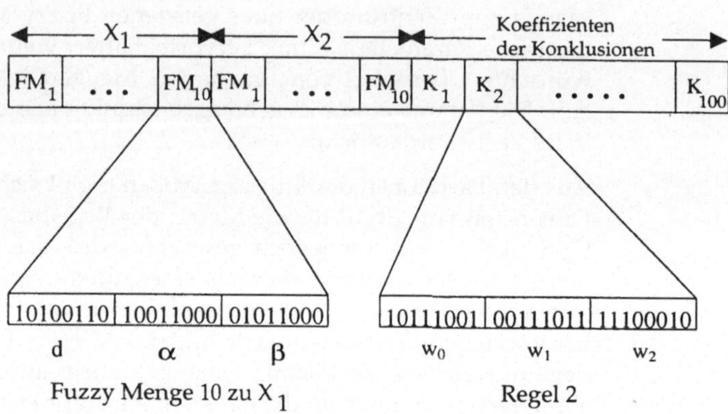

8.4 Literatur zum Kapitel 8

Sammelreferenzen in diesem Kapitel

[BELE91] Belew, R.K.; Booker, L. B. (Hrsg.): Proceedings of the Fourth International Conference on Genetic Algorithms, San Mateo/CA: Morgan Kaufmann 1991.

[DAVI94] Davidor, Y.; Schwefel, H.-P.; Männer, R. (Hrsg.): Parallel Problem Solving from Nature - PPSN III, LNCS 866, Berlin: Springer 1994.

[ESHE95] Eshelman, L.J.: Proceedings of the Sixth International Conference on Genetic Algorithms, San Francisco: Morgan Kaufmann 1995.

[FOGA94]Fogarty, T.C.: Evolutionary Computing, LNCS 865, Berlin: Springer 1994.

[FOGE93] Fogel, D.B.; Atmar, W. (Hrsg.): Proceedings of the Second Annual Conference on Evolutionary Programming, San Diego/CA: Evolutionary Programming Society 1993.

[FORR93] Forrest, S. (Hrsg.): Proceedings of the Fifth International Conference on Genetic Algorithms, San Mateo/CA: Morgan Kaufmann 1993.

[GOLD89] Goldberg, D.E.: Genetic Algorithms in Search, Optimization, and Machine Learning, Reading/MA: Addison-Wesley 1989.

[IEEE94] Proceedings of the First IEEE Conference on Evolutionary Computation, Orlando 1994.

[NISS94] Nissen, V.: Evolutionäre Algorithmen. Darstellung, Beispiele, betriebswirtschaftliche Anwendungsmöglichkeiten, Wiesbaden: DUV 1994.

[SCHA89]Schaffer, J.D. (Hrsg.): Proceedings of the Third International Conference on Genetic Algorithms, San Mateo/CA: Morgan Kaufmann 1989.

Zitierte Literatur zu LCS

[BOOK89] Booker, L.B.: Triggered Rule Discovery in Classifier Systems, in: [SCHA89], S. 265-274.

[CARS94] Carse, B.; Fogarty, T.C.: A Fuzzy Classifier System Using the Pittsburgh Approach, in: [DAVI94], S. 260-269.

[DAVI89a] Davis, L.: Mapping Neural Networks into Classifier Systems, in: [SCHA89], S. 375-378.

[DAVI89b] Davis, L.: Mapping Classifier Systems into Neural Networks, in: Touretsky, D. S. (Hrsg.): Advances in Neural Information Processing 1, San Mateo/CA: Morgan Kaufmann 1989, S. 49-56.

[DORI93] Dorigo, M.: Genetic and Non-Genetic Operators in ALECSYS, in: Evolutionary Computation 1 (1993) 2, S. 151-164.

[GEYE95] Geyer-Schulz, A.: Fuzzy Rule Based Expert Systems and Genetic Machine Learning, Heidelberg: Physica 1995.

[GREF88] Grefenstette, J.J.: Credit Assignment in Rule Discovery Systems Based on Genetic Algorithms, in: Machine Learning 3 (1988) 2/3, S. 225-246.

[GREF91] Grefenstette, J.J.: Strategy Acquisition with Genetic Algorithms, in: Davis, L. (Hrsg.): Handbook of Genetic Algorithms, New York: Van Nostrand Reinhold 1991, S. 186-201.

[HOLL78]Holland, J.H.; Reitman, J.S.: Cognitive Systems Based on Adaptive Algorithms, in: Waterman, D.A.; Hayes-Roth, F. (Hrsg.): Pattern-Directed Inference Systems, New York: Academic Press 1978, S. 313-329.

[HOLL86]Holland, J. H.; Holyoak, K.J.; Nisbett, R.E.; Thagard, P.R.: Induction: Processes of Inference, Learning, and Discovery, Cambridge/MA: MIT Press 1986.

[HOLL92]Holland, J.H.: Adaptation in Natural and Artificial Systems, 2. A., Cambridge/MA: MIT Press 1992.

[HORN94] Horn, J.; Goldberg, D.E.; Deb, K.: Implicit Niching in a Learning Classifier System: Nature's Way, in: Evolutionary Computation 2 (1994) 1, S. 37-66.

[PARO93]Parodi, A.; Bonelli, P.: A New Approach to Fuzzy Classifier Systems, in: [FORR93], S. 223-230.

[PIPE94] Pipe, A.G.; Carse, B.: A Comparison between Two Architectures for Searching and Learning in Maze Problems, in: [FOGA94], S. 238-249.

[RIOL88] Riolo, R.: CFS-C: A Package of Domain Independent Subroutines for Implementing Classifier Systems in Arbitrary, User-Defined Environments, Technical Report, University of Michigan, Logic of Computers Group, Ann Arbor 1988.

[ROBE87] Robertson, G.G.: Parallel Implementation of Genetic Algorithms in a Classifier System, in: Davis, L. (Hrsg.): Genetic Algorithms and Simulated Annealing, Los Altos/CA: Morgan Kaufmann 1987, S. 129-140.

[SMIT80] Smith, S.F.: A Learning System Based on Genetic Algorithms, Dissertation, University of Pittsburgh, Department of Computer Science, Pittsburgh 1980.

[SMIT91] Smith, R.E.: Default Hierarchy Formation and Memory Exploitation in Learning Classifier Systems, Dissertation, TCGA Report 91003, University of Alabama, The Clearinghouse for Genetic Algorithms, Tuscaloosa 1991.

[SMIT94a] Smith, R.E.: Memory Exploitation in Learning Classifier Systems, in: Evolutionary Computation 2 (1994) 3, S. 199-220.

[SMIT94b] Smith, R.E.; Cribbs, H.B.: Is a Learning Classifier System a Type of Neural Network?, in: Evolutionary Computation 2(1994) 1, S. 19-36.

[VALE91] Valenzuela-Rendón, M.: The Fuzzy Classifier System: A Classifier System for Continuously Varying Variables, in: [BELE91], S. 346-353.

[WEST89] Westerdale, T.H.: A Defense of the Bucket Brigade, in: [SCHA89], S. 282-290.

[WILS87] Wilson, S.W.: Classifier Systems and the Animat Problem, in: Machine Learning 2 (1987), S. 199-228.

[WILS89] Wilson, S.W.; Goldberg, D.E.: A Critical Review of Classifier Systems, in: [SCHA89], S. 244-255.

[WILS94] Wilson, S.: A Zeroth Level Classifier System, in: Evolutionary Computation 2 (1994) 1, S. 1-18.

[WILS95] Wilson, S.: Classifier Fitness Based on Accuracy, in: Evolutionary Computation 3 (1995) 2, S. 149-175.

[YATE93] Yates, D.F.; Fairley, A.: An Investigation into Possible Causes of, and Solutions to, Rule Strength Disortion Due to the Bucket Brigade Algorithm, in [FORR93], S. 246-253.

Sonstige weiterführende Literatur zu LCS

Belew, R.K.; Forrest, S.: Learning and Programming in Classifier Systems, in: Machine Learning 3 (1988), S. 193-223.

Greene, D.P.; Smith, S.F.: Using Coverage as a Model Building Constraint in Learning Classifier Systems, in: Evolutionary Computation 2 (1994) 1, S. 67-91.

Nakaoka, K.; Furuhashi, T.; Uchikawa, Y.: A Study on Apportionment of Credits of Fuzzy Classifier System for Knowledge Acquisition of Large Scale Systems, in: [IEEE94], S. 1797-1800.

Roberts, G.: Dynamic Planning for Classifier Systems, in: [FORR93], S. 231-237.

Zitierte Literatur zu neuroevolutionären Systemen

[ALBR93] Albrecht, R.F.; Reeves, C.R.; Steele, N.C. (Hrsg.): Proceedings of the International Conference on Neural Networks and Genetic Algorithms, Wien: Springer 1993.

[ANGE94] Angeline, P.J.; Saunders, G.M.; Pollack, J.B.: An Evolutionary Algorithm That Constructs Recurrent Neural Networks, in: IEEE Transactions on Neural Networks 5 (1994) 1, S. 54-65.

[BRAN95] Branke, J.: Evolutionary Algorithms for Neural Network Design and Training, Forschungsbericht Nr. 322, Universität Karlsruhe, Institut für Angewandte Informatik und Formale Beschreibungsverfahren, Karlsruhe Sep. 1995.

[CAUD92] Caudell, T.P.: Genetic Algorithms as a Tool for the Analysis of Adaptive Resonance Theory Network Training Sets, in: [WHIT92], S. 184-200.

[DASG92] Dasgupta, D.; McGregor, D.R.: Designing Application-Specific Neural Networks Using the Structured Genetic Algorithm, in: [WHIT92], S. 87-96.

[EBER92] Eberhart, R.C.: The Role of Genetic Algorithms in Neural Network Query-Based Learning and Explanation Facilities, in: [WHIT92], S. 169-183.

[FOGE90] Fogel, D.B.; Fogel, L.J.; Porto, V.W.: Evolving Neural Nets, in: Biological Cybernetics 63 (1990), S. 487-493.

[GRUA92] Gruau, F.: Genetic Synthesis of Boolean Networks with a Cell Rewriting Developmental Process, in: [WHIT92], S. 55-74.

[GRUA93] Gruau, F.; Whitley, D.: Adding Learning to the Cellular Development of Neural Networks: Evolution and the Baldwin Effect, in: Evolutionary Computation 1 (1993) 3, S. 213-233.

[GUO92] Guo, Z.: Using Genetic Algorithms to Select Inputs for Neural Networks, in: [WHIT92], S. 223-234.

[HANC92] Hancock, P.J.B.: Genetic Algorithms and Permutation Problems: a Comparison of Recombination Operators for Neural Net Structure Specification, in: [WHIT92], S. 108-122.

[HARP91] Harp, S.A.; Samad, T.: Genetic Synthesis of Neural Network Architecture, in: Davis, L. (Hrsg.): Handbook of Genetic Algorithms, New York: Van Nostrand Reinhold 1991, S. 202-221.

[KADA91] Kadaba, N.; Nygard, K.E.; Juell, P.L.: Integration of Adaptive Machine Learning and Knowledge-Based Systems for Routing and Scheduling Applications, in: Expert Systems With Applications 2 (1991) 1, S. 15-27.

[KITA90a] Kitano, H.: Designing Neural Networks Using Genetic Algorithms with Graph Generation System, in: Complex Systems 4 (1990), S. 461-476.

[KITA90b] Kitano, H.: Empirical Studies on the Speed of Convergence of Neural Network Training Using Genetic Algorithms, in: Proceedings of the Eigth National Conference on Artificial Intelligence, Cambridge/MA: MIT Press 1990.

[KOZA91] Koza, J.R.; Rice, J.P.: Genetic Generation of Both the Weights and Architecture for a Neural Network, in: Proceedings of the International Joint Conference on Neural Networks, Vol. 2, New York: IEEE Press 1991, S. 397-404.

[MONT89] Montana, D.J.; Davis, L.: Training Feedforward Neural Networks Using Genetic Algorithms, in: Proceedings of the Eleventh International Joint Conference on Artificial Intelligence, San Mateo/CA: Morgan Kaufmann, S. 762-767.

[NAUC94] Nauck, D.; Klawonn, F.; Kruse, R.: Neuronale Netze und Fuzzy-Systeme, Braunschweig/Wiesbaden: Vieweg 1994.

[PEAR95] Pearson, D.W.; Steele, N.C.; Albrecht, R.F. (Hrsg.): Artificial Neural Nets and Genetic Algorithms, Proceedings of the International Conference in Alès 1995, Wien: Springer 1995.

[PIPE94] Pipe, A.G.; Fogarty, T.C.; Winfield, A.: Hybrid Adaptive Heuristic Critic Architectures for Learning in Mazes with Continuous Search Spaces, in: [DAVI94], S. 482-491.

[ROBE95] Roberts, S.G.; Turega, M.: Evolving Neural Network Structures: An Evaluation of Encoding Techniques, in: [PEAR95], S. 96-99.

[RUME86b] Rumelhart, D.E.; Hinton, G.E.; Williams, R.J.: Learning Internal Representations by Error Propagation, in: Rumelhart, D.E.; McClelland, J.L. (Hrsg.): Parallel Distributed Processing: Explorations in the Microstructures of Cognition. Vol. 1 , Cambridge/MA: MIT Press 1986, S. 318-362.

[SCHA90] Schaffer, J.D.; Caruana, R.A.; Eshelman, L.J.: Using Genetic Search to Exploit the Emergent Behavior of Neural Networks, in: Physica D 42 (1990), S. 244-248.

[SCHA92] Schaffer, J.D.; Whitley, D.; Eshelman, L.J.: Combinations of Genetic Algorithms and Neural Networks: A Survey of the State of the Art, in: [WHIT92], S. 1-37.

[SCHO91] Scholz, M.: A Learning Strategy for Neural Networks Based on a Modified Evolutionary Strategy, in: Schwefel, H.-P.; Männer, R. (Hrsg.): Parallel Problem Solving from Nature, Berlin: Springer 1991, S. 314-318.

[SUZU91] Suzuki, K.; Kakazu, Y.: An Approach to the Analysis of the Basins of the Associative Memory Model Using Genetic Algorithms, in: [BELE91], S. 539-546.

[THIE93] Thierens, D.; Suykens, J.; Vandewalle, J.; de Moor, B.: Genetic Weight Optimization of a Feedforward Neural Network Controller, in: [ALBR93], S. 658-663.

[WHIT90] Whitley, L.D.; Starkweather, T.; Bogart, C.: Genetic Algorithms and Neural Networks: Optimizing Connections and Connectivity, in: Parallel Computing 14 (1990), S. 347-361.

[WHIT92] Whitley, L.D.; Schaffer, J.D.: COGANN-92 International Workshop on Combinations of Genetic Algorithms and Neural Networks, Los Alamitos/CA: IEEE Computer Society Press 1992.

[WHIT93] Whitley, L.D.; Dominic, S.; Das, R.; Anderson, C.: Genetic Reinforcement Learning for Neurocontrol Problems, in: Machine Learning 13 (1993), S. 259-284.

[YAO95] Yao, X.: Evolutionary Artificial Neural Networks, in: Kent, A.; Williams, J.G. (Hrsg.): Encyclopedia of Computer Science and Technology, Vol. 33, New York: Marcel Dekker Inc. 1995, S. 137-170.

[YIP95] Yip, P.P.C.; Pao, Y.-H.: A Perfect Integration of Neural Networks and Evolutionary Algorithms, in: [PEAR95], S. 88-91.

[ZELL94] Zell, A.: Simulation Neuronaler Netze, Bonn: Addison Wesley 1994.

Sonstige weiterführende Literatur zu neuroevolutionären Systemen

Alander, J.T. (Hrsg.): An Indexed Bibliography of Genetic Algorithms in Neural Networks, Technical Report, University of Vaasa, Finland (FTP-Quelle siehe Anhang A).

Born, J.; Santibáñez-Koref, I.; Voigt, H.-M.: Designing Neural Networks by Adaptively Building Blocks in Cascades, in: [DAVI94], S. 472-481.

Braun, H.; Zagorski, P.: ENZO-M - A Hybrid Approach for Optimizing Neural Networks by Evolution and Learning, in: [DAVI94], S. 440-451.

Edelman, G.M.: Neural Darwinism, New York: Basic Books 1987.

Levelt, W.J.M.: Die konnektionistische Mode, in: Sprache & Kognition 10 (1991) 2, S. 61-72.

Potter, M.A.: A Genetic Cascade-Correlation Learning Algorithm, in: [WHIT92], S. 123-133.

Romaniuk, S.G.: Evolutionary Grown Semi-Weighted Neural Networks, in: [ESHE95], S. 444-451.

Zitierte Literatur zu fuzzyevolutionären Systemen

[ALTR95] von Altrock, C.: Fuzzy Logic. Band 1 Technologie, 2. A., München: Oldenbourg 1995.

[FUKU94] Fukuda, T.; Hasegawa, Y.; Shimojima, K.: Hierarchical Fuzzy Reasoning. Adaptive Structure and Rule by Genetic Algorithms, in: [IEEE94], S. 601-606.

[HAFF93] Haffner, S.B.; Sebald, A.V.: Computer-Aided Design of Fuzzy HVAC Controllers Using Evolutionary Programming, in: [FOGE93], S. 98-107.

[IDA95] Ida, K.; Gen, M.; Li, Y.: Solving Multicriteria Solid Transportation Problem with Fuzzy Numbers by Genetic Algorithm, in: Proceedings der EUFIT'95, Aachen 1995, S. 434-441.

[ISHI94a] Ishibuchi, H.; Yamamoto, N.; Murata, T.; Tanaka, H.: Genetic Algorithms and Neighbourhood Search Algorithms for Fuzzy Flowshop Scheduling Problems, in: Fuzzy Sets and Systems 67 (1994), S. 81-100.

[ISHI94b] Ishibuchi, H.; Nozaki, K.; Yamamoto, N.; Tanaka, H.: Construction of Fuzzy Classification Systems with Rectangular Fuzzy Rules Using Genetic Algorithms, in: Fuzzy Sets and Systems 65 (1994), S. 237-253.

[JANI95] Janikow, C.Z.: A Genetic Algorithm for Optimizing Fuzzy Decision Trees, in: [ESHE95], S. 421-428.

[KARR91a] Karr, C.: Genetic Algorithms for Fuzzy Controllers, in: AI Expert 6 (1991) 2, S. 26-33.

[KARR91b] Karr, C.: Applying Genetics to Fuzzy Logic, in: AI Expert 6 (1991) 3, S. 38-43.

[KINZ94] Kinzel, J.; Klawonn, F.; Kruse, R.: Anpassung Genetischer Algorithmen zum Erlernen und Optimieren von Fuzzy-Reglern, in: Reusch, B. (Hrsg.): Fuzzy Logik - Theorie und Praxis, Berlin: Springer 1994, S. 103-110.

[KRUS95] Kruse, R.; Gebhardt, J.; Klawonn, F.: Fuzzy-Systeme, 2. A., Teubner: Stuttgart 1995.

[KRUS96] Kruse, R.: Fuzzy-Systeme - Positive Aspekte der Unvollkommenheit, in: Informatik-Spektrum 19 (1996) 1, S. 4-11.

[KUHL96] Kuhl, J.: Angepaßte Fuzzy-Regelungssysteme - Entwicklung und Einsatz bei ausgewählten betriebswirtschaftlichen Problemstellungen, Dissertation, Universität Göttingen, Institut für Wirtschaftsinformatik, Göttingen 1996.

[LEE93] Lee, M.A.; Takagi, H.: Dynamic Control of Genetic Algorithms Using Fuzzy Logic Techniques, in: [FORR93], S. 76-83.

[MACH92] Machado, R.J.; da Rocha, A.F.: Evolutive Fuzzy Neural Networks, in: Proceedings of the 1992 IEEE International Conference on Fuzzy Systems, San Diego 1992, S. 493-500.

[NAUC94] Nauck, D.; Klawonn, F.; Kruse, R.: Neuronale Netze und Fuzzy-Systeme, Braunschweig/Wiesbaden: Vieweg 1994.

[PAL94] Pal, S.K.; Bhandari, D.: Genetic Algorithms with Fuzzy Fitness Function for Object Extraction Using Cellular Networks, in: Fuzzy Sets and Systems 65 (1994), S. 129-139.

[SAKA93] Sakawa, M.; Utaka, J.; Inuiguchi, M.; Shiromaru, I.; Suginohara, N.; Inoue, T.: Hot Parts Operating Schedule of Gas Turbines by Genetic Algorithms and Fuzzy Satisficing Methods, in: Proceedings of the 1993 International Joint Conference on Neural Networks, Nagoya 1993, S. 746-749.

[SAKU94] Sakurai, M.; Kurihara, Y.; Karasawa, S.: Color Classification Using Fuzzy Inference and Genetic Algorithm, in: [IEEE94], S. 1975-1978.

[SANC93] Sanchez, E.: Genetic Algorithms and Soft Computing, Tutoriumsunterlagen zur EUFIT'93, Aachen 1993.

[TAKA93] Takagi, H.: Fusion Techniques of Fuzzy Systems and Neural Networks, and Fuzzy Systems and Genetic Algorithms, in: SPIE 2061 (1993), S. 402-413.

[THRI91] Thrift, P.: Fuzzy Logic Synthesis with Genetic Algorithms, in: [BELE91], S. 509-513.

[XU94] Xu, H.Y.; Vukovich, G.: Fuzzy Evolutionary Algorithms and Automatic Robot Trajectory Generation, in: [IEEE94], S. 595-600.

[ZIMM93] Zimmermann, H.-J. (Hrsg.): Fuzzy Technologien. Prinzipien, Werkzeuge, Potentiale, Düsseldorf: VDI Verlag 1993.

Sonstige weiterführende Literatur zu fuzzyevolutionären Systemen

Alander, J.T. (Hrsg.): An Indexed Bibliography of Genetic Algorithms and Fuzzy Logic, Technical Report, University of Vaasa, Finland (FTP-Quelle siehe Anhang A)

Buckles, B.P.; Petry, F.E.; Prabhu, D.; George, R.; Srikanth, R.: Fuzzy Clustering with Genetic Search, in: [IEEE94], S. 46-50.

Carse, B.: Adaptive Distributed Routing Using Evolutionary Fuzzy Control, in: [ESHE95], S. 389-396.

Feldman, D. S.: Fuzzy Network Synthesis with Genetic Algorithms, in: [FORR93], S. 312-317.

Geyer-Schulz, A.: Fuzzy Rule Based Expert Systems and Genetic Machine Learning, 2. A., Heidelberg: Physica 1996.

Hoffmann, F.; Pfister, G.: Automatic Design of Hierarchical Fuzzy Controllers Using Genetic Algorithms, in: Proceedings der EUFIT'94, Aachen, S. 1516-1522.

Leitch, D.; Probert, P.: Genetic Algorithms for the Development of Fuzzy Controllers for Mobile Robots, in: Furuhashi, T. (Hrsg.): Advances in Fuzzy Logic, Neural Networks and Genetic Algorithms, LNCS 1011, Berlin: Springer 1995, S. 148-172.

Pedrycz, W.: GAREL: A Hybrid Genetic Learning in Fuzzy Relational Equations, in: [IEEE94], S. 1354-1358.

Sonstige weiterführende Literatur zu Hybridsystemen

Alander, J.T. (Hrsg.): GA and Simulated Annealing, Technical Report, University of Vaasa, Finland (FTP-Quelle siehe Anhang A).

Bull, L.; Fogarty, T.C.: An Evolution Strategy and Genetic Algorithm Hybrid: An Initial Implementation and First Results, in: [FOGA94], S. 95-102.

Fox, B.L.: Integrating and Accelerating Tabu Search, Simulated Annealing, and Genetic Algorithms, in: Annals of Operations Research 41 (1993), S. 47-67.

Glover, F.; Kelly, J.P.; Laguna, M.: Genetic Algorithms and Tabu Search: Hybrids for Optimization, in: Computer and Operations Research 22 (1995) 1, S. 11-134.

Voigt, H.-M.; Ebeling, W.; Rechenberg, I.; Schwefel, H.-P. (Hrsg.): Parallel Problem Solving from Nature - PPSN IV, LNCS 1141, Berlin: Springer 1996.

8.5 Aufgaben zum Kapitel 8

Aufgabe 8-1: Wiederholung zu LCS

a) Nennen Sie die Komponenten eines Lernenden Classifier Systems!
b) Welche zwei Lernkomponenten besitzen LCS? Was ist Aufgabe des GA?
c) Erklären Sie das Konzept der „Auktion" in LCS!
d) Vergleichen Sie Aufbau und Lernstrategie von LCS mit künstlichen neuronalen Mehrschichten-Perceptrons!

Aufgabe 8-2: Wiederholung zu neuroevolutionären Systemen

a) Wo liegen die besonderen Vorzüge von KNN?
b) Was versteht man unter der *Generalisierungsfähigkeit* eines KNN bzw. allgemeiner eines ML-Systems?
c) Wo liegen Schwachpunkte des (Error) Backpropagation Lernverfahrens? Was hofft man sich i.d.Z. vom Einsatz von EA?
d) Würden Sie eine binäre Lösungsdarstellung oder eine Repräsentation als Vektor reeller Zahlen vorziehen, wenn sie Verbindungsgewichte (bei feststehender Netzarchitektur) optimieren wollen? Warum?
e) Was versteht man unter dem *competing conventions* Problem? Sind alle EA-Varianten im Hinblick auf dieses Problem gleich betroffen?
f) Erläutern Sie den prinzipiellen Unterschied zwischen direkter und indirekter Codierung der Netzarchitektur! Geben Sie je ein Beispiel! Welche Codierungsart würden Sie wann anwenden?

Aufgabe 8-3: Wiederholung zu fuzzyevolutionären Systemen

a) Wodurch ist der praktische Einsatz der Fuzzy Set Theorie häufig motiviert? Wo liegen die Vorteile von Fuzzy-Reglern gegenüber konkurrierenden Ansätzen?

b) Verdeutlichen Sie das Prinzip der Fuzzy-Regelung! Sehen Sie Bezüge zu anderen regelbasierten Ansätzen, z.B. den sogenannten Expertensystemen?

c) Welche Ansätze zur evolutionären Optimierung von Fuzzy-Reglern kennen Sie? Warum sucht man überhaupt nach Möglichkeiten, die Parameter von Fuzzy-Systemen automatisch einzustellen?

d) Wie wird bei Takagi vermieden, daß sich im Zuge der Optimierung Fuzzy-Mengen unzulässigerweise überholen?

e) Durch welche Maßnahmen kann beim Suchen nach einer guten Regelbasis die Komplexität der Aufgabenstellung für das Optimierungsverfahren häufig deutlich verringert werden?

Aufgabe 8-4: Fragen zum Nachdenken über LCS

a) Können aus der Tatsache, daß LCS zwei verschiedene Lernstrategien kombiniert einsetzen nur Vorteile oder auch Probleme entstehen?

b) Warum sind Stimulus-Response-Anwendungen von LCS leichter zu beherrschen als solche, die interne Denkzyklen des LCS erfordern?

c) Worin liegen Gemeinsamkeiten bzw. Unterschiede zwischen dem *implicit bucket brigade*-Algorithmus bei Stimulus-Response LCS und dem *bucket brigade*-Algorithmus beim erweiterten LCS?

d) Was halten Sie von der Idee, in LCS, statt des binären Alphabets eine höhere Repräsentationssprache zu verwenden? Welche Modifikationen des LCS würde dies nach sich ziehen? Welche Bedeutung hätte eine solche Änderung für die Mensch-Maschine-Schnittstelle von LCS?

e) Welche praktischen Einsatzmöglichkeiten sehen Sie für LCS? Welche Probleme sind auf dem Weg zu solchen Anwendungen Ihrer Ansicht nach noch zu überwinden?

Aufgabe 8-5: Fragen zum Nachdenken über neuroevolutionäre Systeme

a) Welche Nachteile sehen Sie bei KNN? Haben LCS diese Nachteile auch?

b) Wie gut erscheinen Ihnen heutige KNN im Hinblick auf die Modellierung von Organisation, Abläufen und Funktionalität im menschlichen Gehirn? Wo bestehen Defizite gegenüber dem natürlichen Vorbild? Wie relevant sind diese Defizite im Hinblick auf praktische Anwendungen von KNN?

c) Wie schätzen Sie das Skalierungsverhalten (d.h. Verhalten bei Änderung der KNN-Größe) einer grammatischen Codierung der Netzarchitektur ein?

d) Sehen Sie Kombinationsmöglichkeiten zwischen Ansätzen direkter und indirekter Codierung bei neuroevolutionären Systemen?

Aufgabe 8-6: Fragen zum Nachdenken über fuzzyevolutionäre Systeme

a) Können Sie sich vorstellen, Prinzipien der Fuzzy-Regelung auch in nichttechnischen Aufgabenstellungen anzuwenden?

b) Wie beurteilen Sie den dargestellten Ansatz von Kinzel et al., die Anforderungen an die Regler-Performanz im Laufe der Optimierung schrittweise zu erhöhen? Welches Ziel wird damit verfolgt?

c) Die Fitneßermittlung erfordert, daß codierte Lösungen in Fuzzy-Regler überführt und empirisch getestet werden. Inwiefern ist das für die Optimierung problematisch? Sehen Sie eventuell Abhilfen?

d) Welchen der vier vorgestellten Ansätze zur Optimierung von Fuzzy-Reglern gefällt Ihnen am besten? Wo sehen Sie die wesentlichen Vor- und Nachteile der einzelnen Ansätze?

e) Versuchen Sie, unter Rückgriff auf Hollands Schema-Vorstellung, zu begründen, warum Kinzel et al. mit Individuen in Matrixform arbeiten und die zur Regelbasis korrespondierende Matrix bei ihnen nicht zeilenweise zerlegt und in Stringform codiert wird!

9 Ausblick

Seit der ersten internationalen GA-Konferenz im Jahr 1985, besonders aber in den vergangenen sechs Jahren, hat das Interesse an EA stark zugenommen. Die Gesamtanzahl der Publikationen liegt mittlerweile deutlich über 6000. Das allgemeine Interesse dokumentiert sich auch in Fachtagungen, elektronischen Diskussionsforen, wissenschaftlichen EA-Gesellschaften, in Software-Werkzeugen und in populärwissenschaftlichen Veröffentlichungen, mit denen teilweise unrealistische Erwartungen hinsichtlich des Anwendungspotentials von EA geweckt werden. Anzeichen einer Euphorie sind unverkennbar. Gleichzeitig mehren sich aber auch Stimmen, die das Problemlösungspotential von EA weniger euphorisch oder sogar skeptisch beurteilen. Hierzu haben vor allem das No-Free-Lunch-Theorem[1] sowie das mäßige Abschneiden von EA in einigen empirischen Leistungsvergleichen mit Tabu Search und anderen modernen Heuristiken beigetragen. In Bild 9-1 wird versucht, den gegenwärtigen Stand der EA-Forschung im Rahmen eines Lebenszyklusmodells abzuschätzen.

Bild 9-1: Geschätzter Stand von EA als Optimierungsmethode im Lebenszyklusmodell

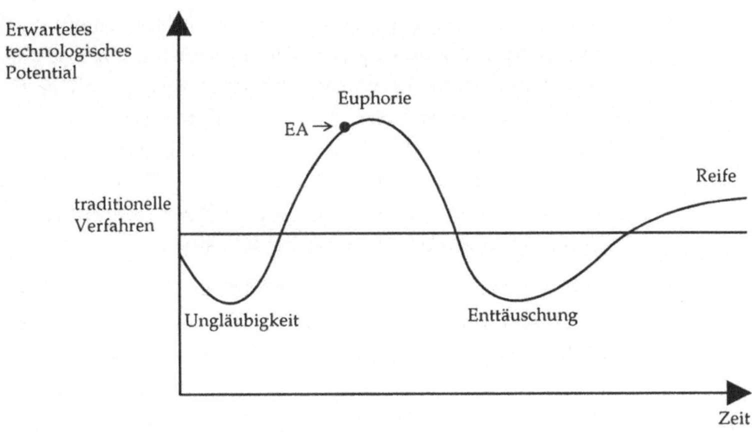

[1] Siehe Abschnitt 7.2.

In jüngster Zeit ist in Europa das EvoNet hinzugekommen, ein *Network of Excellence in Evolutionary Computation.*[2] Es verbindet EA-Gruppen an wissenschaftlichen Einrichtungen sowie in Unternehmen und Softwarehäusern. Damit steht der Kern einer erweiterbaren Infrastruktur zur Verfügung, die dazu dient, Forschungsvorhaben im EA-Bereich besser zu koordinieren und gezielter zu fördern, sowie die wissenschaftliche Ausbildung in diesem Gebiet und den Know-How-Transfer in die Praxis zu verbessern.

Das Interesse an den verschiedenen EA-Hauptströmungen ist gegenwärtig noch sehr unterschiedlich. GA sind bei weitem die bekannteste Form von EA. Dies ist m.E. nicht in einer Überlegenheit von GA gegenüber den übrigen EA-Formen begründet, sondern folgt aus der besonders gut ausgebauten „Infrastruktur" für Informationen zu GA.

GP ist die jüngste der vier Hauptrichtungen von EA. Die darin gewählte Repräsentation von Lösungen als Computerprogramme variabler Länge ist sehr flexibel und auf unterschiedlichste komplexe Probleme anwendbar. Gerade vor dem Hintergrund immer leistungsfähigerer Hardware erscheint GP als eine vielversprechende Methode für praktische Anwendungen der Mustererkennung im weitesten Sinne, einschließlich Prognose und Klassifikation.

Die geringere Bekanntheit von ES und EP ist einer von mehreren Gründen, warum es bislang nur wenige systematische Leistungsvergleiche zwischen diesen beiden Strömungen und GA gegeben hat. Aus Anwendersicht wären Hinweise sehr nützlich, für welche Problemstellungen sich welche EA-Konfiguration am besten eignet. Dies gilt im übrigen auch für die Frage, wie EA im Vergleich mit Konkurrenzmethoden, z.B. Simulated Annealing, Tabu Search oder Threshold Accepting zu bewerten sind. Kapitel 7 hat verdeutlicht, wie problematisch Leistungsvergleiche tatsächlich sind.

Relativ wenig Unterstützung erfährt der praktische Anwender bislang durch die EA-Theorie. Konvergenzbeweise, die auf der Vorstellung unendlicher Zeiträume für die Optimierung beruhen, sind von geringem praktischem Nutzen. Praktisch nützlicher sind z.B. verallgemeinerbare Aussagen zur Fortschrittsgeschwindigkeit oder aussichtsreichen Anwendungsgebieten für EA. Hier liegen erste Ergebnisse vor.

---

[2] Zu näheren Informationen siehe Anhang A.

Die Basisformen von GA, ES und EP sind, ebenso wie GP, praktisch anwendungsneutral und als „schwache Methode" breit anwendbar. Zwischen der Leistungsfähigkeit und der Anwendungsbreite einer Heuristik besteht jedoch ein inverser Zusammenhang. Daher ist es auch bei EA zweckmäßig, ausgehend von den Charakteristika der Anwendung, das Lösungsverfahren an die Problemstellung anzupassen. EA bieten dazu vielfältige Möglichkeiten.

Mit effizienten Spezialverfahren, wie sie für bestimmte Problemklassen verfügbar sind - man denke hier beispielsweise an die Lineare Programmierung - werden EA auch in Zukunft aufgrund ihrer vergleichsweise hohen Rechenzeitanforderungen nicht konkurrieren können. Für die meisten praktischen Probleme existieren solche effizienten Lösungsverfahren aber nicht, sondern man muß sich mit Heuristiken behelfen.

Zusätzliche Anwendungen für EA ergeben sich aus den vielfältigen Kombinationsmöglichkeiten insbesondere mit künstlichen Neuronalen Netzen und der Fuzzy Technologie. Solche „intelligenten" Hybridsysteme fordern von den Entwicklern Sachverstand in unterschiedlichen Wissensbereichen. Der Entwicklungsaufwand ist entsprechend hoch. Indem man die relativen Stärken verschiedener Lösungsmethoden geschickt kombiniert, ergeben sich jedoch besonders leistungsfähige Systeme. Nicht ohne Grund bezeichnet L. Zadeh[3] hybride intelligente Systeme als *„wave of the future"*.

EA werden immer häufiger als Optimierungsmodul in umfassendere Softwareprodukte integriert, wie etwa in der Produktionsplanung. Dem Endbenutzer bleibt dabei meist verborgen, daß eine evolutionäre Komponente verwendet wird. So finden EA zukünftig auch „unerkannt" ihren Weg in den praktischen Einsatz.

Ein weiterer Bereich, wo EA eine wichtige Rolle spielen, ist Artificial Life. Hier stehen zwar Fragen nach den Grundlagen und Prinzipien des Phänomens Leben im Vordergrund. Industrielle Anwendungen, z.B. bei Multi-Agenten-Systemen, zeichnen sich jedoch ab. Anwendungsorientierte Wissenschaften wie die Wirtschaftsinformatik oder das Operations Research sollten die Entwicklungen im AL-Be-

[3] Begründer der Fuzzy Set Theorie

reich aufmerksam verfolgen und nach Übertragungsmöglichkeiten der dort gewonnenen Erkenntnisse in praktische Anwendungen suchen.

EA sind inhärent parallele Methoden und damit zur Implementierung auf paralleler Hardware besonders geeignet. Mit dem weiteren Vordringen von Parallelrechnern und Rechner-Clustern gewinnt diese Eigenschaft an Bedeutung. So lassen sich auch hohe Rechenzeitanforderungen reduzieren, was die Konkurrenzfähigkeit von EA stärkt.

Eine interessante aktuelle Entwicklung im Schnittpunkt von EA und Hardware-Aspekten ist das Konzept von *evolvable hardware*. Als Begründer dieser Forschungsrichtung, die besonders in Japan und der Schweiz forciert wird, ist Hugo de Garis anzusehen. Im Prinzip geht es darum, elektronische Schaltkreise mittels GA zu konfigurieren. Traditionelles Chip-Design stößt aufgrund immer kleinerer Bauelemente und größerer Packungsdichten bei steigender Layout-Komplexität bald an Grenzen. De Garis und Kollegen wollen auf evolutionärem Wege Chips entwickeln, deren Komplexität das bisher für möglich Gehaltene übersteigt. Das Ziel ist es, konfigurierbare Hardware-Elemente (*field programmable gate arrays* - FPGA) zu verwenden und die Chip-Evolution direkt in der Hardware ablaufen zu lassen. FPGA werden über Bitstrings konfiguriert, so daß sich GA als automatische Entwurfsmethode anbieten. Der vorgeschlagene Ansatz ist vielversprechend. De Garis glaubt an einen Milliarden Dollar Markt für *evolvable hardware*. Daß man auf evolutionäre Weise extrem komplexe, voll funktionsfähige Systeme entwerfen kann, beweist schließlich die Natur selbst!

9.1 Weiterführende Literatur zum Kapitel 9

de Garis, H.: An Artificial Brain, in: New Generation Computing 12 (1994), S. 215-221.

Higuchi, T.; Iba, H.; Manderick, B.: Evolvable Hardware, in: Kitano, M.; Hendler J. (Hrsg.): Massively Parallel Artificial Intelligence, Cambridge/MA: MIT Press 1994, S. 398-421.

Murakawa, M.; Yoshizawa, S.; Kajitani, I.; Furuya, T.; Iwata, M.; Higuchi, T.: Hardware Evolution at Function Level, in: Voigt, H.-M.; Ebeling, W.; Rechenberg, I.; Schwefel, H.-P. (Hrsg.): Parallel Problem Solving from Nature - PPSN IV, LNCS 1141, Berlin: Springer 1996, S. 62-71.

Sanchez, E.; Tomassini, M. (Hrsg.): Towards Evolvable Hardware. The Evolutionary Engineering Approach, LNCS 1062, Berlin: Springer 1996.

Anhang

Anhang A: Elektronische Informationen zu EA

Viele Informationen zu Evolutionären Algorithmen sind mittlerweile über das Internet weltweit in elektronischer Form abrufbar. Das betrifft z.B. Publikationen, Konferenz-Ankündigungen, Softwaretools, Stellenangebote mit Bezug auf EA und elektronische Diskussionslisten. Die folgenden Quellenhinweise erheben keinen Anspruch auf Vollständigkeit, sollen aber den Zugang zu diesen aktuellen und immer umfangreicher werdenden Informationsquellen erleichtern. Über Querverweise gelangt man von diesen Einstiegspunkten zu anderen relevanten Internetquellen.[1]

Electronic Mail Diskussionslisten

Genetic Algorithms Digest

Zentrales Informationsmedium für den gesamten EA-Bereich in Form einer moderierten Diskussionsliste. Diese Liste besteht seit 1987 und erscheint etwa 1-2 mal pro Woche. Weltweit sind etwa 3000-4000 User angeschlossen. Zugang über ga-list-request@aic.nrl.navy.mil.

Genetic Programming List

Unmoderierte Diskussionsliste zu GP. Für Einsteiger eher weniger geeignet. Zugang über genetic-programming-request@cs.stanford.edu.

Genetic Algorithms and Neural Networks Digest

Moderierte Liste zu Kombinationen von EA und NN. Zugang über gann-request@cs.iastate.edu.

Timetabling Problems List

Ursprünglich auf GA-Anwendungen im Timetabling-Bereich ausgerichtet, ist diese Liste inzwischen ein Diskussionsforum für alle, die sich mit Timetabling beschäftigen, unabhängig von der Lösungsmethode. Zugang über ttp-request@cs.nott.ac.uk.

[1] Die Adressen sind nach bestem Wissen angegeben, doch kann nicht ausgeschlossen werden, daß sich zwischenzeitlich Änderungen ergeben haben.

Genetic Algorithms in Production Scheduling List

Diese unmoderierte Liste ist beschränkt auf Anwendungen von GA im Bereich Produktionsplanung. Zugang über gasched-owner@ acse.sheffield.ac.uk. Informationen zu GA und Scheduling enthält auch http://www.shef.ac.uk/students/misc/shaw/gaschedl.html.

NetNews-Gruppe

Die USENET-Gruppe comp.ai.genetic bringt Hinweise zum Thema EA, darunter z.B. Bibliografien und Antworten auf „Frequently Asked Questions" (FAQs) als Einstiegshilfe für Newcomer. Eine entsprechende Gruppe existiert unter comp.ai.alife für Artificial Life.

EvoNet

Besonders hinzuweisen ist auf das z.Zt noch im Aufbau befindliche europäische EvoNet, ein *Network of Excellence in Evolutionary Computation*. Es verbindet EA-Forschungsgruppen an Universitäten, in sonstigen wissenschaftlichen Einrichtungen sowie in Unternehmen, und dient ganz allgemein der Förderung angewandter Forschung und Grundlagenforschung sowie der Ausbildung im EA-Bereich. Dieses Netzwerk kann zukünftig von großer Bedeutung für die Koordination und finanzielle Förderung von EA-Projekten in den Sektoren Forschung, Anwendung, Ausbildung und Know-How-Transfer sein.

Zentraler Koordinator dieses Netzwerkes ist Prof. Dr. Terence Fogarty von der Napier Universität / Schottland (evonet@dcs.napier.ac.uk). Die Grundstruktur des Netzes besteht aus einem zentralen Koordinations-Knoten, einer Reihe von akademischen Hauptknoten und Industrieknoten, einer größeren Zahl assoziierter akademischer Knoten, die von jeweils einem Hauptknoten betreut werden, sowie Einzelpersonen. Die Arbeit im Rahmen dieses Netzwerkes erfolgt über Komitees, die sich mehrfach im Jahr treffen. Nähere Informationen unter http://www.dcs.napier.ac.uk/evol/evonet.htm.

Elektronische Archive

The Genetic Algorithms Archive

Dieses Archiv enthält umfangreiche Daten und Verweise, insbesondere bisherige Ausgaben des GA Digest, Quellcode zu GA und weiteren EA-Formen sowie Tagungsankündigungen. WWW-Einstieg über http://www.aic.nrl.navy.mil/galist oder via anonymous FTP über ftp.aic.nrl.navy.mil m Verzeichnis /pub/galist/.

ENCORE - The Evolutionary Computation Repository Network

ENCORE ist eine umfangreiche Sammlung von Informationen zu allen Teilgebieten von Evolutionary Computation. Sie enthält viele nützliche Hinweise für Neueinsteiger wie auch Fortgeschrittene. Der Zugang ist über WWW, FTP sowie Electronic Mail möglich. Die Daten werden weltweit auf verschiedenen Servern gespiegelt. Hier sollen nur zwei der in Deutschland stehenden Server genannt werden:

WWW-Einstieg: http://research.Germany.EU.net:8080/encore/

FTP-Adresse: ftp-bionik.fb10.tu-berlin.de/pub/EC/Welcome.html

Über Electronic Mail kann der Server von EUnet Deutschland angesprochen werden. Dazu sollte man zunächst eine Nachricht, die „help" im Nachrichtenkörper enthält, an die folgende Adresse senden: archive-server@Germany.EU.net. Man erhält dann eine Erklärung der von diesem Server verstandenen Befehle.

Elektronische Informationen zu GP

Informationen zum Thema GP, insbesondere Quellcode, Publikationen und Antworten zu FAQs erhält man über den WWW-Einstieg http://www.cs.ucl.ac.uk/research/genprog/. Das „GP Notebook" erreicht man über das WWW unter http://www.lcc.uma.es/jjf/gp/. Zugang zu GP-Informationen erhält man auch über FTP unter der Adresse ftp.io.com im Verzeichnis /pub/genetic-programming/.

Artificial Life and Complex Systems - A Subject Catalogue

Eine Sammlung von Verweisen zum Thema Artificial Life. Zugang über http://www.st.rim.or.jp/~kanada/AL-index.html.

GA-Bibliografien der Universität Vaasa/Finland

Die von J.T. Alander und Mitarbeitern zusammengetragene, weltweit größte Sammlung von Referenzen (> 6000) zum Thema GA und anderen EA-Formen ist aufgeteilt in verschiedene thematische Zusammenstellungen mit statistischen Auswertungen und Suchverweisen. Die Bibliografien sind am einfachsten über FTP zu beziehen von ftp.uwasa.fi im Verzeichnis /cs/report94-1/.

GP-Bibliografie

Diese bibliografischen Angaben wurden von W.B. Langdon vom University College, London, zusammengetragen und sind erreichbar über FTP unter cs.ucl.ac.uk im Verzeichnis /genetic/biblio/.

Bibliografie zu evolvable hardware

Informationen zur *evolvable hardware*-Forschung findet man im WWW unter http://hcrl.open.ac.uk:80/~monty/EHWbib.html.

Santa Fe Institute (SFI) Working Papers

Ein Teil der Arbeitsberichte des bekannten Santa Fe Institutes, einer der zentralen Einrichtungen im Forschungsbereich „Komplexe Systeme" ist über das WWW erhältlich. Dabei erfolgt der Zugang über http://www.santafe.edu/sfi/publications/. Die Publikationen des SFI berühren teilweise auch den EA-Bereich.

Anhang B: Testdaten-Bibliotheken

Im folgenden sind einige Quellen für Testdaten angegeben. Solche Daten sind sinnvoll, um die in diesem Buch beschriebenen Methoden und Verfahren anhand von Beispielen austesten zu können. Dabei ist es nützlich, daß oft schon andere für die hier behandelten Probleminstanzen Lösungsverfahren entwickelt haben. Dadurch liegen vielfach Vergleichswerte vor.

Der Zweck dieses Anhanges besteht *nicht* darin, eine vollständige Übersicht über Testdatenbestände zu geben. Stattdessen sollen einige Quellen genannt werden, anhand derer selbstentwickelte Lösungsverfahren ausgetestet und mit den Ergebnissen anderer verglichen werden können.

OR-Library

Wohl die wichtigste Testdaten-Biliothek im Operations Research Bereich ist die *OR-Library* des Imperial College in London. Sie enthält Quellen zu zahlreichen Operations Research Standardproblemen. Diese Testdaten sind über anonymous FTP zu bekommen unter mscmga.ms.ic.ac.uk oder per E-mail, indem man eine Nachricht, die das gewünschte Datenfile angibt, an die Adresse o.rlibrary@ic.ac.uk sendet. Einstiegsinformationen sind auch über das WWW erhältlich unter http://mscmga.ms.ic.ac.uk/info.html. Autor dieser Bibliothek ist J.E. Beasley, von dem ein Übersichtsaufsatz zur OR-Library erschienen ist: OR-Library - Distributing Test Problems by Electronic Mail, in: Journal of the Operational Research Society 41 (1990), S. 1069-1072. Anweisungen, wie die Bibliothek zu benutzen ist, enthält aber auch das Info-File auf dem genannten Server. Um jedoch Informationen zu besten bekannten Lösungen (Zielfunktionswerte) oder Implementierungsdetails von Lösungsverfahren zu erhalten, ist ein Zugang zu verschiedenen OR-Zeitschriften notwendig.

QAPLIB

Dies ist eine große, gut gepflegte Bibliothek von Quadratic Assignment (Quadratischen Zuordnungs-) Problemen. Sie wurde zusammengetragen von R.E. Burkard, F. Rendl und Mitarbeitern am Institut für Mathematik B der Technischen Universität Graz. Die Daten können über das Internet bezogen werden. Der Zugang erfolgt über http://fmatbhp1.tu-graz.ac.at/%7Ekarisch/qaplib/. Ein Überblicksaufsatz dazu ist erschienen: QAPLIB - A Quadratic Assignment Problem Library, in: European Journal of Operational Research 55 (1991), S. 115-119.

Claus-Hotz-Funktion

Die folgende sogenannte *Claus-Hotz-Funktion* ist ein Sonderfall des Quadratischen Zuordnungsproblems mit der angenehmen Eigenschaft, daß man sich ohne großen Aufwand beliebig große Probleminstanzen selbst generieren kann.[2] Die Funktion ist zu maximieren und steht hier als Beispiel eines kombinatorischen Permutationsproblems. Geben sei eine Menge M = {1,2,...,n}. Gesucht ist jene Permutation ψ der Menge M für die folgender Ausdruck maximal wird (i, j = 1,2,...,n):

$$F(\psi) = \sum_{i \neq j} \left| \frac{\psi_i - \psi_j}{i - j} \right| = 2 \cdot \sum_{i=1}^{n-1} \sum_{j=i+1}^{n} \frac{|\psi_j - \psi_i|}{j - i}$$

Dabei steht ψ_i für das i-te Element der Permutation. Je nach der Probleminstanz sind auch mehrere globale Optima möglich. Tabelle A-1 enthält für einige Instanzen die besten bekannten Zielfunktionswerte.

Tabelle A-1: Beste bekannte Zielfunktionswerte der Claus-Hotz-Funktion für unterschiedliche Problemgrößen

n	$F_{max}(\psi)$	n	$F_{max}(\psi)$
10	163,94	60	10064,65
20	833,38	70	14189,82
30	2111,52	80	19094,24
40	4051,67	90	24791,01
50	6693,32	100	31301,49

[2] Für die Mitteilung der Testfunktion und Vergleichsdaten bedanke ich mich bei Herrn Prof. Dr. Volker Claus, Stuttgart.

Weitere bekannte Testfunktionen

Einige verbreitete nichtlineare und nichtseparierbare Testfunktionen (Minimierungsprobleme mit optimalem Zielfunktionswert von Null):[3]

Rosenbrock:

$$F(x_i \mid i = 1,2) = 100 \cdot (x_1^2 - x_2)^2 + (1 - x_1)^2 \qquad x_i \in [-2{,}048,\ 2{,}047]$$

Bild A-1: Rosenbrock-Funktion

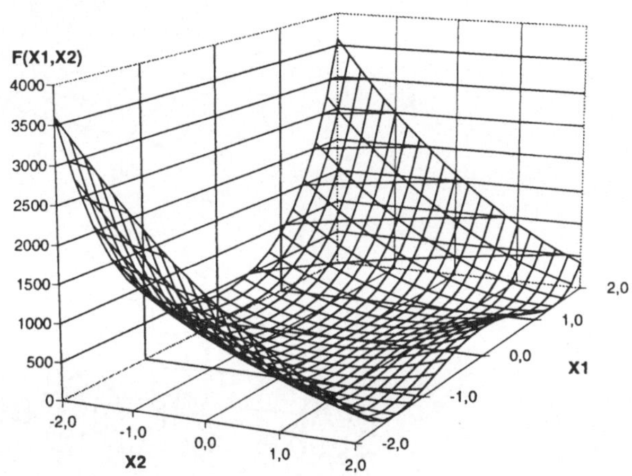

Griewank:

$$F(x_i \mid i = 1,2,\ldots,n) = 1 + \sum_{i=1}^{n} \frac{x_i^2}{4000} - \prod_{i=1}^{n} \left(\cos\left(\frac{x_i}{\sqrt{i}} \right) \right) \qquad x_i \in [-512,\ 511]$$

---

[3] Siehe hierzu Whitley, D.; Mathias, K.; Rana, S.; Dzubera, J.: Building Better Test Functions, in: Eshelman, L.J. (Hrsg.): Proceedings of the Sixth International Conference on Genetic Algorithms, San Francisco: Morgan Kaufmann 1995, S. 239-246.

Bild A-2:
Griewank-
Funktion
(n = 2)

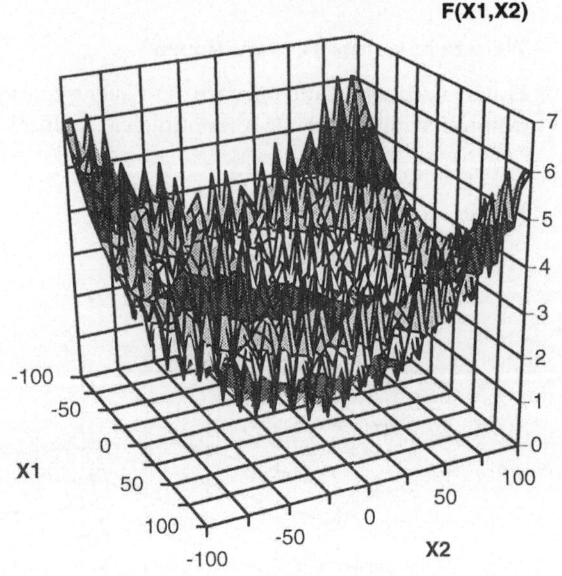

Bild A-3:
Griewank-
Funktion
(n = 2),
Ausschnitt

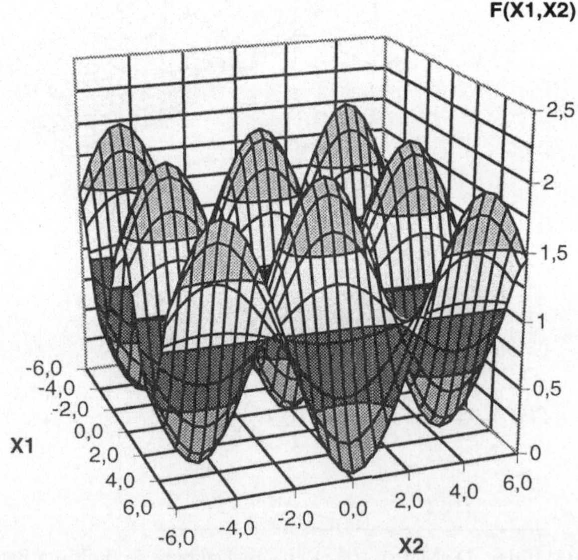

Schaffer1:

$$F(x_i \mid i=1,2) = 0{,}5 + \frac{\sin^2\sqrt{x_1^2 + x_2^2} - 0{,}5}{[1{,}0 + 0{,}001 \cdot (x_1^2 + x_2^2)]^2} \qquad x_i \in [-100, 100]$$

Bild A-4: Schaffer1-Funktion (Schnitt durch Zentrum)

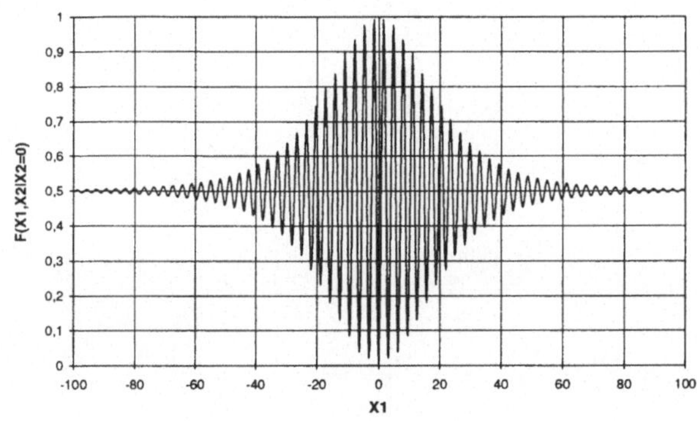

Schaffer2:

$$F(x_i \mid i=1,2) = (x_1^2 + x_2^2)^{0,25} \cdot \left[\sin^2\left(50 \cdot (x_1^2 + x_2^2)^{0,1}\right) + 1{,}0\right]$$

$x_i \in [-100, 100]$

Bild A-5: Schaffer2-Funktion (Schnitt durch Zentrum)

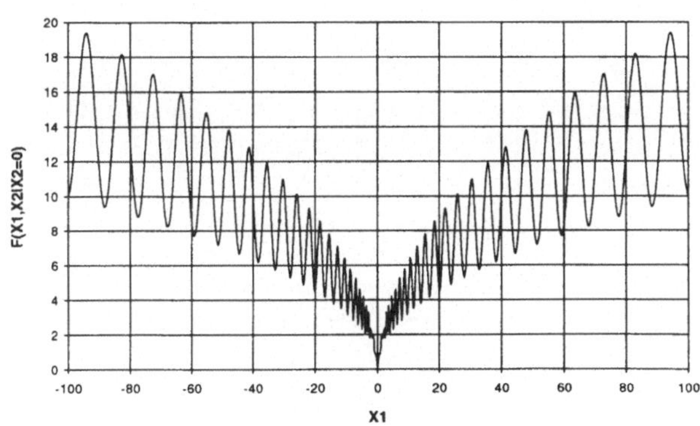

Verzeichnis wichtiger Abkürzungen

ADF	-	Automatisch definierte Funktionen
AL	-	Artificial Life
BP	-	(Error-)Backpropagation
EA	-	Evolutionärer Algorithmus, Evolutionäre Algorithmen
EP	-	Evolutionäre Programmierung
ES	-	Evolutionsstrategie(n)
FA	-	Finite(r) Automat(en)
FDKA	-	Fitneß-Distanz Korrelationsanalyse
FPGA	-	Field Programmable Gate Array(s)
FTP	-	File Transfer Protocol
GA	-	Genetischer Algorithmus, Genetische Algorithmen
GP	-	Genetische Programmierung
i.d.R.	-	in der Regel
KI	-	Künstliche Intelligenz
KNN	-	künstliches Neuronales Netz
LCS	-	Lernende(s) Classifier System(e)
m.E.	-	meines Erachtens
ML	-	Maschinelles Lernen
NFL	-	No-Free-Lunch
o.B.d.A.	-	ohne Beschränkung der Allgemeinheit
OR	-	Operations Research
pers. Komm.	-	persönliche Kommunikation
QZP	-	Quadratische(s) Zuordnungsproblem(e)
RR	-	Record-to-Record Travel
SA	-	Simulated Annealing
SI	-	Sintflut-Algorithmus
SUS	-	Stochastic Universal Sampling
TA	-	Threshold Accepting
TS	-	Tabu Search
TSP	-	Traveling Salesman Problem
u.U.	-	unter Umständen
WWW	-	World Wide Web

Index

vieweg